高等院校信息技术规划教材

单片机原理、接口技术与程序设计

刘焕成　编著

清华大学出版社
北京

内容简介

本书系统地介绍了MCS-51系列单片机的组成原理、指令系统、接口技术、系统硬件和应用程序的设计方法。全书分为3篇。第1～7章为基础篇。其中,第1～4章讨论51机的工作原理、资源、体系结构、指令系统及程序结构等方面的内容;第5～7章讨论标准51机自带资源(I/O、中断源、定时器、异步串行口)的原理及应用技术。其内容是51机最小应用系统的全部技术和必备知识,与目前流行的片上系统应用知识体系相吻合。第8～10章为提高篇,内容是关于51机系统总线与接口电路设计方面的知识。其中,第8章和第9章讨论的总线与系统扩展的内容从另一个角度体现了51机强大的功能;第10章是同步串行总线技术,是现代单片机应用的热门技术。第3篇为实践篇,即第11章,以实验指导书的形式编写,供课内实践用,贯穿前面两篇的核心内容,并体现其技术要点。

本书可作为高等院校电子信息工程、自动化、机电工程、计算机等各专业单片机原理及应用等课程的教材或参考书,也可作为单片机应用领域的工程技术人员的参考书。

图书在版编目(CIP)数据

单片机原理、接口技术与程序设计/刘焕成编著. —北京：清华大学出版社，2014(2021.1重印)
(高等院校信息技术规划教材)
ISBN 978-7-302-37257-8

Ⅰ. ①单… Ⅱ. ①刘… Ⅲ. ①单片微型计算机—高等学校—教材 Ⅳ. ①TP368.1

中国版本图书馆CIP数据核字(2014)第153426号

责任编辑：袁勤勇 战晓雷
封面设计：常雪影
责任校对：焦丽丽
责任印制：宋 林

出版发行：清华大学出版社
网 址：http://www.tup.com.cn，http://www.wqbook.com
地 址：北京清华大学学研大厦A座 **邮 编**：100084
社 总 机：010-62770175 **邮 购**：010-83470235
投稿与读者服务：010-62776969，c-service@tup.tsinghua.edu.cn
质量反馈：010-62772015，zhiliang@tup.tsinghua.edu.cn
课件下载：http://www.tup.com.cn,010-83470236
印 装 者：三河市龙大印装有限公司
经 销：全国新华书店
开 本：185mm×260mm **印 张**：23.75 **字 数**：542千字
版 次：2014年8月第1版 **印 次**：2021年1月第7次印刷
印 数：4001～4500
定 价：58.00元

产品编号：059285-03

前言 Foreword

单片机具有功能强、体积小、价格低、性能稳定的特点，因此其成为测控领域最有应用价值的产品。MCS-51系列单片机以其优异的品质在我国单片机应用领域占有很重要的地位。由于其应用群体庞大，应用研究深入，可共享资源丰富，已成为大多数单片机学习和应用者首选的产品。为满足广大工程技术人员学习和高等院校有关专业课教学的需要，作者在二十多年从事单片机科研和教学工作的基础上编写了本书。

为了使读者今后能胜任单片机系统设计和产品研发，并为他们继续向ARM、DSP等微控制器应用方向发展打好基础，本书突出了以下方面的内容：

(1) 以工程应用为理念，注重解决工程实际问题的能力，突出实用性。

(2) 理论与生活实际相联系，内容深入浅出，便于理解和接受。

(3) 适量的、有针对性的习题，使读者对所学知识能够及时巩固或验证。

(4) 汇编语言和C语言并重，使读者在编程的宏观(C语言视点)及微观(汇编语言视点)两方面都得到训练，实现单片机原理、汇编语言和C语言应用能力的双丰收。

(5) 软件、硬件并重。除编程训练外，本书还提供了大量接口电路设计的训练，将模拟电路、数字电路和自动控制原理等知识应用到单片机系统设计中，一方面为基础知识找到应用背景，有利于学生产生学习兴趣和建立信心；另一方面通过实际工程项目的系统设计，开阔学生的眼界，将学科知识融会贯通，有利于知识的系统化。

(6) 以标准MCS-51为核心，书中内容覆盖了MCS-51单片机的基本内容及应用技术要点。同时，将最新的MCS-51单片机的增强产品融合于教学中，使内容更加充实。

(7) 注重动手能力的培养。书中课内实验以基本训练为主,辅以一定量的综合性实验。综合性实验是一个小型的单片机应用系统的设计与开发的模拟课题。

本书的目标不仅是使读者掌握单片机的知识,更重要的是使学习者能够得到系统开发能力和工程意识的双重提高。

编著者

2014 年 5 月

目录 Contents

基 础 篇

提　高　篇

实 践 篇

基础篇

本篇由第1～7章构成。其中，第1～4章讨论51单片机的工作的原理、资源、体系结构、指令系统及程序结构等方面的内容。第5～7章讨论标准51机自带资源——I/O、中断源、定时器、异步串行口的原理及应用技术。本篇的内容是51机最小应用系统的全部技术和必备知识，与目前流行的片上系统（由单片机自身资源构成的系统）内容相吻合。

第1章 chapter 1

单片机概论

Intel 公司 8051、8052 及 Atmel 公司的 89C51、89C52 等机型是最早的、最具代表性的 MCS-51 系列单片机型，本书称之为标准 51 单片机或 51 机，与普通 51 单片机或基本 51 单片机同义，以区别于新出现的增强型 51 单片机。

增强型 51 单片机是在标准 51 单片机基本内核的基础上，通过增加存储器的容量和外部设备，提高时钟频率，减少机器周期时钟数等方面改进后的高性能 51 单片机，也称为 51 兼容机。

增强型 51 单片机在体系结构、指令系统方面与标准 51 单片机完全兼容，但在功能和运行速度上均优于标准 51 单片机。增强型 51 单片机已经成为 51 系列单片机机中的主流机型。

标准 51 单片机与增强型 51 单片机关系到底如何？如果将标准 51 单片机比喻为老版的捷达车，增强型 51 单片机就是新版捷达车。增强型 51 单片机不断出现，难以学完，但标准 51 单片机则是定型的 51 单片机，如果我们会开老版的捷达车，那么开新版的捷达车会有多大问题呢？从这一点出发，学习 51 单片机，应以学习标准 51 单片机为起点。

1.1 单片机是什么

单片机是计算机的一种。由于其特殊的结构——将微处理器、存储器(RAM、ROM)、某些专用外围设备及 I/O 接口等功能电路模块集成在一块芯片上，所以称为单片微型计算机，简称单片机。世界上第一台单片机是美国德州仪器公司于 1975 年研制成功的。

1.2 单片机的起源与发展现状

单片机是从早期计算机系统中分化出来的。随着操作系统的出现和发展，计算机在办公自动化和工业控制两个方向进行了分离，形成了 PC 和单片机，根据应用领域及其所起的作用，单片机也被称为微控制单元(MCU)。

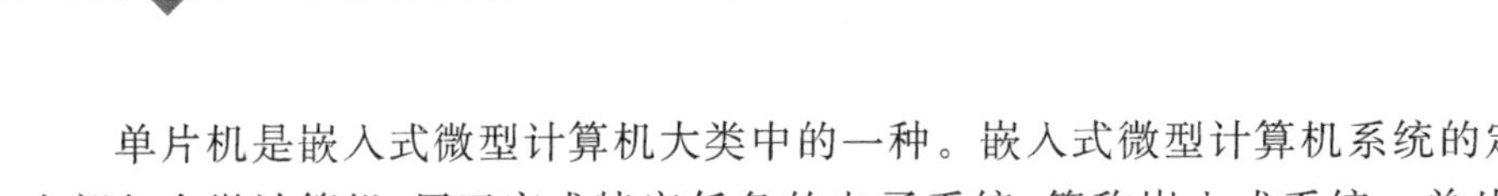

单片机是嵌入式微型计算机大类中的一种。嵌入式微型计算机系统的定义是：一种内部包含微计算机，用于完成特定任务的电子系统，简称嵌入式系统。单片机是嵌入式系统中最基本、最常见的一类微计算机。此外，ARM等微计算机也是目前广泛流行的嵌入式微型计算机，有些资料将其称为大单片机，因为它满足单片机的定义。

单片机按一次并行处理数据位数分为4位、8位、16位和32位单片机等。

单片机的位数与其中央处理器(CPU)一次并行处理二进制数据位数具有相同的意义。其表现形式为片内数据总线的条数。8位单片机片内数据总线为8位，它的CPU一次并行处理数据的能力为8位。一般说来，单片机的位数越高，它处理数据的速度就越高，这要求它内部的集成度也越高，造价也越高。

从应用的需要来看，8位机将占据嵌入式芯片的主要份额，与16位和32位机共存。

1.3 单片机的基本结构

单片机一般由以下几个部分组成。

(1) CPU：是包括运算器、控制器和寄存器组的电子模块，称为中央处理单元。

(2) 存储器：分只读存储器(ROM)和随机存储器(RAM)两大类。

(3) 嵌入外设：是单片机实现检测与控制任务所必需的模块，如定时/计数器、中断控制器、串行通信接口、A/D、D/A、USB等，因单片机功能、型号而异。

(4) 输入输出(I/O)接口：用于连接外部输入输出设备和接口芯片。

单片机的基本结构如图1-1所示。

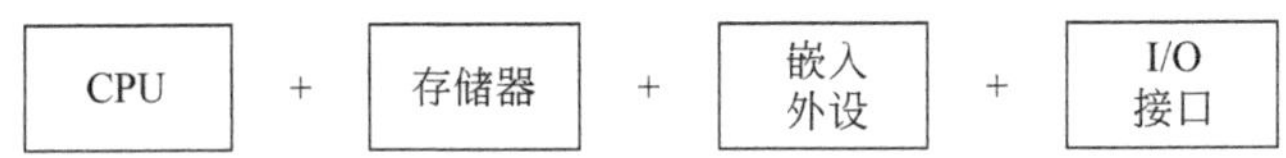

图1-1 单片机的基本结构

最简单的单片机由CPU+I/O构成。复杂的单片机包含的外设多，存储器容量大，构成高档单片机。高档机的资源充分，一般情况下不需外扩(资源)就能满足工程需要，可独立构成系统，故称为片上系统。片上系统是单片机发展的方向。满足片上系统资源的单片机在构成应用系统时具有元件少、功耗低、性价比高、体积小、可靠性强等优点。

1.4 单片机的特点及工作方式

1.4.1 单片机的特点

根据应用定位的要求，单片机具有以下特点：

(1) 集成度高，体积小，重量轻，耗能少。

(2) 面向控制，功能强，具有良好的实时性。

(3) 抗干扰能力强，工作温度范围宽，电磁兼容性强，可在恶劣环境下可靠地工作。

(4) 设计简单，系统扩展方便，开发周期短，容易产品化。

(5) 性/价比高,成本甚至低于某些专用接口芯片。

1.4.2 单片机的应用范围

单片机的特性决定了其应用范围,其主要涉及以下几个领域:

(1) 工业过程控制。I/O 接口多、位操作指令丰富、逻辑功能强的优势使单片机特别适用于工业过程控制。

(2) 智能化仪表。体积小,能耗低,抗干扰能力强,加之足够高的运算能力和运算速度,令其特别适合作为数字化智能化仪器、仪表的核心部件。

(3) 机电一体化产品。它是集机械技术、微电子技术、自动化技术和计算机技术于一体,具有智能特征的产品。单片机与传统的机械产品相结合,赋予了传统机械更多的功能。例如,数控机床与传统的机床相比,具有加工精度与效率高、工人的劳动强度低、降低产品成本等优点。

(4) 道路交通行业。单片机是众多交通设施的核心部件,如交通信号控制器、倒计时器、智能交通检测器等。现代汽车中单片机的智能模块越来越多,如 ABS、EBD 等。

(5) 计算机网络及通信技术。单片机、PLC 或其他嵌入式芯片为核心的网络产品,作为网络的节点应用广泛。

(6) 家用电器。单片机在洗衣机、电冰箱和电子门锁等家用电器中应用前景广阔。

1.4.3 单片机中几类常用的存储器

计算机的加工对象就是,也只能是数据。这些数据被安排在不同类型的存储器中。计算机中的全部信息,包括程序代码、中间运算结果和最终运行结果都需保存和记忆,并随时更新和使用。有了存储器,计算机才有记忆功能,才能正常工作。

因此,要创造出好的程序代码,编程者必须对单片机的存储器、存储器单元及地址、地址中的数据之间的关系有明确的认识。

存储器(memory)是计算机系统中的记忆设备,用来存放程序和数据。

存储器的容量以字节(B)为计量单位,如 128B、64KB、1GB 等,字节是存储器的基本单元,就像生活区以宿舍为单元一样。注意字节与位(b)的区别,1 字节由 8 个二进制位组成,即 1B=8b,这与 1 个宿舍住 8 个人的情形类似。

为了管理和使用存储器,通用的办法就是对其单元进行编号(为方便起见,编号是连续的),称为编址。地址用数字表示,由于计算机只认识二进制,所以存储器地址常用二进制表示。因为 4 位二进制相当于 1 位十六进制数,例如 1000000100101010B=812AH,可见,用十六进制表示地址这样很大的数比用二进制表示更容易表达和阅读。

本书对存储器单元和地址单元不做严格区分,认为它们是同义词。

用数字表示的地址与地址单元中的数据是完全不同的两个概念。存储器单元中的数据才是计算机加工的对象,指令中的操作数都是数据,CPU 通过不同的寻址方式找到它们。

存储器按计算机工作的需要分为以下几种。

1. 程序存储器

程序存储器用于存放单片机程序代码和内容固定的数据表格。它的一个特点是工作时"只能读,不能写"。程序存储器中的数据是通过编程器写入的,掉电后不易丢失,数据一般可保存10年以上。根据程序存储器的写入条件,将只读存储器分为如下几类:

(1) ROM:程序存储器内容由厂家在出厂时固化,用户不能再改写,如8051单片机自带4KB的ROM(它占用了广义的只读存储器的英文缩写)。

(2) OTP:只能写入一次的程序存储器,仅能写一次,之后不能再改写。

(3) EPROM:可通过紫外线擦除后反复改写的程序存储器,改写次数最高可达上千次,如8751自带4KB的EPROM。

(4) Flash:可通过编程电压带电擦除、改写的存储器,擦写次数在5万次以上,使用方便,已取代EPROM。

2. 随机数据存储器

单片机在工作时,需要一定的存储器空间来存放临时数据。这类存储器被称为随机存储器,RAM是其缩写。鉴于RAM的用途,将它比喻为"草稿纸"比较形象。"既能读,又能写"是其特点之一,掉电后数据自然丢失是其另一个特点。

RAM对用户来说总是不嫌多的。但集成过多的RAM,成本会增加,而且得不到充分利用也是浪费。所以,对于用途不同的计算机系统,RAM的容量是不同的。其他类型的存储器也是如此。

3. 非易失性数据存储器

非易失性数据存储器是既具有RAM的可读/写功能,又具有ROM掉电不丢失性特性的存储器。这类存储器通常的用途是存放单片机系统参数或工作信息等经常需要在单片机系统运行中改变的数据,掉电时这些数据不会丢失。

非易失性数据存储器采用先擦除后改写方式。Flash和EEPROM都可作为程序存储器和非易失性数据存储器用。它们的区别是:EEPROM可按字节擦除,而Flash以扇区(1扇区=512B)为单位擦除。因此EEPROM用起来更方便,但价格比Flash高。

1.4.4 单片机的几个概念

单片机中的CPU是在时钟作用下有节律地工作的,时钟是CPU的心脏。

1. 时钟(振荡)周期

时钟周期指单片机内部振荡源,或在其外部时钟引脚上输入的时钟信号的周期,单位是秒(s)。频率是单位时间内信号作周期性变化的次数,单位是赫兹(Hz)。周期和频率互成反比关系。在描述单片机速度特性时,周期和频率是常用的量,请注意体会其中的含义。

2. 状态周期

状态周期又称S周期，大小为振荡周期的2倍。状态周期由P_1和P_2节拍组成，每个节拍为一个振荡周期。状态周期是CPU工作的节拍，其概念只在时序分析时才会用到。

3. 机器周期

机器周期是标准51单片机指令执行时间的基本单位。一个机器周期由6个状态周期或12个振荡周期组成。一个机器周期可依次表示为S_1P_1、S_1P_2、S_2P_1、S_2P_2…S_6P_1、S_6P_2。

标准51单片机的时钟周期、状态周期和机器周期的概念如图1-2所示。其中时钟是指由单片机内部时钟或外部时钟方式产生的周期方波信号，它可以在51机内部振荡电路输入端(XTAL1)或输出端(XTAL2)上用示波器观察到。

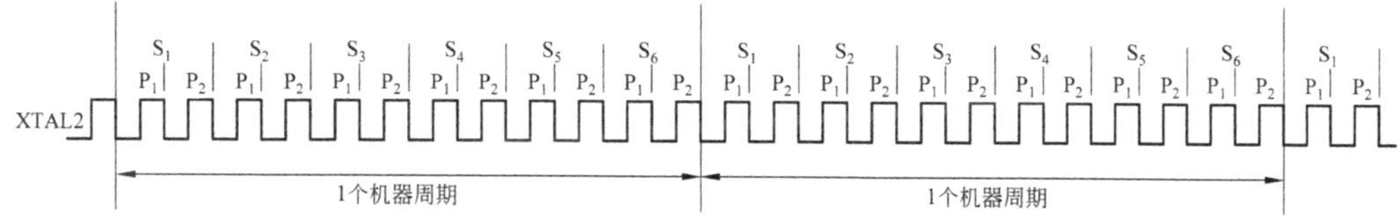

图1-2　MCS-51的时钟周期、状态周期和机器周期

增强型51单片机的机器周期值与标准51单片机不同，STC89和STC90系列的机器周期缩短至标准51单片机的一半，而STC12和15系列的指令执行时间单位就是振荡周期。在这些单片机中，机器周期的概念被淡化。

4. 指令周期

指令周期是指CPU执行一条指令所占用的全部时间，标准51单片机以机器周期作为指令周期的计量单位。机器周期值由单片机的时钟频率决定，指令周期又由指令机器周期数决定。

机器周期可以用以下简单实用的方法来计算：标准51单片机的机器周期是时钟周期的12倍，设某51机系统时钟频率为f_{osc}，则该51机的机器周期T_m为

$$T_m = \frac{12}{f_{osc}} \tag{1-1}$$

例如$f_{osc}=11.0592$，代入式(1-1)，得该51机的机器周期为

$$T_m = \frac{12}{f_{osc}} = \frac{12}{11.0592} \approx 1.085\mu s$$

注：式(1-1)适用于计算机器周期为12个时钟周期的单片机的机器周期值。

51机指令系统共有111条指令，按执行的时间划分，可分为单周期指令、双周期指令和四周期指令。单周期指令(指令代码的执行时间为1个机器周期)有64条，双周期指令有45条，只有乘、除两条指令为四周期指令。当时钟频率为12MHz时，标准51单片机执行上述指令的时间分别为1、2、4μs。增强型51机的指令执行时间则需要根据其各

自指令周期的定义来确定。

1.4.5 51系列单片机的发展

51系列单片机的发展历程经历了三次变革。第一次是Atmel公司率先推出的Flash存储器型89C51/52单片机，使51机应用系统的程序存储器向内嵌、廉价、在系统改写迈出一大步，大幅度缩短了开发时间和产品成本。第二次是C编译调试软件C51的出现，由于C51编程效率高、容易理解、功能强大、可移植性强，使51机应用人数大幅度增加。第三次是持续至今的增强型51机的问世。以下对几个典型的机型做简要介绍。

1. Philips公司系列单片机

Philips公司高档产品有P8XC591，是标准51增强型产品，改进如下：

(1) 内部程序存储器和RAM容量均有较大增加。

(2) 芯片功能和片内外设模块大幅度增加，包括A/D转换器、CAN控制器、监视定时器T3、32字节加密阵列、4个中断优先级、15个中断源(标准51单片机为5个)、电源控制模式、时钟可停止和恢复、空闲模式、掉电模式、双DPTR、在线仿真功能等。

2. T89C51CC01单片机

T89C51CC01除具有P8XC591的功能外，片内还集成了2K片内EEPROM存储单元、PWM及高速输出模块。最突出的改进是有可选的12和6时钟周期/机器周期两种工作方式，在6时钟周期/机器周期方式下，指令运行速度比传统的12时钟周期/机器周期方式提高了一倍。

3. C8051F系列单片机

C8051F系列单片机是美国Silabs公司的产品，重要的改进是废除了机器周期的概念，指令以时钟周期为运行单位，70%的指令为1～2个时钟周期。在相同的时钟频率下，运行速度比标准51单片机提高了近10倍。

另外，这个系列的单片机配置非常高，A/D转换器、CAN控制器、D/A转换器、SPI、I^2C和USB等各种接口模块应有尽有，可满足多种场合应用的要求。

4. CC2430/2431单片机

CC2430/2431是Chipcon公司产品，其特点是支持2.4GHz IEEE 802.15.4/ZigBee协议。成为51系列单片机在无线通信领域的重要一员。

5. W7100单片机

W7100是WIZnet HK公司的一款网络微处理器。它内嵌了一个TCP/IP内核，是一个速率优化的、与51单片机兼容的8位嵌入式控制器，使用片内存储器运行程序代码。硬件的TCP/IP协议支持TCP、UDP、IPv4、ICMP、ARP、IGMP和PPPoE等。

6. STC系列单片机

STC系列单片机是我国宏晶科技公司的增强型51单片机产品。该公司根据我国单片机应用情况，研发了STC90及STC10、11、12、15等系列单片机，其中STC10、11、12、15等1T系列单片机废除了机器周期的概念，指令以时钟周期为单位，大部分指令为1～2个时钟周期。在相同的时钟下，运行速度比标准51单片机提高了6～12倍。

STC系列单片机有多种配置产品，价格低、性能稳定，已经成为我国15系列单片机的主流产品。

增强型51系列单片机种类远远不止本书介绍的几种，本书也只是对它们做了最简单的介绍。在选用单片机时，应注意收集各种单片机产品资料，以期获得最佳的选择。

1.5 单片机选型及单片机系统开发

1.5.1 单片机选型要点

单片机种类繁多，各有其特点和优势。那么在现实工程中，如何选择单片机呢？总体说来，单片机选型要根据应用系统的任务与性能要求来决定。

除特殊应用环境外，单片机的性能是可靠的，在此基础上，单片机选型应基于产品对单片机的性能要求、单片机资源开发周期和产品的市场竞争力等方面来考虑。

(1) 单片机性能。如工作速度以及工作环境（温度范围、电磁兼容性等）条件是否满足产品性能要求。

(2) 机内资源。如I/O口、定时器、中断源、串行口的数目等，原则是以不需外扩资源就能满足系统需求者优先。

(3) 开发周期。是否可用高级语言编程与调试，设计者对该型单片机的硬件与软件是否较熟悉，有无应用经验等。在同等条件下选用开发周期最短的一款单片机。

(4) 产品的市场竞争力。价格、封装形式、体积和货源等都关系到产品的经济性和在市场中的优势。

1.5.2 单片机系统的开发过程

以单片机为核心的产品或项目，系统开发一般经历以下过程：

1. 系统规划

系统规划是对系统功能、技术指标、工作形式、应用条件和使用、操作方法、产品尺寸外观与内部结构、生产成本、产品加工、升级与维护等一系列问题的定义与设计等前期准备工作。该阶段工作的成果和产生出的各类文件将成为产品开发、验收、生产的指南和依据。

2. 系统硬件设计

针对系统功能、技术指标、产品尺寸外观与内部结构，设计并制作出实现系统功能的电路板，称为目标板。

3. 系统软件设计

根据系统任务、功能和技术指标，针对控制对象，设计程序流程图，编写控制程序。

4. 系统调试

(1) 硬件调试：排除系统硬件故障，如电路板制作的质量和电路设计的缺陷甚至错误，直到确认系统上所有器件均能正常工作为止。

(2) 软硬件联合调试：包括系统中各器件的驱动程序的调试和各种功能程序，如定时、中断、通信和数据处理等程序的调试，最后将它们合并成为完整程序，实现系统所有功能并达到各类技术指标。

5. 系统优化

观察系统运行效果，找出系统缺陷和不足，通过软、硬件的良好配合，优化系统工作的效率和质量，在提高系统的稳定性、准确性和可靠性方面下工夫。

6. 产品开发阶段完成

对所开发的产品要求精益求精、反复修改，使之不断完善。但事情总有完成的一天，姑且称之为阶段性完成吧！

1.6 单片机系统开发必备的知识、能力与条件

学习的目的是应用，从这一点出发，单片机系统的开发过程所需要的知识、能力与条件也就是学习单片机所需的知识、能力与条件。

1. 开发者的工程意识和知识

(1) 工程意识：是对学习者综合素质的要求，需要在实际工程项目中逐渐养成，在学校期间，课内实验、课程设计、毕业设计和各类电子比赛都是学习和积累经验的环节，以上实践环节是工程意识的建立和深化的动力。

(2) 专业基础知识：系统软、硬件设计需要数学、物理、模拟和数字电子技术、C 语言程序设计等专业基础知识的支撑。首先不要为没有学好以上的课程而担忧。单片机系统开发将为专业知识找到用武之地，使专业知识得到巩固和提高；反过来，专业基础知识又将在单片机的产品开发中为开发者提供强有力的支持。这种双赢的关系，单片机比任何一门课程表现得更显著、更自然。只有一点是需要自己把握的，这就是学习单片机的决心和信心。

2. 开发者的能力

系统软、硬件设计及调试技术，工作对象为物理实体，而程序则用抽象的编程语言描述。所以，学习单片机，需要实际动手和抽象思维两方面的能力。概括起来包括以下几个方面：

(1) 电路板设计、焊接和测试等经常性动手能力。

(2) 有验证某种想法或现象真伪的试验意识和能力。

(3) 逻辑思维能力：将工程问题抽象化并分解为程序中的算法和数据结构等要素。

(4) 创新思维：善于学习、吸收他人的经验，但不墨守成规。

3. 客观条件

学习单片机所需硬件条件之一是计算机，其次还有一些常用工具及材料，如万用表、电烙铁、焊锡丝、导线示波器等。在校的学生最好能利用学校实验室设备。

学习单片机必备的专业软件有电路设计与制版类软件、程序编辑类软件、单片机集成开发类软件等。

51 机的汇编语言集成开发环境是通用的成熟软件。基于 C 语言的集成开发软件有几个版本，目前最流行的是 Keil uVision 集成开发环境，以下简称 Keil。它集 C 语言和汇编语言的编译、连接、软件模拟和仿真调试为一体，是单片机学习者的首选软件。另外如伟福、菊阳等公司的集成开发环境软件也可选用。

有关 Keil 集成开发软件的安装及使用方法，在参考文献[2]中有详细的介绍，本书不再赘述。

1.7 本章要点

本章对单片机的概念和相关术语、已普及应用的 8 位单片机，包括 51 机的基本特点作了简要的介绍。对 STC 系列等增强型 51 机也进行了扼要的介绍。要分清标准 51 单片机和增强型 51 单片机的关系。本章介绍的存储器类型、机器周期等概念是后续学习内容的基础，要特别重视。注意在后面的学习中体会和实践单片机应用系统的开发过程的各个环节。

习题 1

1-1 最基本的单片机由哪几个物理部分组成？

1-2 单片机作为计算机的一个分支，具有哪些特点？

1-3 如何识别单片机的“位”数？

1-4 单片机中常用的存储器有哪些类型？各有何特点？

1-5 设某系列单片机的机器周期为 4 个振荡周期，而指令均为单机器周期指令。设由它构成的系统的 f_{osc}=4MHz。CPU 执行一条指令的时间是多长？

1-6 标准 51 单片机的振荡周期、机器周期和指令周期是如何定义的？当系统的 f_{osc}=6MHz 时，一个机器周期为多长时间？时间最长的一条指令的执行时间是多长？

1-7 查找至少两款本章没有提到的 8 位单片机的资料，与标准 51 单片机的性能进行比较，并说明这个产品的哪些性能是你比较欣赏的。

第 2 章 chapter 2

数制与编码

数制与编码是计算机科学的基础。没有数制与编码基础的读者可以将本章内容作为补充知识来学习;而已具备这方面知识的读者可以跳过本章内容,直接进入第 3 章的学习。

2.1 数　　制

2.1.1 十进制

数字技术中使用了多种数制,最常用的有十进制、二进制、八进制和十六进制。由于十进制是日常使用的记数方法,因此从十进制开始讨论。

按进位原则进行记数的方法称为进位记数制。十进制又称为以 10 为基数的记数体制,人有十个手指,这可能是形成十进制记数的原因。十进制数有两个主要特点:

(1) 有 10 个不同的数字符号:0,1,2,3,4,5,6,7,8,9。

(2) 低位向高位进位的规律是“逢十进一”。因此,同一个数字符号在不同的数位中所代表的数值是不同的。如 345.56 中从左到右分别代表 300、40、5、0.5 和 0.06 个记数单位。该数中 3 的位权最大,称为最高有效位(MSD);6 的位权最小,称为最低有效位(LSD)。实际上:

$$345.56 = (3 \times 10^2) + (4 \times 10^1) + (5 \times 10^0) + (5 \times 10^{-1}) + (6 \times 10^{-2})$$

一般情况下,任何数值均可表示为每位数字与其位权的乘积之和。上式中的 10 称为十进制的基数,10^2、10^1、10^0、10^{-1}、10^{-2}称为各数位的权,如图 2-1 所示。

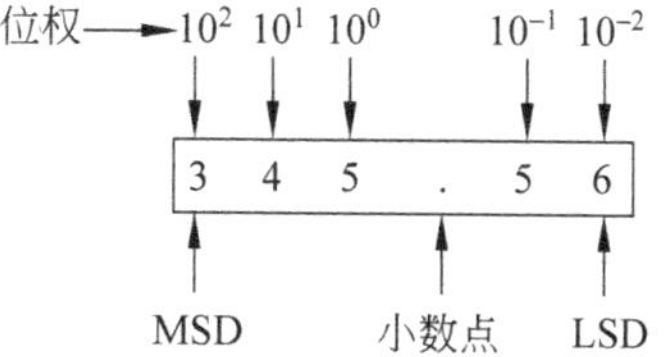

图 2-1　十进制数的位权

两位十进制,可以表示 $10^2=100$ 个不同的数值(0～99);三位十进制数,可以表示 $10^3=1000$ 个不同的数值(0～999),依次类推。一般情况下,N 位十进制,可以表示 10^N 个不同的数值($0 \sim 10^N-1$)。

2.1.2 十进制记数

当采用十进制记数时，最低位每一步都在变化，十位每 10 步变化一次，百位每 100 步变化一次，依次类推。即

0 1 2 3 4 5 6 7 8 9

10 11 … 95 96 97 98 99

100 101 … 995 996 997 998 999

在数字系统中，十进制不便于实现。原因是，很难设计一个电子系统，使其具有 10 个不同电平。相反，设计一个具有两个工作电平的电子电路却很容易。基于这个原因，几乎所有的数字系统都采用二进制作为其运算的基本记数体系。

2.1.3 二进制

在二进制中，只有 0 和 1 两个符号，但同样可用来表示十进制或其他进制所能表示的任何数值，只是所用的位数较多。

十进制的规则都可以推广到二进制体系。特别地：二进制的进位规律为“逢二进一”。每一个二进制数字位都具有特定的数值，用 2 的幂指数表示其位权，如图 2-2 所示。求二进制数 1011.011 对应的十进制数值时，可将二进制各位按权展开再相加，即

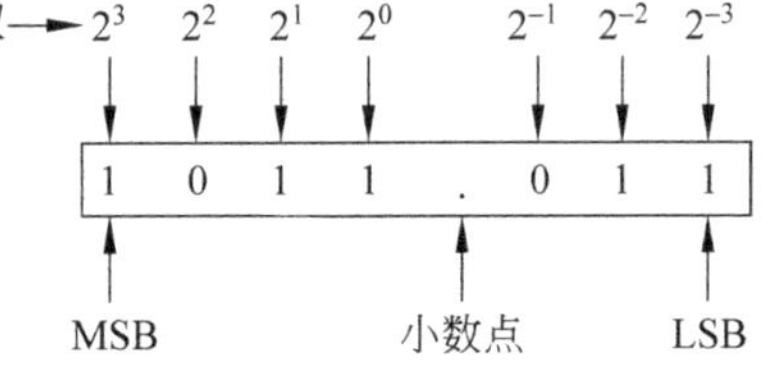

图 2-2 二进制数的位权

$$
\begin{aligned}
1011.011_2 &= 1\times 2^3 + 0\times 2^2 + (1\times 2^1) + 1\times 2^0 + 0\times 2^{-1} + 1\times 2^{-2} + 1\times 2^{-3} \\
&= 8+0+2+1+0+0.25+0.125 \\
&= 11.375_{10}
\end{aligned}
$$

注意：运算式中的下标(2 和 10)表示数制的基数，这一约定可避免多种进制体系合用时可能出现的混淆。

图 2-2 中，小数点左边有 4 位，它们是该数的整数部分；小数点右边有 3 位，是该数的小数部分。最左边的一位是最高有效位(MSB)，最右边的一位是最低有效位(LSB)。

2.1.4 二进制记数

当涉及二进制记数时，通常都有位数限定。这与二进制数的电路、CPU 的位数或可寻址空间大小等具体情况有关。例如，8 位单片机的 CPU 一次可并行处理 8 位二进制数，其绝对值不大于 11111111_2。

以 4 位二进制为例，记数方法如图 2-3 所示。记数起始于各位全为 0，称为 0。连续记数从最低位开始，按“逢二进一”的规则逐级扩展。N 位二进制最多可容纳 2^N 个数。

【例 2-1】 用 8 位、10 位、12 位、16 位二进制能表示的最大数的数值分别是多少？

解：

8 位：$2^N-1=2^8-1=255_{10}=11111111_2$

位权→ $2^3=8$	$2^2=4$	$2^1=2$	$2^0=1$	等值十进制数
0	0	0	0	0
0	0	0	1	1
0	0	1	0	2
0	0	1	1	3
0	1	0	0	4
0	1	0	1	5
0	1	1	0	6
0	1	1	1	7
1	0	0	0	8
1	0	0	1	9
1	0	1	0	10
1	0	1	1	11
1	1	0	0	12
1	1	0	1	13
1	1	1	0	14
1	1	1	1	15

图 2-3　二进制记数顺序

10 位：$2^N-1=2^{10}-1=1023_{10}=1111111111_2$

12 位：$2^N-1=2^{12}-1=4095_{10}=111111111111_2$

16 位：$2^N-1=2^{16}-1=65535_{10}=1111111111111111_2$

【例 2-2】 用 8 位、10 位、12 位、16 位二进制最多能表示多少个不同的数？

解：

8 位：$2^N=2^8=256_{10}=100000000_2$

10 位：$2^N=2^{10}=1024_{10}=10000000000_2$

12 位：$2^N=2^{12}=4096_{10}=1000000000000_2$

16 位：$2^N=2^{16}=65\,536_{10}=10000000000000000_2$

请熟记这几组数据，今后会经常用到。10 位、12 位、16 位二进制最多能表示不同的数值的数的个数在本书中表述为“1K”、“4K”、“64K”。如果单片机有 16 根地址线，它可寻址的最大范围为 2^{16}，即“64K”。

2.1.5　八进制

在八进制中，有 0、1、2、…、7 共 8 个不同的数码，采用“逢八进一”的规则进行记数。如 503_8 可表示为

$$503_8=5\times 8^2+0\times 8^1+3\times 8^0=328_{10}$$

2.1.6　十六进制

在十六进制中，有 0、1、2、…、9、A、B、C、D、E、F 共 16 个不同的数码，进位规则为“逢十六进一”。

例如，$3A8.0D_{16}$ 可表示为

$$3A8.0D_{16}=3\times16^2+10\times16^1+8\times16^0+0\times16^{-1}+13\times16^{-2}=936.05078_{10}$$

一般而言，对于用 R 进制表示的数 N，可以按权展开为

$$N=a_{n-1}R^{n-1}+a_{n-2}R^{n-2}+\cdots+a_0R^0+a_{-1}R^{-1}+\cdots+a_{-m}R^{-m}$$
$$=\sum_{i=-m}^{n-1}a_i\times R^i$$

式中，a_i 是 0、1、…、$R-1$ 中的任一个数，m、n 是正整数，R 是基数。在 R 进制中，每个数字所表示的值是该数字与它相应的权 R^i 的乘积，计数原则是“逢 R 进一”。

当 R 分别为 2、8、10、16 时，对应二、八、十、十六进制记数体系。

2.2 数制间的转换

在数字系统中，全部使用二进制数工作。而十进制是人们习惯的记数方式。这意味着，将十进制数输入数字系统时，系统内部必须将其转换为二进制数，才能对其进行处理。

同样，在数字系统的输出部分，二进制常需转换为十进制数，以方便人们读取。例如，数字仪器或设备(如计算器或计算机)，先用二进制计算出的具体答案，然后再将计算结果以十进制数显示出来。

除二进制和十进制外，数字系统中还广泛使用八进制和十六进制，它们分别以 3 位和 4 位($2^4=16$)二进制为计数单位，因此，这两种数制可以方便地与二进制进行相互转换。

在数字系统中，可能同时会用到几种数制，因此，必须熟练运用各种数制。特别要求单片机的开发者对二进制和十六进制数具有与十进制数一样的敏感度。

2.2.1 二进制、十六进制数向十进制转换的方法

二进制、十六进制数向十进制转换，通用的方法是：按权展开为等值的十进制数，再将各位相加求和。

【例 2-3】 将数 10.101_2 和 $2D.A4_{16}$ 转换为十进制数。

解：

$$10.101_2=1\times2^1+0\times2^0+1\times2^{-1}+0\times2^{-2}+1\times2^{-3}=2.625$$
$$2D.A4_{16}=2\times16^1+13\times16^0+10\times16^{-1}+4\times16^{-2}=45.64062$$

2.2.2 十进制数转换成二进制、十六进制数

十进制数 N 转换成 R(二、八、十六)进制数，需将整数部分和小数部分分开，采用不同方法分别进行转换，然后用小数点将这两部分连接起来。

1. 整数部分：除基取余法

分别用基数 R 不断地去除 N 的整数，直到商为 0 为止，每次所得的余数依次排列即

为相应进制的数码。最初得到的余数为最低有效位,最后得到的余数为最高有效位。

【例 2-4】 将数 25_{10} 转换为等值的二进制数。

解:转换过程的流程如图 2-4 所示。25_{10}=11001B(B 代表二进制数)。

【例 2-5】 将数 423_{10} 转换为等值的十六进制数。

解:转换过程的流程如图 2-5 所示。423_{10}=1A7H(H 代表十六进制数)。

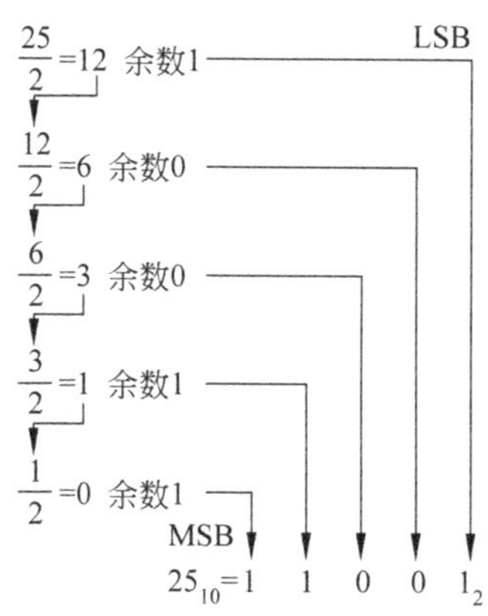

图 2-4 例 2-4 解题流程

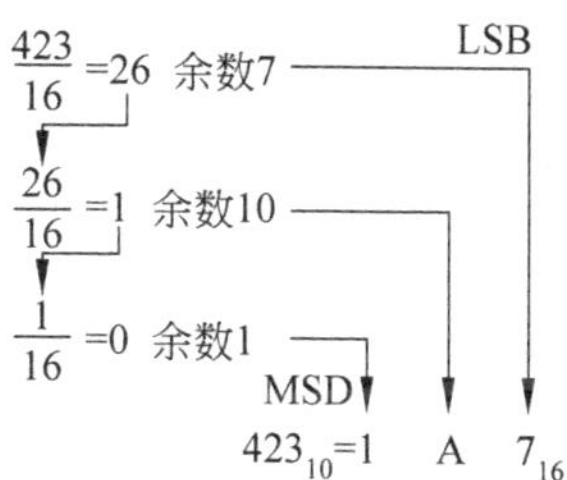

图 2-5 例 2-5 解题流程

2. 小数部分:乘基取整法

用基数 R(2、8 或 16)乘以十进制的小数,接着取出乘积的整数部分[0~(R-1)],再用余下的纯小数乘以基数,直到积的小数部分为 0,或达到转换精度要求为止。将每次提取的乘积的整数依次排列即为转换后的数。最初得到的乘积的整数为最高有效位,最后得到的乘积的整数为最低有效位。

【例 2-6】 将 0.6875_{10} 转换成二进制数。采用四舍五入法,保留 4 位小数。

解:转换过程如图 2-6 所示。即 $0.6875_{10}=0.1011_2$ 或 0.6875D=0.1011B(D 代表十进制数,B 代表二进制数)。

【例 2-7】 将 0.7183_{10} 转换成十六进制数。采用四舍五入法,保留 4 位小数。

解:转换的过程如图 2-7 所示,结果:$0.7183_{10}=0.B7E3_{16}$。

第 5 位小数大于对应数制的基数 16 的一半(即大于 8),按四舍五入法,应向上进位。所以 $0.7183_{10}=0.B7E3_{16}$。

2.2.3 二进制数与十六进制数的相互转换

二进制数向十六进制数转换的方法是,以小数点为界,左、右两边每 4 位为一组,表示为十六进制数即可,不足 4 位时以 0 补足。用二进制表示十六进制数,就完成了逆向转换。

【例 2-8】 将数 25.6875_{10} 转换为等值的十六进制数。

解:利用例 2-4 和例 2-6 的结果,得:$25.6875_{10}=11001.1011_2$。

算式	整数部分	对应小数位
0.6875 × 2 = 1.3750 →	1	第1位
0.3750 × 2 = 0.7500 →	0	第2位
0.7500 × 2 = 1.5000 →	1	第3位
0.5000 × 2 = 1.0000 →	1	第4位

图 2-6　十进制小数转换为二进制小数流程

算式	整数部分	对应小数位
0.7183 × 16 = 11.4928 →	11	第1位
0.4928 × 16 = 7.8848 →	7	第2位
0.8848 × 16 = 14.1568 →	14	第3位
0.1568 × 16 = 2.5088 →	2	第4位
0.5088 × 16 = 8.1408 →	8	第5位

图 2-7　十进制小数转换为十六进制小数流程

以小数点为界分别向左、右两边每 4 位为一组，并补 0 得

$$0001\ 1001.1011_2 = 19.B_{16}$$

验证：$19.B_{16}=1\times16^1+9\times16^0+11\times16^{-1}=16+9+0.6875=25.6875_{10}$

2.2.4　十进制数与十六进制数转换的实用方法

单片机中，二进制和十六进制最常用，原因是它们在表达数字逻辑时有直观的效果。例如，一个 8 位并行口的状态用 11001101B 表示，可以直接看出各位的状态；而用十六进制表达时，CDH 的直观性就差一些；如果用十进制表示，为 205，则完全没有直观感了。

十进制数向二进制或十六进制转换较难，因为需要多次运用乘除法。为加快手工计算的速度，还需寻找捷径。例如，十进制数 69 的十六进制值为 45H。其转换的原理是

$$69=64+5=4\times16^1+5=45\text{H}\quad（十进制数可省略符号 D）$$

这里转换是用心算结合观察法实现的。对 256 以内的数，这种方法算得很快。4 位十六进制数范围内的数据转换也有窍门，但先要记住以下几个重要数据：$16^2=256$、$16^3=4096$，在此基础上再结合计算器，十进制整数向十六进制转换就方便了。

【例 2-9】 将数 $65\ 000_{10}$ 转换为等值的十六进制数。

解法 1：

第一步，因为 $65\ 000_{10}>4096_{10}$，所以，用 $65\ 000_{10}$ 除以 4096_{10} 得 $15.869\cdots_{10}$。

第二步，减去整数部分 15，得 $0.869\cdots_{10}$，同时得到十六进制的幂 3 位 F。

第三步，$0.869\cdots_{10}$ 乘以 4096_{10} 得 3560_{10}。

第四步，因为 $3560_{10}>256_{10}$，所以，用 3560_{10} 除以 256_{10} 得 13.90625_{10}。

第五步，减去整数部分 13，得 0.90625_{10}，同时得到十六进制的幂 2 位 D。

第六步，0.90625_{10} 乘以 256_{10} 得 232_{10}。

第七步，因为 $232_{10}>16_{10}$，所以，用 232_{10} 除以 16_{10} 得 14.5_{10}。

第八步，减去整数部分 14，得 0.5_{10}，同时得到十六进制的幂 1 位 E。

第九步，0.5_{10} 乘以 16_{10} 得 8_{10}，就是十六进制的幂 0 位 8。

所以，$65000_{10}=FDE8_{16}$。

解法 2：采用一次转换 2 位十六进制数的方法，即先转换出高 2 位，余数即为低 2 位。具体转换时的方法与解法 1 类似，转换次数少了 2/3。

第一步，因为 $65\,000_{10}>256_{10}$，所以，用 65000_{10} 除以 256_{10} 得 253.90625_{10}。

第二步，减去整数部分 253，得 0.90625_{10}，同时得到十六进制高 2 位 FD。

第三步，0.90625_{10}，乘以 256_{10} 得：232_{10}，即为十六进制低 2 位 E8。

所以，$65\,000_{10}=FDE8_{16}$。

上述方法在具体转换中是否实用，很难一概而论。什么事情干得多了，技巧就来了。数值运算训练多了，对程序的两大要素——算法与数据结构的理解自然就更深了。理工科学生应该主动、自觉地培养对于数的敏感性，这有助于提高对客观事物是非的判断速度和准确性。

实际中的数制转换多需借助于计算器进行。有些计算器具有数制转换功能，能直接实现各种数制之间的转换。

2.3 二进制运算

二进制运算包括算术运算和逻辑运算两种。算术运算与十进制算术运算规则相同。但因基数不同，所以要熟练处理进位与借位情况，避免出错。数有正、负之分，在单片机中存在有符号数和无符号数或带符号和不带符号数。带符号数的运算相对复杂，在计算机中有专门的处理方法。逻辑运算也称为布尔运算，有与、或、非 3 种基本逻辑运算。

2.3.1 二进制算术运算

二进制数只有 0 和 1 两种数符，加、减法遵循“逢二进一”、“借一当二”的原则。

(1) 加法运算规则：0+0=0；0+1=1；1+0=1；1+1=10(有进位)。

(2) 减法运算规则：0−0=0；1−1=0；1−0=1；0−1=1(有借位)。

(3) 乘法运算规则：0×0=0；0×1=1×0=0；1×1=1。

(4) 除法运算规则：0/1=0；1/1=1。

【例 2-10】 求 10011100B 与 10101011B 两个正整数的和。

解：算法如图 2-8 所示。10011100B+10101011B=101000111B。

结论：两个 8 位二进制数相加，结果可能是 8 位或 9 位，但不可能出现其他更高位数的情况。

【例 2-11】 求 11100110B 和 11000101B 两个正整数的差。

解：算法如图 2-9 所示。11100110B−11000101B=100001B。

结论：两个 8 位二进制数相减，被减数大于等于减数时，差只能是 8 位以下；被减数小于减数时，差为负值。例如，1101_2-1110_2 其差为 -0001_2，在计算机中表示为 1111_2。

```
          1 0 0 1 1 1 0 0
+         1 0 1 0 1 0 1 1
进位1     0 1 1 1 0 0 0 0
和1       0 1 0 0 0 1 1 1
```

图 2-8 二进制加法算法示意图

```
          1 1 1 0 0 1 1 0
-         1 1 0 0 0 1 0 1
借位0     0 0 0 0 0 0 1 0
差        0 0 1 0 0 0 0 1
```

图 2-9 二进制减法算法示意图

这是因为在计算机中对数的符号是这样规定的：数的最高位为符号位，且 0 代表正数，1 代表负数；符号位之后为数值位，并用补码表示数的大小，所以出现了 1111_2 这个运算结果，正好是带符号数体系中的-1。对 1101_2-1110_2 中的两个数，无论将它们看成带符号数还是无符号数，1111_2 这个运算结果都是正确的，读者可自行验证。

【例 2-12】 二进制乘法：求 1011B×1101B 两个正整数的积。

解：算法如图 2-10 所示。1011B×1101B＝10001111B。

注意：设被乘数和乘数的位数分别为 m、n，则乘积的位数为 $m+n$。

图 2-10(a)的算式从乘数的低位展开，这是通用的手算方法；图 2-10(b)的算式从乘数的高位展开，是便于循环的迭代算法；图 2-10(c)则是循环迭代算法的示意图，循环次数为乘数的位数。用此方法编程时要注意以下问题：

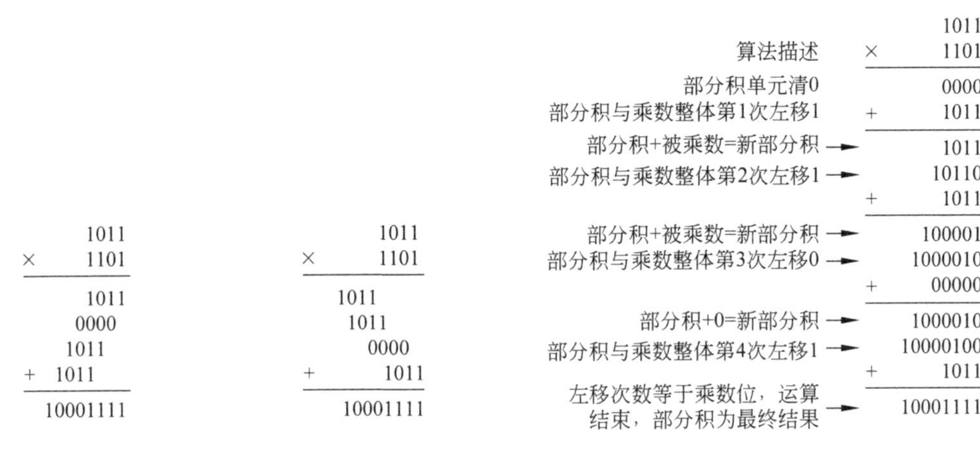

图 2-10 二进制乘法解图示

(1) 设被乘数和乘数的位数分别为 m、n，则积的位数为 $m+n$。因此预留 $m+n$ 个字节单元存放部分积，并置初值为 0。部分积排在乘数后边(右边)。

(2) 运算开始后，乘数与部分积顺序左移一位，最左边(乘数部分)移出的这一位数称为移出位，部分积最(右边)低位一位补 0。

(3) 如果移出位为 1，部分积与被乘数相加求和，形成新的部分积，若移出位为 0，则部分积不变。

(4) 判断左移次数是否等于乘数的位数，若是，运算结束；否则返回步骤(2)重复计算。

(5) 结束，部分积即为最终运算结果，高位在前(左边)。即 1011B × 1101B

=10001111。

4次迭代过程如图2-10(c)所示。此算法很容易推广到不同长度的两个二进制数的乘法运算中，对程序而言，结构相同，只是循环次数不同而已，因此，按此算法编写的程序具有通用性。

【例2-13】 二进制除法练习，求10100101B÷1111B的商。

解：算法如图2-11所示。10100101B÷1111B=1011B。

从手算法的规律中能够找出程序的算法，有关无符号二进制整数乘、除法的完整程序可查阅参考文献[1]、[2]的相关章节的内容，此处从略。

```
         1011
1111 / 10100101
       1111
       -----
       01011
        10110
         1111
         -----
         01111
          1111
          ----
             0
```

图2-11 二进制除法解题流程

2.3.2 二进制逻辑运算

1. 与运算

与运算的特点是：参与运算的数均为1时，结果才为1，否则结果为0。与运算符为“·”，其运算规则如下：

$$0\cdot 0=0,\quad 0\cdot 1=1\cdot 0=0,\quad 1\cdot 1=1$$

2. 或运算

或运算的特点是：只要参与运算的数之一为1，结果就为1；只有参与运算数均为0时，结果才为0。或运算符为+，其运算规则如下：

$$0+0=0,\quad 0+1=1+0=1,\quad 1+1=1$$

3. 非运算

非是单目求反运算，变量A的非运算记作$\overline{A}$。其运算规则如下：

$$\overline{1}=0,\overline{0}=1$$

4. 异或运算

异或运算的特点是：参与运算的数相同时，结果为0；相异时结果为1。异或运算符为⊕，其运算规则如下：

$$0\oplus 0=0,\quad 0\oplus 1=1,\quad 1\oplus 0=1,\quad 1\oplus 1=0$$

【例2-14】 完成下列逻辑运算。

(1) 若X=1011B，Y=1001B，求$X\cdot Y$。

(2) 若X=10101B，Y=01101B，求$X+Y$。

(3) 若A=10101110B，求$\overline{A}$。

(4) 若X=10101101B，Y=01100011B，求$X\oplus Y$。

解题流程见图2-12。注意，逻辑运算都是按位进行的，即“按位与、或、非、异或”。逻辑运算在单片机程序设计中占有重要的地位。

(a) 与运算	(b) 或运算	(c) 非运算	(d) 异或运算
1011 · 1001 1001	10101 + 01101 11101	$\overline{A}=\overline{10101110}$ =01010001	10101101 ⊕ 01100011 11001110

图 2-12　例 2-15 的解题流程

2.4　计算机中数的表示方法

2.4.1　位、字节和字

计算机工作时，CPU 操作的对象就是数据，而且是二进制数。数据被放在存储器中。计算机对数据的存取及操作单位分为位、字节、字和长字等多种。

(1) 位(b)：指二进制数的一个位。

(2) 字节(B)：由 8 个二进制位构成的数字单元。

(3) 字(word)：1 字＝2 字节。单位为 W。

位、字节和字之间的关系如图 2-13 所示。图中的 LSB 表示最低位，MSB 表示最高位。

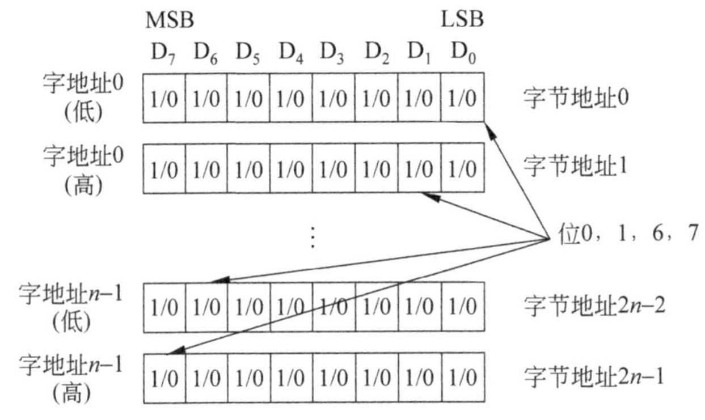

图 2-13　计算机中的数据单元：位、字节和字

存储器容量常用字节数表示，如 64KB，1GB 等。每个字节由 8 位二进制数组成。字或长字由若干连续字节组成。在单片机中，长字由 4 个字节组成。

为了让 CPU 找到操作数，要给存储器分配地址，称为编址。于是就有了位地址和字节地址的概念。计算机中地址也是用数表示的，如同电话号码，请注意地址与数据的区别。

2.4.2　数的码制

1. 原码

正数的符号位用 0 表示，负数的符号位用 1 表示，数值部分用真值的绝对值来表示的二进制机器数称为原码。

例如 115 和 −115 的原码可分别表示为

$$[+115]_{原}=01110011B;[-115]_{原}=11110011B$$

值得注意的是，由于$[+0]_{原}=00000000B$，而$[-0]_{原}=10000000B$，所以数 0 的原码不唯一。

8 位二进制原码数值范围是 −127～+127，16 位原码数值范围是 −32 767～+32 767。

2. 反码

用反码表示的数是除符号位外数值位均用反码表示的数。规定正数的反码与原码相同，所以正数的反码就是它本身；负数的反码是其绝对值的按位取反后的数。

$$[+7]_{反}=\underline{\mathbf{0}}0000111B$$

$$[+127]_{反}=\underline{\mathbf{0}}1111111B$$

表示与以上两个数等值的负数时，先将其对应的正数逐位求反，再加上符号位。如

$$[-7]_{反}=\underline{\mathbf{1}}1111000B$$

$$[-127]_{反}=\underline{\mathbf{1}}0000000B$$

总结上述讨论，可归纳出反码表示法的特点：

(1) 反码的 0 也有两种表示方法，即 +0 和 −0。

(2) N 位数的反码可以表示的数的范围为：$-(2^N-1)\sim+(2^N-1)$。这里共 2^{N+1} 个不同的数，包括两种 0。8 位二进制反码($N=7$)能表示数的范围是 −127～+127，而 16 位二进制反码($N=15$)能表示数的范围是 −32 767～+32 767。

(3) 由反码求原码时，正数(符号位为 0)后面的数值位与原码相同，负数的数值位逐位求反后得到原码。

3. 补码

1) 模的概念

“模”是指一个计量系统的计数量程。如时钟的模为 12。任何有模的计量器均可化减法为加法运算。仍以时钟为例，设当前时钟指向 11 点，而准确时间为 7 点。调整时间的方法有两种：一种是时钟倒拨 4 小时，即 11−4=7；另一种是时钟正拨 8 小时，即 11+8=12+7=7。由此可见，在以 12 为模的系统中，加 8 和减 4 的效果是一样的。即 −4=+8(mod 12)其表示式为 $X-4=X+(12-4)$。意义是在模 12 的系统中，−4 的补码是 +8。

引入补码概念的意义是：用补码系统来表示有符号的数，可用加法来完成减法运算。这意味着数字计算机能用相同的电路完成加法和减法运算，节省了硬件。

2) 用补码表示的数

规定：正数的补码与原码相同，负数的补码即为其数值位的反码再加 1，或其模与其原码的差。例如，在 8 位有符号二进制数系统中：

$[+75]_{补}=01001011$

$[-75]_{补}=10110100$(01001011 的反码)$+1=10110101$

$[-75]_{补}=100000000-01001011=10110101$(模$=100000000$)

特别地：$[0]_{补}=[+0]_{补}=[-0]_{补}=00000000$。可见，数 0 的补码表示是唯一的。

3）求负数补码的方法

在用补码定义求负数补码的过程中，由于做减法不方便，一般采用先用原码求反码，再在反码数值末位加 1 的实用方法，即$[X]_{补}=[X]_{反}+1$。例如：$[-75]_{补}=[|-75|_{原}]_{反}+1=[+75]_{反}+1=10110100+1=10110101$B(注意符号位的处理)。

用 N 位数的反码可以表示的数的范围为$-(2^N)\sim+(2^N-1)$。这里共 2^{N+1} 个不同的数，包括一个 0(0000,0000)。

8 位二进制补码($N=7$)能表示的范围为$-128\sim+127$，对应于[1000 0000～0111 1111]，若超过此范围，则为溢出。

4. 相反数

求相反数是将一个正数变成其相反的负数或是将一个负数变成其相反的正数。

规则：不论正数还是负数，其相反数就是其补码。两次求反将回到原点，过程如下：

开始　　　　　　01001＝＋9

补码(求相反数)　10111＝－9

再求相反数　　　01001＝＋9

数的各种码制的表示形式如表 2-1 所示。

表 2-1　各种码制下数的表示形式

二进制数	无符号数	原码	补码	反码
00000000	0	+0	+0	+0
00000001	1	+1	+1	+1
00000010	2	+2	+2	+2
⋮	⋮	⋮	⋮	⋮
01111110	126	+126	+126	+126
01111111	127	+127	+127	+127
10000000	128	0	−128	−127
10000001	129	−1	−127	−126
10000010	130	−2	−126	−125
⋮	⋮	⋮	⋮	⋮
11111101	253	−125	−3	−2
11111110	254	−126	−2	−1
11111111	255	−127	−1	−0

2.4.3 编码

编码就是用数字表示数字(即字符 0～9)、字母或文字,这些“数字”叫做代码。代码的集合构成一种编码体制。计算机中使用的编码是用二进制数表示形式多样世界的需要。

1. 二-十进制编码

数字系统使用二进制数实现其内容操作,而数字系统之外使用十进制数,这就意味着经常需要完成二进制数与十进制数之间的相互转换。在某些场合中,使用等值的二进制数对十进制进行编码,就可以不通过转换,在数字系统中直接用二进制数(编码)表示十进制数,形成二-十进制编码,简称 BCD 码。由于十进制有 0～9 共 10 个数符,最大是 9,因此对十进制数符编码,需要用 4 位长度的二进制数(如 9 的二进制码是 1001)。

求解任意位十进制数的 BCD 码的方法是,先将其每一位用等值的二进制数表达,然后按照书写的习惯从左到右、从高位到低位将这些二进制数顺序排列即可。

例如,十进制数 853 的 BCD 码由此而得:8→1000,5→0101,3→0011,再按序排列,得:$853_{10}=1000\ 0101\ 0011_{BCD}$;同理,$7369_{10}=0111\ 0011\ 0110\ 1001_{BCD}$。

4 位二进制数有 0000～1111 共 16 种组合。而 BCD 码只用其中 0000～1001 共 10 个,余下的 1010,1011,1100,1101,1110,1111 等六种组合是无效的,称为禁用码。因此,在 BCD 码系统中,只要出现 6 种禁用码之一,就表明系统出错。

存储器以字节为单位,一个字节存两个 BCD 码时,称为压缩的 BCD 码。

BCD 码向十进制数的转换是十进制数向 BCD 码转换的逆过程。

【例 2-15】 试把 BCD 数 0110 1000 0011 1001 转换为等值的十进制数。

解:先将 BCD 数按 4 位进行分组,即可转换成十进制数,即

$$0110\ 1000\ 0011\ 1001_{BCD}=6839_{10}$$

【例 2-16】 试把 BCD 数 0111 1100 0001 转换为等值的十进制数。

解:在 BCD 数中,出现禁用码 1100,表明系统出错。

BCD 码的最大优点是容易实现与十进制数的相互转换,仅需记忆十进制数 0～9 所对应的 4 位码二进制数。在数字系统中,十进制数与 BCD 码的相互转换要依靠逻辑电路来实现。因此,从硬件角度看,容易实现是十分重要的。

BCD 码也称为 8421BCD 码,以形象表示从左到右四位二进制数位的权值。

表 2-2 列出了十进制数与 BCD 码的对应关系。

表 2-2 十进制数与 BCD 码的对应关系表

BCD 码	十进制数	BCD 码	十进制数	BCD 码	十进制数	BCD 码	十进制数
0000	0	0100	4	1000	8	1100	12(禁用)
0001	1	0101	5	1001	9	1101	13(禁用)
0010	2	0110	6	1010	10(禁用)	1110	14(禁用)
0011	3	0111	7	1011	11(禁用)	1111	15(禁用)

2. 字符数字码

按编码的定义,代表字母或文字等信息体制中的数字,统称为字符数字码。

美国信息交换码(简称 ASCII 码)是应用最为广泛的一种字符数字码体系。ASCII 码是 7 位码(第 8 位固定为 0),有 $2^7=128$ 种可能的代码,它们对应了计算机中出现的所有文本符号,并与标准键盘符一一对应。全部 7 位 ASCII 编码见附录 A。

最高位(b_7)定义为 1 后所形成的 ASCII 码称为扩展 ASCII 码。它使标准 ASCII 码的数量从 128 扩展到 256 个,首先在 IBM PC 中使用,随之得以发展的。

习　题　2

2-1　在二进制计数序列中,10111_2 的下一个二进制数是什么?

2-2　用 14 位二进制能表示的最大十进制数是什么?最多能表示多少种不同的数(用十进制表示)?

2-3　将 425.6875_{10} 转换成二进制、八进制和十六进制数。

2-4　将 31.54_8 转换为十六进制数。

2-5　将 3.1416_{10} 转换成二进制、八进制和十六进制数。

2-6　将 61611_{10} 转换为十六进制数。

2-7　试把 BCD 数 0110 0111 1000 1001 转换为十进制数。

2-8　试把十进制数 5340 转换为 BCD 数。

2-9　试用直接二进制数表示 178_{10},并用 BCD 码对 178_{10} 进行编码。

2-10　总结直接二进制数与 BCD 数的不同之处。

2-11　两个字节的 BCD 码连起来,能表示最大的十进制数是多少?两个字节压缩 BCD 码呢?

2-12　从附录 A 查出 26 个小写英文字母对应的 ASCII 码的十六进制值。

2-13　半个字节能表示多少位十六进制数?两个字呢?

2-14　下列数都是二进制的补码形式。求它们的十进制值。

(a) 01100;　(b) 11010;　(c) 10001

第3章 chapter 3

MCS-51 系列单片机系统硬件

3.1 MCS-51 系列单片机内部与外部结构

全面了解 MCS-51 系列单片机的工作原理、所具备的资源、资源使用方法，是高效使用这款单片机的基础。以下从标准 51 单片机的内部结构及外部特性出发，开始 51 系列单片机的学习之旅。

3.1.1 MCS-51 系列单片机硬件资源

在单片机硬件资源中，最重要的是存储器。它为 CPU 提供全部数据的栖息地。

数的长度以二进制位数表示，常见的有 8 位、16 位、32 位等，原因是计算机分为 8 位、16 位或 32 位机等，其含义是 CPU 一次并行处理二进制的位数。计算机系统中的数据以字节为单位存储于存储器中，比字节更小的存储单位有位，比字节更大的存储单位有字和双字等，这部分内容请参阅 2.4.1 节的内容。

1. MCS-51 系列单片机存储器编址方式

存储器是由众多“房间”(一般指字节存储单元，对位单元一样适用)构成的存储区的统称。每个字节中有 8 个“座位”(位)，位有空(0)和满(1)两种状态。注意：作为数据，0 和 1 一样重要！为了区别不同的房间和座位，最简单的办法就是对房间和位进行编号或地址分配，称为编址，如 0,1,2,…,65534,65535,…。通过地址，CPU 就可以访问不同的“房间”，从而达到使用“房间”中的数据的目的。

存储器按大类分为程序存储器和数据存储器两类。对不同类型的存储器编址方式不同，这样就形成两种单片机体系结构：

(1) 独立编址结构：不同类型或用途的存储器独立用一套地址。教室就是独立编址的典型实例，一所学校里编号为 102 的教室应该有多个。地址号重叠是独立编址的特点。

(2) 统一编址结构：系统中所有存储器单元用一套地址。身份证、手机号码是统一编址的典型实例。

51 机采用独立编址的体系结构，两类存储器与 CPU 的联络方式如图 3-1 所示；而同是 Intel 公司生产的 MCS-96 系列 16 位单片机则采用统一编址结构，存储器与 CPU 的联络方式如图 3-2 所示，这说明两种编址方式并无优劣之分。无论怎样编址，CPU 都不会找错地址。在以后的学习中，要特别注意 51 机是如何识别独立编址系统中地址重叠单元的。

图 3-1 独立编址结构单片机　　图 3-2 统一编址结构单片机

2. 总线(bus)概念

总线(泛指并行总线)是单片机系统中各部件之间传送信息的公共通道，包括数据总线(Data Bus，DB)、地址总线(Address Bus，AB)和控制总线(Control Bus，CB)。数据总线的位数(也称为宽度)是单片机的一个很重要的指标，一般情况下，它和单片机中 CPU 的位数相同。总线又分为内部总线和外部总线两种。内部总线是 CPU 与单片机内部各部件之间联系的通道，内部总线是不可观测的。外部总线是 CPU 与系统中的外扩部件之间进行信息交换的通道。

数据总线在功能上要求是双向的，这是数据要在 CPU 与存储器之间往来的需要。

地址总线用来传送地址信息。地址信息总是从 CPU 或单片机发出的单向信号。地址总线的位数决定了单片机可直接寻址的范围。比如具有 16 条地址线的单片机，其 CPU 最大可寻址的空间范围为 2^{16}=64KB(65 536B)。

控制总线传输控制信号。如存储器的读/写信号、地址锁存信号和程序存储器选通信号等，因单片机而不同。51 机具有外部总线扩展能力，这部分内容将在第 8 章和第 9 章讨论。

3. MCS-51 系列单片机内部结构

图 3-3 是 MCS-51 系列单片机的内部结构框图。标准 51 单片机有 9 个主要部分。

(1) 中央处理单元(CPU)。由算术及逻辑运算和逻辑控制单元组成。

(2) 存储器。标准 51 单片机有程序存储器和内部数据存储器两部分，增强型 51 单片机增加了片内扩展的外部数据存储器(XRAM)和非易失性数据存储器部分(图 3-3 中的虚线部分)，依单片机型号而定。

(3) 程序代码管理系统。即图 3-3 下部中间的虚线框部分。单片机的 CPU 只做读指令代码、解析指令、产生决策一件事。代码管理系统专门负责为 CPU 提供程序代码。指令寄存器根据指令的类型确定程序计数器 PC 的值及其增量，以便在下一取指周期读取该取的代码。PC 是 51 机系统专门设置的一个 16 位地址指针型寄存器，它永远指向程序存储区。上电复位后 PC 值总是从 0000H 开始，之后随着程序流程变化，它指向哪个区，系统就工作在哪个程序区。可以说，PC 是 CPU 的向导。

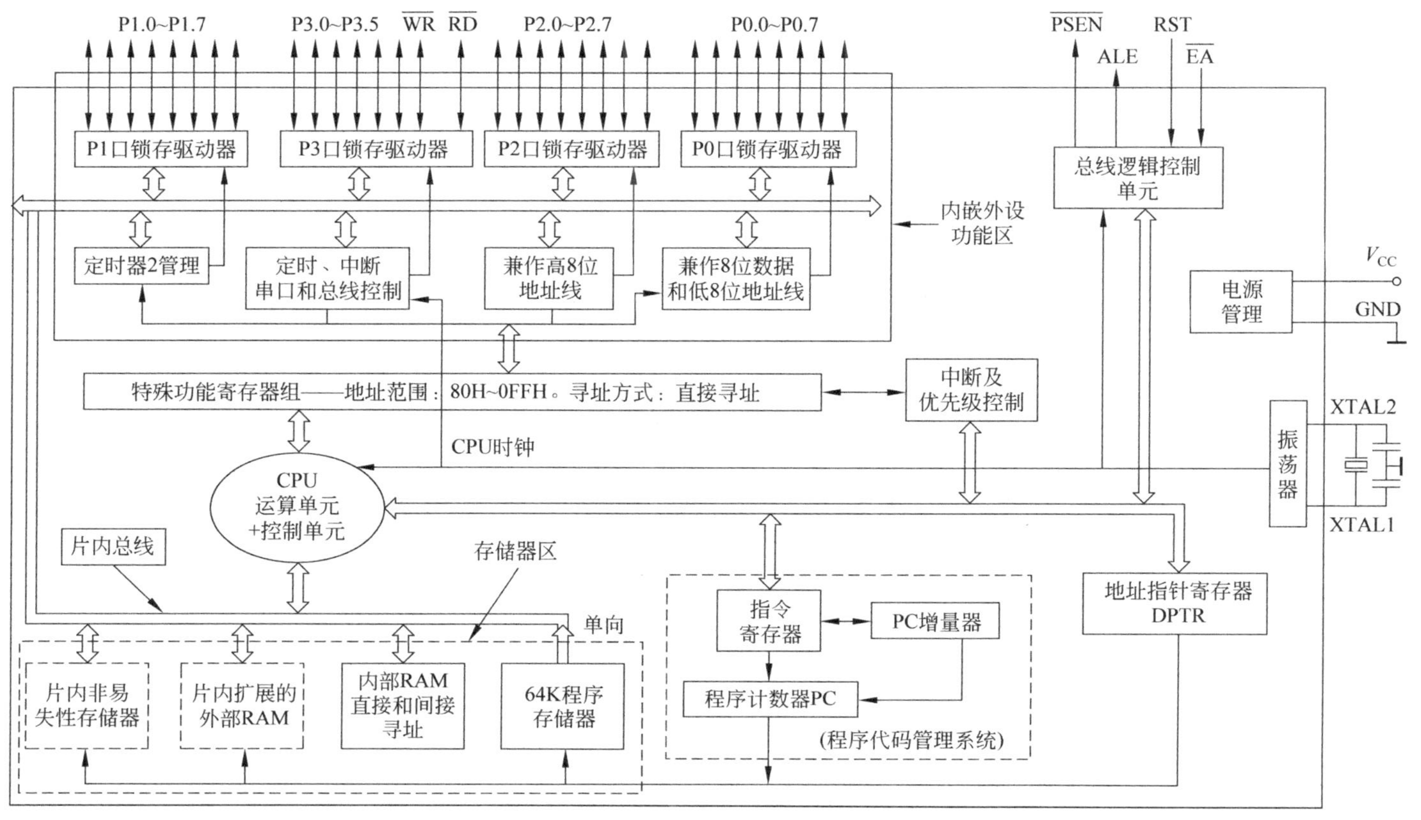

图 3-3 51 系列单片机内部结构示意框图

(4) 特殊功能寄存器(SFR)组,负责单片机上所有硬件资源的管理。

(5) I/O 及外设:是单片机与控制对象沟通的桥梁。标准 51 单片机包括 4 个并行 8 位 I/O,5 个中断源和两个优先级的中断控制器,1 个支持多机通信的全双工的异步串口,两个 16 位定时计数器。而 8052 是标准 51 单片机的升级产品,归为标准 51 单片机类,其资源参考表 3-1。

(6) 时钟振荡电路,可用于内部和外部两种时钟方式。时钟是系统的时间基准。

(7) 总线逻辑控制单元。其功能主要是产生外部总线控制信号。51 机共有 4 个总线控制信号,$\overline{\text{PSEN}}$、ALE、$\overline{\text{WR}}$(P3.6)和$\overline{\text{RD}}$(P3.7),它们是动态控制信号输出端;RST 和$\overline{\text{EA}}$是静态受控制信号,决定单片机的工作状态,本书不将它们列入控制信号中。

(8) 电源管理模块。标准 51 单片机之后的增强型产品均增加了电源电压监视、程序运行异常监视、低功耗模式、系统异常软复位等功能,使单片机系统的可靠性进一步加强。

(9) 外部并行扩展总线。当 51 机工作于扩展总线方式时,P0、P2、P3.6($\overline{\text{WR}}$)、P3.7($\overline{\text{RD}}$)加上$\overline{\text{PSEN}}$和 ALE 构成 51 机的分时复用总线。

从图 3-3 看出,单片机内所有部件都是通过内部总线与 CPU 进行联系的。但到外部接口这一层,包括 I/O 及内嵌的外设,CPU 是通过特殊功能寄存器(SFR)来管理并实现其功能的,这种分层管理结构有利于发挥 CPU 的效率。可以说 SFR 是 CPU 的总管家。学好、用好 SFR,是学好、用好单片机的一个必经途径。

图 3-4 是 51 机内部结构的简化框图,图中的箭头表示数据流的方向。该图以模块方式从更宏观的层面和应用角度,全面展现标准 51 单片机的资源与结构。

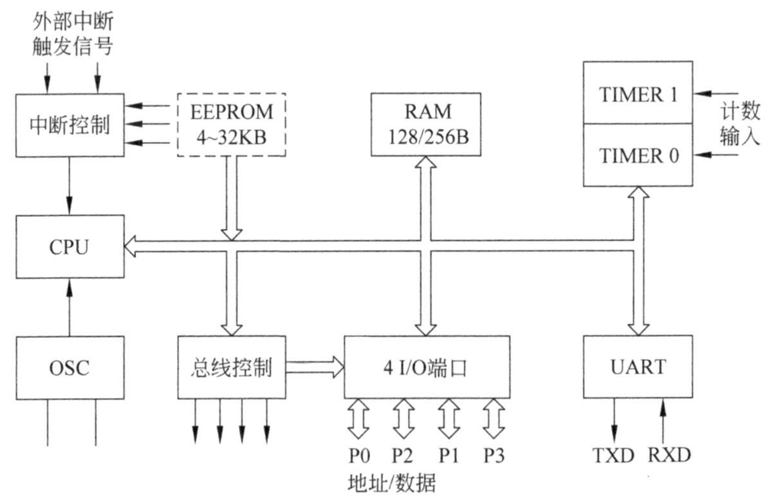

图 3-4 MCS-51 系列单片机内部结构简化框图

标准 51 单片机资源配置情况列于表 3-1 中。

表 3-1 标准 51 单片机的硬件资源

型号	ROM/KB	片内RAM/B	寻址范围/KB	定时/计数器/b	接口			主频/MHz	中断源
					并行/b	串行口	I/O		
8031	0	128	64	2×16	2×8	异步	32	12	5
8051	4(R)[1]	128	64	2×16	2×8	异步	32	12	5
8751	4(E)[2]	128	64	2×16	2×8	异步	32	12	5
8032	0	256	64	3×16	2×8	异步	32	12	6
8052	8(R)[1]	256	64	3×16	2×8	异步	32	12	6
8752	8(E)[2]	256	64	3×16	2×8	异步	32	12	6
89C51	4(F)[3]	128	64	2×16	2×8	异步	32	12	5
89C52	8(F)[3]	256	64	3×16	2×8	异步	32	12	6

[1] R 表示程序存储器类型为 ROM。

[2] E/O 表示程序存储器类型为 EPROM 或 OTP。

[3] F 表示程序存储器类型为 Flash。

表 3-1 反映了标准 51 单片机资源配置的概貌。52 机是 51 机的升级机型，可称为标准 52 单片机。其程序存储器容量是 51 机的两倍，片内数据存储器容量从 128B 提高到 256B，并增加了 16 位定时/计数器 2，使中断源的个数增加到 6 个，其他情况与 51 机相同。

3.1.2 标准 51 单片机的引脚排列及功能

图 3-5 是 40 引脚 DIP 封装的标准 51 单片机的引脚图。图中有 * 标记的引脚为标准 52 单片机所有。

引脚按功能分以下几个部分。

1. 电源部分

由 V_{CC}(40 脚)和 V_{SS}(20 脚)组成。标准 51 单片机以 +5V 为供电的标准，电压范围一般为 5V±5%。

2. 时钟及控制部分

1) 时钟输入 XTAL1 与输出 XTAL2

二者为时钟输入和输出引脚，其内有一个时钟振荡器与之相联。51 机有两种时钟方式。

(1) 内部时钟方式：外接晶体与 C1、C2 构成三点式振荡电路，接于 XTAL1 与 XTAL2 之间，借用内部振荡器产生时钟信号，电路如图 3-6 所示。

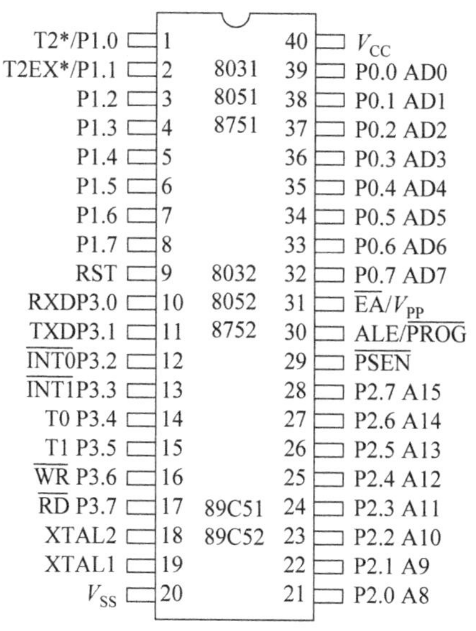

图 3-5 标准 51 单片机引脚图

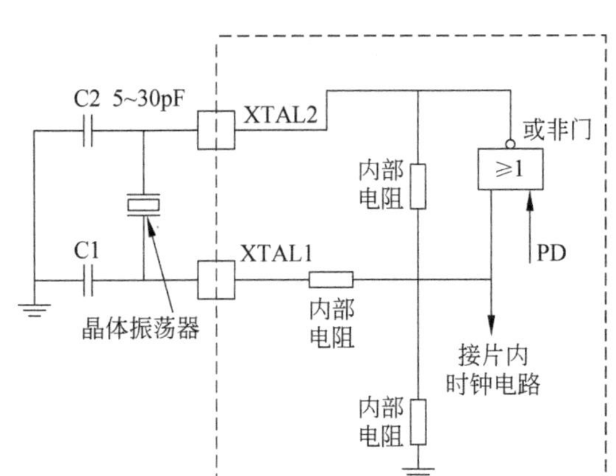

图 3-6　51 机振荡电路及内部时钟方式

(2) 外部时钟方式。外部时钟信号直接从 XTAL1 引脚输入，XTAL2 悬空，如图 3-7 所示。图 3-8 是一个实用时钟源。

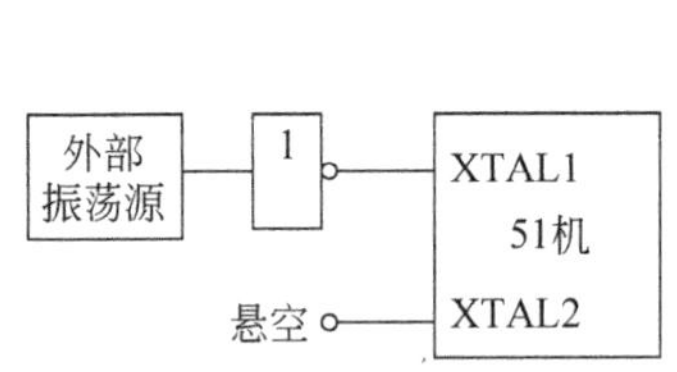

图 3-7　外部方式时钟电路

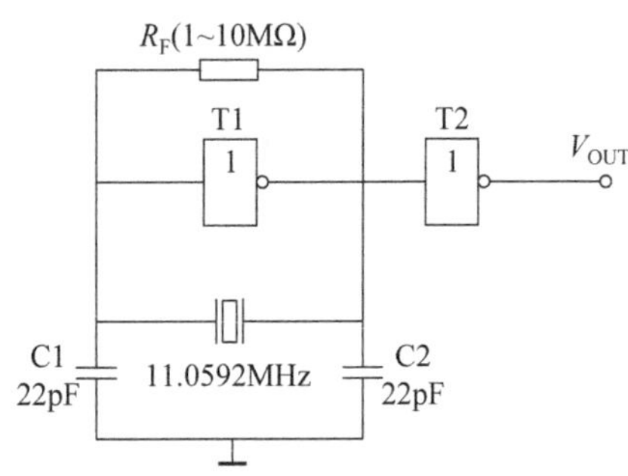

图 3-8　外部振荡源参考电路

单片机的时钟振荡源通常采用石英晶体，其频率稳定度可高达 10^{-5} 或更高。

2) 复位控制输入端

RST 是复位信号的输入端，高电平有效。即 51 机为高电平复位型单片机。

51 机上电后，时钟电路便开始工作。此时，若在 RST 引脚上出现持续的 24 个时钟周期以上的高电平，就可使 51 机完成复位，这是 51 机的最小复位时间。

图 3-9 是一种成本低、实用的上电自动复位电路。有些单片机系统，如智能仪器、仪表的面板上，需要设有手动复位按钮，图 3-10 是在图 3-9 的基础上加了一个轻触开关构成的手动/自动两用复位电路，复位时间都在 18ms 左右(用电路的时间常数估计)。

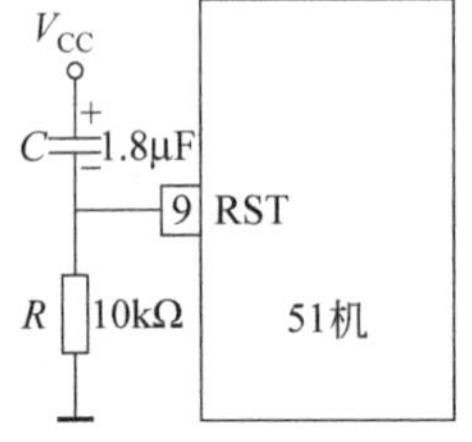

图 3-9　51 机上电自动复位电路

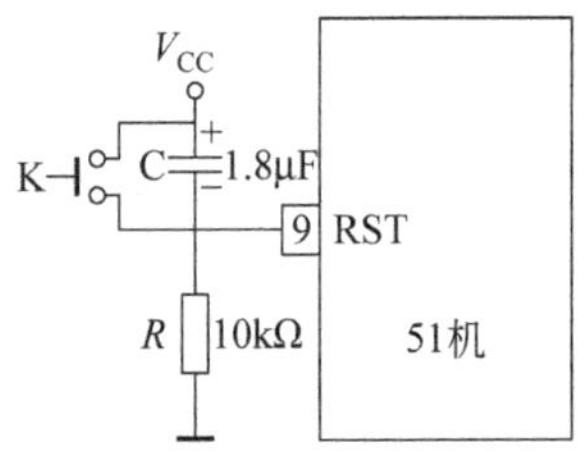

图 3-10　自动/手动两用复位电路

3）程序存储器选择信号输入端

$\overline{EA}/V_{PP}$是内部/外部程序存储器选项端。当$\overline{EA}$接高电平时，51 机复位后 CPU 从片内程序存储器取指；若$\overline{EA}$接低电平，CPU 将从片外程序存储器取指。考察表 3-1，8031 及其升级产品 8032 是 51 机家族中片内无程序存储器的特殊产品，由它们构成的系统，其$\overline{EA}$引脚必须接低电平（通常接地），即选用外部程序存储器，单片机才能工作；而家族中其他成员既可以选用内部（此时$\overline{EA}$脚应接高电平），又可选用外部程序存储器，按系统需要而定。

3. I/O 及外设部分

标准 51 单片机的 I/O 口、中断输入、计数输入和异步串行接口等物理实体都集中于此，如图 3-3 所示。

51 系列单片机的 I/O 多数都是多功能复用的，这是为了在有限的引脚上实现更多的功能所采取的策略。

在总线工作方式下，P0、P2 口兼作地址/数据总线用。而片内外设（不包括 I/O）的对外接口都集中在 P3 口上。到了 52 机，所增加的资源只能用 P1 口上的某些位。标准 51 机的 I/O 复用情况如表 3-2 所示。

表 3-2 标准 51 单片机 I/O 的第二功能

I/O 端口/位	引脚号	第 二 功 能	数据/信号方向	备 注
P0	39～32	A0～A7/D0～D7	输出/双向	仅在并行总线方式下
P2	21～28	A8～A15	输出	仅在并行总线方式下
P3.0	10	RXD(异步串口输入)	输入	方式 0 时：输入输出
P3.1	11	TXD(异步串口输出)	输出	
P3.2	12	$\overline{INT0}$(外部中断 0)	输入	
P3.3	13	$\overline{INT1}$(外部中断 1)	输入	
P3.4	14	T0(计数 0)	输入	
P3.5	15	T1(计数 1)	输入	
P3.6	16	$\overline{WR}$(外部 RAM 写控制)	输出	仅在并行总线方式下
P3.7	17	$\overline{RD}$(外部 RAM 读控制)	输出	仅在并行总线方式下
P1.0	1	T2(计数 0)	输入	标准 52 单片机及以上才有
P1.1	2	T2EX(捕捉输入)	输入	标准 52 单片机及以上才有

注：引脚名上的上划线表示该引脚为低电平输入有效。

注意：在做 I/O 分配时，应在满足第二功能需求后，再考虑将它们应用于 I/O，以免造成资源浪费。对 51 机，安排 I/O 时可考虑 P1、P2、P0、P3.6、P3.7，尽量不要将 P3.0～P3.5 口用作 I/O。

3.2 单片机正常工作的硬件条件

如果先不涉及软件及自身的硬件设施，51 机正常工作需要哪些外部硬件条件呢？

答案是以下 4 个条件：

(1) 有如图 3-6 或图 3-7 所示的振荡电路为 51 机提供的时钟信号。

(2) 有如图 3-9 或图 3-10 所示的电路，保证 51 机可靠复位。

(3) 有一个稳定的、满足 51 机工作电压条件的工作电源。注意：绝不要将电源的极性接反，否则将烧毁单片机！

(4) 给$\overline{EA}$脚接入高电平或低电平，为 51 机指示程序代码的位置(内部或外部)。

第(4)点由于某些增强型 51 机已不用$\overline{EA}$信号进行程序存储器选择，而统一用内部程序存储器了，故$\overline{EA}$引脚被省略。

只满足正常工作的外部硬件条件，还不足以让单片机照我们的愿望工作。只有将程序载入单片系统后，它才能为我们服务。

3.3 标准 51 机的 I/O 结构

I/O 口是单片机与外部世界沟通的桥梁。它们既是感觉器官，用于检测输入信号，又是单片机的四肢，能输出信号，实现控制目的。要使用 I/O，首先就要对其电路结构与原理等内部特性有一定的理解。在应用中，设计者的注意力最终会集中在 I/O 的电平标准、驱动能力和操作方法等外部特性上。

3.3.1 I/O 口结构

标准 51 单片机有 4 组 8 位并行 I/O 口：P0～P3，共 32 位。其中 P0 口为双向三态结构，P1～P3 口均为准双向口，4 个并行口均具有输出锁存功能。

图 3-11 是标准 51 单片机的 4 组 I/O 中任意一位内部电路的示意图。其中，P1、P2、P3 口均有内部上拉电阻，阻值很大，属于弱或极弱上拉结构，所以，拉电流能力很弱。它们不是三态门结构，故称为准双向口。只有 P0 采用三态门结构，才是真正的双向口。

3.3.2 P0 口内部结构及使用

1. 作为 I/O 口

P0 口作为 I/O 口使用时，图 3-11(a)中多路开关的控制信号为低电平，导致多路开关转向 $\bar{Q}$。控制信号还导致 V1 管截止，致使 V2 管源极开路。所以 P0 口作为输出口时必须有上拉电阻。

输出时，在写锁存器脉冲信号作用下，信号经内部总线→锁存器输入端 D→反相输出端→多路开关→V2 栅极→V2 漏极到达输出端。

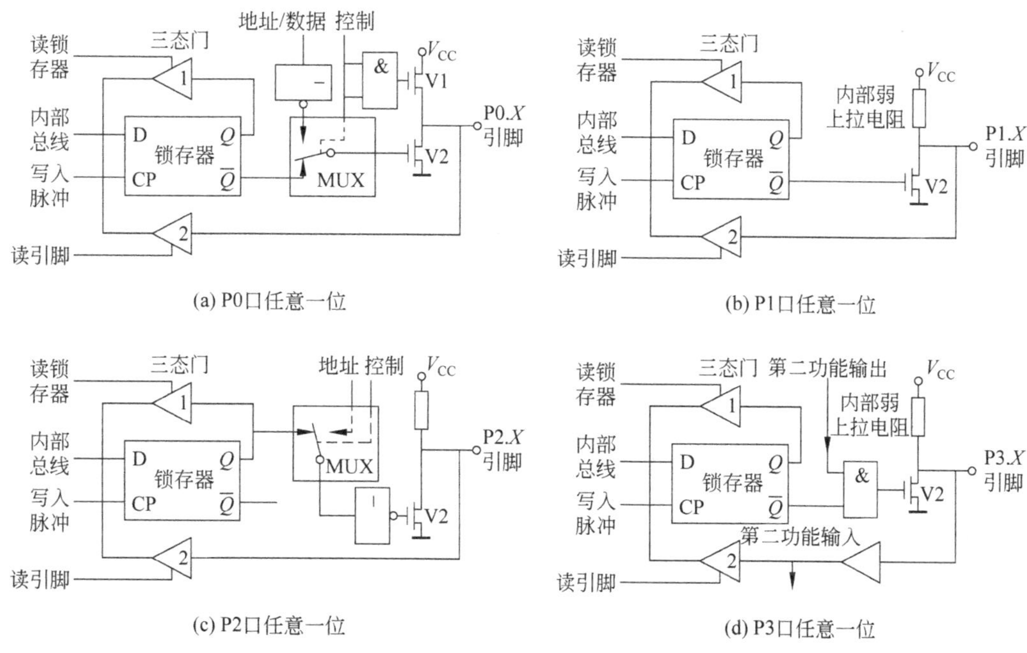

(a) P0口任意一位　(b) P1口任意一位

(c) P2口任意一位　(d) P3口任意一位

图 3-11　MCS-51 系列单片机 4 个并行口任意一位内部结构示意图

P0 作为输入口时，$\bar{Q}$ 端为低电平，使 V2 管截止（这时 V1、V2 均截止，P0. X 引脚悬空），在读信号作用下，输入信息经 P0. X 引脚→读引脚三态门电路→内部总线。

2. 作为地址/数据总线

在 CPU 访问外部存储器时，P0 口作为地址/数据总线使用。这时“控制”信号为 1，多路开关 MUX 接地址/数据一方，同时使控制 V1 的“与”门解锁，因此，该“与”门的输出状态由“地址/数据”线的状态决定。地址/数据信号经反相器→V2 栅极→V2 漏极输出。设地址信号为 0，则“与”门输出低电平，V1 管截止，但 V2 在反相器高电平作用下导通，P0. X 引脚以“地”电平作为低电平输出。若地址信号为 1，则“与”门输出高电平，V1 导通，V2 在反相器低电平作用下截止，P0. X 引脚直接与 V_{CC} 接通。可见，在输出“地址/数据”信息时，V1、V2 交替导通，并有极强的负载能力。

对数据输出指令，如“MOVX @DPTR，A”，则多路开关“控制”信号为 1，与输出地址信号类似，数据由地址/数据线→反相器→V2 栅极→V2 漏极输出。

P0 口作为数据总线时，在取指令期间，“控制”信号为 0，V1 管截止，多路开关仍转向锁存器反相输出端 $\bar{Q}$，系统控制 P0 口锁存器，使 V2 管截止。在读信号控制下，通过读引脚电路将指令码读到内部总线。

对数据输入指令，如“MOVX A，@DPTR”，数据输入过程类似于读指令码。

P0 口作为地址/数据总线时，可以驱动 8 个 LS TTL 负载。如果负载是功率更低的 MOS 器件，P0 口所能驱动的负载数量还可以增加，设计时可将负载等效为标准 LS TTL 负载，再推算 P0 口可带负载的数量。

3.3.3 P1 口内部结构及使用

P1 口内部结构如图 3-11(b)所示。P1 口为 8 位准双向口。P1 口输出时,CPU 将数据写入锁存器,当输入 1 时,$\bar{Q}=0$,V2 管截止,输出线被内部上拉电阻拉成高电平,即输出 1;输入 0 时,$\bar{Q}=1$,V2 管导通,引脚被拉为低电平,即输出 0。

P1 口作为输入时,系统自动控制锁存器 D,使 $\bar{Q}=0$,V2 管截止。此时,口线可被外电路拉成高电平或低电平,即为 P1 口的状态。

3.3.4 P2 口内部结构及使用

P2 口内部结构如图 3-11(c)所示。

1. 作为 I/O 端口

P2 口作为 I/O 端口使用时,控制信号为 0,多路开关转向锁存器同相输出端 Q,输出信号经内部总线→锁存器输出端 Q→反相器→V2 管栅极→V2 管漏极输出,负载能力约为 4 个 TTL 与非门。输入时,系统使 V2 管截止,P2 各引脚状态由外部输入电路决定。

2. 作为地址总线

P2 口作为地址总线高 8 位时,控制信号为 1,多路开关转向"地址"线,地址信息经反相器→V2 管栅极→漏极输出。

3.3.5 P3 口内部结构及使用

P3 口内部结构如图 3-11(d)所示。作为 I/O 口时,与 P2 口情况类似。

作为第二功能输出时,第二功能信号为 1,使控制 V2 的与门解锁。输出信号经与门→V2 管的栅极→漏极→P3. X 引脚;作为第二功能输入时,系统自动将控制 V2 管截止,输入信号被单片机读取。

注意,从应用角度看,读者应记住 I/O 的驱动能力信息。除 P0 口外,I/O 输出拉电流的能力很小,原因是其内部的弱上拉结构所致。而在输出低电平时,引脚吸收电流(灌电流)的能力较强,以不超过 20mA 为限。只有 P0 口特别些,作为数据总线时,三态门具有很强的驱动能力,但在做 I/O 用时,则为开漏结构,接口须上拉才能输出高电平,因此,在设计电路时,一般要留下 P0 口各位上拉电阻的位置。

应注意的第二点是,在电路设计时一定要注意电流的流向,不要产生人为的信号流向冲突。例如,I/O 为输出时,外电路应接输入型而不是输出型电路或器件,因为这种接法会产生短路情况,严重时会烧毁单片机 I/O 的内部电路。

51 机 P1、P2、P3 口的驱动能力与内部上拉电阻有关。技术手册指出:3 个口均可驱动 4 个 LS TTL 门,P0 口作为 I/O 口时,外加的上拉电阻的大小决定其拉电流的能力。

3.4 51系列单片机存储器结构

51机的存储器采用独立编址方式,即将存储器按类型分区,并分别独立为它们赋予连续的地址范围。

51机系统有程序存储器、内部数据存储器、外部数据存储器和非易失性数据存储器几种,相应就有4个存储器物理空间独立存在。为了便于理解,可以将这4类存储器比喻为学校的宿舍、教室、图书馆及活动中心,它们均为教学服务,但用途不同。同理,存储器都是存放数据的,不同类型的房子中都有102号房间,但用途是不同的。51系列单片机存储区配置情况见图3-12,以下讨论它们在单片机系统中的作用。

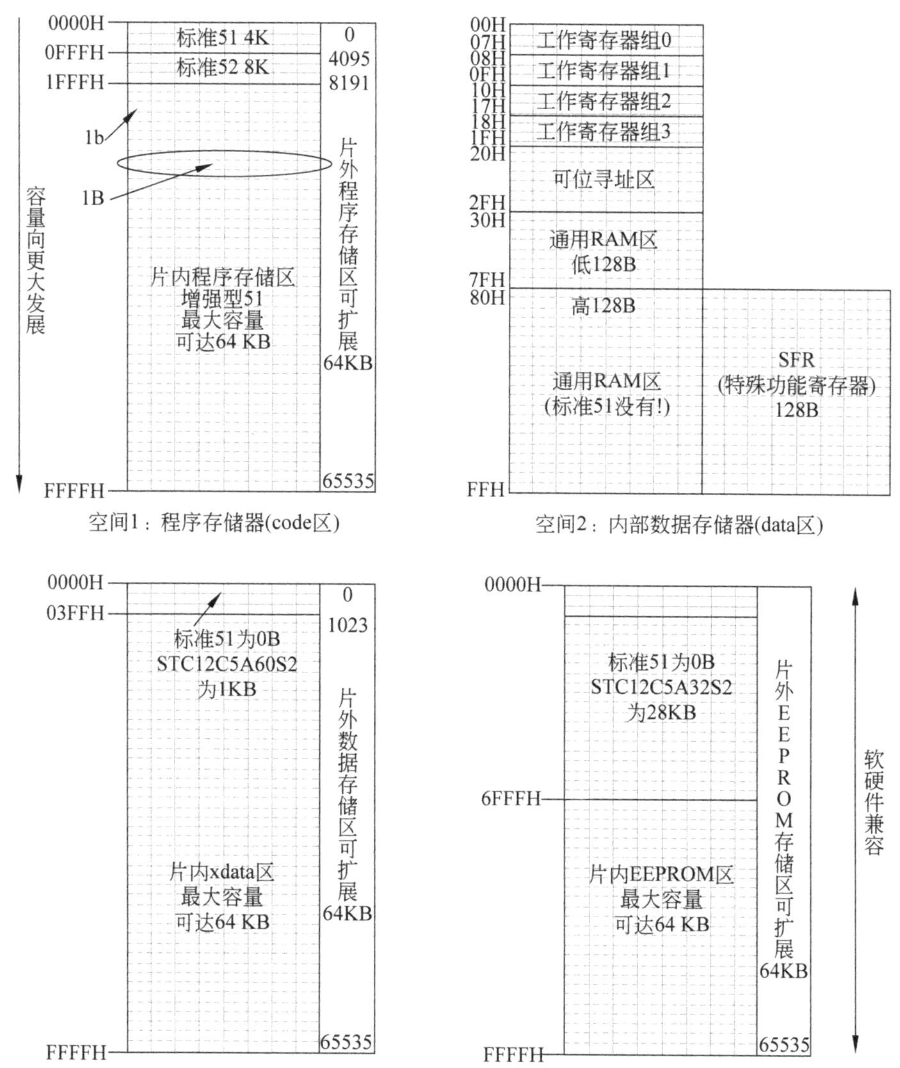

图3-12 51系列单片机存储器配置

3.4.1 程序存储器

图 3-12 中的空间 1 为程序存储器区。51 机的程序存储器可放在片内，也可放在片外，但总容量不能超过 64KB，相应的地址号为 0～FFFFH。程序存储器主要用于存储程序代码，此外也可以存放参数表、字码表和汉字字模等不变且常用的数据。

注意：数据与程序代码不同，它们是不可执行的，因此，PC 永远不会指向它们的地址。

3.4.2 内部数据存储器

图 3-12 中的空间 2 为内部数据(RAM)存储区。51 系列单片机 RAM 区的容量一直沿用标准 51 单片机的传统方式。51 型为 128B，52 以上型号也只有 256B，并分为高、低 128B 两块，低端 128B 与 51 机型一样，有多种寻址方式；而高端 128B 只能用间接寻址方式对其读/写。51 系列单片机都有 128B 的 SFR 单元，其地址与高端 128B 的 RAM 重叠，只能直接寻址。

上电之初 RAM 的内容是随机数，但复位不影响 RAM 中的内容。51 机内部 RAM 比外部 RAM 具有更多的寻址方式，使用起来更加方便。另一方面，内部 RAM 是 51 机自带的资源，是构建最小应用系统的必要部分，CPU 的很多工作需要借助它们完成。标准 51 单片机片内 128B 或 256B(52 以上机型)的 RAM 分为以下 4 个区。

1. 工作寄存器组

内部 RAM 中地址 00H～1FH 共 32B，指定为 51 机的 4 个通用工作寄存器组的区域，每组为 8B 的单元，名称均为 R0～R7，但属于不同的物理空间。R0～R7 是 51 机最常用的寄存器，4 组 R0～R7 可以在同一程序中分时工作。由于逻辑名相同，所以在使用它们时，要进行工作区的切换。切换是通过对 PSW 的第 3、4 位(RS0、RS1)的改写实现的，RS0、RS1 位值与当前工作寄存器组 R0～R7 组的关系如表 3-3 所示。

51 机复位后，RS0、RS1 位均为 0，所以工作寄存器组 0 是默认的寄存器组。

表 3-3 设置当前有效工作寄存器组

PSW.4(RS1)	PSW.3(RS0)	当前工作寄存器	片内 RAM 地址	工作寄存器名称
0	0	组 0(默认组)	00H～07H	R0～R7
0	1	组 1	08H～0FH	R0～R7
1	0	组 2	10H～17H	R0～R7
1	1	组 3	18H～1FH	R0～R7

注意：有了工作寄存器组的概念，对 00H～1FH 这 32B，用户最好不要再将其作为一般的“草稿纸”来用了，即使只用 1 个工作寄存器组时也如此，以免发生数据冲突。

【例 3-1】 RAM 是可以随机改写的。现需要将内部 RAM 中 00H～1FH 单元的内容依次写为 1FH～0，假设操作已经完成(在学习第 4 章后自行完成)，回答以下问题：

(1) 寄存器组 0 中 R0～R7 的地址是什么？其内容是什么？

(2) 如果 RS1、RS0 的内容对应为 1、0，这时当前寄存器组是哪一组？R0～R7 的地址是什么？其内容是什么？

(3) 说明题目中 00H～1FH 和 1FH～0 这两组数字的意义。

答：

(1) 寄存器组 0 中 R0～R7 的地址是 0～7，其内容是 1FH～18H。

(2) 当前寄存器组是组 2。R0～R7 的地址是 10H～17H，其内容是 F～8(H)。

(3) 00H～1FH 是地址，本题就是指 4 个工作寄存器组成员(所住的房间)。而随后的 1FH～0 则是指 4 个工作寄存器成员的值(房间中的内容)，是数据。

2. 堆栈区

堆栈是计算机中的具有先进后出(FILO)特性的特殊 RAM 区域。堆栈与仓库类似，是向上生长的。堆栈在计算机中用来实现以下特殊功能：

(1) 保存中断返回地址。

(2) 保存子程序调用返回地址。

(3) 保护现场。即用堆栈保护在同一段程序中需多次使用的寄存器的原始数据。

(4) 数据保存与交换。

(1)、(2)是堆栈的主要功能，是计算机系统自备的，用户不能干预的功能。而(3)、(4)则是对堆栈的技巧性应用，需用指令来实现，这两个功能的使用是自由的，因编程者而不同，用法也不是唯一的。

51 机要求将堆栈设置在内部数据区中，原因很简单，所有 51 机都有内部 RAM。

由于堆栈是向上增长的，因此堆栈应遵循设置在片内 RAM 区的顶端这一原则，以避免堆栈与数据区的冲突。从这一原则出发，在估计出堆栈的用量后，堆栈的位置就能定下来了，例如，某标准 51 系统需要 32B 的堆栈空间，则栈底应设置在 5FH 处。堆栈通过指定堆栈指针 SP(SFR 成员之一)的值来设置。完成这一任务的指令如下：

```
MOV    SP,#5FH     ;与 C51 的 SP=0x5f 等价,是 C 程序的用法
```

指令执行后，栈底被设置在 5FH。堆栈区不包括 5FH 这个单元，即栈底不属于堆栈区单元，仍可被用户使用。随着堆栈区依次被占用，堆栈指针将向上增长，51 机片内 RAM 最高地址单元为 7FH，因此，这条指令就指定堆栈区在 60H～7FH 之间，共 32B。

编程者对堆栈区大小的希望与对 RAM 的希望一样，总是不嫌多的。但在有限的 RAM 空间下，堆栈区设置得太大，会使用户数据区变小，使“草稿纸”不够用；而堆栈区设置太小又有堆栈溢出的顾虑。那么，堆栈区到底开多大才既经济又够用呢？

系统什么时候会占用堆栈？占多少单元？51 机一次中断或子程序(C 程序中称为函数)调用，系统要用 2B 堆栈单元存放程序的返回地址。假设程序不采用子程序嵌套调用(子程序调用子程序)，且只有一级中断的话，32B 的堆栈区似乎太不经济了，因为 4 个单元的堆栈区就够用了。但复杂的程序往往有多重子程序嵌套问题，中断也要考虑嵌套问题，标准 51 允许 2 级中断嵌套，即中断因素最多占用 4B 的堆栈空间。加上各级嵌套时

的现场保护，16～32B的堆栈区比较合适。

值得注意的是，同一个51机系统，用高级语言，如用C51编写的程序，编译系统常将A、B、PSW、R0～R7等寄存器压入堆栈，而这一操作是编程者无法控制的，使得堆栈区需求量更大些。根据经验，用C语言编程，堆栈区在32B以上是安全的。汇编程序可以根据程序的需要，有选择地进行现场保护，16B的堆栈区也够用。

结论：为使用户RAM区连续，堆栈区设置在片内RAM区的顶部为好。

【例3-2】 写出标准52单片机及以上机型的堆栈设置及数据进栈和出栈的程序段。

解：标准52单片机及以上机型，具有256 B片内RAM，最高地址为FFH。根据堆栈区设置在RAM区的顶部这一要领，栈底设置在D0H，堆栈区为47B。程序段如下：

```
MOV     SP,#0D0H        ;SP初值为D0H,D0前的0是编译系统的要求
MOV     A,#0AAH         ;使寄存器ACC=AAH
PUSH    ACC             ;将ACC的内容压入堆栈,过程见图3-13(a)
……
POP     B               ;将堆栈的内容弹出并存入B寄存器,过程见图3-13(b)
```

PUSH和POP分别是压栈和出栈指令的助记符。PUSH ACC和POP ACC两条指令完成对A的保护和还原，这是堆栈的一般用法。但如果想将寄存器A的值赋予B，则出栈的指令就要用POP B了。图3-13(b)是出栈过程的示意图。

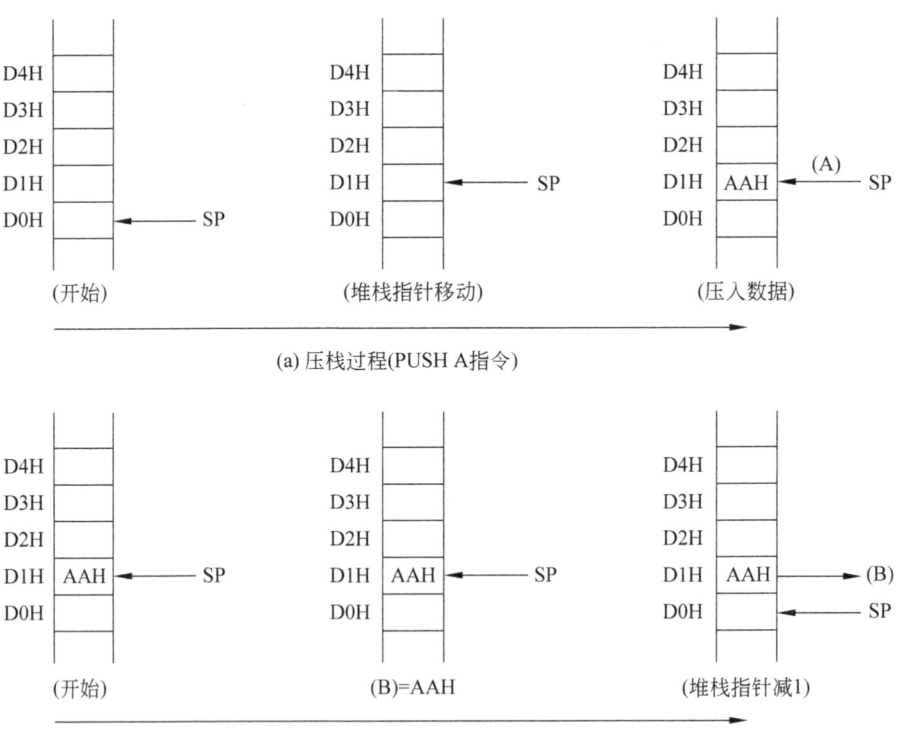

图3-13　堆栈操作示意图

从图 3-13 中看出，读操作不会改变堆栈中的数据，只有写操作才能覆盖数据单元的内容，这是计算机存储器的普遍规律。掌握并利用好这一规律，有利于提高程序效率。

例 3-2 讨论的是堆栈使用的细节问题。对程序员来说，更重要的是如何正确使用堆栈。堆栈无小事，意思是只要堆栈使用有错误，就是大错。要不断加深对堆栈的理解，请留意后续课程关于堆栈的使用原则和方法的相关内容。

3. 用户数据区

除去工作寄存器组和堆栈区内部 RAM 中剩余的部分，才是用户的数据区，称为数据缓冲区，该区又分为可位寻址和不可位寻址两个区域。

(1) 可位寻址区，指既可按字节存取，也可以按位进行读写的存储单元的集合。51 机片内 RAM 区中 20H～2FH 这 16 个字节单元具有这一特性，于是就有了 16×8 个位单元和位地址。位地址号从 20H 单元的最低位(LSB)开始，到 2FH 单元的最高位(MSB)结束，顺序生成 00H～7FH 共 128 个位地址，如表 3-4 所示。

注意：位寻址的概念只对片内 RAM 有效。

表 3-4 片内 RAM 的位地址及它们与字节地址的关系

字节地址	MSB(D_7)			位地址(H)				LSB(D_0)
20H	07	06	05	04	03	02	01	00
21H	0F	0E	0D	0C	0B	0A	09	08
22H	17	16	15	14	13	12	11	10
23H	1F	1E	1D	1C	1B	1A	19	18
24H	27	26	25	24	23	22	21	20
25H	2F	2E	2D	2C	2B	2A	29	28
26H	37	36	35	34	33	32	31	30
27H	3F	3E	3D	3C	3B	3A	39	38
28H	47	46	45	44	43	42	41	40
29H	4F	4E	4D	4C	4B	4A	49	48
2AH	57	56	55	54	53	52	51	50
2BH	5F	5E	5D	5C	5B	5A	59	58
2CH	67	66	65	64	63	62	61	60
2DH	6F	6E	6D	6C	6B	6A	69	68
2EH	77	76	75	74	73	72	71	70
2FH	7F	7E	7D	7C	7B	7A	79	78

(2) 地址 30H 以上的片内 RAM 单元没有位寻址的功能，构成不可位寻址区。该区域大小与机型有关：51 机的范围为 30H～7FH，52 机以上机型为 30H～FFH。特别地，RAM 中 80H～FFH 共 128 个单元只能间接寻址。

注意：20H～7FH 单元既能直接寻址又能间接寻址。而 20H～2FH 单元又比

30H～7FH 单元多了可位寻址功能。

4. 特殊功能寄存器(SFR)

SFR 由与 RAM 具有相同属性的寄存器单元组成。地址为 80H～FFH，它们与片内地址高端 128B 的 RAM 单元地址重合，但属于不同的物理空间，见图 3-12。为了区分访问的对象，51 机规定：SFR 只能直接寻址，而片内地址在 80H～FFH 的 RAM 单元，只能用间接寻址的方式访问它们，地址重合问题得以解决。由于 SFR 是 CPU 频繁访问的寄存器，对其中频繁使用的位也应赋予位寻址功能。片内还有 80H～FFH 共 128 个位地址空闲，正好分配给 SFR。标准 51 机的 SFR 字节地址及位地址列于表 3-5 中。

表 3-5　标准 51 机特殊功能寄存器地址列表

地址	寄存器名	管理对象及功能	位地址								复位值
80H	P0	P0 口	87	86	85	84	83	82	81	80	0FFH
81H	SP	堆栈指针	不可位寻址								07H
82H	DPL	DPTR 低字节	不可位寻址								00H
83H	DPH	DPTR 高字节	不可位寻址								00H
87H	PCON	电源控制	不可位寻址								00×10000
88H	TCON	定时/计数控制	8F	8E	8D	8C	8B	8A	89	88	00H
89H	TMOD	定时/计数模式控制	不可位寻址								00H
8AH	TL0	T0 低字节	不可位寻址								00H
8BH	TL1	T1 低字节	不可位寻址								00H
8CH	TH0	T0 高字节	不可位寻址								00H
8DH	TH1	T1 高字节	不可位寻址								00H
90H	P1	P1 口寄存器	97	96	95	94	93	92	91	90	FFH
98H	SCON	串行口控制寄存器	9F	9E	9D	9C	9B	9A	99	98	00H
99H	SBUF	串行数据缓冲器	不可位寻址								××××××××
A0H	P2	P2 口	A7	A6	A5	A4	A3	A2	A1	A0	FFH
A8H	IE	中断允许	AF	AE	AD	AC	AB	AA	A9	A8	00H
B0H	P3	P3 口	B7	B6	B5	B4	B3	B2	B1	B0	FFH
B8H	IP	中断优先级	BF	BE	BD	BC	BB	BA	B9	B8	××000000
C8H*	T2CON	定时/计数 2 控制	CF	CE	CD	CC	CB	CA	C9	C8	00H
C9H*	T2MOD	定时/计数 2 模式控制	不可位寻址								××××××00
CAH*	RCAP2L	T2 重装捕捉低字节	不可位寻址								00H
CBH*	RCAP2H	T2 重装捕捉高字节	不可位寻址								00H
CCH*	TL2	T2 低字节	不可位寻址								00H

续表

地址	寄存器名	管理对象及功能	位 地 址								复位值
CDH*	TH2	T2 高字节	不可位寻址								00H
D0H	PSW	程序状态字	D7	D6	D5	D4	D3	D2	D1	D0	00H
E0H	ACC	累加器	E7	E6	E5	E4	E3	E2	E1	E0	00H
F0H	B	B 寄存器	F7	F6	F5	F4	F3	F2	F1	F0	00H

(1) 仔细分析表 3-5 第 1 列不难发现,SFR 中可位寻址的单元的地址低位不是 0 就是 8。归纳可得:SFR 中可位寻址单元的地址值均可被 8 整除,请记住这个结论。

(2) 用户数据区的 128 个位地址为 00H～7FH;SFR 区的 128 个位地址为 80H～FFH,一共是 256 个位,刚好充满了片内 RAM 寻址的最大空间。细心观察会发现,标准 51 机没有将 SFR 中的位单元用完,预留作产品升级之用。

(3) 51 机的设计者为 SFR 预留了 128B 单元。标准 51 机只有 21 个 SFR,标准 52 机由于多了定时器 2(T2),增加了表中带 * 号的 6 个成员,SFR 的数量增至 27 个。多余的空间为 51 机产品升级并向下兼容打下了基础。

(4) 51 机内嵌的外设均由 SFR 管理。SFR 的操作和控制方式与 RAM 相同,因此,51 机省去了对外设操作的专用指令,使指令系统得到精简。同时,由于寄存器寻址方式灵活多样,使得 51 机对片上外设(内嵌的外设)的操作灵活多样,效率极高。

(5) 每个 SFR 都有确定的复位值,将直接影响片上外设的初始工作状态,见表 3-5。

(6) 几个常用的与内嵌外设无关的特殊功能寄存器。51 机的特殊功能器的作用可分为两类,一类负责内存管理、算术及逻辑运算;第二类处于 CPU 与片上外设之间,为 CPU 管理这些资源,提高 CPU 的效率。事实上,SFR 充当的是 CPU“秘书”或“邮箱”的角色,这种高效率的分层管理结构在计算机中普遍采用。

SFR 中负责内存管理、算术及逻辑运算的寄存器与 51 机的内嵌外设无关,为数很少,但非常重要,51 系列机都有,属于通用特殊功能寄存器,如表 3-6 所示。

表 3-6 与内嵌外设无关的特殊功能寄存器

名称	地址	MSB			字节中的各位名称				LSB	复位值
ACC	E0H	ACC.7	ACC.6	ACC.5	ACC.4	ACC.3	ACC.2	ACC.1	ACC.0	00H
B	F0H									00H
PSW	D0H	CY	AC	F0	RS1	RS0	OV	F1	P	00H
SP	81H									07H
DPL	82H									00H
DPH	83H									00H

① 累加器(ACC)。

早期的 CPU 没有乘法运算指令,因此乘法运算需要通过多次加法实现,而在运算过程中，寄存器 ACC 总是存放中间结果的，起累加作用，“累加器”由此得名。ACC 是最繁忙的 SFR。程序中大多数数据交换工作都需要它的参与才能完成，其地位就相当于交通枢纽。为了提高 51 机的运行速度，首先要赋予它位寻址功能，ACC 的 8 个位的位地址为 E0H～E7H。为了避开难记的地址数值及提高程序的可读性，人们将 ACC 的位地址起名为 ACC.0～ACC.7，再将它们的地址定义为 E0H～E7H。位名就与位地址等效了。例如：

```
MOV    A,#5AH      ;与 MOV 0E0,#5AH(C 语言的 ACC=0x5a;)语句等效
SETB   ACC.2       ;置位 ACC.2 与 SETB E2 语句等效
CLR    ACC.0       ;复位 ACC.0 与 C 语言的 ACC.0=0;语句等效
```

与高级语言定义变量的方式相同，将地址用寄存器名封装起来，这种方法对寄存器和位都适用。

② B 寄存器。

B 寄存器是 SFR 中有特别意义的一个，乘、除指令必须通过它与 ACC 合作来完成。在不用乘、除法指令时，它可作为通用寄存器使用。B 寄存器也可位寻址。但其各位没有约定俗成的位名，可以按地址对其读写；也可以对它们命名后，再按位名对它们进行操作。

③ 程序状态字寄存器(PSW)。

PSW 也称为“标志寄存器”，它由标志位组成，存放指令运行的状态。标志位是进行算术、逻辑、条件判断不可缺少的依据。PSW 各位的名称如表 3-6 所示。各位的含义如下。

CY：进位标志。进行加法运算时最高位(即 b7 位)有进位，或执行减法运算时最高位有借位，CY 为 1，反之为 0。

AC：辅助进位标志。进行加法运算时 b3 位有进位，或执行减法运算时 b3 位有借位，AC 为 1，反之为 0。AC 是 CPU 进行 BCD 码加法、减法运算时的重要标志位。

OV：溢出标志。用于表示有符号数运算状态。例如，单字节有符号数补码所能表示的范围是－128～＋127，而当运算结果超出这一范围时，OV 标志为 1，反之为 0。

P：奇偶标志。该标志位始终与累加器 ACC 中 1 的个数的奇偶性相联系。如果 ACC 中 1 的个数为奇数，则 P 位置 1；当 ACC 中 1 的个数为偶数时，P 位清 0。即 51 系列单片机采用奇校验方式。

RS1、RS0：当前有效工作寄存器组选择位，其意义见表 3-5。

F0：用户标志位：没有标志意义，但可供用户作为一个位单元使用，固定命名为 F0。

F1：某些产品定义此位同 F0。也有定义为保留位的，以产品数据手册为准。

④ 堆栈指针寄存器(SP)。

该寄存器是为用户和系统进行堆栈操作提供的专用数据指针。

⑤ 数据指针(DPTR)。

DPTR 是 51 机中唯一可进行 16 位操作的寄存器。由 DPH(高 8 位)和 DPL(低 8 位)组成，用于指示程序存储器和外部数据存储器单元的地址，故称为数据指针。由于

DPTR是16位宽度,因此,通过DPTR可以访问64KB的存储器空间。对DPTR的赋值也可通过对DPH和DPL的两次字节赋值来实现,但效率不高。例如:

```
MOV    DPTR,#107FH     ;将DPTR指向107FH单元
MOV    DPH,#10H
MOV    DPL,#7FH        ;这两条指令与第一条指令等效
MOVX   @DPTR,A         ;将A的内容传送到外部RAM 107FH单元中
```

除通用SFR之外,其他SFR都与内嵌外设相关,它们的数量因51机的型号而不同,但标准51机的SFR是所有51机共有的部分。因此,学习51机,要先学通标准51机,再根据需要补充学习增强型51机所增加的与内嵌外设相关的SFR,顺理成章。

⑥ 程序计数器(PC)。

PC是为CPU提供“取指”地址的专用寄存器,其16位长度可保证64K的寻址范围。PC的工作总是超前于CPU的,在CPU解释代码和产生决策期间,系统已将下一个的代码地址装入PC了。PC值的载入是由单片机系统自动完成的,执行者就是图3-3中的程序代码管理系统。由此产生一个问题:单片机上电后CPU工作的第一个代码从程序存储区哪个单元取得?回答这个问题的前提应该是弄清上电后PC初值是什么,答案是:51系列单片机上电复位后PC值为0,因此,程序存储区0号单元的代码就是CPU工作的引导码,这就要求编程者将程序中第一条指令代码放在程序存储区地址为0的单元。怎样才能达到此目的呢?先想一想,待第4章再详细讨论。

PC是51机中起重要作用的寄存器,但对用户来说,只能使用PC值,而不能改写它,故本书没有将其列入SFR之列。

3.4.3 外部数据存储器

标准51机只有片内RAM。如果片内RAM不够用,可通过扩展外部RAM来补充RAM的不足。外部RAM常采用并行扩展方法,51机并行外扩能力为64KB。

很多增强型51机将大量RAM嵌入到单片机芯片内,但51机片内RAM的寻址能力固定为256B,对超出256B的单元,形式上它们在片内,但需采用外部数据存储器的寻址方式,因此,这部分RAM本质上是外部RAM,称为片内嵌入的外部RAM。如STC12C5A60S2的嵌入量为1280B,从而形成:外部1024B+内部256B=1280B的RAM量。这一改进措施解决了RAM资源不足这一普遍问题,使51机向片上系统发展方向迈出了一大步。

要注意的是,对片内嵌入的外部数据存储器(XRAM)的增强型51机,就有使用片内还是片外XRAM的选择问题,因为地址相同的内、外XRAM是不能同时使用的。为解决这一问题,增强型51机,如STC系列,用特殊功能寄存器AUXR管理系统的XRAM。AUXR地址为8EH,内容因型号不完全相同,但其中都有一个EXTRAM位,称为内部/外部扩展RAM存取控制位,该位为0,允许使用内部扩展RAM;为1,禁止使用内部扩展RAM。该位上电位复位值为0,允许使用片内扩展RAM,使用时要特别注意这一问题。

内部/外部扩展RAM之间有自动切换的功能,如片内扩展RAM为1KB的

STC90C58、STC12C5A60S2 等，对地址超过 1024(000H～3FFH)扩展 RAM 的访问，自动指向外部扩展 RAM，相当于 EXTRAM 位自动置 1。

3.4.4 非易失性数据存储器

只有部分增强型 51 机有嵌入到片内的非易失性数据存储器，如 STC12C5A32S2 为 28KB，容量依型号不同。

51 机对片内非易失性数据存储器的读写控制方法没有统一的规定，因增强型 51 机的型号而不同，使用时以它们的数据手册为准。

3.4.5 存储器地址重叠问题

独立编址结构具有存储单元地址重叠的特点。如图 3-12 所示，51 机 4 种类型的存储器在 00H～7FH 之间有 4 个相同的地址，在 80H 到 FFH 之间则有 5 个相同的地址，但它们是不同的物理空间，这就像校园内的楼房中有多个 102 这个房间号一样。那么单片机系统是如何区别相同地址的不同存储单元的呢？换句话说就是如何解决 PC 走错门的问题呢？先思考一下！

习 题 3

3-1 标准 51 机片内集成了哪几类存储器？对 8031 和 89C52 而言它们各自的容量是多少？

3-2 将表 3-5 中 51 机的 21 个特殊功能寄存器进行分类，找出哪些 SFR 是与定时/计数、中断、串行通信和 I/O 有关的寄存器。

3-3 MOV SP,＃0DFH 的意义是将栈底设置在片内 RAM 中的 DFH 单元。这样设置堆栈对 51 系列单片机所有型号都适用吗？为什么？

3-4 不考虑 I/O，标准 51 机内部集成的外设的外部端口集中在 51 机的哪个接口上？是哪些外设的端口？从单片机角度看，这些端口是输入还是输出？如果要使用它们的外部功能(如计数等)，应做的最基本工作是什么？

3-5 特殊功能寄存器都有名字，如 A、B、DPH、SP、TCON 等。对比 C 语言中的变量，它们有什么相同与不同之处？对寄存器和对变量的操作本质是什么？

3-6 抛开软件(这里指应用程序)部分，标准 51 机正常工作的外部硬件条件有哪些？

3-7 独立编址结构具有存储单元地址重叠问题，51 机系统是如何解决的？

第4章 chapter 4

单片机应用系统编程基础

在对51系列单片机内部结构、片内资源和特殊功能寄存器等内容有了全面认识后，本章讨论单片机应用程序的设计方法。

4.1 从源程序到可执行代码

1. CPU的工作方式

CPU是计算机系统的“大脑”，指挥系统的所有活动。实际上，计算机工作时，CPU总是周而复始地做取指——解释指令——下达命令这一工作。在每个指令周期中，CPU先取指令代码，再对指令进行解析，产生决策，由系统完成指令的功能。

指令代码是什么？它是怎样形成的？又是如何放入单片机系统中的？

2. 计算机“智慧”的来源

计算机(单片机)系统能完成一项具体的、复杂的工作，说明它有思维的能力。它的“智慧”是从哪来的呢？答案是人赋予它的。单片机系统的开发者将思想以源程序形式告诉编译系统，编译系统再将源程序翻译成指令代码，让单片机识别并执行之。单片机系统在工作时，CPU周期地、有序地对指令进行解析，产生决策，实现指令功能的过程，就是重现开发者的控制思想的过程。系统运行的质量是检验设计成败的唯一标准。

程序是有机地组合在一起的、能完成一种有意义任务的指令序列。有时程序也被笼统地称为软件，但程序只是软件中的主要部分。对单片机应用系统而言，软件还应包括系统设计说明文件、通信协议、数据格式及其他一切相关的技术说明文件。

与软件对应的还有硬件。硬件是实现单片机系统功能的物理基础。系统开发者应有较强的硬件设计能力，至少要有硬件设计的概念。

指令代码也称为机器码或可执行代码，是源程序经过编译系统的编译、连接后生成的一组二进制数。指令代码可通过特殊的编程工具下载到单片机系统的程序存储器中。

3. 计算机的加工原料

计算机的加工原料是数据且只有数据。这些数据放在存储器中，CPU通过各种寻址方式找到它们，并对它们进行操作，操作结果的积累最终形成产品。

4.2 机器码、汇编语言和高级语言

计算机发明之初,程序是由编程者以机器码的形式直接输入到计算机存储器中,从而使计算机工作的。机器码是计算机最底层的可执行的代码。但机器码抽象、难于理解、编程效率低,直接输入机器码的方法只适于专业计算机软件人员,不利于计算机的发展和普及,于是出现了助记符形式的汇编语言和接近人的思维方式的高级语言,使程序开发演变为先用语言表达编程者的思想,再通过编译系统生成抽象的程序代码的过程,而这一复杂的中间转换过程交由计算机完成,从而使计算机编程工作大为简化。

汇编语言用助记符和操作数形式的指令来表达编程者的思想,具有易于理解、逻辑性强、指令直观、硬件透明性等特点。它的出现,使计算机应用人群大幅度扩大。但汇编语言要求编程者对计算机硬件有充分的理解。另一方面,由于汇编语言直接使用 CPU 指令集编程,程序依赖计算机硬件,不同的计算机系统就有不同的汇编指令系统,使得汇编程序的可移植性差,资源共享受限,推广难度大。因此汇编语言属于低级语言范畴。

高级语言采用接近人的思维方式的语句来表达编程者的意思,其形式容易为计算机应用者接受,其编程基础已脱离具体 CPU,具有良好的移植性,资源共享变得容易。

高级语言的基本单位——语句具有很强的表现能力。在编译系统和丰富的库函数支持下,各种复杂的数学和逻辑运算很容易完成。以最基本的四则运算为例,对高级语言来说,编程是再简单不过的事情了,因为四则运算,包括复杂的初等函数的运算,已能用高级语言(本书只讨论 C 语言)中的语句直接表达,编程者得到的是运算结果,而与过程相关的烦琐工作则全部由系统在后台完成了。而对汇编语言来说,每一种数学运算程序都需要自己编写,即使有子程序库,在子程序入口和出口需要用指令进行连接,有大量具体的细节工作要做。可见高级语言使编程者站在高层次上编写程序,数据的底层问题由编译系统处理。因此,高级语言编程效率远高于汇编语言。

需要说明的是,编程效率和程序运行效率是两个不同的概念。无论用何种语言编程,最终在单片机中运行的都是指令代码。代码的生成过程是:高级语言源程序→汇编程序→指令代码。高级语言的编译系统必须是兼容性很强的通用系统,才能适应具有不同思维方式和编程习惯的编程者。因此,在多数情况下 C 语言程序生成的代码量比用汇编语言编写的程序的代码量要大。指令代码多,意味着程序的空间和时间效率就低。但在空间和时间效率因素影响不显著时,编程者最关心和期望的程序功能还是一致的,用 C 语言编程显然更好;但在强调运行速度时,用汇编语言所编的程序明显优于高级语言所编的程序。

汇编语言着重从底层硬件结构、逻辑关系出发来描述和使用单片机,其内容正是高级语言不涉及或被忽视的技术细节。从学习角度看,以汇编语言为核心的学习方式更好。从应用角度讲,C 语言更加实用。但一般来说,懂汇编语言,又精通 C 语言的人编写的单片机 C 程序一定比只懂 C 语言的人更好。单片机开发者要懂汇编语言,又要懂 C 语言。

本书在系统介绍 MCS-51 单片机汇编语言程序结构的基础上,兼顾 C51 程序设计方法的教学,两种语言程序将在例题中同时或交叉出现。汇编语言程序设计能使编程者有

近距离接触 CPU 并与之对话的感觉;C 程序设计能使编程者避开烦琐细节,以指挥的高度进行编程,而两个优势集于一身才是最佳的。从汇编语言过渡到 C51,重点是要能迈出实践的第一步。

4.3　MCS-51 单片机汇编语言指令分析

指令是构成汇编程序的基本单元,好用的程序出自对指令全面正确的理解及应用经验。学习汇编指令,不能脱离 51 机的硬件,包括特殊功能寄存器。

4.3.1　MCS-51 单片机汇编语言指令格式

MCS-51 系列单片机汇编语言指令格式如下:

```
[标号]:<操作码助记符>[第一操作数],[第二操作数]        ;注释
```

例如:

```
RET                                  ;无第一操作数
CLP   A                              ;有第一操作数
MOV   A,75H                          ;有第一及第二操作数
```

操作码助记符是 51 机汇编指令中必不可少的成分。第一、第二操作数是指令的操作对象,依指令的形式取舍。助记符与操作数之间用至少一个空格分开,以便编译器识别。最好用 Tab 键分隔,使程序显得美观、易读。操作数之间用“,”号隔开。标号在程序中起标记指令位置和注册名称的双重作用,需要时才用。标号一般用英文,并用标记对象的含意命名,后跟“:”号与指令部分分开。注释是指令中唯一总是可省略的部分,是编程者的备忘录,用于注明指令的意图。为便于阅读,最好将注释部分与指令部分在空间上分开,并保持行对齐,给人美观的享受。注释部分不会被编译器编译。

注意:指令中所有符号都是西文格式的。编译器不能识别中文文本符号。

4.3.2　MCS-51 单片机指令中的符号说明

为方便讲解和记忆,将指令中常用的各种符号及其含义列于表 4-1 中。

表 4-1　指令说明中各种符号及其含义

符号	含　义
A	累加器。另一种表示为 ACC
B	B 寄存器
C	进(借)位标志位 CY 的别名。在位操作指令中为累加器的角色
R*n*	*n* 为 0～7,分别表示工作寄存器组 R0～R7
R*i*	*i* 为 0 或 1,分别表示可作为间接寻址的两个工作寄存器 R0 和 R1

续表

符号	含　义
direct	直接地址。位于片内 RAM 中 00H～7FH 及 SFR 空间(80H～FFH)
rel	带符号的 8 位二进制宽度的偏移量，值域为－128～127。用于相对转移指令中，实际应用时，rel 后跟标号，偏移量由编译器计算
bit	位地址。片内 RAM 中 128 个加上 SFR 中 128 个，共 256 个
/bit	位取反运算符。操作数为该位单元中数的反码，但 bit 单元中的值不变
data	8 位二进制宽度的数或地址，如 0FH 或 15 等
data16	16 位二进制宽度的数或地址，如 FFFFH 或 65 535 等
(X)	寄存器 X 中的内容
((X))	由寄存器 X 的内容为地址的寄存器中的内容。可记忆为 X 的内容之内容
#	立即数标识符，后跟 8 位或 16 位二进制数宽度的数，如 #255、#1000H 等
@	间接寻址标识符
∧	逻辑"与"运算标识符
∨	逻辑"或"运算标识符
⊕	逻辑"异或"运算标识符

4.3.3 MCS-51 单片机的寻址方式

所谓寻址方式，就是 CPU 寻找操作数的方式。51 机有以下几种寻址方式。

(1) 立即寻址：操作数直接包含在指令中。例如：

```
MOV    A,#data
```

符号 # 后的内容只能是数据。8 位寄存器只能容纳 8 位二进制所能表示的数，例如：

```
MOV    A,#40H                   ;将 8 位二进制数 40H 赋予 A,结果 (A)=40H
```

16 位寄存器只能容纳 16 位二进制所能表示的数，例如：

```
MOV    DPTR,#data16
```

DPTR 是 51 机中唯一一个 16 位寄存器，因此它可容纳 16 位二进制数，事实上，DPTR 是由 DPH 和 DPL 两个 8 位寄存器组合而成的。例如：

```
MOV    DPTR,#0010H              ;在 16 位二进制数值范围内,习惯写成 0010H
MOV    DPTR,#1000               ;1000 高于 8 位,但在 16 位二进制数值范围内
MOV    DPTR,#1000H              ;将 16 位二进制数 1000H 赋予数据指针 DPTR
```

但 MOV A,#1000 是错误的，因为 8 位寄存器不能容纳 8 位以上的数据，要注意。

(2) 直接寻址：可访问 SFR、内部 RAM 和位。例如：

```
MOV    TH0,A                    ;TH0是SFR之一
ANL    70H,#48H                 ;直接寻址,也属于立即寻址
MOV    C,bit                    ;将位单元的内容赋予PSW中的CY位
```

(3) 寄存器寻址：寻址对象为R0～R7、A、B、DPTR等。例如：

```
MOV    A,R3
MUL    AB
```

(4) 寄存器间接寻址：可访问片内及片外RAM。例如：

```
MOV    @Ri,A                    ;i=0,1。只有R0、R1可作为间址寄存器
MOVX   A,@DPTR                  ;读由DPTR指向的片外RAM单元中的内容
```

(5) 变址寻址：以偏移量寄存器A和基址寄存器DPTR或PC的"和"作为地址的寻址方式。例如：

```
MOVC   A,@A+DPTR                ;MOVC是专对程序存储器执行读操作的指令助记符
MOVC   A,@A+PC                  ;以A+PC为地址,将该地址单元的内容赋予A
JMP    @A+DPTR                  ;将A+DPTR的内容赋予PC,因而实现转移
```

(6) 相对寻址：以PC的内容加上指令中的偏移量作为转移地址的寻址方式，地址转移范围为－128～127，例如：

```
DJNZ   R7,rel                   ;rel是相对寻址中偏移量的数值(变)量
```

(7) 位寻址：对片内20H～2FH及SFR中可位寻址单元的操作。例如：

```
MOV    C,20H                    ;片内位操作指令,"片内"指51机内
```

在寻址方式中，立即寻址与C语言的赋值相同，变址寻址与查表及分支程序结构相关，而相对寻址的间接寻址是循环结构的必用方式。

4.3.4 MCS-51单片机指令概述

按指令功能，51机的指令分数据传送与互换、算术运算、逻辑运算、控制转移和位操作共5类。

1. 数据传送与互换类指令

数据传送与互换类指令如表4-2所示。表的第4列内容反映了指令的空间和时间效率。

表4-2 数据传送与交换类指令集

助记符	操 作 数	功 能 描 述	周期/字节数
MOV	A,R*n*	(A)←(R*n*)，*n*=0～7	1/1
MOV	R*n*,A	(R*n*)←(A)，*n*=0～7	1/1

续表

助记符	操　作　数	功 能 描 述	周期/字节数
MOV	A,@Ri	(A)←((Ri)), i=0,1	1 / 1
MOV	@Ri,A	((Ri))←(A), i=0,1	1 / 1
MOV	A,#data	(A)←#data	1 / 2
MOV	A,direct	(A)←(direct)	1 / 2
MOV	direc,A	(direct)←(A)	1 / 2
MOV	Rn,#data	(Rn)←#data	1 / 2
MOV	@Ri,#data	((Ri))←#data	2 / 2
MOV	direct,#data	(direct)← #data	2 / 3
MOV	direct,Rn	(direct)←(Rn)	1 / 2
MOV	Rn, direct	(Rn)←(direct)	1 / 1
MOV	direct,@Ri	(direct)←((Ri))	2 / 2
MOV	@Ri, direct	(Ri))←(direct)	2 / 2
MOV	direct,direct	(direct)←(direct)	2 / 3
MOV	DPTR,#data16	(DPTR)←data0～15	2 / 3
MOVX	A,@Ri	(A)←((Ri))	2 / 1
MOVX	@Ri,A	((Ri))←(A)	2 / 1
MOVX	@DPTR,A	((DPTR))←(A)	2 / 1
MOVX	A,@DPTR	(A)←((DPTR))	2 / 1
MOVC	A,@A+DPTR	(A)←((A)+(DPTR))	2 / 1
MOVC	A,@A+PC	(A)←((A)+(PC))	2 / 1
XCH	A,Rn	(A)↔(Rn)	1 / 1
XCH	A, @Ri	(A)↔((Ri))	1 / 1
XCHD	A, @Ri	$(A)_{0\sim3}$↔$((Ri))_{0\sim3}$	1 / 1
XCH	A, direct	(A)↔(direct)	2 / 1
SWAP	A	$(A)_{0\sim3}$↔$(A)_{4\sim7}$	1 / 1
PUSH	direct	(SP)←(SP)+1;((SP))←(direct)	2 / 2
POP	direct	(direct)←((SP));(SP)←(SP)−1	2 / 2

数据传送与交换类指令是程序中最常用的一类指令，具体包括以下几个指令：

(1) 内部 RAM 与 SFR 之间的数据传送，用 MOV 作为指令助记符。

(2) 外部 RAM 与 A 之间的数据传送，用 MOVX 作为指令助记符。

(3) 将程序存储器单元的内容读入 A 中，用 MOVC 作为指令助记符。

(4) 堆栈操作指令,助记符有 PUSH 和 POP 两种,操作对象为内部 RAM 和 SFR。

(5) 数据交换类指令,助记符为 XCH、XCHD 和 SWAP 3 种。

数据传送与交换类指令有如下特点:

(1) 传送指令的 3 种助记符 MOV、MOVX 和 MOVC 分别指向不同的数据空间,在指令层将相同地址、不同类型的存储器单元区分开来,对编程者和编译器的设计者都是必要的。

(2) 传送类指令中的数据总是从第 2 操作数向第 1 操作数传送。所以,第 1 操作数既是操作数,又是目的数。指令执行后第 2 操作数的内容改变。在表 4-2 第 3 列中的箭头方向表示数据流的方向。

(3) 交换类指令数据传送是双向的。指令同时影响第 1、第 2 操作数。

(4) 数据传送不是在所有寄存器和存储器单元间都能直接实现的。图 4-1 是 51 机数据传送示意图,凡图中有连线指示的存储单元或寄存器之间可以直接进行数据传送与交换,图中箭头方向即数据流的方向。对不能直接传送或交换的两个寄存器,数据需要通过中间寄存器作为桥梁才能传送。这一规定似乎很不方便,但是,如果每个人都想根据自己的主观意志杜撰指令的话,51 机到底需要多少条指令才能满足需要呢?实际上,51 机的 111 条指令是经过专家们根据单片机编程需要精选出来的,可以实现编程者所希望的所有想法,另一方面,指令 111 条代码已经占据了 00H～FFH 共 256 个 8 位二进制数所能表示的全部信息(见附录 B),其他相对次要的操作已不能列为基本指令了。理解了有限指令的道理,在编程时就更要尊重指令的客观性,不能主观臆造指令,初学者易犯这类错误。

例如,指令 MOV R2,R3 是错误的,虽然想法是合理的,但它是不能实现的。对照图 4-1,发现 R0 和 R7 之间没有直接数据传送通道。

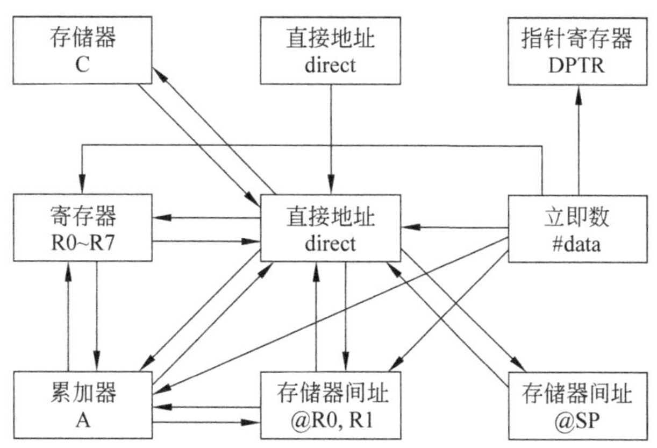

图 4-1 MCS-51 数据传送示意图

(5) 数据传送与交换类指令的寻址方式包括立即直接寻址、间接寻址、寄存器寻址和变址寻址 5 种方式,因此数据交换方式多,使用方便。

(6) 表 4-2 第 4 列为指令执行的机器周期数和代码的字节数,对精益求精的编程者来说,使用哪条指令更好还是有推敲余地的。

(7) 间接寻址时，R0 和 R1(不包括 R2～R7)为 8 位数据指针，寻址范围为 00H～FFH，可指向片内 RAM 所有单元。用于片外时，只能指向 00H～FFH 这 256 个单元，指令形式如下：

```
MOVX  A,@Ri                    ;读外部 RAM
MOVX  @Ri,A                    ;写外部 RAM
```

对外部存储器操作，用 DPTR 作为数据指针最好。因为它是 16 位的数据指针，寻址范围为 64K，可以全面取代 R0 和 R1。指令有如下两条：

```
MOVX  A,@DPTR                  ;对外部 RAM 的操作只有间接寻址一种方式
MOVX  @DPTR,A
```

一般情况下，对外部 RAM 操作用 DPTR 作为数据指针。R0 和 R1 只有在外部数据指针不够用，且这些数据位于第一页(00H～FFH)时，才使用它们。

注意：DPTR 不能作为片内 RAM 的数据指针。

数据指针 DPTR 或 R*i*，本质上就 C 语言中的“指针变量”。以 MOVX A,@DPTR 这条指令为例，指令的功能是以 DPTR 的内容为地址，将这个地址的内容赋予 A。错误的理解是“将 DPTR 的内容赋予 A”。可以用反证法迅速给出解释：A 是 8 位寄存器，而 DPTR 是 16 位寄存器，8 位寄存器怎能装下 16 位内容呢？

再看程序存储器的读操作指令，只有以下两条：

```
MOVC  A,@A+DPTR                ;地址计算容易
MOVC  A,@A+PC                  ;地址计算相对复杂
```

它们都是间接寻址，又都是变址寻址。建议使用有 DPTR 的指令。

(8) 数据传送指令不影响 PSW 内容，只有当数据送入 A 时，才影响奇偶标志位 P。

【例 4-1】 设 51 机片内 RAM 中 30H 单元的内容为 40H，而 40H 单元的内容为 50H。P1 作为输入口，数据为 0CAH，下列指令顺序执行时，相关单元及标志位的内容为何值？

```
MOV   R0,#30H                  ;(R0)=30H,立即寻址
MOV   A,@R0                    ;(A)=40H,间接寻址,奇偶标志位 P=1
MOV   R1,0E0H                  ;(R1)=40H,寄存器寻址,E0 是 A 的地址
MOV   B,@R1                    ;(B)=50H,间接寻址
MOV   @R1,P1                   ;(40H)=0CAH,间接寻址
MOV   P2,P1                    ;(P2)=0CAH(P2 为输出),寄存器寻址
```

解：答案见指令的注释。

【例 4-2】 设(R0)＝20H，(A)＝4EH，片内 RAM(20H)＝85H。下列指令顺序执行，所涉及的单元(寄存器和存储器)的内容如何变化？

```
XCH   A,@R0                    ;执行后(A)=85H,(20H)=4EH,(R0)不变
XCHD  A,@R0                    ;执行后(A)=8EH,(20H)=45H,(R0)不变
SWAP  A                        ;执行后(A)=E8H,(20H)、(R0)不变
```

解：答案见指令的注释。

2. 算术运算类指令

算术运算类指令是关于两个字节单元进行四则算术运算的指令。表 4-3 为 MCS-51 单片机的算术运算类指令列表。

表 4-3 算术运算类指令集

助记符	操 作 数	功能描述	周期/字节
ADD	A,R*n*	(A)←(A)+(R*n*)	1 / 1
ADD	A,@R*i*	(A)←(A)+((R*i*))	1 / 1
ADD	A,#data	(A)←(A)+ #data	1 / 2
ADD	A,direct	(A)←(A)+(direct)	1 / 2
ADDC	A,R*n*	(A)←(A)+(CY)+(R*n*)	1 / 1
ADDC	A,@R*i*	(A)←(A)+(CY)+((R*i*))	1 / 1
ADDC	A,#data	(A)←(A)+(CY)+#data	1 / 2
ADDC	A,direct	(A)←(A)+(CY)+(direct)	1 / 2
SUBB	A,R*n*	(A)←(A)−(CY)−(R*n*)	1 / 1
SUBB	A,@R*i*	(A)←(A)−(CY)−((R*i*))	1 / 1
SUBB	A,#data	(A)←(A)−(CY)− #data	1 / 2
SUBB	A,direct	(A)←(A)−(CY)−(direct)	1 / 2
INC	R*n*	(R*n*)←(R*n*)+1	1 / 1
INC	@R*i*	((R*i*))←((R*i*))+1	1 / 1
INC	direct	(direct)←(direct)+1	1 / 2
INC	A	(A)←(A)+1	1 / 1
INC	DPTR	(DPTR)←(DPTR)+1	1 / 1
DA	A	若($A_{0\sim3}$>9)或 AC=1 则($A_{0\sim3}$)←($A_{0\sim3}$)+6 若($A_{4\sim7}$>9)或 CY=1 则($A_{4\sim7}$)←($A_{4\sim7}$)+6	1 / 1
DEC	R*n*	(R*n*)←(R*n*)−1	1 / 1
DEC	@R*i*	((R*i*))←((R*i*))−1	1 / 1
DEC	direct	(direct)←(direct)−1	1 / 2
DEC	A	(A)←(A)−1	1 / 1
MUL	AB	A×B→{(A)积低8位(0~7位) (B)积高8位(8~15位)	4 / 1
DIV	AB	A÷B{(A)为商 (B)为余数	4 / 1

1) MCS-51 单片机汇编指令系统中加法指令的特点

(1) 所有加法指令的目的操作数均为 A,即“和”存放在累加器中。源操作数支持寄存器寻址、直接寻址、寄存器间接寻址和立即寻址 4 种寻址方式。

(2) 加法指令的执行使位标志 CY、OV、AC 及 P 均受影响。

若 b7 位有进位,则 CY 为 1;反之为 0。CY=1 表示两个数之和大于 255。

若 b3 位向 b4 位进位,则标志位 AC 为 1;反之为 0。

P 随着 A 中 1 的个数的奇偶性而变化。运算完成后,当 A 中 1 的个数为奇数时,P 自动置 1,反之,P 被清 0。

(3) 加法指令执行后,OV 为 1 的条件是:“和”出现数据溢出(超出-128～127 范围)。

(4) 对于带进位位的加法指令(助记符为 ADDC),A 除了与第二操作数相加外,还要加上 CY 的值。这组指令使多字节数的加法或连加运算程序大为简化。

2) 减法指令的特点

减法指令只有 SUBB 一种助记符,均为带借位的减法。被减数是 A,寻址方式与加法指令相同。指令执行后“差”存于 A 中。操作结果对标志位的影响情况如下:

CY:为 1,表示被减数小于减数,产生借位。

OV:结果出现数据溢出(超出-128～127 范围)时为 1。

AC:如果 b3 位向 b4 位借位,则为 1;反之为 0。

P:累加器中 1 的个数为奇数时为 1。

由于 MCS-51 单片机指令系统只有带借位的减法指令,因此,当需要 CY 参与时,可通过 CLR C 指令将 CY 清零。但 SUBB 指令使两个多字节数的减法运算程序变得简练。

【例 4-3】 试分析:在下列程序段指令顺序执行后,PSW 中各标志位的状态。

```
MOV    A,#10101101B            ;把 ADH 送 A 中,P=1,PSW 的其他位不变
ADD    A,#10011101B            ;(A)=ADH+9DH=4AH,P、OV、AC 和 CY 均为 1
ADDC   A,#00H                  ;(A)=4BH,P、OV、AC 和 CY 均为 0
SUBB   A,#4CH                  ;(A)=FFH,AC 和 CY 为 1,P 和 OV 为 0
ADD    A,#01H                  ;(A)=00H,AC 和 CY 为 1,P 和 OV 为 0
```

解:第 1 条指令执行后,(A)=ADH,由于 ADH 中共有 5 个 1,因此,奇偶标志位 P 为 1,PSW 中其他状态位不变。

ADH=173(无符号数)或-83(有符号数:补码);

9DH=157(无符号数)或-99(有符号数)。

第 2 条指令执行的计算式如图 4-2(a)所示。

```
  10101101           01001011
+ 10011101         - 01001100
----------         ----------
 101001010          111111111
```

(a) 第2条指令　　(b) 第4条指令

图 4-2　例 4-3 计算过程

作为无符号数,两数之和为 14AH,即 330,正确。此时,寄存器 A 的内容为 4AH。进位值在 CY 中,要对进位进行处理,以免丢失。

作为有符号数,两数之和应为-182。结果是 4AH 或 14AH 都不对,出现了溢出错误。此时,OV=1。因此,做带符号数运算时,对 OV 标志的判断是必要的。

由于 b7 向前进位,因此 CY 为 1;b3 位也有进位,AC 位也为 1;又因为指令执行后累加器 A 中有 3 个 1,因此,奇偶标志位 P 为 1。

第 3 条指令执行前 CY=1,指令执行后(A)=4BH(不是 4AH),这是 ADDC 指令自动将 CY 值也加进去的结果。PSW 中除 P 外全部复位(复位是清 0 或置 0 的同义词)。

第 4 条是减法指令。被减数 4BH=75(有符号数与无符号数同值,即正数的补码等于原码),减数 4CH=76。

作为有符号数,结果为-1,正确,FF 就是-1 的补码形式。

作为无符号数,只看 A 的内容,结果是不正确的。但考虑到借位,即 256+75-76=255,结果依然正确。其计算式如图 4-2(b)所示。

结论:

(1) 无符号数运算,无论是加法或是减法,只要考虑了 CY,结果总是正确的。

(2) 带符号数运算,两个同号数相加,结果可能溢出;两个异号数相加,结果肯定不会溢出。两个同号数相减,结果肯定不会溢出;而两个异号数相减,结果可能溢出。程序要根据 OV 标志,利用算术运算法则,对结果进行调整,才能得出正确的结果。

注意: 有关带符号数的运算本书只做介绍,而将重点放在无符号整数上。在单片机的应用时,带符号数的运算是很少见的,需要时,可以现学现用。另一个更好的解决办法是:用 C 语言编程,绕过汇编语言复杂的计算程序的编程工作,运算是 C 语言的强项。

3) 加 1 和减 1 指令

助记符为 INC、DEC 类指令,其功能是对指令中的操作数进行加 1 和减 1 操作。指令不影响标志位,只有操作数为 A 时,才影响奇偶标志位 P。所以加 1、减 1 指令不宜用于做算术运算,主要用于循环程序中的数据指针变量的增、减控制。例如:

```
INC   R0                    ;(R0)=(R0)+1
INC   DPTR                  ;(DPTR)=(DPTR)+1
```

当操作数为 FFH(或 FFFFH)时,再加 1,操作数将回到 0;而当操作数为 0 时,再减 1,操作数将回到 FFH(或 FFFFH)。这一特点可形成 8 位(或 16 位)循环计数控制。

注意: DPTR 只有加 1 指令,因此 DEC DPTR 是非法的,而 DEC DPH 等是合法的。

4) 乘法和除法指令

MCS-51 单片机的乘法、除法指令只有 MUL AB 和 DIV AB 各一条。指令运行时间均为 4 个机器周期。操作数与运算结果的关系如下:

A	×	B	=	B	A
被乘数		乘数		积的高 8 位	积的低 8 位
A	÷	B	=	A	B
被除数		除数		商	余数

乘法指令只影响标志位 OV 和 P:积大于 255 时,OV 为 1,反之为 0。标志 P 随 A 中 1 的个数而变化;CY 总为 0;AC 保持不变。

除法指令影响标志位情况:除数为 0,结果将溢出,OV=1;CY 总为 0;AC 保持不变;奇偶标志 P 位随累加器 A 中 1 的个数的奇偶性而变化。

需要计算两个单字节变量之间的倍数及余数关系时,除法指令特别有效。

5）十进制调整指令

十进制调整指令只有 DA A 这一条。其用法见例 4-16。

3. 逻辑运算类指令

51 机的逻辑运算指令包括逻辑非、与、或、异或以及循环移位等，如表 4-4 所示。

表 4-4　MCS-51 系列及其兼容机的逻辑运算类指令表

助记符	操　作　数	功 能 描 述	周期/字节数
ANL	A,R*n*	(A)←(A)&(R*n*)	1/1
ANL	A,@R*i*	(A)←(A)&((R*i*))	1/1
ANL	A,#data	(A)←(A)&#data	1/2
ANL	A,direct	(A)←(A)&(direct)	1/2
ANL	direct,A	(direct)←(direct)&(A)	1/2
ANL	direct,#data	(direct)←(direct)&#data	2/3
ORL	A,R*n*	(A)←(A)|(R*n*),*n*=0～7	1/1
ORL	A,@R*i*	(A)←(A)|((R*i*)),*i*=0,1	1/1
ORL	A,#data	(A)←(A)|#data	1/2
ORL	A,direct	(A)←(A)|(direct)	1/2
ORL	direct,A	(direct)←(direct)|(A)	1/2
ORL	direct,#data	(direct)←(direct)|#data	2/3
XRL	A,R*n*	(A)←(A)⊕(R*n*),*n*=0～7	1/1
XRL	A,@Ri	(A)←(A)⊕((R*i*)),*i*=0,1	1/1
XRL	A,#data	(A)←(A)⊕#data	1/2
XRL	A,direct	(A)←(A)⊕(direct)	1/2
XRL	direct,A	(direct)←(direct)⊕(A)	1/2
XRL	direct,#data	(direct)←(direct)⊕#data	2/3
RL	A	(A*n*+1)←(A*n*),*n*=0～6 (A7)→(A0)	1/1
RLC	A	(A*n*+1)←(A*n*),*n*=0～6 (A7)→(CY),(CY)→(A0)	1/1
RR	A	(A*n*+1)→(A*n*),*n*=0～6 (A7)←(A0)	1/1
RRC	A	(A*n*+1)→(A*n*),*n*=0～6 (A7)←(CY),(CY)←(A0)	1/1
CPL	A	(A)←(～A)	1/1
CLR	A	(A)←0	1/1

1）逻辑运算类指令的特点

（1）只有在 A 为操作数时，才影响标志位 P；带 CY 的循环移位指令才影响 CY。

（2）所有逻辑运算均按位进行，例如（A）＝10100101B，执行指令 ANL A，＃01011010B 后，A 的内容为 0。

（3）与、或、异或指令的寻址方式相同，指令的条数一样多。

【例 4-4】 在程序中将 P1 口的 b4、b2 位清零，而其他位的内容不变，可用什么指令？

解：要将变量中某些指定位清零，用它与立即数相与的方法最容易实现，该立即数除那些“指定位”外全为 1。本题用指令：ANL P1，＃11101011B 来实现。

【例 4-5】 在程序中将 P1 口的 b4、b2 位置位，而其他位的内容不变，可用什么指令？

解：将立即数中“指定位”设为 1，再与目标相或（ORL P1，＃00010100B）即可实现。

异或指令的逻辑关系这样记忆：相同为 0，相异为 1。

【例 4-6】 在程序中检测 A 与 SBUF 的内容是否相等，可采用什么算法？

解：判断两个寄存器的内容是否相等，用“异或”逻辑非常方便，对本例，指令 XRL A，SBUF 效率极高。指令执行后，若（A）＝0，则两个寄存器内容相等，否则就不等。判断（A）是否为 0 的指令后面就会学到。

2）循环移位类指令

循环移位类指令均以 A 为操作数，此类指令使用频繁，可参与数学运算、逻辑运算、循环计数和 I/O 操作等多种过程。这类指令又分两种：带 CY 循环移位，即（A）连同 CY 一起作开放循环；不带 CY 的循环，即（A）内封闭循环。移位又分左右两个方向，见表 4-4 指令功能描述中的箭头方向。

【例 4-7】 设（A）＝3AH，对其左移一次，结果如何？再左移一次，结果又如何？

解：左移一次，可用指令 RL A，在 CY＝0 时，用 RLC A，结果均为（A）＝74H；

再左移一次，仍用 RL A，两次循环左移结果为 E8H。

操作数左移一位，各位的权重均提高一级，因此，左移一位相当于操作数乘以 2，由此得出结论：在二进制体系中，操作数向左或右移动 n 位，相当于该数乘以或除以 2^n。本例循环两次相当于（A）乘以 4。

查表 4-4 可知，执行两次 RL A 指令需要 2×1 个机器周期，代码长度为 2×1B。

实现乘 4 的目的也可用乘法指令，其程序段如下：

```
MOV    B,#04H                  ;2 字节,1 个机器周期指令
MUL    AB                      ;1 字节,4 个机器周期指令
```

此程序段的代码长度为 2＋1＝3B，共需要 1＋4＝5 个机器周期时间，还要占用寄存器 B。可见，乘以 2^n 用循环左移指令比用乘法指令速度快，代码量少。

4. 控制转移类指令

控制转移是不包括位变量的逻辑转移，控制程序分支与转移类指令共 17 条，如表 4-5 所示。

表 4-5 MCS-51 系列控制转移类指令集

助记符	操 作 数	功 能 描 述	周期/字节数
ACALL	addr11	2K 内绝对调用	2 / 2
AJMP	addr11	2K 内绝对转移	2 / 2
LCALL	addr16	64K 内长调用	2 / 3
LJMP	addr16	64K 内长转移 Addr15～0→(PC)	2 / 3
JMP	@A+DPTR	((A)+(DPTR))→(PC)	2 / 1
SJMP	rel	相对转移范围：－128～127	2 / 2
JZ	rel	(A)＝ 0 转移	2 / 2
JNZ	rel	(A)≠ 0 转移	2 / 2
CJNE	A，# data，rel	(A)≠立即数转移	2 / 3
CJNE	A，direct，rel	(A)≠(直接地址)转移	2 / 3
CJNE	R*n*，# data，rel	(R*n*)≠立即数转移	2 / 3
CJNE	@R*i*，# data，rel	((R*i*))≠立即数转移	2 / 3
DJNZ	R*n*，rel	((R*n*)－1)≠0 转移	2 / 2
DJNZ	direct，rel	((direct)－1)≠0 转移	2 / 3
RET		子程序返回	1 / 1
RETI		中断返回	1 / 1
NOP		空操作	1 / 1

1）调用与跳转指令

调用与跳转指令包括绝对调用、长调用、返回、绝对无条件转移、长转移、短转移、间接转移和空操作共 8 条指令。其作用是控制程序的走向。使用时要注意以下问题。

(1) 绝对调用指令 ACALL　addr11 的特点。

指令执行的开始时，单片机系统堆栈和程序计数 PC 作如下操作。

返回地址生成与保存：[(PC)←(PC)＋2；(SP)←(SP)＋1；((SP))←(PC7～0)；(SP)←(SP)＋1；((SP))←(PC15～8)]。

程序进程转至子程序：[(PC10～0)←(addr10～0)；(PC15～11)不变]，其中 addr10～0 是子程序入口的 11 位地址。

该指令的功能是调用子程序。为了在子程序调用完成后 CPU 能回到断点(ACALL 的下一条指令地址，称为返回地址)继续运行主调程序的其他指令，系统需将返回地址压入堆栈，子程序执行完后，返回地址被系统弹入 PC，使系统工作进程再次回到断点处。子程序还可以调用子程序，形成子程序嵌套调用，程序的调用、嵌套和返回过程如图 4-3 所示。子程序的嵌套不受级数的限制，嵌套级数越多，使用的堆栈空间就越大。

单片机如何知道子程序结束呢？当然是编程者用指令通知的，子程序返回指令是

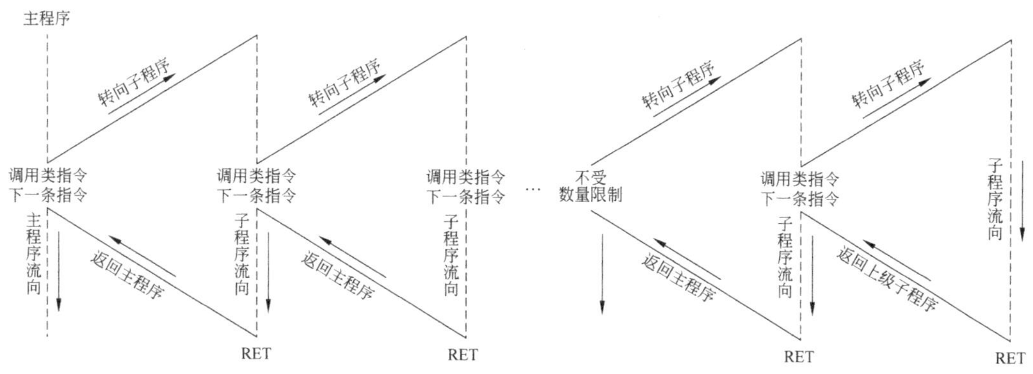

图 4-3 子程序嵌套调用及返回路径示意图

RET。当程序执行到 RET 时，经 CPU 解释，系统将产生弹栈操作，将上一级断点地址送入 PC，于是进程返回到上一级程序中。因此，ACALL 类指令必须与 RET 指令成对应用。这一原则对所有计算机都适用。

子程序中的 RET 可以有多个，这与 C 语言中的 return 可以有多个一样。但 CPU 一旦执行了 RET 指令代码，子程序就立即结束，并返回到上一级主调程序中。这就是说，子程序可以有多个用于选择的出口，但每次只能用一个。

助记符 ACALL 后跟的 addr11 表示一个 11 位地址值。由于 ACALL 指令执行前后(PC15～11)不变，这说明主调程序和子程序必须同在由 addr10～0 这 11 位地址所限制的空间中。addr10～0 中最低地址为 000H，最高地址为 7FFH，可导址范围是 $2^{11}=2048$B，即 2KB。因此 ACALL addr11 的作用范围是 2KB 空间。

51 机程序存储器的最大容量是 64KB，2KB 为一页，共有 32 页。第 1 页的地址范围是 0000H～07FFH，最后 1 页的地址范围是 F800H～FFFFH，调用点和子程序须在同一页中才能使用 ACALL 指令。

可以用下面简单的子程序调用来验证 ACALL 指令 2K 作用范围的特性：

```
        ORG     0000H           ;51 机上电复位，从 0000H 开始执行程序
        LJMP    MAIN            ;MAIN 只是一个标号，与 C 语言中的 main 不同
        ORG     0040H           ;主程序可从 40H 开始，原因见后续章节的解释
MAIN:   MOV     SP,#5FH         ;设单片机为 8051 家族成员
        ACALL   TEST            ;调用指令代码在 0043H
        SJMP    $               ;动态停机，起主程序与子程序的隔离墙作用
        ORG     07FFH           ;人为将子程序的首地址安排在 07FFH
TEST:   NOP                     ;空操作，占用 07FFH 程序存储器单元
        RET                     ;子程序返回指令，占用 0800H
        END                     ;此条伪指令的功能是通知编译器程序到此为止
```

程序编译成功，并可以执行。

注意：子程序的首地址为 07FFH，与 ACALL 在同一段内。虽然 RET 的代码地址是 0800H，与 ACALL 在不同段内，但程序仍能正常运行。

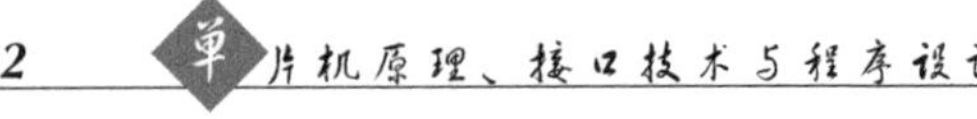

但如果将子程序定位语句改为 ORG 0800H，再进行编译，编译器则会通知：“有一条错误：‘目标超出范围’”。

因此，ACALL 指令与其调用的子程序的首地址必须在同一页内，否则编译出错。

(2) 长调用和长转移的解决方法。

长调用和长转移指令 LCALL addr16、LJMP addr16 功能与 ACALL 或 AJMP addr11 指令相同，但作用范围为 64KB，与 51 机系统的最大寻址能力相同，因此不会出现调用或跳转不到的问题。这两种指令的运行时间相同，只是 L 型指令的代码比 A 型多 1 个，在代码空间微小差异可忽略的情况下，用 L 型指令没有 A 型指令的范围限制问题。

间接长转移指令 JMP @A+DPTR 在程序中用于构造多分支转移表结构，寻址范围也是 64K，可放心使用。

【例 4-8】 子程序及 C 语言程序的无参数传递和返回值的函数名均为 H_TO_ASC，在两种语言中如何调用它们？

解：汇编语言：`LCALL    H_TO_ASC`

C 语言：`H_TO_ASC();`

2) 相对转移指令

表 4-5 中第二操作数为 rel 的指令均为相对转移指令，其特点是：指令集逻辑判断和转移功能为一体，转移地址由偏移量 rel 指出，取值范围为 −128～+127。转移范围不受页的限制，只受空间长度的限制。指令的具体功能如表 4-5 所示。

相对转移指令是分支结构和条件循环型结构的要素。对转移跨度大的程序段直接跳转不过去时，可用搭桥的方法解决，方法是将长跳转指令夹在指令和目标之间起跳板的作用。

例如，要求(A)≠0 执行线路 1 的程序段，否则执行线路 2 的程序段，之后汇合。但两段程序代码量都超过 128B，解决方案的流程如图 4-4 所示，程序段内容如下：

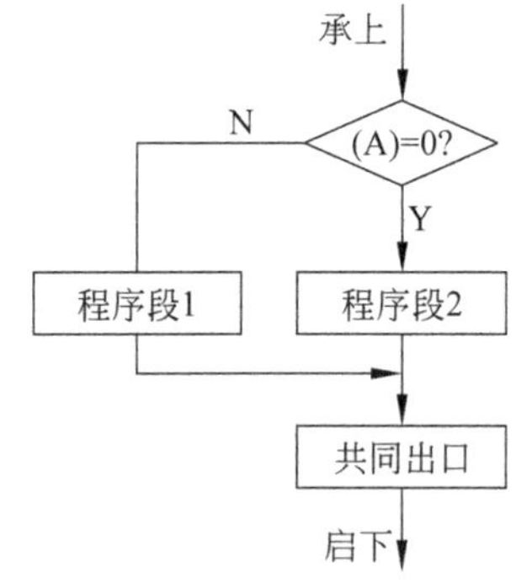

图 4-4　两分支结构流程图

```
        JNZ     ROAD1           ;(A)≠0 则转移到 ROAD1,否则顺序执行
        LJMP    ROAD2
ROAD1:  ……                      ;……表示 ROAD1 分支的程序段
        LJMP    COMOUT          ;功能：转移至共同出口和两段程序的隔离墙
ROAD2:
        ……                      ;……表示 ROAD2 分支的程序段
COMOUT: ……                      ;共同出口,继续执行
```

分支指令构成的程序结构与 C 程序中 if-else 选择分支结构类似。

助记符为 DJNZ 的指令是复合功能指令，专用于计数循环控制。指令执行时，先对操作数进行减 1 操作，再判断操作数是否为 0，若不为 0 则转移，否则程序顺序执行。由它构成的程序结构与 C 语言中的 for 结构相当，是使用率极高的指令。

3）中断返回指令

表 4-5 中 RETI 为中断返回指令。它的功能与 RET 类似，只是 RETI 是用于中断服务程序中的。RETI 指令将在中断部分加以使用和说明。

空操作指令 NOP 与 C 程序中的“;”相当。执行 NOP 指令时，CPU 什么事也没有做，只消耗 CPU 的一个机器周期时间。NOP 指令常用于执行延迟或等待任务的程序部分中。

4）比较分支指令

助记符为 CJNE 的指令是比较分支指令，用于多分支判断-转移程序结构。该指令的直接意义是，当两个操作数不等时跳转，否则程序顺序执行。事实上，该类指令的功能远不止如此。指令执行时，CPU 先用第一操作数减去第二操作数，但不改变操作数的内容，只影响标志位。这样，两个操作数的大、小、相等关系通过判断 CY 的状态就能确定了。可见，CJNE 是功能极强的复合型指令，代码效率非常高。用该指令很容易构造像 C 语言中的 switch-case-break 的程序结构。

5. 位操作类指令

单片机在控制系统中常需进行线路通和断、继电器的吸合与释放等位逻辑操作。位操作指令将为这类操作提供更多的灵活性。

位操作指令的对象是内部 RAM 中 128 个及 SFR 中 128 个，共计 256 个可位寻址单元中的数(0 或 1)和立即数。MCS-51 单片机位操作指令如表 4-6 所示。

表 4-6 MCS-51 单片机位操作类指令集

助记符	操　作　数	功 能 描 述	周期/字节数
MOV	C,bit	(C)←(bit)	2/2
MOV	bit,C	(bit)←(C)	2/2
CLR	C	(C)←0	1/1
CLR	bit	(bit)←0	1/2
SETB	C	(C)←1	1/1
SETB	bit	(bit)←1	1/2
CPL	C	(C)←(～C)	1/1
CPL	bit	(bit)←(～bit)	1/2
ANL	C,bit	(C)←(C)∧(bit)	2/2
ANL	C,/bit	(C)←(C)∧(～bit)	2/2
ORL	C,bit	(C)←(C)∨(bit)	2/2
ORL	C,/bit	(C)←(C)∨(～bit)	2/2
JC	rel	若(C)=1 则跳转，否则程序顺序向下执行	2/2
JNC	rel	若(C)=0 则跳转，否则程序顺序向下执行	2/2
JB	bit,rel	若(bit)=1 则跳转，否则程序顺序向下执行	3/2
JNB	bit,rel	若(bit)=0 则跳转，否则程序顺序向下执行	3/2
JBC	bit,rel	若(bit)=1 则(bit)←0，并跳转，否则程序顺序向下执行	3/2

位操作类指令有如下特点：

(1) 位单元C相当于字节操作中的累加器。C就是PSW中的CY。位变量中内容的传送通过MOV C,bit和MOV bit,C这一对指令实现。

(2) 位操作中的立即寻址是由CLR bit和SETB bit这一对指令实现的。立即寻址符#被字节操作指令占用,位操作指令不能再用,要特别注意。看下面例子中的错误：

```
MOV   C,#11H          ;位空间不能存放字节数据,正确的是 MOV C,11H 等
SETB  A               ;SETB 只能对位,不能对字节,应是 SETB ACC.0 等
```

【例 4-9】 地址为20H的位单元位于哪个字节单元中？将其内容"置位",应用哪条指令实现？

解：第一问的答案可以通过查表3-4确定,也可以通过推算而得到,答案是24H字节单元的D0位。将位地址20H单元内容"置位"的指令为SETB 20H。

注意：位操作的对象是位单元或位变量中的内容。字节操作的对象是字节单元或字节变量中的内容。另外,可位寻址单元都在51机片内。

4.4 汇编语言程序的组成与结构

首先介绍有关程序的几个概念。

(1) 程序(program)是由人编写的、将指令按某种规则排列、能完成某项有意义工作的特殊文件,是对计算机完成这项工作所涉及的对象及对其操作过程的描述。

(2) 算法(algorithm)是程序的动作规则,它描述了解决问题所采取的方法和步骤。

(3) 数据结构(data structure)是程序对对象(数据)的描述,它描述了问题所涉及的对象以及对象之间的联系和组织方式。

1976年计算机科学家沃思明确地提出算法和数据结构是程序的两个要素：

程序＝算法＋数据结构

可将程序比喻为项链,指令为制作项链的材料,数据结构则是制作项链的构思,算法则是完成每一项工艺的技巧。只有将新颖的构思与精湛的工艺、优质的材料合理地融合在一起,才能制作出精美的项链。编写程序也是如此。

4.4.1 汇编语言程序的组成部分

一个完整的汇编语言程序由以下几个部分组成。

1. 主程序

主程序是单片机完成某项任务的主干程序。单片机在工作时,进程总是沿主程序规定的方向运行的,并在某些特定的环节上周而复始地运行。

注意区别汇编语言中的主程序和C程序中的main()函数。它们都表示这个系统的主程序。C语言规定,在一个系统中必须有一个且只有一个名为main()的函数,为系统的主程序。而汇编语言中的主程序是可以任意命名的,主程序只有结构的限制,而无命

名的限制。

2. 子程序

汇编语言中的子程序与C语言中的函数相当。子程序是能够实现某种具有共性的、在整个程序中将反复应用的一个程序模块。子程序是从应用程序提取出来,加以封装后的既具有程序的一般性又具有特殊性的程序部分。使用子程序主要有以下两个原因:

(1) 节省代码空间。

由于子程序能被主程序反复调用,因此,使用子程序能节省存储空间。举例来说,程序中的某个功能部分,代码量为100B,程序运行一个周期需执行这部分代码10次,则使用子程序时的系统程序总代码量是不使用子程序时的1/10,节省代码空间量约为1000个单元。

注意:使用子程序是以时间的代价来换取空间的。因为主调函数每调用一次子程序,都要花费压栈和弹栈所附加的机器时间。但这往往是值得的。

(2) 模块化结构设计的需要。

子程序使模块化程序设计成为可能。一个模块化结构的程序可读性强,便于理解和移植。另一方面,模块化结构还能使程序设计变得清晰,降低编程的难度。

3. 中断服务程序

中断服务程序可以理解为一种特殊子程序。但它们不像子程序那样,由程序主动调用运行,而是由"偶然事件"触发而被CPU执行的。中断服务程序就是为处理偶然事件而编写的。有关汇编语言和C语言的中断服务程序具体内容将在第5章讨论。

以上3种程序都能独立进行编译,但只有主程序可以独立运行,而子程序和中断服务程序只能嵌入到主程序中才能运行并发挥其作用。这一点与C语言相同。

还有一个术语是程序段。它是一组指令或语句的集合,用于描述实现某种功能或算法的逻辑。程序段没有程序和子程序结构,只有嵌入到程序或子程序中才能发挥作用。

4. 程序的定位和说明

一个程序中,除了对单片机(CPU、微处理器)下达的工作指令外,还需对编译器的工作要求作出指示,如变量定义、包含文件、程序代码、表格数据存储位置等,才能达到编程者对程序运行环境的设置要求,这类指令称为伪指令。所谓伪指令,就是形如指令,但不产生执行代码,而是对编译系统下达编译要求的指令。

汇编语言与C语言都用伪指令,只是汇编语言中伪指令数很少,也很简单。表4-7为汇编语言中常用的一些伪指令。

表4-7 汇编语言程序中常用的伪指令

助记符	功能及格式	应用举例
ORG	用于指定程序、数据在存储中的起始地址	ORG 0000H
END	通知编译器程序内容到此结束	放在程序文本的最后一行

续表

助记符	功能及格式	应 用 举 例
DB	定义字节数表。<标号>:<DB> <数据>	ABC:DB 08H,77H,0FCH
DW	定义字数据表。<标号>:<DW> <数据>	ABC:DW 0877H,0FC8AH
EQU	为数字或地址赋予字符名称	DATA0 EQU 30H
DATA	与 EQU 功能相当,常用于内部 RAM	DATA1 DATA 31H
XDATA	为外部 RAM 地址赋予字符名称	WORK XDATA 50H
BIT	功能与 EQU 相当,但专用于位地址的命名	SCLK BIT P1.0

51 机汇编语言伪指令意义明确,容易使用。所以,本书对伪指令的用法不作详细讨论,只在程序注释中说明,请读者记住其格式,并注意模仿。

学习单片机的编程,需严格按照后缀名的规定分类,文件才能被编译系统识别。汇编语言源程序以.asm 为后缀,C51 源程序以.c 为后缀,头文件以.h 为后缀。这是常用的 3 类源文件。源文件通过编译连接后,还会生成几种其他类型的文件,如.hex 文件,它是十六进制格式的程序代码文件。

4.4.2 汇编语言程序结构与一般格式

汇编语言程序由主程序、中断服务程序、子程序、数据表格及伪指令等部分组成。事实上,汇编语言程序与 C 语言程序成分是一样的,只是汇编语言程序的格式单一,更容易掌握。

【例 4-10】 包含主程序、中断服务程序、子程序、数据表格及伪指令的汇编语言及 C 语言程序样式及对比与分析。

以下是汇编语言的示范程序,阅读时请特别注意注释部分。

```
        SCL     BIT     P1.2        ;伪指令,定义 SCL 位变量
        ADDR0   DATA    30H         ;定义字节变量 ADDR0,等价于 ADDR0 EQU 30H
        ORG     0000H               ;主程序的起始点,相当于 C 语言中的{
        LJMP    Main                ;作一个跳转,用 Main 作主程序标号
        ORG     0003H               ;外部中断 0 的服务程序入口地址
        LJMP    INT0int             ;INT0int 为外部中断 0 服务程序地址标号
;---------------------------主程序----------------------------
        ORG     0040H               ;定位主程序代码首地址,如 0040H
Main:   MOV     SP,#5FH             ;初始化堆栈指针 SP,51 机家族设在 5FH 较为合适
        SETB    EX0                 ;允许外部中断 0 中断
        SETB    EA                  ;中断开放
AGAIN:  MOV     A,#02H              ;预取表中第 2 号数码(序号从 0 开始)
        LCALL   GETDATA             ;子程序调用
        LJMP    AGAIN               ;周期工作
TABLE1:                             ;数据表标号
```

```
        DB      5AH,5BH,5CH,5DH       ;5CH 相对于标号的偏移地址为 2
;-----------------------------子程序-----------------------------
GETDATA:
        MOV     DPTR,#TABLE1          ;指向数据表首地址 TABLE1
        MOVC    A,@A+DPTR             ;比 MOVC  A,@A+PC 指令更常用
        MOV     ADDR0,A
        CPL     SCL
        RET                           ;子程序返回
;----------------------------中断服务程序--------------------------
INT0int:                              ;外部中断 0 的中断服务在这里进行
        PUSH    PSW                   ;INT0int 是中断服务程序名,必须有
        PUSH    Acc                   ;保护有关寄存器,根据需要选用
        ……                            ;中断程序实体,具体指令由程序功能决定
        POP     Acc                   ;恢复现场: 先进先出
        POP     PSW                   ;恢复现场: 后进后出
        RETI                          ;中断服务程序中的返回指令,必不可少
        END                           ;程序结束伪指令,放在全部程序文本最后
```

与上面汇编语言成分相同(任务不尽相同)的 C 语言示范程序如下:

```
#include<t89c51cc01.h>
#define uchar unsigned char
#define uint unsigned int
sbit P1_2=0x92;
#define SCL     P1_2
unsigned char data ADDR0;
void DelayX1ms(uint count)
{ uint i;
  uchar j;
  for(i=0;i<count;i++)
  for(j=0;j<110;j++);
}
void int0() interrupt 0
{
    SCL=~SCL;                          //中断服务程序内容,位变量 SCL 求反
}
void main(void)
{ SP=0x5f;                             //标准 51 机堆栈栈底设置于此
  EX0=1;                               //允许外部中断 0 中断
  EA=1;                                //中断开放
  while(1)
  {
        P2=1;                          //指令的效果是什么?
        DelayX1ms(1000);
        P2=0;
```

```
        DelayX1ms(1000);
    }
}
```

以上是结构完整的两个程序。下面以 C 程序作为参照，讨论两种程序的结构框架。

读程序与读文章一样，从主程序的第 1 条语句或第 1 条指令开始，从上向下读，这也是程序代码执行的顺序，遇到转移、分支、调用时，跟着逻辑关系往下读，就能把程序运行的路线和目的摸清楚了。阅读时明确一个大方向，即无论程序怎样绕弯，进程必定还要回到主程序，并周而复始地进行，这与人们周期性的生活方式是一样。

与 C 语言不同，汇编语言编译器中自带标准 51、52 单片机资源声明(就是 SFR 名称与地址对应关系定义的伪指令集)的 inc 文件，这是编译器能识别并引用标准 51 单片机的 SFR 的原因。C51 一般用头文件声明 51 机的资源，再用包含伪指令，如 include <t89c51cc01. h>，就将 SFR 的声明部分包含到项目(包括 C 语言源程序及包含文件的专项软件集)中了。上述两种资源说明与引用的方法对两种系统都适用，如汇编体系的 $INCLUDE(STC12C5A60S2. inc)能达到与 C 语言的 include<t89c51cc01. h>同样的目的。理解“目的相同，但实现的手段与编程语言体系的特点和主流方式相关”这句话的含义是重要的。

汇编语言单片机资源说明文件中定义 SFR 名称与地址关系的伪指令格式如下：

```
S2CON       DATA      9AH                        ;串行口 2 控制寄存器
S2BUF       DATA      9BH                        ;串行口 2 数据缓冲器
BRT         DATA      9CH                        ;独立波特率定时器
```

. inc 文件就是这种格式的伪指令的集合。其实，声明 SFR 与定义变量的意思相同，只不过 SFR 是通用的、地址固定的“变量”；而变量则具有特殊性、随意性，无法做成普遍适用的. h 或. inc 文件，只能在程序的开头进行定义，所以有“先定义，后引用”的说法。从这个意义上讲，SFR 的声明也可以像定义变量那样被引用，但源文件是不是显得冗长呢？而使用 SFR 的. h 或. inc 文件是不是有一劳永逸的感觉呢？

有了对 SFR 声明方式的正确理解，SFR 能被程序引用就不难理解了，继续分析如下。

汇编指令中寄存器/存储器地址是显露的，但也可以用变量名来包装。前两条伪指令定义了两个变量，这样做比直接对地址操作，程序的可读性好。另外，如果想换别的寄存器/存储器单元来承担此角色，程序修改也方便得多。

注意：C 语言对存储器单元的操作都是通过变量进行的，既使地址是显露的，也要用指针变量封装一下。

第 3 条 ORG 0000H 是伪指令(0000H 与 0H 或 0 是等价的。0000H 表示 16 位地址宽度)，通知编译器从地址 0000H 开始放置程序代码。这是受 51 机复位后 PC=0000H 的条件约束的。CPU 要执行的指令代码是通过 PC 指向程序存储器中代码单元的地址才读取而来的。51 机复位后，CPU 开始工作，代码自然应该从 PC 的初值地址开始放了。C 程序可以简单地理解为 main()程序代码的首地址就是 0000H。

LJMP Main 是汇编程序第一条(真)指令(其代码占用 0,1,2 三个单元),执行后 PC 值变为 Main 标示行的地址值。为什么在程序一开始就进行一次长跳转指令呢?是必须的吗?为什么不顺序执行呢?有很多初学者就是不愿接受这一事实。

其实,如此编程的道理不难理解。51 机规定,从程序存储器的 0003H 单元开始的一段区域为中断服务程序的引导区,又称为中断向量区。当满足中断条件时,单片机系统应能识别中断类型并自动转去执行处理代码。实现这一功能最直接、简单、有效的方法就是固定每一个中断源的中断向量。主程序代码不能占用中断向量区,所以要用跳转指令跳过这个区域。

51 机的中断向量区是这样规定的:从 0003H 开始,每 8 个字节为 1 个中断的向量区,并按默认中断优先权从高到低分配给每一个中断源。标准 51 机有 5 个中断源,其中外部中断 0 优先权最高,分配的首地址为 0003H;串行口中断级别最低,首地址为 0023H,中间几个首地址依次为 000BH、0013H、001BH,看出地址排列的规律了吗?

中断向量区为什么只给每一个中断留 8 个单元呢?这是因为每一个编程者编写的中断服务程序长度(编译后生成代码的多少)是不确定的,所以,中断向量区设为多大都没有普遍意义。但将中断向量区作为引导区,在这里用一条长跳转指令,将中断服务的工作放在没有长度限制的区域中展开,就能解决中断处理空间的通用需求。每个区留 8 个字节,足以让程序员在这里放转移指令代码了。这就像班里要举行足球赛,要同学到教室集合,再去球场比赛一样,中断向量区相当于集合的教室,球场就是中断处理的场所。事实上,转移代码最多为 3 个字节,留 8 个单元的目的,是给程序员留一点灵活处理空间,当服务代码少于 8 个字节时,就不必转移而直接在此区写程序代码,系统响应中断更快。

本例用 ORG 0003H 定位外部中断 0 的服务程序入口地址,LJMP INT0int 将程序流程引向 INT0int,中断服务工作在这里进行,中断服务程序结构上与子程序相同,但它的执行是系统调用的结果,而子程序则是程序员调用的。有关中断问题将在第 5 章详细讨论。

根据上述内容的逻辑可知,中断向量区不能被主程序占用,否则中断将不能被使用。这个区域可比喻为程序员布置的“雷区”,占用自己布置的“雷区”是不合逻辑的。即使一个中断也不用,也要养成不占用自己的“雷区”的习惯,方法是在 0000H 处加一个跳转指令,使主程序跨过这个“雷区”。这就是汇编程序中安排第 4 条指令的目的。

第 8 条指令的标号 Main:是主程序的真正起点。主程序从哪个地址开始最合适呢?本例用 ORG 0040H(第 7 条指令),即指定代码从 0040H 开始存放。有什么道理吗?依据是选用的单片机的中断源个数。标准 51 机有 5 个中断源,52 机有 6 个中断源,中断向量区占用到 33H 单元,所以,对标准 51 机来说,主程序的起始地址只要大于 0033H,就不会占用中断向量区,本例从 0040H 开始,当然从 0060H 开始也可以,但没有必要过多地浪费程序存储器的空间。

增强型 51 机的中断源个数比标准 51 机多,因此中断向量数也比标准 51 机多,中断向量区也随之扩大。为保证兼容,51 系列机以标准 51 机的中断源为共有部分,并以其优先次序为基础,新增中断源的优先权都排在标准 51 机的中断源之后。例如,标准 52 机新增了T2的中断，其中断优先权最低，它的中断向量的首地址在哪呢？答案是2BH。至于增强型51机，新增中断源的中断向量的地址应以具体机型规定的优先权顺序为准。中断源越多，中断向量占据的区域越大，主程序的首地址越要向后推。

主程序的前段是系统初始化部分。作用一般有以下两点：

(1) 设置系统工作环境。51机上电复位后，片内SFR被强制为默认值(见表3-5)，这是系统行为。复位后，(SP)＝07H，这并非好的设置。如此，堆栈区将占用工作寄存器组1、2、3，而且由于堆栈顶部的不确定性(堆栈可否增长到20H甚至30H)，在编程者心里会产生片内RAM可能被堆栈冲乱的忧虑。因此，堆栈指针(SP)的设置工作就必不可少了，常在第1条指令中完成它。堆栈区应设置在片内RAM的高端，本例将栈底设在5FH，限制堆栈区大小为32B。C语言程序与汇编语言程序一样，初始化时也应先设置堆栈，但C语言程序设置堆栈的方法很多，本例是其中一种。

(2) 设置系统工作的起点及对系统中设备下达工作命令。RAM(包括内部和外部)与SFR不同，不受复位的影响。上电后RAM单元的值是随机的。为与系统工作相关的SFR及RAM单元赋初值，就是确定系统工作的起点，其中主要有I/O、定时器、串口和中断源的初始状态或工作方式命令等内容。见本例中外部中断0的相关操作。

初始化完成后，程序才正式进入工作流程。单片机的应用程序以面向过程为主，特点是从始到终周期地工作。本例的汇编程序从AGAIN标号起，到LJMP AGAIN之间的指令部分就是周期性工作的部分，是主程序的主体。C语言程序则是用while(1)将工作程序部分包围起来，使之重复执行。注意，工作程序不要包括初始化部分。因为程序运行时总是在不断更新寄存器中的内容，这些内容又与系统下一步工作有关，重复执行初始化程序部分，将搅乱系统的记忆，系统自然无法正常工作。

主程序的工作内容由所承担的任务决定。本例汇编程序中，假设程序存储器中有一个数据表格，它是0～3的编码表，主程序的工作就是周期性地从数据表中取出与(A)对应的编码，并以子程序调用(LCALL GETDATA)的方式完成，借以说明主程序与子程序的关系。现在讨论程序是如何读出与A的内容相对应的编码的。

调用前，先执行MOV A,＃02H指令，这时(A)＝02H，执行LCALL GETDATA指令后，CPU开始执行子程序代码。先执行MOV DPTR,＃TABLE1这条指令，使数据指针DPTR指向数据表TABLE1的首地址，接着执行MOVC A,@A＋DPTR，指令功能是以(A)＋(DPTR)的“和”为地址，将该地址中的内容赋予A。数据表中5AH、5BH、5CH、5DH等相对于数据表首地址的偏移量分别为0、1、2、3。因为(A)＝2，则A＋DPTR指向了地址偏移量为2的单元。指令执行后，此单元中的5CH被读入A中。之后，CPU执行RET指令，结束子程序调用过程。返回主程序后，CPU执行LJMP AGAIN指令，开始新的一个周期的工作。

C语言程序的函数调用，与汇编语言程序的子程序调用相当，但它们的功能不同。

两种语言的中断服务程序表示方法不同，C语言程序是void int0() interrupt 0部分，汇编语言程序是从标号INT0int到RETI的部分，RETI是中断返回指令，C语言程序中的return(不是必要的)与汇编指令RET或RETI(必要的)相当。

主程序、中断服务程序和子程序是一个完整程序中不同角色的程序部分。无论是汇编语言还是 C 语言，主程序都是主，而子程序或中断 0 的服务程序则是从。CPU 去不同程序区工作是需要系统许可的，相当于 CPU 要出国工作，需有系统的“签证”才行。

考察 C 程序中的{}，它们将主程序、中断服务程序和函数直接通道断开，使 CPU 在每类程序中工作时，都不会以顺序执行的方式从此到另一类程序中去。CPU 工作区域的转移不是 CPU 的行为，而是单片机系统的行为。当调用或中断等事件发生时，系统使 PC(程序计数器)值发生变化，CPU 才能读取到这类程序的代码。可见，CPU 做的只是对代码的分析和生产决策。程序区转换时，CPU 是不动的，动的部分是 PC 值，它决定了读取程序代码的地址。

汇编语言程序的边界没有 C 语言程序明显，但如果主程序能以顺序执行的方式进到中断服务程序或子程序中，则这个程序一定是不能用的！这是我们检验汇编语言程序正确与否的最简单方法。仔细阅读本例的汇编语言程序会发现，程序是用 RET、RETI 和 LJMP AGAIN 指令将 3 种不同类型的程序之间的直接通道断开的。

汇编程序最后的 END 是伪指令，通知编译器程序部分到此为止，就像谈话结束语一样不要省略。省略 END 虽然不影响编译和代码生成，但是应该避免这种不规范的编程习惯。

4.5 从 C 语言过渡到 C51

C51 是在标准的 C 语言基础上，根据 51 机的功能对标准 C 语言进行了扩展和缩减编而形成的编译调试软件。C51 编译器不支持 16 位宽度字符、函数递归调用等功能。在库函数方面，C51 支持 ANSI C 的大部分函数，但一些不适用于嵌入式系统应用的库函数则没有包含到 C51 编译器中。同时扩充一定数量的非 ANSI C 标准库函数到 C51 编译器中。

4.5.1 从 C 语言向 C51 过渡的重要环节

在学习单片机的人中，绝大多数人都具备 C 语言编程的基础，但在接触单片机之前所用的 C 语言，训练多在算法和结构方面，对硬件的操作涉及少。而学用单片机的 C 语言，要先从建立硬件对象的意识开始，所有操作对象，即使看不到，也必须有一个正确的映像。要实现从 C 语言过渡到 C51，在具体做法上，抓住 C51 和 C 语言以下两点的不同，就容易了。

(1) C51 不仅要定义变量类型，还要定义变量所在存储器类型。

汇编语言和 C 语言系统都能直接通过地址或变量获取操作数。其中差别就是，汇编语言程序的变量地址需自己定义，而 C51 则由编译器代劳了。直接地址在汇编语言程序中用数据指针 DPTR 和 R*i*，C 语言则包装成为指针。

无论是直接对地址操作，还是通过变量间接对存储器操作，目的都是正确寻址。C51 的编程对象是 51 系列单片机，因此，在定义变量时，既要考虑变量的数据类型，还要考虑变量放在或指向哪一类存储器的问题，即对变量进行存储类型声明，以免无的放矢。而存储类型就是51机系统客观存在的各种存储器，多了没用，少了不行。Keil C51编译器支持的存储器类型如表4-8所示。

表4-8 Keil C51编译器支持的存储类型

存储类型	说明
data	可直接寻址和间接寻址的，位于片内RAM中00H～7FH，共128B
bdata	可位寻址、直接寻址和间接寻址的，位于片内RAM中20H～2FH，共16B
idata	间接寻址的，片内RAM所有单元(00H～FFH，共256B)
pdata	分页寻址的，外部RAM中00H～FFH，共256B，只能间接寻址
xdata	片外RAM，地址为0000H～FFFFH，共64KB，只能间接寻址
code	程序存储器，地址为0000H～FFFFH，共64KB，只能间接寻址

注意：表4-8中的寻址方式是51机系统中存储器的属性，不因编程语言而改变。51机存储器的性质在不同的语言环境中表现不同，本质却相同。

【例4-11】 定义一个指向程序存储器、片外RAM和片内RAM的字符型指针变量。

解：指针是C语言的直接地址的寻址方式。C51指针变量定义的一般形式为

数据类型［存储类型1］*［存储类型2］标识符

其中存储类型都是可选项。例如：

```
unsigned char code * point_1;          //定义一个指向程序存储器(code)的指针
                                       //point_1被安排在片内RAM中
unsigned char code * xdata point_1;    //point_1被指定安排在片外RAM中
unsigned char xdata * point_x;         //定义一个指向片外RAM的指针
unsigned char data * point_r;          //定义一个指向片内RAM的指针
```

在上面的语句中，code、xdata和data是存储类型，unsigned char是数据类型。

【例4-12】 如何定义程序存储区的字符型数据表格？

解：单片机应用系统中，常将常数表格放在程序存储器区，其格式为

```
unsigned char code Table_CRC[256]={ 0,94,188,226,97,63,221,…} //共256个数据
```

【例4-13】 位变量的定义与使用方法。

```
bit end_of_Adconver=0;                 //用end_of_Adconver作为标志,初值为0
end_of_Adconver=1;                     //位变量置1
```

可预见，编译系统一定将位变量安排在可位寻址的位单元(片内RAM中20H～2FH或PSW的F0或F1)中。用bdata型，可同时定义一个字节8个位变量，方法如下：

```
static bdata uchar sclkdata;           //片内RAM 20H~2FH空间为bdata范围
sbit sclkdata0=sclkdata^0;             //接着定义字节中每一位的变量名
sbit station_A=sclkdata^1;
sbit station_X=sclkdata^2;
sbit station_Y=sclkdata^3;
```

```
sbit sclkdata4=sclkdata^4;
sbit sclkdata5=sclkdata^5;
sbit sclkdata6=sclkdata^6;
sbit sclkdata7=sclkdata^7;
```

(2) C51 源程序中一般要包含描述 51 机资源的头文件。

51 机资源头文件的内容与功能已讨论过了。以下讨论其格式,这样定义 P3 口:

```
Sfr P3        =0xb0;                  //等价于 Sfr (P3, 0xb0);
```

P3 口是典型的多功能复用口,也是可位寻址的,每一位的定义如下:

```
sbit P3_0    =0xb0;    对照    sbit RXD     =0xB0;
sbit P3_1    =0xb1;    对照    sbit TXD     =0xB1;
sbit P3_2    =0xb2;    对照    sbit INT0    =0xB2;
sbit P3_3    =0xb3;    对照    sbit INT1    =0xB3;
sbit P3_4    =0xb4;    对照    sbit T0      =0xB4;
sbit P3_5    =0xb5;    对照    sbit T1      =0xB5;
sbit P3_6    =0xb6;    对照    sbit WR      =0xB6;
sbit P3_7    =0xb7;    对照    sbit RD      =0xB7;
```

可见,P3 口各位有两个名字,一个用于 I/O 操作,另一个用于其第二功能更直观。

在程序中用指令包含资源说明头文件后,程序中的 SFR 名就合法了。这符合 C 语言体系"先定义,后使用"的原则。例 4-10 的 C51 源程序中,如果将 ♯include<t89c51cc01.h> 这条指令删除或注释,编译器就会指出诸如 P2=0;和 EX0=1;等所有与 SFR 相关的语句中的字符无法被识别。有趣的是,关于 SCL 的语句可以通过编译,为什么?

值得注意的是:头文件的后缀名必须为.h 或.H。但头文件名可以随意取,内容以能表明所适用的 51 机型为准。头文件中重要的部分是内容,即 SFR 的命名及它们所在的地址。SFR 的名字是使用者约定俗成的(本来也是可以随意取名的),但它们所在的地址的定义是严格的,否则会造成操作对象的混乱。此外,在一个.h 文件中,对同一个 SFR 可以有多个名字,但不能与其他 SFR 重名。

随着增强型 51 机的不断涌现,51 机的种类越来越多,是否需要同样多的 51 机资源的头文件描述它们呢?此法可行,但文件管理比较困难。在懂得头文件的作用之后,就可以将所有 51 机的头文件进行组合,并不断更新其内容,形成一个或几个头文件(个别情况:不同型号的 51 机 SFR 有相同的命名,但地址不同,需要特殊处理),用于所有 51 机,起名为 REG51series.h 等。

51 系列单片机的头文件一般都是共享的资源,可从网站下载。五邑大学单片机网站就有几个不同的头文件可供下载。从效果上讲,自己编写头文件更好,可以将下载和自己编写结合起来,做出更适合自己用的头文件。

Keil 的汇编编译器自带标准 51 系列 8051 单片机家族成员 SFR 说明的.h 文件,但不包括 8052 家族。这些头文件都存在位变量定义不全的问题,需要增加位定义才好使用。

4.5.2 有关 C51 的补充说明

1. 数据类型

表 4-9 为 Keil C51 编译器能够识别的数据类型及其值域。

表 4-9 Keil C51 编译器能够识别的数据类型及其值域

数据类型	长度	值域
unsigned char	1B(8b)	0～255
signed char 或 char	1B	−128～127
unsigned int	2B	0～65 535
signed int 或 int	2B	−32 768～32 767
unsigned long	4B	0～4 294 967 295
signed long 或 long	4B	−2 147 483 648～2 147 483 647
float	4B	±1.175494E−38～±3.402823E+38
bit	1b	0 或 1
sfr	1B	0～255
sfr16	2B	0～65 535
sbit	1b	0 或 1

理解 C51 的数据类型、长度和值域是很重要的。单片机系统的存储资源有限，编程时尽可能根据变量的值域合理选用数据类型。如用 int 型可以容纳的变量，一定不要用 long 型，否则要损失 RAM 空间和 CPU 的运行效率。C51 不支持 double 数据类型，float 已经满足工程运算精度的要求。

从单片机的应用对象的特点而言，所处理的数据多为正整数，所以尽量少用有符号数据类型，如 signed char 或 signed int 等。

另外，51 机是 8 位机，所以字符型变量是最常用的，直接表示 8 位二进制数，与 C 语言或 C++ 中的字符型变量用处不同。

2. 堆栈指针的设置

用 C51 编程，堆栈由编译器自带的初始化程序 STARTUP. A51 设置（但需要将它加入到模块文件中才行，它还有初始化 RAM 的作用）。但应用发现，STARTUP. A51 对堆栈区的设置总是以 51 机内部 RAM 容量计算的，默认的栈底在 52H。当采用 52 机或增强型 51 机时，堆栈如此设置就不理想了。若希望修改堆栈区的大小和位置，方法如下：

(1) 编辑 STARTUP. A51 文件，将文件中的 MOV　SP，?STACK-1 这条指令修改为 MOV　SP，#0DFH。该指令执行后，堆栈的栈底就设置在 DFH 了。

(2) 直接在 C 语言文件开头用语句 SP=0xdf；强制实现对堆栈的设置。这种方法与使用或不使用 STARTUP. A51 无关，但建议还是将 STARTUP. A51 加入程序体系为好。

3. 中断函数的编写方法

用 C 语言或 C++ 编程，系统中断对用户是不透明的。但 C51 编程，需要对中断产生的条件、中断类型的识别、中断服务程序有明确的认识，才能用好中断。C51 用关键字 interrupt 和中断号(0～31)向编译器声明此段程序是中断服务程序。而汇编语言程序则用伪指令定位中断服务程序的入口地址。有关中断的内容将在第 5 章结合程序设计一起详细讨论。

4. _at_关键字

C 语言编译器为变量安排地址的方式可以满足一般应用的要求。但对特殊的工程问题，编程者往往需要知道变量的具体地址。举例来说，两个 51 机协同工作，A 机进行数据处理，B 机进行数据管理。A、B 两机用通信方式传递 float 型数据时，双方都希望将数据放到已知地址的缓冲区中，以便拆分和还原 float 型数据。数据定位方法如下：

```
float idata result_at_0x50;  //指定 float 型变量 result,定位在内部 RAM 的 50H 处
```

同样的例子还会出现在 C 语言和汇编语言混合编程和程序中。例如，用汇编语言编写高速采样程序，用 C 语言程序进行数据处理，两者优势互补。实现数据对接的方法如下：

在 C 语言程序中用语句 unsigned char xdata Ad_buf[20480]_at_0x3000；指定数组 Ad_buf 首地址为外部 RAM 的 3000H，在汇编语言程序中用伪指令 AD_SUB_addr equ 3000H 定位数据存放首地址，这样，采样数据就可被 C 语言程序使用了。

5. 尽量不要使用的语句

在 C51 编程时，尽量不要用标准 C 语言或 C++ 中的输入、输出语句，如 printf、scanf、cout 等。虽然某些嵌入式 C 语言编译器支持这些语句，但单片机作为嵌入式系统应用，程序多数是在无操作系统管理环境下独立运行的，工作方式决定单片机系统不支持通过标准设备进行数据输入输出的人机交互方式。单片机系统中的数据有很大一部分是实时数据，由系统工作过程产生，往往由串行口、I/O、ADC、定时/计数、中断及自定义键盘等外设随工作过程产生，常用的输出设备有 DAC、I/O、串口、LED 数码管和液晶显示器等。只有在基于操作系统管理并有标准输入输出设备的嵌入式系统中，这些语句才真正有用。单片机这种低配置的嵌入式应用系统，输入输出设备往往是非标准的。

4.6 程序设计举例

在单片机的学习中，还有很多枝节问题值得琢磨。但是初学者不要在枝节问题上纠缠，应该走“先入门，再精通”的学习之路。再坎坷的路，走过去，回过头看，还是平的。

4.6.1 程序流程图

在编写程序前，先对算法进行描述，再动手编程是一个好的习惯，往往会得到事半功倍的效果，特别是对初学者。算法描述的方法很多，这里只讨论程序流程图法。

程序流程图是一种直观形象的算法描述方法。美国国家标准协会（American National Standard Institute，ANSI）规定了一些常用的流程图符号，如图 4-5 所示。

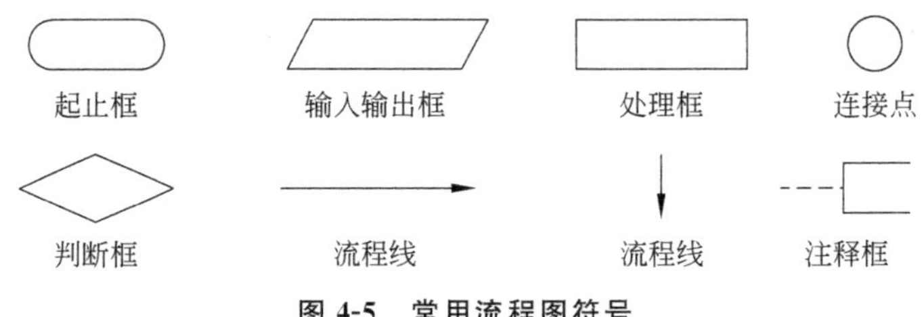

图 4-5 常用流程图符号

4.6.2 与 I/O 操作无关的程序设计

这类程序与 51 机的硬件无关，有数值计算、数据移动、数据类型转换、排序等，是单片机程序设计的基础之基础。这部分内容与 C 语言程序设计有重合之处，但着重点不同。由于不涉及硬件，所以这类程序可以在集成开发平台的软件上模拟运行和调试。

预期目标：通过汇编语言和 C 语言程序设计方法的对比，透视两种程序之间的共性与差异、特点及优势。另一方面，还可以将 C 语言作为描述语言，再将其描述的算法在汇编语言程序中实现。通过两种编程语言的对比学习，达到两种语言双赢的效果。

1. 循环程序设计

计算机处理数据的一个有效方法就是循环。重复做某一类工作正是工程实际中最常见的任务，学习者首先要能掌握这一技术的要点。

【例 4-14】 应用循环结构，编写一个延时子程序，具有可变延时长度的功能。

解：为了使延时长度达到一定宽度范围，本例程采用 3 个时间参数来调节延时长度，这 3 个时间参数分别为 R5～R7，参考子程序清单如下：

```
DELAY:  DJNZ    R5,DELAY
        DJNZ    R6,DELAY
        DJNZ    R7,DELAY
        RET
```

这是一个通用的软件延时子程序。R5、R6、R7 的初值决定程序运行的时间，即延时长度。初值的设置和子程序调用方法的完整程序如下。

```
        ORG     0000H
        SJMP    MAIN
MAIN:   MOV     SP,#5FH
```

```
        MOV     R5,#60
        MOV     R6,#210
        MOV     R7,#8
        LCALL   DELAY
        SJMP    $
DELAY:  DJNZ    R5,DELAY
        DJNZ    R6,DELAY
        DJNZ    R7,DELAY
        RET
        END
```

理解这个程序，要特别注意对 DJNZ 指令的理解。DJNZ 指令在执行时，先对第 1 操作数进行减 1 操作，如果结果不为 0，则跳转；结果为 0，程序则顺序执行。DJNZ 是汇编语言程序中循环结构最常用的指令之一。

对比 DJNZ 与 C 语言的 for 循环结构，两者非常相似。C 语言实现本例题功能的函数为：

```
void delay()
{  unsigned char i,j,k;
   for (i=0;i<8;i++)
        for (j=0;j<210;j++)
            for (k=0;k<60;k++);
}
```

虽然此 C 语言程序与汇编语言程序具有相同的程序结构和延时参数，但在相同的单片机型号和时钟频率条件下，两种语言的程序运行时间是不同的(读者可以自行验证之)。这说明两种语言程序代码不同。一般来说，汇编语言程序可精确算出其延时长度，而 C 语言则无法精确地算出延时长度，需通过实测确定其延时长度，再推算出每个延时参数的分度值。

在相同延时参数下，程序的延时时间又与 51 机型号和所采用的时钟频率两个因素有关。标准 51 机在 11.0592MHz 时钟频率下，这个初值条件的延时长度为 1 116 163μs (算法可参阅文献[1]的相关内容)。根据这个值就可推算出每个延时参数的分度值了。

注意：程序中延时参数每变化 1 时，延时时间的变化量称为该参数的延时分度。在本程序中的 3 个延时分度各不相同，最大者称为“粗调”，其他可依次称为“细调”和“微调”延时参数，汇编语言程序中为 R7、R6、R5，对应 C 语言程序中的 i、j、k。

2. 算术运算类程序设计

算术运算类程序是单片机应用中常见、重要的部分。算术运算采用的数据格式有定点数和浮点数两种。单片机实际工程中的数据多数是正整数或能转为正整数处理，所以本书只讨论正整数的定点算术运算的编程方法，可满足大多数工程需要。对于复杂的运算，建议不要用汇编语言(虽然可以)，而用 C 语言编程来完成。

【例 4-15】 编写计算存于片内 RAM，长度由 n 个字节构成的两个无符号二进制整数的加法程序，要求和存于被加数对应单元中。数据采用“小端”存储结构。

解：在编程之前，先解释一组数据存储的通用术语，即“大端”与“小端”。

“大端”和“小端”指由多个字节构成的数，其高、低位在存储器中存放的顺序。若数的 LSB(最低有效位)处于最高的地址单元，则称为大端；相反，则称为小端。

例如，将 25E68AH 这个数存于存储器中，其“大端”和“小端”存储结构在存储器中数据排列的次序如下：

	低位地址单元		高位地址单元
“大端”存储结构	25	E6	8A
“小端”存储结构	8A	E6	25

记忆“大端”和“小端”数据存储结构的简单方法：“低放低，就是‘小端’，低放高，就是‘大端’”，比较形象。

1）共性分析

共性分析是探索程序通用性的钥匙。本题的共性是什么呢？

(1) 加法会产生进位，这是共性。因此，程序必须对进位进行处理。试想，如果不作进位处理，则程序只对不产生进位的计算才正确，失去通用性。

(2) 两个 n 位无符号整数相加，其和最多为 $n+1$ 位，最高位是进位的结果，只能是 0 或 1。因此在程序设计时，可准备一个字节或一个位单元来存放和的进位。本程序预留一个字节单元存放进位。

(3) 两个数相加，需要从个位向高位逐次进行，每位的运算过程相同，宜用循环结构，数据位的多少只影响循环次数，位数越多，循环次数就越多。

2）通用性程序设计方法

通用性对程序来说就是能解决同类问题。就本例而言，通用性程序就表现在程序能计算 1～n 字节各种长度的数字之和，被加数和加数的首地址可任意。

3）限制条件

限制条件是考虑在单片机硬件条件下对所处理的数据的一些限制，以避免不切实际的要求。本例要求被加数、加数存放于片内，数据长度受到片内 RAM 容量的限制。在实际应用中，由 7～8 个字节构成的整数情况已经极少见了，片内 RAM 的容量不成问题。

4）算法与程序结构

程序循环 n 次，循环体为以 ADDC 指令为核心的加法运算，处理部分进位。循环初始条件包括被加数、加数首地址和数据长度 n，计数循环 n 次后结束，最后处理最终进位。子程序流程如图 4-6 所示，注意学习流程图的表达方式及

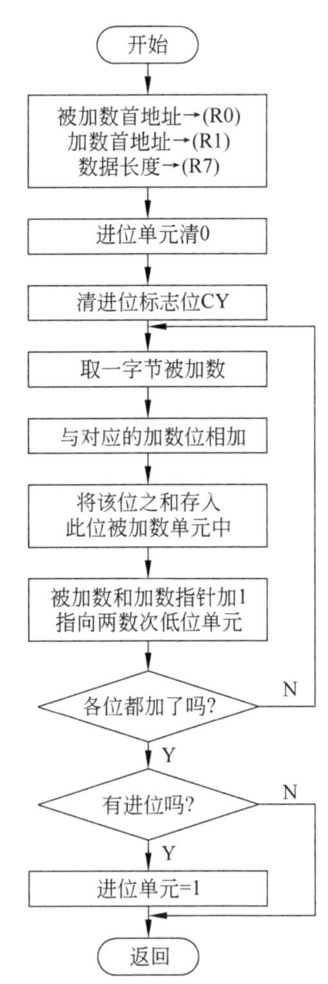

图 4-6　例 4-15 子程序流程图

画法。

下面是本例的参考子程序清单，名为 TWOADD。

```
TWOADD:  MOV    R0,#ADDR0       ;被加数首址存入间址寄存器 R0 中
         MOV    R1,#ADDR1       ;加数首址存入间址寄存器 R1 中
         MOV    R7,#n           ;数据长度存入 R7 中
         CLR    C               ;清 CY,保证 ADDC 指令计算正确
AGAIN:   MOV    A,@R0           ;循环开始,取被加数
         ADDC   A,@R1           ;(A)=被加数+加数(包括分步进位)
         MOV    @R0,A           ;存此位部分和
         INC    R0              ;指向下一个被加数与加数单元地址
         INC    R1
         DJNZ   R7,AGAIN        ;循环次数不到,继续运算
         CLR    A               ;最终进位处理
         ADDC   A,#0            ;为什么加 0? 与习题 4-25 比较
         MOV    @R0,A           ;存最终进位于"和"的最高位单元中
         RET                    ;子程序返回
```

程序说明：

(1) ADDR0、ADDR1 是被加数、加数的首址，在子程序中可以用未定义的变量。

(2) 为自动处理每次加法产生的进位，加法应用带 CY 的指令 ADDC。为此程序在进入循环体前，须用指令 CLR C 将 CY 清零，以保证(计算之初 CY 为 0)计算的正确性。

(3) “和”用 $n+1$ 个字节存放。当两数的和超出 n 字节范围时，需用第 $n+1$ 个字节存放进位值。在规划存储器时，要为被加数预留 $n+1$ 个字节单元。

(4) 子程序的积累是必要的。为了不忘记子程序的功能和调用方法，最好用注释对子程序进行描述。描述主要有以下 4 个方面的内容：

① 功能：计算多字节无符号二进制整数的加法。

② 入口：被加数、加数首地址分别为 ADDR0、ADDR1，数据字节长度存于 R7 中。数据采用“小端”存储结构。

③ 出口：“和”存于以 ADDR0 为首地址的 $n+1$ 个连续单元中(“小端”存储结构)。

④ 占用资源：占用 R0、R1、A、CY、$2n+1$ 个片内 RAM 单元。

本程序共有指令 14 条，其中数据移动类指令 7 条，占指令总数的 50%，由此可见数据传送类指令使用的频繁程度。

再看一看子程序使用方法。设被加数、加数的字节长度均为 4，分别存于片内 30H 和 40H 为首地址的单元中，实现两数的加法的完整程序如下：

```
ADDR0   EQU    30H            ;在程序中定义子程序的变量
ADDR1   EQU    40H
n       EQU    4
ORG     0000H
LJMP    START
ORG     0040H
```

```
START:      MOV      SP,# 5FH
            LCALL    TWOADD
STOP:       SJMP     STOP                   ;这句话等价于 SJMP $
TWOADD:     ……                              ;内容省略
            END
```

5）程序的调试方法

(1) 源程序编译、连接通过后，进入模拟调试状态。

(2) 将被加数和加数按“小端”存储结构放置。比如 1234563FH＋89ABCDEFH。从 30H 开始连续 4 个单元依次写入 3F、56、34、12，如图 4-7 所示。加数首地址为 40H，数据放置方法同上，程序运行前的数据准备工作完成。

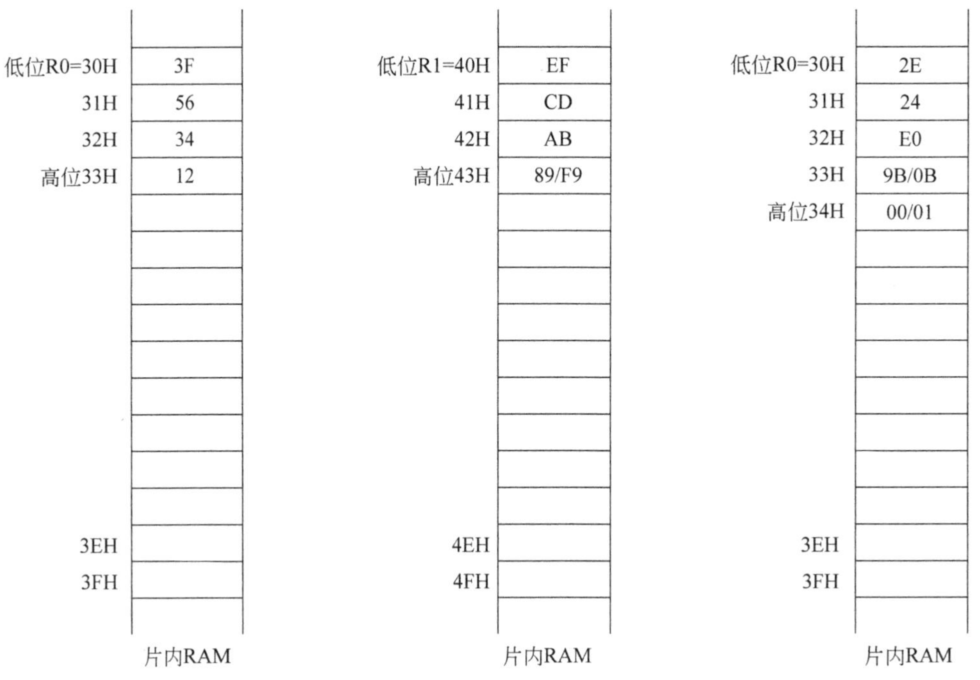

(a) 被加数12,34,56,3FH 在内存中的排列情况　(b) 加数89ABCDEFH或F9ABCDEFH 在内存中的排列情况　(c) 和9BE0242EH或010BE0242EH 在内存中的排列情况

图 4-7　小端存储结构多字节整数在内存中的排列顺序

数据除可在集成环境中直接对存储单元进行手工放置外，还可以在程序中用指令放置。前者在多次调试程序时方便、灵活，后者与程序运行时的数据的组织方式更为接近。

(3) 调试程序。最好先走一个单步，再用“运行到光标处”指令，运行到 STOP: SJMP STOP 指令处。观察 30～34H 的内容，再验证程序的正确性(与计算器计算的值比较)。

程序中 STOP: SJMP STOP 这条指令的作用是将主程序和子程序隔开。程序连续到该指令处时，将在这条指令上反复跳转，与 C 语言程序的 while(1);语句作用相当，称为动态停机。动态停机状态下，CPU 可以响应中断。

本例没有对应的C51程序可对比。用C语言做算术运算程序时，选用变量数据类型保证结果不溢出很重要，例如，当char型容量不够时，可选用int或long型，对于特别大或特别小的数，则选用float型变量，数据溢出问题就解决了。

以上讨论的都是二进制数的运算问题。工程上还有十进制数运算的需求。为此，51机也提供了支持十进制加法运算的指令。但要实现直接十进制加法运算，必须用二进制数对十进制数进行编码后才能实现。以下为BCD码的相关知识(更详细的内容请参阅第2章)。

十进制数由0～9共10个基本代码构成，在数字系统中，直接用二进制数表示十进制数的代码，称为BCD编码。例如，$100001010011_{BCD}=853_{10}$，反之也可。一位十进制数对应4位二进制(半字节)数。4位二进制可以构成$2^4=16$种编码，但A～F没有相应的十进制数与之对应，因此A～F在BCD码中被禁用，参见表2-2。

单片机以字节为存储单位，用一个字节存放一位BCD码，有效信息只占半字节，通常将编码放在低4位，而高4位置0，这样，一半的存储空间被浪费了。因此，常用一个字节存放两位BCD码，低位在低半字节中，高位在高半字节中，BCD码的这种存储方式称为压缩BCD码。

想象一下，51机是怎样进行十进制数加法运算的？虽然参与运算的是BCD数，但CPU仍按十六进制数(4位二进制为运算单位)处理，造成与十进制数加法结果不符。

如何用十六进制运算规则实现十进制运算结果呢？十与十六两个数制的基数相差6，如果在十六进制运算中将进位规则改为“逢十进一”，这个问题就有希望解决了。

十进制数加法7+8和88+99在十六进制体系中的运算过程如图4-8所示。当PSW中AC、CY位为1时或出现禁用码时，和进行“加6”、“加60”、“加66”等组合处理(统称为“加6补偿”)，最终的计算结果与十进制加法结果相同。

```
                  7                  8 8
              +   8              +   9 9
             ------             --------
十六进制结果→     F (禁用码)       1 2 1 (AC=1, CY=1)
DA A调整→     +   6              +   6 6
             ------             --------
十进制结果→     1 5                1 8 7
(a) 十进制数加法7+8的过程    (b) 十进制数加法88+99的过程
```

图4-8 DA A指令功能

十进制调整指令DA A就是实现BCD运算的指令，操作数是A。其功能是在十六进制运算结果出现进位、半进位或禁用码时，CPU会自动对A进行“加6”补偿。所以，DA A指令也形象地称为“加6指令”。

【例4-16】 编写多字节无符号十进制整数加法子程序。设被加数存放于片内，首地址为ADDR0，数据采用“大端”存储结构；加数存放于片外，首地址为ADDR16(练习总线方式下的MOVX指令的用法，原理见第8章)，数据采用“小端”存储结构。数据长度为N字节，要求“和”存于原被加数单元中，并预留进位单元。

解：本例与例4-15相似，但为十进制数运算，且有“大端”存储结构和外部存储器的操作等新问题。如仍用字节存放进位，则应预留$N+1$个被加数单元。

仔细阅读 BCDADD 子程序，注意“大端”存储结构的数据访问方法。

```
BCDADD:  MOV     A,#ADDR0         ;被加数首地址存入 A 中
         ADD     A,#N
         DEC     A
         MOV     R0,A             ;被加数低位地址存入 R0 中
         MOV     DPTR,#ADDR16     ;加数在片外 RAM 中,用 DPTR 指向它
         MOV     R7,#N            ;数据长度存入 R7 中
         CLR     C                ;清 CY
AGAIN:   MOVX    A,@DPTR          ;取加数,这是片外 RAM 读指令
         ADDC    A,@R0            ;(A)=被加数+加数
         DA      A                ;十进制调整
         MOV     @R0,A            ;存此位部分和
         DEC     R0               ;指向下一个被加数单元
         INC     DPTR             ;指向下一个加数单元
         DJNZ    R7,AGAIN         ;数据未处理完,继续循环,否则顺序执行
         CLR     A                ;进位处理
         ADDC    A,#00H
         MOV     @R0,A
         RET                      ;子程序返回指令
```

子程序描述如下：

(1) 入口：被加数、加数首地址分别存入 R0、DPTR 中，数组长度存入 R7 中。

(2) 出口：计算“和”存于以 ADDR0 为首地址的 $N+1$ 个连续单元中，采用“大端”存储结构。

(3) 占用资源：R0、DPTR、A、PSW 及 $2N+1$ 个存储器单元。

值得注意的是，十进制调整指令一定要放在加法指令后，十进制调整才是有意义的。单独使用 DA A 指令，并试图将累加器 A 中的内容转化为 BCD 码是没有意义的。

假设两个 8 位十进制数，比如 98765432＋12345678＝111111110，压缩在 4 个字节中。被加数首地址为 ADDR0，加数首地址为 ADDR16，在规定的存储结构下，被加数、加数及“和”在存储器中的安排情况如图 4-9 所示。完整的程序如下：

```
         ADDR0    EQU     40H
         ADDR16   EQU     1000H
         DATANUM  EQU     4
         ORG      0000H
         LJMP     WORK
         ORG      0040H
WORK:    MOV      SP,#5FH
         LCALL    BCDADD          ;子程序要嵌入进来
         SJMP     $
BCDADD:  ……                       ;此处省略
         END
```

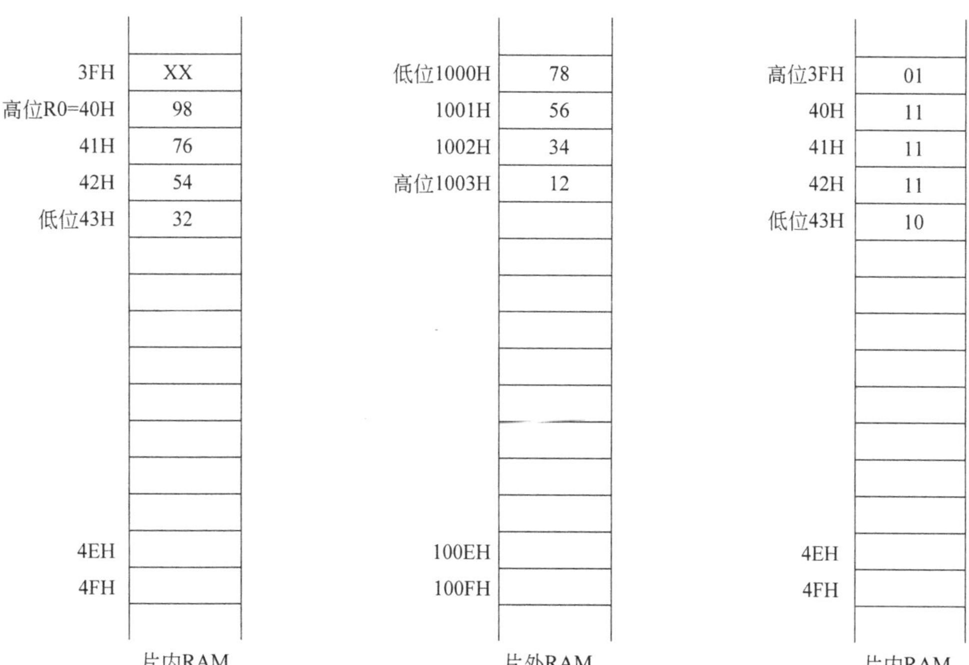

(a) 被加数大端存储结构98765432在内存中的排列情况　(b) 加数小端存储结构12345678在内存中的排列情况　(c) 和大端存储结构111111110在内存中的排列情况

图 4-9　例 4-16 被加数、加数、和在内存中的安排情况

3. 数据转换程序设计

在计算机中，各种信息均是用二进制数字来表示的，但单纯的二进制含义是不能满足应用需要的。因此出现了用一组数据表示一组信息的方法，组内数据与信息的集合构成一类编码。标准 ASCII 码，全称为“美国标准信息交换码”，就是一种编码，它在工业检测与控制、通信技术中被广泛应用。

标准 ASCII 码用一个字节来表示一个字符，每个字节最高位为 0，因此有 128 种字符。但字节的最高位还可以被利用(即扩展 ASCII 码)，如将字节的最高位 1 表示命令，0 表示数据，在通信中的这种应用方式提供了区分命令和数据的简单方法。

标准 ASCII 码参见附录 A。扩展 ASCII 码是在标准 ASCII 码的基础上，将最高位为 1 的 128 个数据扩充到 ASCII 码系统中，使 ASCII 码的数量从 128 个扩展到 255 个(FFH 没有定义)，并首先在 IBM PC 中使用，随之得以发展。

ASCII 码对英文字母是区分大小写的，A～F 的编码是 41H～46H，而 a～f 的编码是 61H～66H。十六进制数向 ASCII 码转换时，数符 A～F 可以用对应的大写或小写字母的 ASCII 码表示，它们表达的是一个意思，但在一个程序中，只能统一选用其一。

【例 4-17】 如何在程序中直接引用 ASCII 码?

解：汇编语言引用法如下：

```
MOV     A,#'5'                ;指令运行的结果为(A)=35H
```

```
MOV    R0,#"A"          ;(R0)=41H。''与""均可。
MOV    30H,#"a"         ;(30H)=61H
```

C 语言与汇编语言引用方法一样，如建立一个十六进制数符的 ASCII 数组，可用如下语句：

```
unsigned char data Asca,Ascb,H_to_ASC[]="0123456789ABCDEF";
```

单变量设置方法如下：

```
Asca='8';              //C语言中单变量要用''指示,如:'8'=0x38
```

在单片机的通信应用中，常以标准 ASCII 码作为信息载体，其优点是命令和数据分界清晰。于是出现 ASCII 码与二进制数之间的相互转换问题。一个 ASCII 码只能表示半字节十六进制数信息，因此，发送方要将 1 字节的十六进制数拆开，构成两字节的 ASCII 码发送出去；而接收方则要将两个 ASCII 码合并成 1 字节的十六进制数，数据才能复原。

【例 4-18】 编写将片内 RAM 中首地址为 ADDR0 的 n 个连续存放的十六进制数转换成 ASCII 码的子程序。转换从十六进制数低半字节开始，转换出的 ASCII 码存于片外 RAM 中，首地址为 ADDR0_16。设 $n<128$。

解：规定 A～F 为大写字母。十六进制数 A～F 与 37H 的和就是其 ASCII 码值 41H～46H；而数 0～9 直接加 30H 就可得到其 ASCII 码值 30H～39H。根据以上特点，将一个字节的十六进制数转换为 ASCII 码的 C 语言函数如下：

```
void H_to_Asc(unsigned char hexdata)
{
    unsigned temp;
    temp=hexdata;
    asc_L=hexdata & 0x0f;                    //转换十六进制数低位
    if(asc_L>9)
        asc_L=asc_L+0x37;
    else
        asc_L=asc_L+0x30;
    temp>>=4;                                //转换十六进制数高位
    asc_H=temp & 0x0f;
    if(asc_H>9)
        asc_H=asc_H+0x37;
    else
        asc_H=asc_H+0x30;
}
```

转换后的 ASCII 码在变量 asc_L 和 asc_H 中。

多个字节十六进制到 ASCII 码转换的 C 语言程序请读者自己完成。参考汇编子程序如下：

```
CVERT1:     CJNE    A,#0AH,NOEQU        ;入口：A为半字节数,高4位为0
            SJMP    BIGASC              ;十六进制数=0AH加37H
NOEQU:      JNC     BIGASC              ;十六进制数>0AH加37H
            ADD     A,#30H              ;十六进制数<0AH加30H
            SJMP    COMM
BIGASC:     ADD     A,#37H
COMM:       RET                         ;出口：(A)=转换好的ASCII码值
```

在上面的汇编语言程序中，用了CJNE类指令的第一操作数减去第二操作数，但不改变两个操作数的内容，只影响标志位这一性质。本例题完整的参考子程序如下：

```
TXDASC:     MOV     R0,#ADDR0           ;R0指向十六进制数首地址
            MOV     DPTR,#ADDR0_16      ;DPTR指向ASCII码区首地址
            MOV     R7,#n               ;R7为数据长度
LOOP1:      MOV     A,@R0
            MOV     B,A
            ANL     A,#0FH              ;屏蔽高4位
            ACALL   CVERT1              ;低4位先转换,结果在A中
            MOVX    @DPTR,A             ;存转换结果,这是片外RAM写指令
            INC     DPTR                ;ASCII码数据指针加1
            XCH     A,B
            SWAP    A                   ;高低4位交换
            ANL     A,#0FH              ;屏蔽高4位
            ACALL   CVERT1              ;得到高4位ASCII码
            MOVX    @DPTR,A             ;再存转换结果
            INC     DPTR                ;ASCII码数据指针再加1
            INC     R0                  ;十六进制数区指针加1
            DJNZ    R7,LOOP1
            RET
```

【例4-19】 编写将片外RAM中首地址为ADDR0_16的$2n$个连续单元中的ASCII码转换成n个十六进制数的子程序。转换后的(半字节)十六进制数，先放入存储单元的低半字节，再存放于高半字节，依次类推。转换出的十六进制数组存于片内RAM连续n个连续单元中，首地址为ADDR0。设$n<30$。

解：仍选用大写字母的ASCII码。本例的任务与例4-18相反，算法却相似，只是要反过来想：当ASCII码大于39H时，转换为十六进制数为0A～0F之一，直接减37H实现转换；反之，减去30H，就还原出0～9的十六进制数符。

1个ASCII码转换为半个字节十六进制数的参考子程序如下：

```
CVERT2:     CJNE    A,#3AH,NOEQU        ;入口：A中为ASCII码
            SJMP    COMM                ;不可能情况视为出错,直接返回
NOEQU:      JC      SMALL               ;ASCII码值小于3AH,减30H
            SUBB    A,#37H              ;ASCII码值大于39H,减37H
            SJMP    COMM
```

```
SMALL:      CLR     C
            SUBB    A,#30H
COMM:       RET                         ;出口：(A)=转换好的 ASCII 码值
```

本题完整的参考子程序如下：

```
REDASC:     MOV     R0,#ADDR0           ;R0 指向十六进制数组区首地址
            MOV     DPTR,#ADDR0_16      ;DPTR 指向 ASCII 码区首地址
            MOV     R7,#n               ;R7 为 ASCII 码个数的一半
LOOP:       MOVX    A, @DPTR            ;取第 1 个 ASCII 码
            INC     DPTR                ;ASCII 码数据指针加 1
            LCALL   CVERT2              ;调用转换程序，结果在 A 中
            MOV     @R0,A               ;存半字节十六进制数(在低 4 位)
            MOVX    A, @DPTR            ;取第 2 个 ASCII 码
            INC     DPTR                ;ASCII 码数据指针再加 1
            LCALL   CVERT2              ;调用转换程序，结果在 A 中
            SWAP    A                   ;半字节交换
            ORL     A, @R0              ;组合成一个完整的十六进制数字节
            MOV     @R0,A               ;存一个完整的十六进制数字节
            INC     R0                  ;十六进制数区指针加 1
            DJNZ    R7,LOOP1
            RET
```

本例的 C 语言函数请读者自己完成。

4.6.3 与 I/O 操作有关的程序设计

I/O 是单片机最常用的硬件资源，相当于单片机的四肢。51 机没有专门的 I/O 指令，CPU 对 I/O 的控制是通过对与 I/O 有关的 SFR 进行控制来实现的。因此，51 机的 I/O 操作指令丰富，使用灵活、方便。

1. I/O 用于输出

I/O 用于输出时，直观表现就是对控制对象的控制端施加高、低电平的作用。I/O 用于输出时操作指令与引脚上的电平状态的关系如表 4-10 所示。

表 4-10 I/O 用于输出时指令与引脚上的电平状态的关系

I/O 命令	逻辑状态	电平状态(可测量)	电平值	说　明
MOV P1，#5AH	01011010	低高低高高低高低	0 或 V_{DD}	V_{DD} 为单片机工作电压
SETB P1.0	1	高	V_{DD}	汇编语言位操作
CLR P1.0	0	低	0	汇编语言位操作
P1 = 0x5a;	01011010	低高低高高低高低	0 或 V_{DD}	C 语言字节操作
P1_0 =1;	1	高	V_{DD}	C 语言位操作
P1_0 = 0;	0	低	0	C 语言位操作

要注意的是：作为输出的 I/O，它们所控制的对象一定是输入型接口设备，如果错将它们与输出型接口设备连接，将损坏单片机的 I/O 口或设备的接口电路。

【例 4-20】 分别用汇编语言和 C51 编写由 P2 口控制的 8 个 LED 走马灯程序。显示效果要求：上电后 8 个灯亮、灭交替 5 次后，进入单个轮流显示状态。电路如图 4-10 所示。

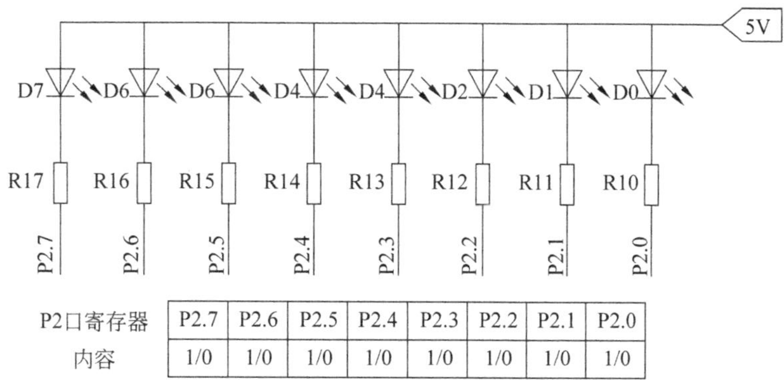

图 4-10 例 4-20 对应的电路

解：参考 C51 程序清单如下：

```
#include<t89c51cc01.h>
#define uchar unsigned char
#define uint unsigned int
void DelayX1ms(uint count)                //11.0592MHz 下延时系数 1ms /count
{ uint i;
  uchar j;
  for(i=0;i<count;i++)
    for(j=0;j<110;j++);
}
void main(void)
{
    uchar i;
    for(i=0;i<5;i++)                      //亮、灭交替 5 次
    {
        P2=0;
        DelayX1ms(1000);                  //延时 1s
        P2=0xff;
        DelayX1ms(1000);                  //延时 1s
    }
    while(1)
    {
        P2=1;
        for(i=0;i<8;i++)
        {
```

```
            DelayX1ms(1000);              //延时 1s
            P2 <<=1;                      //单个 LED 灯轮流显示
        }
    }
}
```

用汇编语言编程时，引用例 4-14 的延时程序结构，参考程序清单如下：

```
              ORG      0000H
              SJMP     MAIN
MAIN:         MOV      SP,#5FH
              MOV      R4,#5
AGAIN5:       MOV      P2,#00H
              LCALL    DELIN
              MOV      P2,#0FFH
              LCALL    DELIN
              DJNZ     R4,AGAIN5       ;亮、灭交替 5 次
              MOV      A,#01H
AGAIN:        MOV      P2,A
              LCALL    DELIN
              RL       A
              SJMP     AGAIN           ;单个 LED 灯轮流显示
DELIN:        MOV      R5,#60          ;标准 51 机在 11.0592MHz 时钟频率下
              MOV      R6,#210
              MOV      R7,#7           ;延时约 1s
DELAY:        DJNZ     R5,DELAY
              DJNZ     R6,DELAY
              DJNZ     R7,DELAY
              RET
              END
```

注意对比汇编语言与 C 语言在 I/O 操作指令上的特点。

注意：走马灯的视觉效果与 LED 灯的驱动方式有关，当 I/O 作为输出端口时，有拉电流和灌电流(这种说法一般用在数字电路中)两种方式。

拉电流和灌电流的理解和记忆方法为：以 I/O 为参考，当其为高电平时，对负载提供的电流称为拉电流；为低电平时，从端口吸收电流称为灌(入)电流。

当 I/O 与 LED 灯的正极连接时，I/O 以拉电流的方式驱动 LED 灯；当 I/O 与 LED 灯的负极连接时，I/O 以灌电流的方式驱动 LED 灯。图 4-10 就是灌电流方式的 LED 灯驱动电路。

注意：无论哪种驱动方式，图 4-10 中 LED 灯的限流电阻都是不可少的。

程序不变，改变 LED 灯驱动方式，走马灯的视觉效果有何不同？请自己思考。

此外，驱动方式相同，走马灯的视觉效果还与单片机的指令执行时间有关。例如，上面汇编语言和 C 语言程序都可在标准 51 机和增强型 51 机(如 STC12 系列机)上运行，但在增强型 51 机上运行时，灯的闪烁频率明显高于标准 51 机，视觉效果有很大不同，这是

因为增强型 51 机指令运行时间远小于标准 51 机的结果。这说明用软件延时的定时程序在通用性上受到限制。当使用硬件定时(如定时器),延时程序的延时时间就不随机型而变了。

2. I/O 用于输入

I/O 作为输入口时,必须与输出型设备的接口相连,这时的 I/O 相当于单片机的感觉器官。编程时用读指令问其"感觉",如果 I/O 端口为高电平,则 I/O 寄存器的相应位为 1,反之为 0。设 P2 口为输入口,汇编语言 CPU 询问其"感觉"的方法如下:

```
MOV  A,P2              ;之后分析 A 中的数值或每个位的状态得到检测结果
JB   P2.1,P21EQU1      ;当 P2.1 为 1 时,程序转至 P21EQU1 标号处理
```

C 语言询问的方法在逻辑上与汇编语言一样:

```
P2_sta=P2;             //一次检测 8 个 I/O,P2_sta 为一个字符型变量
if(P2_1)               //也可以直接对位状态进行检测
    ;                  //P2_1=1 处理
else ;                 //P2_1=0 处理
```

人机交互就是操作者和单片机应用系统之间的信息传递。单片机系统通过显示器将信息传递给用户;操作者通过按键将命令传递给系统,键盘和显示器是计算机应用系统普遍采用的人机交互设备。系统通过键盘电路和扫描程序来识别键值。键盘扫描方式有多种,因键盘电路而不同,本书介绍的第一种为行×列扫描 I/O 编码方式。

以 4×4 扫描电路为例,说明行×列扫描 I/O 编码方式识别键值的原理。

单个按键电路如图 4-11 所示。当轻触键按下时,电路的输出从高电平变为低电平,单片机通过检测按键电路的输出状态确定键是否被按下。

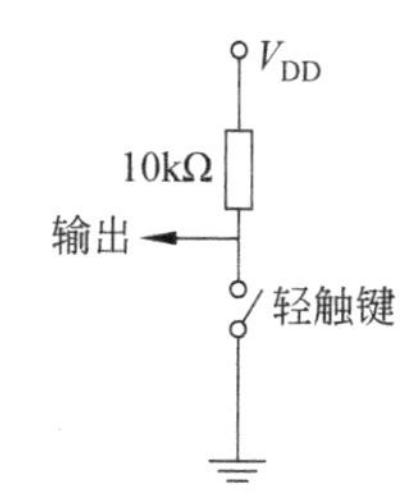

图 4-11 单个按键电路原理

使用多个单个按键电路,用同样多的 I/O 口位,单片机就可以识别所有按键的状态了。这种简单的键值识别方法虽然达到了目的,但存在着缺陷:I/O 资源需求量大。所以,键盘扫描识别系统还需要改进。

改进后的单个按键电路如图 4-12 所示。一个按键占用两个 I/O,是不经济的,但我们注意到图 4-12 中的轻触键是接在电路的输入与输出之间,图 4-12 将图 4-11 的固定低电平改用 I/O 控制,当该 I/O 输出低电平时,效果就与图 4-11 一样了。图 4-12 的电路为多按键系统的 I/O 复用提供了基础,如果用 m 个 I/O 作为行线,n 个 I/O 作为列线,构成电路,就能实现对 $m\times n$ 个按键进行识别了,4×4 按键电路与 51 机的接口电路如图 4-13 所示,电路共用了 8 个 I/O,但可管理 16 个按键,I/O 数远小于按键的个数。配合这种电路的键值识别法为行×列扫描 I/O 编码方式。其工作原理如下:

程序在每个扫描周期中,依次将图 4-13 的"行"拉低(图 4-13 中 P1.0~P1.3),接着读取"列"值(图 4-13 中 P1.4~P1.7),若列值中所有位均为 1,则此时无键按下,但只要

列值中有 0 值出现，则与 0 位对应的键被按下。当电路所有行、列均被检测之后，扫描周期结束。

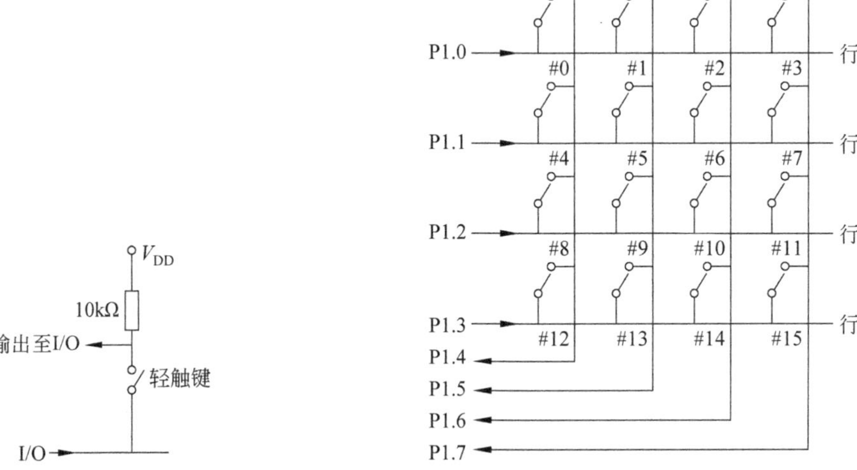

图 4-12　改进后的单个按键电路

图 4-13　4×4 扫描电路与单片机接口的简化电路

【例 4-21】 用 C51 编写对图 4-13 所示的键盘扫描电路进行键值识别的程序。为简单起见，不考虑两个以上按键同时按下的情况，并且在一个周期扫描中，只要有一个键被按下，则本轮检测结束。

参考程序清单如下：

```
#include<t89c51cc01.h>
#define uchar unsigned char
#define uint unsigned int
#define line0 P1_0
#define line1 P1_1
#define line2 P1_2
#define line3 P1_3
#define row0 P1_4
#define row1 P1_5
#define row2 P1_6
#define row3 P1_7
void DelayX1ms(uint count)              //11.0592MHz 下延时系数 1ms /count
{   uint i;
    uchar j;
    for(i=0;i<count;i++)
        for(j=0;j<110;j++);
}
uchar Keytest(void)
```

```
{
    uchar keydata;
    keydata=0xff;
    line0=0;                        //行 0 输出低电平
    DelayX1ms(20);                  //延时 20ms,除按键抖动
    if(row0==0)                     //扫描各列,确定(按下)键号
        keydata=0;
    else if(row1==0)
        keydata=1;
    else if(row2==0)
        keydata=2;
    else if(row3==0)
        keydata=3;
    if(keydata !=0xff)
        return(keydata);            //如果有键按下,返回键号,提前结束检测
    line0=1;
    line1=0;                        //行 1 输出低电平
    DelayX1ms(20);
    if(row0==0)                     //扫描各列,确定(按下)键号
        keydata=4;
    else if(row1==0)
        keydata=5;
    else if(row2==0)
        keydata=6;
    else if(row3==0)
        keydata=7;
    if(keydata !=0xff)
        return(keydata);            //如果有键按下,返回键号,提前结束检测
    line1=1;
    line2=0;                        //行 2 输出低电平
    DelayX1ms(20);
    if(row0==0)                     //扫描各列,确定(按下)键号
        keydata=8;
    else if(row1==0)
        keydata=9;
    else if(row2==0)
        keydata=10;
    else if(row3==0)
        keydata=11;
    if(keydata !=0xff)
        return(keydata);            //如果有键按下,返回键号,提前结束检测
    line2=1;
    line3=0;                        //行 3 输出低电平
    DelayX1ms(20);
```

```
    if(row0==0)                         //扫描各列,确定(按下)键号
        keydata=12;
    else if(row1==0)
        keydata=13;
    else if(row2==0)
        keydata=14;
    else if(row3==0)
        keydata=15;
    return(keydata);                    //返回键号,结束检测。无按键时键号为 FFH
}
void main(void)
{
    uchar keynum;
    while(1)
    {
        P1=0xff;                        //I/O 初始化,行、列均为高电平
        keynum=Keytest();
        if(keynum !=0xff)
            ;                           //有键按下处理程序部分
    }
}
```

此程序并不是最精炼的,还有很多可优化之处,读者可根据键盘扫描的工作原理,试着编出更简练的键盘电路驱动程序(见习题 4-12 和 4-13)。

【例 4-22】 有 3 个开关分别装在不同的地方,要求对同一盏电灯实现以下方式的控制:任意改变一个开关的通、断状态,则电灯的开关状态随此开关状态改变。

解:这是一个简单的工程问题。用单片机解决工程问题的实质就是将人的思想和行为通过程序的执行复现出来。如果不用单片机,也可设计一个数字逻辑电路来完成本例任务。看完解答后,可对比一下两种解决方案的难度和硬件支出。

先写出控制灯的逻辑表达式(这需要有数字逻辑电路设计的基础):

设 3 个开关为 K1、K2、K3,灯为 D。则:

$$D=K1\cdot K2\cdot K3+K1\cdot \overline{K2}\cdot \overline{K3}+\overline{K1}\cdot K2\cdot \overline{K3}+\overline{K1}\cdot \overline{K2}\cdot K3$$

要实现信号的检测与对对象的控制,必须用 I/O 口。因此用 P1 口作为输入输出,根据任务对 I/O 进行分配。参考 C51 程序清单如下:

```
#include<REG52A.H>
#define    K1       P1_1            //1 号开关检测,电平变化表示开关状态变化
#define    K2       P1_2            //2 号开关检测
#define    K3       P1_3            //3 号开关检测
#define    D_OUT    P1_0            //灯控制,高电平亮,低电平灭
void main(void)
{
    while(1)
```

```
    {
        D_OUT=K1&K2&K3||K1&(~K2)&(~K3)||K2&(~K1)&(~K3)    ||K3&(~K1)&(~K2);
    }
}
```

讨论：本程序的缺点是不具备通用性，每增减一个开关，逻辑运算式都要改变，程序也要随之改变。我们应该另开思路，一定能找到通用解决方案，并用程序实现之。本例的通用性就是当开关数改变时，不需要改变基本结构，程序仍能实现控制目标。

【例 4-23】 有 8 个开关分别装在不同的地方，要求对同一盏电灯实现以下方式的控制：任意改变一个开关的通、断状态，则电灯的开关状态随之改变。

解：本例比例 4-22 多了 5 个开关。换一种思维方法，抓住题设中“任意改变一个开关的通、断状态，则电灯的开关状态随之改变”这一线索，如果用 P1 口检测 8 个开关的状态。当开关状态改变时，P1 口的奇偶性也随之改变。这样就将开关状态的变化转换为 P1 口的奇偶性变化了。一旦 P1 口的奇偶性发生变化，立即改变灯的状态，问题解决。

本题解法的优越性在于，程序可以适用于 N(本例 $N=8$)个以下开关控制一个灯的情况，具有通用性，当 $N>8$ 时，也不需要改变程序的基本结构。对应的 C51 程序如下：

```
#include<REG52A.H>
#define    D_OUT    P0_0
bit    Pstatus;
void main(void)
{    D_OUT=0;                              //灭灯，节能环保
     ACC=P1;                               //8 个开关设在 P1 口
     Pstatus=P;
     while(1)
     {    ACC=P1;
          if(Pstatus !=P)
          {    Pstatus=P;                  //存本次 P1 口的奇偶性
               D_OUT=~D_OUT;               //作为新的开关状态
          }
     }
}
```

汇编语言参考程序如下：

```
          D        EQU    P0.0          ;P0.0 输出，P1 对应 8 个开关输入
          ORG      0000H                ;主程序起点
          LJMP     START
          ORG      0040H                ;主程序从这里开始
START:    MOV      SP,#5FH              ;堆栈区设置
          CLR      D                    ;先灭灯，绿色环保
          MOV      A,P1
          MOV      C,P                  ;得到上电后第 1 次开关状态
START1:   MOV      A,P1                 ;循环检测开关状态的奇偶性
```

```
        JB      P,PEQU1         ;开关整体状态的奇偶性为 1,转移
        JNC     START1          ;开关状态的奇偶性没变,继续检测
        SJMP    CHENG           ;开关状态的奇偶性变化,转移
PEQU1:  JC      START1          ;开关状态的奇偶性没变,继续检测
CHENG:  CPL     D               ;开关整体状态的奇偶性变化处理
        CPL     C               ;存入新开关状态组合后的奇偶性
        SJMP    START1          ;继续循环检测
        END
```

注意程序中"处理上一次检测值"的办法。系统上电后,某个状态的初始状态如何确定呢？这种问题在工程项目中很常见。解决这一问题的方法是：在程序进入工作循环开始前,读取检测值,作为上一次的检测值。

程序在检测、判断、控制这一主线上反复运行,这是常见的一种程序模式。通过C与汇编两种语言程序的对照,希望读者对两种语言程序的相通之处有较好的理解。

【例 4-24】 设某51机应用系统P1口低4位作为4路请求信号的输入端,且4路信号之间成互锁关系,即在每个时间段,最多只有一个"任务"请求。请求信号是宽度适中的正脉冲。编写对4种"任务"进行处理的程序,"任务"处理的具体内容用空操作指令模拟。

解：本例属于"多参数决定的多分支"工程问题,正好用于练习CJNE指令的用法。参考的汇编语言程序如下：

```
        ORG     0000H
        LJMP    START
        ORG     0040H
START:  MOV     SP,#5FH
START1: MOV     A,P1
        ANL     A,#0FH
        CJNE    A,#00H,AGN1
        SJMP    START1          ;没有"任务",反复查询
AGN1:   CJNE    A,#01H,AGN2     ;不是"任务 1"请求,继续查询
        LJMP    SP1             ;转"任务 1"处理
AGN2:   CJNE    A,#02H,AGN4
        LJMP    SP2
AGN4:   CJNE    A,#04H,AGN8
        LJMP    SP4
AGN8:   CJNE    A,#08H,CONJ
        LJMP    SP8
CONJ:   SJMP    START           ;干扰,没有"任务"继续查询
SP1:    NOP
        LJMP    COMOUT          ;转共同出口
SP2:    NOP
        LJMP    COMOUT          ;转共同出口
SP4:    NOP
```

```
        LJMP    COMOUT              ;转共同出口
SP8:    NOP
COMOUT: MOV     A,P1                ;读 P1 口状态
        ANL     A,#0FH
        JNZ     COMOUT              ;等待请求信号被撤销
        LJMP    SATRT1              ;"任务"处理完成,继续查询
        END
```

程序中为什么用多个条 LJMP COMOUT 指令呢？试分析在删除任意一条后程序执行的结果。C51 参考程序如下：

```
#include<REG52A.H>
void dp1(void)                          //函数可放在主程序之前,省去声明
{
    _nop_();                            //函数 dp2、dp4、dp8 与之同形,省略
    while (p1port?!=0)                  //等待撤销请求信号
    {   p1port=P1;
        p1port &=0x0f;}
}
main()
{   unsigned char data p1port;          //定义无符号字符变量,位于片内 RAM
    while (1)                           //永远为真,无限循环
    {   p1port=P1;
        p1port &=0x0f;
        switch (p1port)
        {   case 0:         break;
            case 1: dp1();break;
            case 2: dp2();break;
            case 4: dp4();break;
            case 8: dp8();break;
        }
    }
}                                       //本题也可用 if else 语句编程
```

对比两种语言，是否可以得出什么结论？

(1) 对同一工程问题，同一编程者，编程语言不影响解决问题的思路；不同编程者，解决问题的思路也大同小异。这说明：编程语言只是工具，可以帮助我们解决问题，但不能替我们解决问题。而思路或工程思想才是解决问题的关键。

(2) C 语言的编程者站在高(如指挥)层编程，突出编程者的决策、程序结构和算法的设计能力，细节问题由编译系统在后台完成，编程效率很高。汇编语言则要求编程者即是指挥员，又是战斗员，除程序结构和算法设计外，程序中的每一个衔接和逻辑问题都必须考虑，细到每个动作层和存储单元，能准确控制程序的执行时间(机器周期)和空间(字节)，做到资源最省，运行最快。汇编语言能有效地培养编程者的系统分析能力。

4.6.4 关于汇编指令用法的补充说明

51 机所有 SFR 中都有对应的物理地址。寄存器 A(累加器)的地址为 E0H,它还有一个别名 ACC。考察以下指令,要特别注意累加器的使用规则。

```
(1) MOV    ACC,#40H              ;编译连接后的代码为 75 E0 40
(2) MOV    0E0H,#40H             ;编译连接后的代码也为 75 E0 40
(3) MOV    A,#40H                ;编译连接后的代码为 74 40
(4) PUSH   A                     ;错误的压栈指令
(5) PUSH   ACC                   ;正确
(6) PUSH   B                     ;正确
(7) POP    DPTR                  ;错误的弹栈指令
(8) POP    DPH                   ;正确的弹栈指令
(9) MOVX   @DPTR,A               ;正确
(10) MOVX  @DPTR,ACC             ;错误
(11) CLR   ACC.0                 ;正确
(12) CLR   A.0                   ;错误,不能这样用
(13) CLR   B.0                   ;正确
(14) MOV   DPTR,#40H             ;正确。与 MOV    DPTR,#0040H 同
(15) MOV   A,#2000H              ;编译器警告。按 MOV    A,#00H 处理
```

前 3 条指令的执行结果相同,但指令的整体效果不同,即指令执行结果、执行时间和代码长度等不同。前两条指令是直接寻址,第 3 条为寄存器寻址(它们又都是立即寻址),但指令代码不同(见注释)。可见第 3 条指令效果最好,可读性也强,提倡使用。

操作数中的累加器写做 A 时,是寄存器寻址;写做 ACC 时是直接寻址。对于支持直接寻址和寄存器寻址的指令来说,用 A 和 ACC 均可,但指令的操作码不同。

对于不支持寄存器寻址的指令,如 PUSH、POP 等,就不能用 A,而要用 ACC。见第(4)~(8)条指令。对于不支持直接寻址的指令,如 MOVX 中的 A 就不能写成 ACC,见第(9)、(10)条指令。位操作属于直接寻址,试比较(11)~(13)条指令。

可见,只有累加器是特殊的。它既支持直接寻址,又支持寄存器寻址。而其他寄存器就没有这个问题了。在汇编语言指令中,必须严格区分累加器的写法。

除对 DPTR 外,不再有 16 位操作指令了。第(14)条指令没有错误,但不规范。第(15)条指令属于错误指令,因为 8 位寄存器怎么能装得下 16 位宽度的数据呢? 因此第(7)条指令也是错误的,而第(8)条指令是正确的。

由于寄存器独立编址结构，51 单片机的各种类型的存储器地址有重叠问题。51 机的设计者采用汇编语言指令助记符与寻址方式相结合的办法，实现对逻辑地址相同、物理地址不同的存储器的访问。作为应用指南，将结论归纳于此。例如，对地址为 89H 的程序存储器、内部数据存储器、SFR 和外部数据存储器的读操作的程序段（核心指令）如下：

（1）程序存储器：

```
MOV     DPTR,#0089H             ;数据指针指向 89H
CLR     A
MOVC    A,@A+DPTR               ;将程序存储器 89H 单元的内部读入累加器 A 中
```

（2）内部数据（RAM）存储器：

```
MOV     R0,#89H                 ;将地址 89H 放入间址寄存器 R0 或 R1 之一
MOV     A,@R0                   ;间接寻址将内部 RAM 中 89H 单元的内容读入 A 中
```

（3）特殊功能寄存器（SFR）器：

```
MOV     A,89H                   ;通过直接寻址将 89H 单元的内部读入累加器 A 中，或
MOV     A,TMOD                  ;直接用特殊功能存储器名指定地址，实现读操作
```

（4）外部数据（XRAM）存储器：

```
MOV     DPTR,#0089H             ;数据指针指向 89H
MOVX    A,@DPTR                 ;将外部数据存储器 89H 单元的内部读入累加器 A 中
```

写操作与读操作的指令形式相同。将 A 中的内部写入逻辑地址为 89H 的内部数据存储器、特殊功能存储器和外部数据存储器的读操作的程序段（核心指令）如下：

（1）内部数据存储器：

```
MOV     R0,#89H                 ;将地址 89H 放入间址寄存器 R0 或 R1 之一
MOV     @R0, A                  ;通过间接寻址将 A 的内容写入内部 RAM 的 89H 单元中
```

（2）特殊功能寄存器：

```
MOV     89H,A                   ;直接寻址将 A 的内容写入地址为 89H 的 SFR 中，或
MOV     TMOD,A                  ;直接用特殊功能存储器名指定地址，实现写操作
```

（3）外部数据存储器：

```
MOV     DPTR,#0089H             ;数据指针指向 89H
MOVX    @DPTR,A                 ;将累加器 A 的内容写入外部数据存储器 89H 单元中
```

为什么没有涉及程序存储器的写操作？请读者回答这个问题。

对 P1 口的输入、输出（字节操作）如下。

（1）输入：

```
MOV     A,P1                    ;通过直接寻址将 P1 口各位状态读入累加器 A 中
```

(2) 输出：

```
MOV    P1,A                        ;通过累加器 A 将 P1 口各位设置为某种状态
```

对 P1.0 这一位的输入、输出(按位操作)如下。

(1) 输入：

```
MOV    C,P1.0                      ;通过直接寻址将 P1.0 位的状态读入进位位 C 中
```

(2) 输出：

```
MOV    P1.0,C                      ;通过进位位 C 将 P1.0 位设置为某种状态
```

(3) 立即寻址：

```
SECB P1.0;置 1
CLR P1.0;清 0
```

说明：以上操作均没有涉及非易失性存储器。51 兼容机中如内嵌这类存储器，相当于内嵌的外设，其读、写操作需要用程序实现，请参阅参考文献[1]、[2]的相关章节。

4.7 本章重点

正确、精炼、运行可靠的程序，源于对指令功能的全面理解。51 机共有 111 条指令，按其代码量分为：单字节指令(指令码代为 1 个字节)49 条，双字节指令 45 条，三字节指令 17 条。按执行速度分为：单周期指令(执行的时间为 1 个机器周期的指令)64 条，双周期指令 45 条，4 周期指令 2 条(乘、除)。在 12MHz 时钟下，指令执行时间分别为 1μs、2μs 和 4μs。指令的代码量和执行速度反映了指令的空间和时间效率。

算法和数据结构决定了程序的编写方向。它源于对工程问题的认识水平和解决问题的方法，只有在多思、多练、多实践的基础上才能趋于完善。

程序按功能分为主程序、子程序和中断服务程序(在第 5 章讨论)。主程序是不可或缺的部分，它是整个程序的主体，程序从主程序开始执行，按顺序、转移、调用(中断服务属于系统调用)、返回等方式，往返于 3 种程序中，最终还要回到主程序并周期地运行。子程序和中断服务程序是附属于主程序的，它们不能独立构成应用程序。主程序只能通过调用指令才能使用子程序。这就提示我们，在检查或调试程序时，如果主程序不通过调用指令便能自动进入子程序或中断服务程序中；或反过来，3 种程序可以随意互通，这个程序一定蕴藏着巨大的危机，请思考这是为什么。避免的方法就是在程序交界处用转移指令将它们严格分开。

习 题 4

4-1 编写实现图 4-14 的逻辑功能的子程序。

4-2 在标准 51 机和 11.0592MHz 时钟频率条件下，用 WAVE 或菊阳集成开发软件，模

拟调试运行例 4-14 的 C51 程序及汇编语言程序，记录在相同的延时参数条件下两种程序的延时长度，并确定程序中每个变量的延时分度值的大小顺序。

4-3 (1)任务与例 4-15 相同，只是要求用一个位单元存放和的进位值。(2)设被加数、加数的首地址分别为 30H 和 40H，现要用子程序计算 123456789AH＋3456789AH。在程序中设置被加数和加数值，并写出相应的主程序。

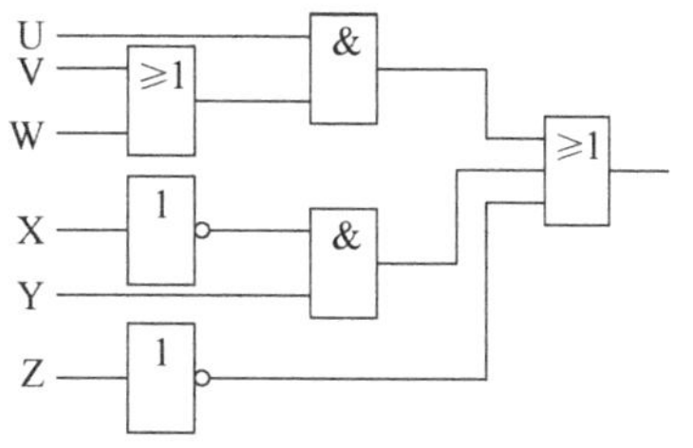

图 4-14 习题 4-1 逻辑图

4-4 分别用汇编语言和 C 语言编写程序实现对一组存放于片外 RAM，n 个字节无符号二进制整数数组成员求“和”的功能。设 $n\leqslant 256$，数据区的首地址为 ADDR16。

4-5 用汇编语言编写对存放于片内，长度为 N 字节的无符号二进制整数乘以 16 的程序。数据采用“小端”存储结构，首地址为 40H。如果数据采用“大端”存储结构，试编写完成任务的子程序。为达到此习题的效果，可通过逐步完成以下工作而实现：

(1) 编写一程序段，实现一个字节数左移 1 位，相当于该字节内容乘以 2；

(2) 编写一程序段，实现一个字节数左移 4 位，相当于该字节内容乘以 16(2^4)；

(3) 编写一程序段，实现 N(如 $N=3$)字节数左移 1 位，相当于该数乘以 2；

(4) 编写程序，实现 N(如 $N=3$)字节数左移 4 位，相当于该数乘以 16。

用 C51 完成同样的工作，并注意体会两者的异同。

4-6 回答以下问题：

(1) 要将 P1 口的 b3、b1 位清零，而其他位的内容不变，应该用什么指令？

(2) 要将 P1 口的 b3、b1 位置位，而其他位的内容不变，应该用什么指令？

(3) 设(A)＝AAH，对 A 循环左移一次(不带 CY)，用什么指令？结果如何？再循环左移一次，结果如何？

4-7 例 4-18 还有一种算法，能提高转换速度，其思想来自“模”的概念。对字节数据来说，模为 100H。例如，3 的 ASCII 码是这样得到的：3＋90＝93，93＋40＝133，其进位自然丢失，得到 3 的 ASCII 码 33H；再如 C＋90＝102，02＋40＋1＝43，得到 C 的 ASCII 码 43H。按照这个思路，编写十六进制数到 ASCII 码转换的子程序 CVERT1。

4-8 如果只求程序运行得快，例 4-19 关于 ASCII 码到十六进制数转换的子程序 CVERT2 中的指令还有可删除和修改的地方。试对程序进行修改并验证其正确性。

4-9 用 C51 编写一个能计算标准偏差及相对标准偏差的程序。

4-10 用 C51 编写一个将两位十进制数以内的十六进制数转换为十进制数的程序。

4-11 用 C51 编写将 n 个连续字节的十六进制数转换成 ASCII 码的子程序。转换从十六进制数低半字节开始，转换出的 ASCII 码存于片外 RAM 连续 $2n$ 个单元中。

4-12 任务同例 4-21，但要求程序键盘扫描和键值识别的速度更快，试编程实现之。提示：每一行输出低电平后，先判断列的值，如果没有键按下，就扫描下一行。

4-13 任务同例 4-21,但要求可执行程序代码最短,试编程实现之。提示:用循环结构,这样做带来的另一个好处是程序的通用性更好。

4-14 将例 4-20 的程序稍加改动,编写与例 4-20 旋转方向相反的走马灯效果程序。

4-15 在例 4-23 的基础上,对程序稍加改动,程序每循环一次,对灯的控制位输出一次,试编写程序。这样做对系统的可靠性有什么贡献?举例说明。

4-16 对图 4-10 电路编程,实现 8 个 LED 灯亮、灭相间的节日灯效果。

4-17 编写“位异或”功能子程序。设子程序名为 XOR,X、Y、Z 均为位变量,$Z=X\oplus Y=X\cdot\overline{Y}+\overline{X}\cdot Y$。

4-18 编写一个检测 P3.2 引脚状态变化情况,并根据其变化情况执行相应操作的程序。要求:如果 P3.2 从高电平变为低电平,则在 P1.0 输出高电平;如果 P3.2 从低电平变为高电平,则 P1.0 输出低电平;如果 P3.2 引脚电平无变化,则不改变 P1.0 引脚的输出状态。

4-19 编写 C51 函数,实现两个 ASCII 码转换成 1 字节十六进制数的功能。

4-20 (1) 用汇编语言编写将片内 RAM 中 30H～3FH 单元依次赋值为 0～FH 的程序。

(2) 用 C 语言编写将片内 RAM 中长度为 16 的无符号字符型数组依次赋值为 0～FH 的程序。

(3) 用汇编语言编写将片外 RAM 中 0000H～001FH 单元依次赋值为从 5 开始的自然数的程序。

(4) 用 C 语言编写将片外 RAM 中长度为 32 的无符号字符型数组依次赋值为从 5 开始的自然数的程序。

4-21 编写计算存于片内 RAM,长度由 n 个字节构成的两个无符号二进制整数的加法程序,要求和存于被加数对应的单元中。数据采用“大端”存储结构。

4-22 用 C51 编写一个求解两组试验数据的相关系数的程序。

4-23 两个无符号 8 位二进制数之间的数量关系有哪些?如何判断?写出判断过程的汇编语言程序或程序段。

4-24 写出访问(读和写)以下区域中 90H 单元的汇编指令程序段:(1)外部 RAM;(2)特殊功能寄存器;(3)位单元;(4)内部 RAM;(5)程序存储器(只读)。对应到 C51,上述各区域与哪些关键字对应?

4-25 用例 4-15 的子程序能否稍加修改而用于 $n+1$ 字节被加数与 n 字节加数的二进制无符号整数的加法运算。有限制条件吗?写出修改后的子程序。

4-26 参考例 4-15 的子程序结构,编写用减法指令确定两个多字节无符号二进制整数数量关系的子程序,并保存两个数的差于被减数单元。数据仍采用“小端”存储结构。

第5章 chapter 5

中　断

5.1 中断的基本概念

第 4 章的程序有一个特点，所处理的事务都能用逻辑推理得知其发生时间与位置。然而，工程上还有一类事务，例如，一个有键盘的单片机系统，键何时被按下不是可预知的，这类事务称为“偶然事件”。工程应用要求单片机系统应对这类事件做出快速、准确的反应。“中断”就是专门处理这类事务最有价值的技术之一，它使计算机具备了高效处理“偶然”事件的能力，可以说，没有哪一个运行良好的实时系统是不用中断的。本章将详细讨论“中断”的概念和应用方面的技术问题。

5.1.1 中断的定义及中断工作方式

“中断”是一种由信号引起的，需要 CPU 对与信号相关的事件进行处理或为其服务的过程。具体过程为：由于内部或外部“偶然”事件的发生，导致 CPU 暂停当前的进程，转入预先安排好的事件服务程序（中断服务程序）中去，执行其代码并为其服务（事件处理），待服务完成后，CPU 再回到被打断的进程中继续工作。

“中断”从引起、发生、处理到返回的整个过程是单片机系统的整体行为，所以“中断”实际上是系统的中断；从执行者角度看，CPU 是主角，因此，又可称为 CPU 中断。所以中断、单片机中断、系统中断和 CPU 中断具有等价的意思。本书不加以细分。

从中断的定义中引出了以下几个新的概念。

1. “必然”与“偶然”事件

“偶然”是指“必然”中的偶然。“必然”指与系统工作有必然联系的事件。例如一个带键盘的单片机系统，键被按下是“必然”事件；另一方面，按键何时被按下又完全不可预测，反映出其“偶然”的一面。

由于单片机只能识别数字信号，所以，在单片机行业内，将“必然”的“偶然”对应的某种物理状态经系统转换、处理后的信号统称为“事件”。

2. 中断源

中断源，又称中断控制器，是介于事件和 CPU 之间的特殊电路模块。它具有事件的产生、传输、产生中断请求信号、中断控制与管理等功能。

中断请求信号是事件引起的，由中断源产生的，能被单片机识别的信号。

3. 中断类型

中断的产生来源于事件。事件可能来自单片机外部，也可能来自内部。因此根据事件来源地，将中断分为外部中断和内部中断两种类型。

外部中断是指由单片机外部事件引发的中断。

内部中断是指由单片机芯片内部事件引发的中断。

标准 51 机有 5 个中断源，按优先权依次为外部中断 0、定时器 0 溢出、外部中断 1、定时器 1 溢出及串行口发送/接收中断。外部中断 0、1 为外部中断，其他 3 种为内部中断。

标准 51 机及 STC89C5X 系列单片机中断源的综合信息见 5.1.4 节的表 5-1。

外部中断与内部中断除定义上的区别外，从硬件角度看，系统对外部中断只提供信号通道，而中断请求信号由用户提供。内部中断的事件和信号通道均由系统提供，这是必然的，因为用户不可能干涉单片机的内部事务。

4. 中断信号的来源与标准

内部中断事件来源于单片机内部，信号由中断控制器直接产生。

外部中断事件源于外部，单片机本身无法控制。因此，标准 51 机规定，有效信号为持续 12 个以上时钟周期的 TTL 低电平或下降沿。

中断控制器在每个机器周期都要检测外部中断源输入引脚的状态。在低电平触发方式时，如果检测到持续 1 个机器周期以上的低电平，就认为是一次有效的触发信号。在下降沿触发方式时，输入端从上一机器周期的高电平在下一机器周期变为低电平，就能被外部中断源检测到，成为有效的触发信号。

5. 中断与系统的实时性关系

实时性是指系统即时处理事件的能力。一个系统首先要能正确地处理事件，在此基础上，对事件的反应越快，发生与处理之间的间隔越小，系统的实时性就越好。

中断技术的应用可以提高单片机系统的工作效率。举例来说，现实生活多为周期性的，昼夜轮回形成自然周期，在这个周期中，人们总是在一条主线上活动。就学生而言，就是吃饭、上课、自习、体育锻炼、自习、睡觉。对应到单片机应用系统，就是 CPU 常在主程序流程上运行。但人们也常遇到一些“必然”的“偶然”事情，如一个朋友与你约好，今天上课时，有重要的事与你商议，于是朋友来访就成为“必然”，但朋友到达的确切时间不能确定，于是朋友来访就是“必然”的“偶然”事件。

上课与等朋友见面发生了矛盾。而你处理这个问题有两种方式：

(1) 查询方式：你(相当于单片机)不断向教室门外看，直到朋友到来，处理好事务，再回到教室，安心听课。这种方式虽然不耽误与朋友见面，但听课受到了影响，朋友到来之前的这段时间你无法认真听课。

(2) 中断方式：你需要一个工具，如手机，作为中断源。朋友没来时，你可以专心听课，当朋友到来时，他给你打电话或发短信（事件发生），手机向你发出中断请求信号。你响应这一请求，出来见朋友，事件处理完毕，返回教室，继续听课。

两种处理方式的主要区别在于事件发生之前的时间利用上。查询方式是以牺牲等待时间为代价，从而保证系统的时实性的。因为在事件没来之前，CPU 除了查询件事外，什么事都不能做。而中断方式在 CPU 的时间效率方面完全不受"偶然"事件的影响，既保证了系统的实时性，又可利用事件间的空隙做更多的事。但中断方式是以具备中断源为条件的，即以投资换取效率。

人的感觉器官都是中断源。如朋友到了，叫你一声，就能达到让你中断的目的。但语音是开放的，事件的广播方式将影响整个教室秩序及其他人的听课。所以"手机"这类中断源，一方面能扩展我们感觉器官的有效作用范围，另一方面也能将事件的传输通道隔离，避免个人的活动在人群中互相干扰。

实际系统是禁止无关的事件触发中断的，除非有意用广播方式。单片机的中断源彼此独立，各类事件也就不会相互串扰，这是系统高效、有序工作的前提。

虽然中断是处理事件的一种优秀工作方式，但也不能完全否定查询方式的作用。在某些应用场合，查询工作方式对事件的反应更快、更直接，比中断工作方式更优越。在后面的内容中会看到很多查询工作方式应用的实例。

5.1.2 中断优先级

对于一个单片机应用系统，触发中断的事件多种多样，它们来自各个中断源。而不同的事件具有轻重缓急之分。从控制对象的重要性考虑，控制系统中最重要的事件应该在第一时刻优先得到处理。例如，在供电系统中，超压事件相对功率因数补偿应优先得到处理，电网才是安全的。

事件处理次序问题与服务次序问题一样。举例来说，人们接受服务，普遍遵守先到先服务的原则，公平的解决方法就是排队。但当某个客户因特殊紧急情况，破例需要优先服务时，常常会得到允许。这种先到先服务与特殊情况相结合的方法是人类理性的反映。

51 机处理中断的次序有优先级和优先权两个层次。对一般事件，不用先到先服务的规则，而采用固定优先权次序的办法。每个中断源在同一优先级中有固定的优先权，对同时到来的多个中断请求，CPU 总是先接受优先权最高的那个中断源的请求，优先为其服务。固定优先权的方式看起来似乎不"公平"，但用于物理系统，确实是最简单有效的方法。由于优先权的确定性，用户可将"重任"安排给优先权高的中断源。与排队规则相比，系统设计和实现的难度都降低了，也符合工程实际的需要。注意，中断源优先权是固定的，用户无法改变。

优先级则是为了实现重要事件优先得到处理的目的而设置的。标准 51 机有两个中断优先级：高优先级和低优先级。优先级和优先权的相互关系如图 5-1 所示。含义如下：

（1）优先级是一个平台，如同服务大厅，每个中断源都可以进入，用户可以改变中断源优先级，方法是通过指令设置每个中断源的中断优先级。

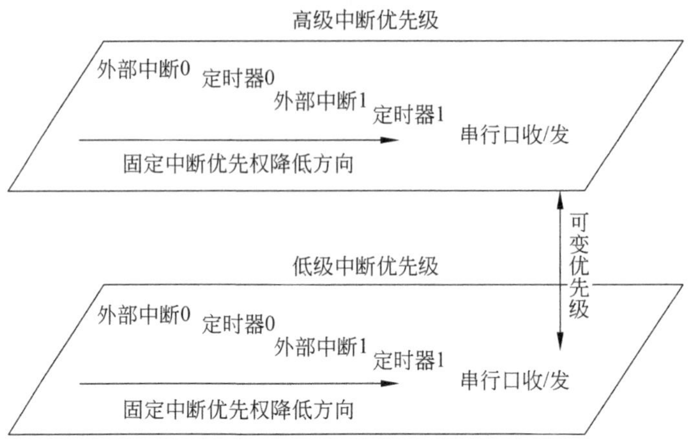

图 5-1 优先级和优先权含义和关系示意图

(2) 在同一优先级平台上,中断服务次序采用固定优先权方式,优先权高的中断源优先得到服务。

(3) 处于高级优先级平台上的中断源,可以打断低优先级中断源的服务进程,优先得到服务。这种一个中断进程没有完成,又插入另一个中断进程的情况称为中断嵌套。

注意:中断嵌套不能发生在同一中断优先级中的两个中断源中。

(4) 标准 51 机有两个优先级,由(3)知,51 机最多出现 2 级中断嵌套的情况,即某一时刻,最多有两个中断源处在被服务进程中,其中高级中断正在接受服务,另一个则是暂时被"挂"起来的低级中断,它正在等待接受继续服务。标准 51 机中断嵌套的过程如图 5-2 所示。增强型 51 机,如 STC90 和 STC12 系列,有 4 个优先级,因此,可达到 4 级中断嵌套。中断嵌套与子程序嵌套的过程类似,但中断嵌套的级数是有上限的,而子程序嵌套则没有数量限制。

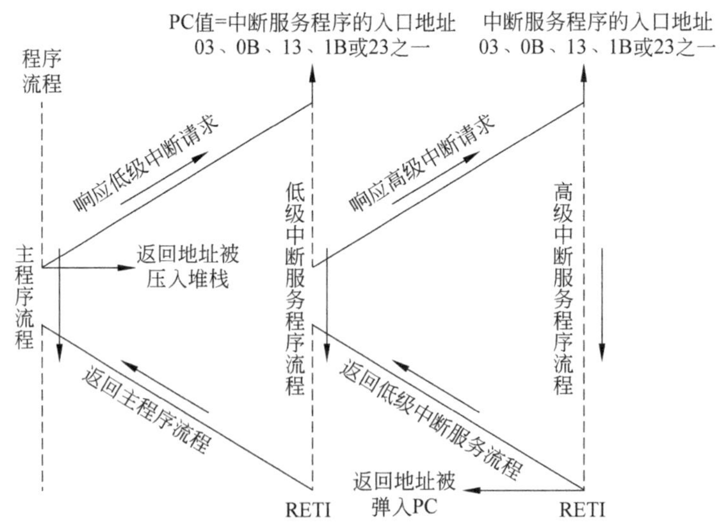

图 5-2 中断原理及中断嵌套示意图

(5) 51 机复位后,所有中断源都为低优先级,这是中断源优先级的默认状态。改变优先级,可通过对中断优先级控制寄存器 IP 的设置实现。应该注意的是,优先级的设置要根据实际需要来定,不要将所有的中断源都设置在高优先级上,这样做与所有的中断源都为低优先级没有区别。如果大家都是 VIP,VIP 也就没有价值了。

增强型 51 机的中断源数量和类型各有不同,但都有标准 51 机中的 5 个中断源,而且优先权的排列次序也被继承下来。凡新增的中断源,其优先权在标准 51 机基础上向下排。这样增强型 51 机都可以当标准 51 机用。从技术层面讲,标准 51 机所提供的 5 个中断源,被证明是嵌入式系统最基本、最常用的,将它们的优先权排在前面也是很自然的。见 5.1.4 节表 5-1。

注意,多数单片机教材将优先权也称为优先级。无论怎样称呼,区别它们之间的两层含义是问题的核心。

5.1.3 中断的条件、中断识别及中断返回

1. 单片机系统响应中断的充分条件

51 机系统响应中断是有条件的,其充分条件是:程序指令为单片机允许(开放)中断。

51 机的所有中断都是可屏蔽(禁止或不开放其中断)的。

中断的充分条件是由编程者掌握的,可在程序中任何一处应用指令开放或禁止系统中断。这一点很重要,而且是必需的。它将系统对事件处理方式的主动权交到编程者的手中,程序进程按编程者的意志进行,而不是被动地由事件牵着走。只有在需要用中断方式处理事件时,才开放这一中断源的中断。

2. 单片机系统响应中断的必要条件

中断的必要条件是事件发生,这是条件的物理学描述。如前所述,事件必须转换为信号才能被单片机接收,之后,信号经中断控制器处理,才能被系统识别。为此,51 机为每个中断源包装了一个独立的标签,称为中断请求标志位,并将它们放在某些 SFR 中,如 TCON。在事件→信号→标志位的传递中,标志位被“置位”是中断必要条件的最终形式。

事件发生后,对应的中断请求标志位被“置位”。它通知单片机,哪个中断源事件已发生;在中断开放的条件下,导致管理系统将程序的流程向中断转移(具体手段是将程序计数指针值改为此中断源的中断向量,这是单片机系统自备的功能),因此 CPU 就能处理中断事务了。如果中断是被禁止的,中断请求标志位可作为查询标志用。

3. 中断返回

中断服务完毕后,系统还要返回到断点,让 CPU 继续执行后续代码。就如同处理完事情后,你仍要返回教室上课一样。可能你从来没想过:为什么我没有回到食堂或宿舍,而正确地返回到教室呢?因为你已自觉地将返回地点记忆在大脑中了。那么,单片机系统是如何为 CPU 记忆返回地址呢?答案是利用堆栈。

当中断的充分条件和必要条件均满足时，单片机的代码管理系统要做两件事：

(1) 将当前正在执行指令的下一条代码的地址压入堆栈，以此记忆返回地址，以便在CPU处理完中断后，正确地返回到原流程的断点处继续工作。

(2) 将PC值指向对应的中断向量，于是程序的进程就转到中断服务程序中去了。

还记得系统是如何"知道"中断任务处理完的吗？是编程者告诉它的，因为正确的中断服务程序中一定有RETI指令。当RETI指令被CPU执行时，预先压入堆栈的返回地址被系统装入PC，于是，CPU就能返回到断点处，继续执行后续代码了。

4. 中断请求信号的撤销

中断处理结束后，中断请求信号(标志位被"置位")需立即撤销。又分两种情况。

(1) 中断被禁止时，中断请求信号(被"置位"的标志位)将保持其状态，直到用指令将其"复位"为止。

(2) 中断开放时，对标准51机来说，除串行口收/发中断外，其中断标志位在系统响应中断后，被自动"复位"。串行口收/发中断标志位，需用软件将其复位。对51兼容机新增的中断源的标志位，以其数据手册为准。

理解这一性质对程序员非常重要。在事件处理程序中，无论是用查询方式(中断标志位可作为查询依据)还是用中断方式，用过的标志位一定不要忘记对其进行复位，否则就要犯"一次事件，多次处理"的错误，这种错误可以比喻为：刚吃过午饭，才离开饭桌，又吃第二次午饭，直到吃第 n 次午饭。

5.1.4 中断向量及其用法

中断向量是中断服务程序的入口地址，每一个中断源对应一个中断向量。51机的设计者将中断向量安排在程序存储区地址从0003H开始的连续单元中，每个中断向量间隔为8字节，中断向量在程序存储器中的地址如表5-1所示。51机响应中断时，系统自动将相应的中断向量装入程序计数器PC中，实现进程的转移。

表5-1 标准51机及STC89系列单片机中断向量结构

中 断 源	入口地址	C51关键字	同一优先级下的优先权
外部中断0	0003H	interrupt 0	最高
T0溢出中断	000BH	interrupt 1	次之
外部中断1	0013H	interrupt 2	再次之
T1溢出中断	001BH	interrupt 3	再次之
串行口收/发中断	0023H	interrupt 4	(51机)最低
T2溢出中断	002BH	interrupt 5	(52机)最低
外部中断2	0033H	interrupt 6	更低
外部中断3	003BH	interrupt 7	(STC89)最低

由于每个中断向量间隔只有 8 个字节，通常放不下一个完整的中断服务程序，所以汇编程序编程者习惯上在中断向量区放一条长跳转指令，而将真正的服务指令放在程序存储区的开阔处（见例 5-1）。C 程序格式如表 5-1 第 3 列所示，编译器在对应某些方面中断向量自动加上长跳转指令，C51 编程工作简化了很多，但中断引导的过程一点也不能少。

5.1.5 中断响应时间

中断响应时间指从单片机检测到中断请求信号到转入中断服务程序入口所需要的机器周期数。

即使中断的充要条件均已满足，单片机也并不一定能立刻响应中断。系统需将现行的事务处理好后才能投入到中断服务中去，即需一定的延迟才能处理这一事件。如满足下列条件，则单片机在下一个机器周期的 S1 期间响应中断，否则将延缓对中断申请的响应。

（1）无同级或高级中断正在处理。

（2）现行指令执行到最后 1 个机器周期且已结束。

（3）若现行指令为 RETI 或访问 IE、IP 的指令时，执行完该指令且紧随其后的下一条指令也已执行完毕。

51 机响应中断的最短时间为 3 个机器周期。若系统检测到中断请求信号时间正好是一条指令的最后一个机器周期，则不需等待就可以立即响应。执行一条长调用指令，需要 2 个机器周期，加上检测需要 1 个机器周期，一共需要 3 个机器周期进入中断服务程序。

中断响应的最长时间由下列情况所决定：若中断信号被检测到时，CPU 正在执行 RETI 或访问 IE 或 IP 指令的第一个机器周期，这样等待指令结束需要 2 个机器周期（以上 3 个均为双机器周期指令）；若紧接着恰好执行的是时间最长的乘、除法指令，又需等待 4 个机器周期；再用 2 个机器周期长调用时间，才转入中断服务程序入口。这样，总共需要 8 个机器周期。

其他情况下的中断响应时间一般为 3～8 个机器周期。

如果用的是标准 51 机，时钟频率为 12MHz，则中断响应时间为 3～8μs。这只是到中断向量的时间，加上长转移的 2 个机器周期，中断响应时间一般为 5～10μs。

中断响应时间反映了单片机对事件的响应速度，是应用系统实时性的重要参数。

用 C 语言编写的应用程序，中断响应时间比汇编语言程序要长，这是因为 C 语言编译器在中断服务程序中要用一定量的指令来做现场保护，占用一定量的机器时间。

5.1.6 外部中断事件信号的作用时间

内部中断事件来源于单片机内部信号作用的时间与系统完美的匹配。

外部中断事件的信号由外部设备提供，除极性和幅度有明确的规定外，还有时间宽度的规定。由于外部中断信号是系统设计的一部分，所以设计者必须严格遵守这些规定。

51机对外部中断事件触发信号的脉冲宽度的上限没有限制，但要求信号宽度不少于1个机器周期，这是最小值。为保证事件触发的可靠性，实际应用中都将信号的作用时间扩大到几个到几十个机器周期。信号宽度多长为好呢？原则上，触发信号的作用时间小于中断处理过程的全部时间为好，即只要CPU在中断返回之前信号被撤销就行了。但应用中有很多触发信号的持续时间不是设计者能决定的，而是由使用者决定的，如按键的持续时间因人而异。如果用中断方式处理按键事件，就需要用软件进行处理，如采用延时等待按键释放等技术，以避免一次按键被CPU多次响应并处理。

细心的读者可能已经发现，在处理触发信号持续时间不定的事件时，用下降沿触发方式比用低电平触发方式要好。因为下降沿与信号的持续时间无关。按键动作产生下降沿，事件触发成功，之后用户按键多长时间释放与本次中断无关。这的确是一个很好的方法，实际工程用也常用此方式处理触发信号持续时间不定的事件。但前提条件是：中断触发信号要“干净”，不带毛刺，否则信号可能产生误触发的情况。抗干扰能力是下降沿触发方式的一个弱点。因此在应用中要对信号输入端进行抗干扰处理，如在中断源输入端加一0.001μF的电容，效果很好。而低电平触发方式的优点则是抗干扰能力较强，两者优、缺点正好成互补关系，应用时要根据实际情况选用。

还有一个概念需要明确，即内部中断不等于它与外部无关。

事实上，51机的内部中断源，如定时/计数溢出中断源，在计数模式下，就是以对外部输入信号的脉冲数的积累为中断条件的。串行口收/发中断源，有效的数据帧的收/发触发其中断，它们都与外部输入输出有关，但输入输出不等于事件，而输入输出效应的积累才是内部事件产生的必要条件。外部中断源则不同，输入信号本身就是事件，无须积累，可直接触发中断。内部和外部中断的主要区别在于事件来源于单片机内部还是外部。

5.2 标准51机中断源的内部结构

标准51机中断源的结构如图5-3所示，对其认识和理解是用好中断的基础。图中虚线左边是各中断源的输入引脚，它们均分布在P3口上。图中引脚是按优先权排列的，优先权依次降低，从上到下依次为P3.2、P3.4、P3.3、P3.5、P3.1和P3.0。外部中断源($\overline{INT0}$和$\overline{INT1}$)的引脚P3.2、P3.3是事件的输入端；内部中断源的片外引脚(P3.4和P3.5对应T0和T1，P3.0和P3.1对应RXD和TXD)是事件成因的输入端。这5个中断源是51系列单片机型都具有的。

事件信号从图5-3的左边进入外部中断源，直到在图的最右边中断请求信号输出。

外部触发信号进入通道后，先经过由编程者为其指定的触发方式(可选)通道，若图中的IT0=0，外部中断0的中断由低电平触发；IT0=1，外部中断0由下降沿触发。外部中断1也如此。

如定时器0和定时器1有两种工作模式，信号从内部获取时，为定时模式；信号从外部获取时，为计数模式。可见，定时/计数是计数器对不同来源信号计数的结果。

又如，串口的接收通道是可控的，当REN=1时，接收通道被接通，单片机才能接收到其他单片机发来的数据。

通道之后是各中断源的中断请求标志位，即图中的 IE0、TF0 等，它们住在 TCON 和 SCON 中，在有效事件作用下被置位，是中断必要条件在单片机内部的表现。中断请求标志位也可作为事件的查询依据。

中断必要条件满足后，可否导致系统中断，还需要满足充分条件。从图 5-3 可以看出，标志位必须从左到右，通过中断开禁总控制和中断开禁专项控制两道关卡，才可以到达优先级控制器，提交中断请求，否则系统就不可能产生中断。这两道关卡的控制位在中断允许寄存器 IE 中，1 为“通”，表示允许中断；0 为禁止中断，需用指令对其进行设置。51 机复位之初，IE 中所有位值均为 0。此时，系统中断被禁止。

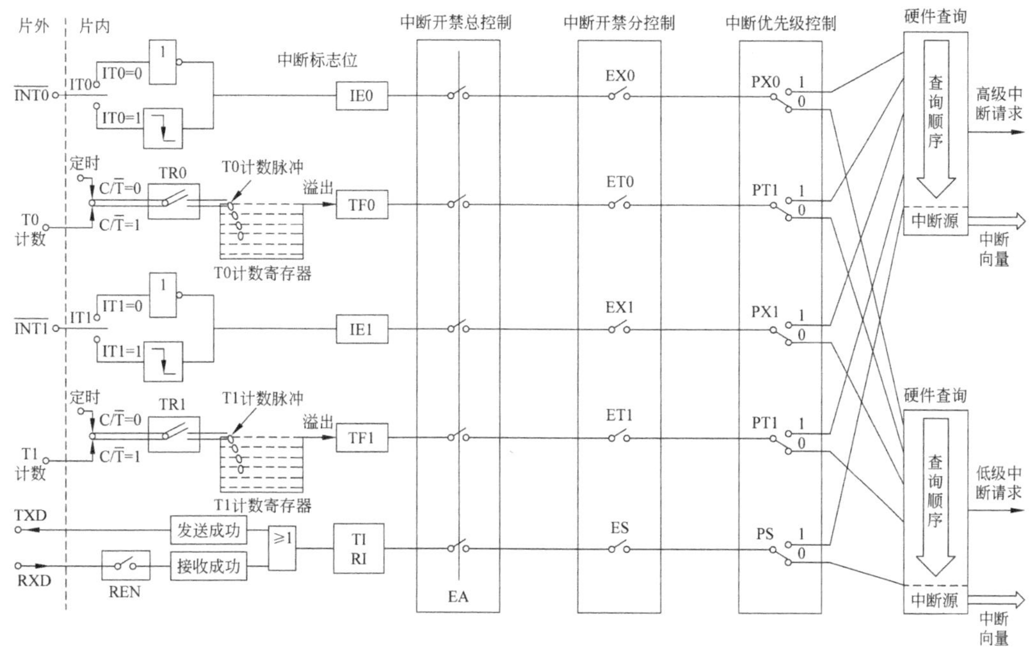

图 5-3 MCS-51 单片机中断系统结构框图

在允许中断的条件下，中断请求被系统接受，其次序是由中断优先级控制寄存器 IP 管理的。IP 内设置了与中断源相对应的优先级控制位，当用指令使其某个(或某些)位为 1 时，对应的中断源就进入了高优先级。图 5-3 最右侧两个图框代表两个优先级平台，上面的为高优先级平台。系统对中断请求的查询次序总是遵守从高到低的规律，所以，高优先级的请求总是先被系统响应。51 机复位之初，IP 所有位均为 0，即所有中断源均处于低优先级上。

5.3 中断控制

编写中断工作程序，核心就是用指令完成中断产生充分条件的设置。编程时请对照图 5-3，力争在原理上掌握它。至于必要条件，则需在硬件层实现，与系统结构相关。

5.3.1 中断允许与禁止

系统响应中断信号的充分条件是开中断。51 机没有专用的开中断和关中断指令，而通过对中断允许寄存器 IE 的控制实现中断开放与禁止的。

IE 的地址为 A8H，它可位寻址(非常必要)，其格式如表 5-2 所示。

表 5-2 中断允许寄存器 IE 中各位的位名及位地址

位地址	AF	AE	AD	AC	AB	AA	A9	A8
位名	EA	—	ET2	ES	ET1	EX1	ET0	EX0

各位含义如下。

EA：总中断控制位。EA=0，禁止所有中断；EA=1，允许系统中断。考察图 5-3，EA=1 意味着所有中断请求标志位的前向通道被打开，这是信息通道的第 1 级控制，由于它涉及所有的中断源，所以称为总中断或全局中断控制位。

—：系统保留，用户不能用，习惯对其写 0(对本书均适用，不再说明)。

以下是中断请求标志位的位通道控制，是标志位通道的第 2 级关卡，见图 5-3。

ET2：定时器/计数器 2 的溢出中断允许控制位，只用于 52 机以上机型。ET2=0，禁止 T2 中断；ET2=1，允许 T2 中断。图 5-3 中省略了该位的结构示意。

ES：串行口中断允许控制位。ES=0，禁止串行口中断；ES=1，允许串行口中断。

ET1：T1 溢出中断允许控制位。ET1=0，禁止 T1 中断；ET1=1，允许 T1 中断。

EX1：外部中断 1 中断允许控制位。EX1=0，禁止外部中断 1 中断；EX1=1，允许外部中断 1 中断。

ET0：T0 的溢出中断允许控制位。ET0=0，禁止 T0 中断；ET0=1，允许 T0 中断。

EX0：$\overline{\text{INT0}}$的中断允许控制位。EX0=0，禁止$\overline{\text{INT0}}$中断；EX0=1，允许$\overline{\text{INT0}}$中断。

【例 5-1】 要开放外部中断 0 的中断，如何实现？写出操作指令。

解：要使用 51 机的中断，必须开放中断。开放或禁止中断通过对寄存器 IE 操作实现，具体说就是对 IE 赋值。为了准确地对 IE 赋值，常用的做法是建立一个 IE 任务表，如表 5-3 所示。任务表方法是确定寄存器值的通用方法，它在数值和控制逻辑之间建立一个简单明确的映像关系。今后凡涉及寄存器设置的任务，请参照此法确定其值。

表 5-3 实现例 5-1 任务与 IE 值的映像关系的列表法

数据位	D_7	D_6	D_5	D_4	D_3	D_2	D_1	D_0
IE 位名	EA	—	ET2	ES	ET1	EX1	ET0	EX0
复位值	0	0	0	0	0	0	0	0
应赋值	1	0	0	0	0	0	0	1
81H	8				1			

51 机上电复位后，IE 各位均为 0，字节值为 00H，其意义为 CPU 禁止所有中断。为实现本例的任务，须将 IE 的 EX0、EA 两位置 1，其他各位为 0。其含义是允许外部中断 0 中断，并开放总中断控制位。表 5-3 中的 IE 值与图 5-3 中各中断控制位的通、断关系一一对应。对 IE 赋值的程序段如下：

汇编语言指令　　　　　　　　　　　　C 语言语句

```
SETB  EX0                        EX0=1;          //位写形式
SETB  EA                         EA=1;
```

或

```
MOV   IE,#81H                    IE=0x81;         //字节操作形式
```

当上述指令被 CPU 执行后，外部中断 0 中断的充分条件就得以满足。当其引脚上出现中断触发信号时，系统就会响应这一中断。

对 IE 寄存器可以按位操作（IE 可位寻址），也可以按字节操作，效果是等价的。但位操作（方式 1）直观，其物理意义更明显：SETB　EX0 打开外部中断 0 的信号通道，SETB　EA 打开中断请求信号的总通道，便于理解，所以更常用。如果在程序运行的某个阶段，需要开放定时器 1 的中断，可用以下指令实现：

```
SETB  ET1                        ;相应的 C51 语句为：ET1=1;
```

要禁止所有中断，最简单的方法是禁止全局中断，指令为

```
CLR   EA                         ;相应的 C51 语句为：EA=0;
```

5.3.2　中断请求标志位

中断请求标志位是系统进行中断识别的依据。事件发生时，中断请求标志位被置位，标志位在哪些 SFR 中呢？答案是中断控制字寄存器 TCON 和串行口控制寄存器 SCON 中。

TCON 的地址为 88H，可位寻址，其格式如表 5-4 所示。

表 5-4　中断控制字寄存器 TCON 中各位名称及地址

位地址	8F	8E	8D	8C	8B	8A	89	88
位名	TF1	TR1	TF0	TR0	IE1	IT1	IE0	IT0

各位的含义如下：

TF1：定时器 1 的溢出标志。

TF0：定时器 0 的溢出标志。

TR0：定时器 0 运行控制位，TR0＝1，T0 开始工作；TR0＝0，T0 停止工作。

TR1：定时器 1 运行控制位，意义与 TR0 相同。

TCON 的低 4 位与外部中断相关，各位的含义如下：

IT0：外部中断 0 触发方式控制位。IT0＝0，外部中断 0 由低电平触发；IT0＝1，外

部中断 0 由下降沿(后沿)触发。

IT1：外部中断 1 触发方式控制位，作用与 IT0 相同。

IE0：外部中断 0 中断请求标志位。当 IT0＝0 时，CPU 在每个机器周期的 S5P2 采样$\overline{\text{INT0}}$。若$\overline{\text{INT0}}$引脚为低电平，则置位 IE0；当 IT0＝1 时，若第一个机器周期采样到引脚为高电平，第二个机器周期采样到$\overline{\text{INT0}}$引脚为低电平时，由硬件置位 IE0。

IE1：外部中断 1 的中断请求标志位。含义与 IE0 相同。

TF0、TF1 和 IE0、IE1 是 51 机两个定时/计数器和两个外部中断源的中断请求标志位。系统响应中断后，标志位自动清零；在查询工作方式下，标志位需用软件才能清除。图 5-3 中的串行口收/发中断由串行口控制寄存器 SCON 控制，待第 7 章讨论。

5.3.3 中断优先级控制

51 机的中断优先级是通过 SFR 中的中断优先级控制寄存器 IP 实现的。IP 的地址为 B8H，可位寻址(非常必要)，其格式如表 5-5 所示。

表 5-5 中断优先级控制寄存器 IP 中各位的位名及位地址

位地址	BF	BE	BD	BC	BB	BA	B9	B8
位名	—	—	PT2	PS	PT1	PX1	PT0	PX0

各位的含义如下：

PT2：T2 中断优先级控制位。PT2＝1，T2 定义为高优先级中断；PT2＝0，T2 定义为低优先级中断。

PS：串行口中断优先级控制位。PS＝1，串行口中断为高优先级；PS＝0，串行口中断为低优先级。

PT1：定时器 1 中断优先级控制位。PT1＝1，T1 中断处于为高优先级；PT1＝0，T1 中断处于低优先级。

PX1：外部中断 1 中断优先级控制位。PX1＝1，外部中断 1 为高优先级；PX1＝0，外部中断 1 为低优先级。

PT0：是关于定时器 0 的，含义与 PT1 相同。

PX0：是关于外部中断 0 的，含义与 PX1 相同。

比较表 5-2 和表 5-5，两个寄存器从低到高各位的内容相同，都是按优先权顺序排列的，EX0 最高，ET2 最低。假设多个中断请求同时来到，系统将按表 5-2 或表 5-5 的顺序，从低到高对各位逐一检测其对应的中断请求标志位。这点也能帮助我们记忆优先权顺序。

如果系统中某一个低级中断正在接受服务，又有新到的中断请求被接受，如果其中断优先级与正在处理的中断的优先级相同，那么无论它们的优先权谁高，它都只能等待前一个中断处理完成后，才能接受服务；但如果其中断优先级高于前者，则系统会打断正在服务的低级中断过程，插入一个过程优先为其服务，形成中断嵌套。例如，串口中断优先权默认值最低，但如果将 IP 中的 PS 位置 1(其他各位均为 0)，则串口中断优先权不但升为最高,而且它还能中断其他中断源的中断服务过程,优先得到服务。

中断嵌套的规则是,高级中断源可以打断低级中断。而同级中断不能互相嵌套。中断优先级和优先权的联系与区别请参考图 5-1 和图 5-3。

5.4 外部中断编程举例

外部中断程序要素如下:

(1) 在相应的中断向量中加入长跳转指令。

(2) 编写中断服务程序。

(3) 确定触发方式,即对 TCON 中的 IT0、IT1 进行设置,它们可位寻址。

(4) 必要时还要调整某些中断源的中断优先级。

(5) 置位 EXx 允许相应的外部信号源触发中断。

(6) 置位 EA 允许系统中断。

【例 5-2】 设外部中断 0 和中断 1 的输入端已接有中断触发信号源,试编写能响应外部中断 0 下降沿触发、外部中断 1 的低电平触发中断的完整程序。要求$\overline{\text{INT0}}$处于高优先级。

解:不论多么复杂的程序,与中断相关的内容都是相同的,共同点体现在 6 个要素中。不同的程序,要素可分布在程序中不同位置,但必不可少。有些教材称它们为核心指令,指实现程序功能所必需的指令集。本程序除堆栈设置和动态停机等通用指令外,都是核心指令。我们可以这样来证明,注释任一条核心指令,程序将不具备中断功能;而注释任一条通用指令,程序就有缺陷或致命错误,但与中断功能无关。通用指令更像程序的骨架。

外部中断编程涉及 IE、IP、TCON 等寄存器的操作。在读下面程序时请将对它们赋的值与表 5-2、表 5-4 和表 5-5 中寄存器各位的定义相对照,并按位翻译,指令的含义就显露出来了。汇编语言程序清单如下:

```
         ORG     0000H
         AJMP    MAIN
         ORG     0003H          ;外部中断 0 中断向量
         LJMP    INT0INT
         ORG     0013H          ;外部中断 1 中断向量
         LJMP    INT1INT
         ORG     0050H
MAIN:    MOV     SP,#6FH
         SETB    IT0            ;外部中断 0,边沿触发方式
         CLR     IT1            ;外部中断 1,低电平触发方式
         SETB    PX0            ;设外部中断 0 为高优先级
         SETB    EX0            ;开放外部中断 0
         SETB    EX1            ;开放外部中断 1
         SETB    EA             ;开放总中断
```

```
         SJMP    $              ;动态停机,等待中断
INT0INT: ……                     ;外部中断 0 事务处理
         RETI
INT1INT: ……                     ;外部中断 1 事务处理
         RETI
         END
```

程序运行路径如下：从 MAIN 开始，先设置堆栈，然后设置两个外部中断源的中断触发方式，再设置中断优先级，这 3 条指令是本例功能必需的。如果省略，则两个外部中断源均由低电平触发，并都处于低优先级状态（由 51 机复位后 IT0、IT1、PX0 等位的默认值决定），程序将不能实现本例对中断的要求。

接着开放外部中断源中断及总中断。至此，中断的充分条件已设置好。由于本程序除响应中断外，没有其他工作，因此，以动态停机（SJMP $）方式等待中断。

当必要条件满足时，即外部中断源输入引脚上出现有效的低脉冲时，外部中断请求标志位 IE0 或 IE1 置位，置位信息通过中断总控制及分类控制这两道门后，成为有效的请求。于是，系统根据中断优先次序响应这些请求，中断服务过程发生。

系统中断的进入与返回是系统自己完成的事实是我们已知的，不再讨论。

中断发生是随机的，其发生所在地址一般是无法确定的，其实程序员也无需知道。但对本例这种简单程序，中断发生及返回地址是明确的，全在 SJMP $ 指令处。可以通过观察 SP 的变化证明这个结论，中断发生前，(SP)＝6FH；中断发生期间，(SP)＝71H，这是系统两次压栈的结果，每次压栈，SP 的内容加 1，使堆栈指针向上移动。再看堆栈区的内容，6FH 是栈底，系统不用这个单元，两次压栈后，(70H)＝5FH，(71H)＝00H（本程序 SJMP $ 指令代码占 code 区的 005FH 和 0060H 两个单元），它们正是 SJMP $ 指令代码的首地址 005FH。

执行 RETI 指令时，系统自动做了两次出栈操作，将栈顶两个单元的内容赋予 PC，于是程序返回到断点（即 SJMP $ 指令）处，之后(SP)＝6FH，堆栈复原。

现在设想，在外部中断 0 的中断服务程序中使用堆栈操作指令，例如

```
INT0INT: PUSH    ACC            ;外部中断 0 事务处理
RETI
```

将产生什么结果呢？PUSH ACC 执行后，(SP)＝72H，(72H)＝(A)，此时(A)是什么无关紧要，重要的是，执行 RETI 指令后，系统还是将堆栈顶部两个单元的内容赋予 PC，但此次错了，PC 没有得到正确的返回地址，致使程序运行混乱。

我们已经发现了错误的来源，就是错误地使用堆栈，使堆栈进、出失去平衡。如果像下面这样使用堆栈，就不会发生得不到返回地址的错误了，原理分析留给读者。

```
INT0INT: PUSH    ACC            ;外部中断 0 事务处理
         ……
         POP     ACC            ;POP 后的内容不限
         RETI
```

结论是：压堆栈和弹堆栈的操作要成对使用，以保证堆栈平衡。特别地，在子程序或

中断服务程序中，在执行 RET 或 RETI 指令之前，堆栈应还原为进入之初的状态。

为了提高程序的可靠性，C51 没有堆栈操作语句，保护现场数据用赋值法代之。

以上分析所得结论对所有类型的中断及子程序调用过程均适用。

中断服务程序和子程序在结构和应用条件等方面的异同之处对比如下：

(1) 程序结构相同，都必须有程序名和返回指令。

(2) 不能单独使用，都必须嵌入在主程序中才能使用，即它们是程序中完成某一个特殊功能的组成部分。

(3) 不能像主程序那样周期性地顺序执行，只能在系统的引导下运行。

以上是它们的相同点，两者的差异如下：

(1) 中断服务程序通过 RETI 指令返回上一级程序，而子程序则以 RET 指令返回上一级程序。

(2) 子程序由调用指令启动，而中断服务程序由事件触发，在系统引导下得以运行。

(3) 子程序工作发生的时间和地址都是确定的，而中断服务程序则是不确定的。

【例 5-3】 试编写能响应外部中断 0 处于高优先级、下降沿触发、外部中断 1 低电平触发的中断的 C 语言程序。

解：C 语言中断编程是全新的内容，请注意学习。C51 参考程序清单如下：

```
#include<Stc12C5A60S2.h>
#include <intrins.h>
void int0() interrupt 0
{
    _nop_();                                    //虚拟事件处理
}
void int1() interrupt 2
{
    _nop_();                                    //虚拟事件处理
}
void main(void)
{
    SP=0x5f;
    IT0=1;                                      //下降沿触发
    IT1=0;                                      //低电平触发
    PX0=1;                                      //设外部中断 0 为高优先级
    EX0=1;
    EX1=1;
    EA=1;                                       //开放中断
    while(1);                                   //功能相当于 SJMP $指令
}
```

由于程序中所涉及的几个寄存器都是可位寻址的，所以程序直接对相关的位进行操作，就达到了控制效果，位操作比用字节操作意义更明显。

IE、IP、TCON 等寄存器的操作顺序没有特别的规定。但最好养成先设置系统功能，再开放中断的习惯，这样更符合做事的逻辑。例如，外部中断的触发方式还没有确定，就开放了中断，在逻辑上不通。

本例程序的结构特点是：程序运行开始后，主程序先在初始化中设置中断条件后，就放弃了对进程的控制权，事件在后台由 CPU 处理。但放弃对进程控制权的主程序在应用程序中是极少见的。为什么是这样呢?

由于本例任务很轻，使得主程序无事可做，所以放弃对程序进程的控制权对程序功能没有影响。但放弃控制权，就相当于领导放弃了对工作的检查和监督，实际效果是可想而知的。主程序是应用程序的领导，工作进程由主程序组织实施才能正常进行。

在应用程序中，事件引发中断，主程序可以不参与事件的处理工作，但至少应知道什么事件发生，结果如何，由此做出决策，以保证程序下一步流程正确进行。那么主程序如何才能得知事件信息呢？常用的方法是用全局变量在主程序和中断服务程序之间传递信息。具体说，汇编程序用存储器单元或寄存器传递信息，C 程序用变量传递信息。下面将中断服务程序中的处理部分转移到主程序中，注意程序之间传递信息的方法。

【例 5-4】 试编写能响应外部中断 0 的请求，但事件处理在主程序中进行的 C51 程序。

解：C51 语言程序清单如下：

```
#include<Stc12C5A60S2.h>
#include <intrins.h>
bit intmark
void int0() interrupt 0
{
    intmark=1;
}
void main(void)
{
    SP=0x5f;
    EX0=1;
    IT0=1;
    EA=1;
    intmark=0;
    while(1)
    {
        if(intmark)
        {
            intmark=0;                          //清除事件发生标志
            _nop_();                            //虚拟事件处理
        }
    }
}
```

程序使用全局位变量 intmark 来传递信息，注意，事件发生标志应及时清除。汇编语言程序如何在主程序和中断服务程序之间传递信息？见习题 5-5。

事件处理既可以在中断服务程序中进行，也可以在主程序中进行。对复杂、处理时间长又不是特别急的事件，建议将处理部分放在主程序中，等 CPU 空闲时再处理，这样更有利于增强系统事件处理的实时性，提高 CPU 的工作效率。

5.5 外部中断源的复用技术

标准 51 机内部资源有限，如外部中断源只有两个。而在实际工程中，外部中断源的需求量往往是很大的，如果一个信号源就要使用一个外部中断源，则系统必须外扩外部中断源。但系统扩展往往弊多利少，在可能的情况下应尽量避免。

外部中断源能否复用？本书以第二种键盘电路及其键值识别方法为例来说明这一问题。总体说来，在单片机系统中对键盘的管理有查询和中断两种方式。本书介绍的第一种方法，即为行×列扫描 I/O 编码方式，就属于查询方式。

本书介绍的第二种键盘电路，如图 5-4 所示，其上有 8 个键。可以通过外部中断源复用技术实现快速键盘管理。为此，将所有单个按键电路的输出端都通过二极管引出，并联后再与外部中断源的输入端相连。结果，当任意一个键按下时，外部中断源的输入端都会收到一个低脉冲，形成一个外部事件，引发系统中断；另一方面，所有单个按键电路的输出端又分别接到单片机的 I/O 上，当确定有键按下后，CPU 通过 I/O 来识别哪个键被按下。这种键盘管理方式采用由中断通知系统，再通过 I/O 来识别键值的方式，可称为触发中断——I/O 编码方式。其优点是响应快，CPU 的负担轻，可用于任务重、实时性要求高的单片机应用系统中。缺点是键盘管理占用外部中断源和更多的 I/O。与行×列扫描 I/O 编码方式形成鲜明的对比。

注意二极管的接法，其正极与中断源输入端相接，负极则分别与每个按键的输出端相连接。当某个按键被按下时，其输出电平从高变低，经过二极管的负极传到正极，即 $\overline{\mathrm{INT}x}$端时，电平在 0.3～0.7V 之间，在单片机有效的低电平范围之内。另一方面，由于二极管的单向导电性，$\overline{\mathrm{INT}x}$端的低电平不会传到二极管的负极，即按键的输出不会相互干扰，即除被按下键的输出端为低电平外，其他按键的输出端将保持高电平。根据这个原理，通过读每个按键输出端上的 I/O 线的状态，就能判断出哪个键被按下了。

本例是外部中断源复用技术的典型应用。其实质是扩展外部中断源的输入端口数。二极管在这里起了输出“线与”的作用。在设计图 5-4 所示的电路时要注意：

(1) 二极管极性不能接反。

(2) 在中断源引脚与地之间接一个容量在 0.001μF(1nF)左右的电容，可以有效地消除干扰信号引起的伪中断申请。按键电路的上拉电阻在 2～10kΩ 范围较好。

【例 5-5】 设图 5-4 中的 8 个键分别用 P0 口编码，按键触发外部中断 0，试编写键盘管理程序。

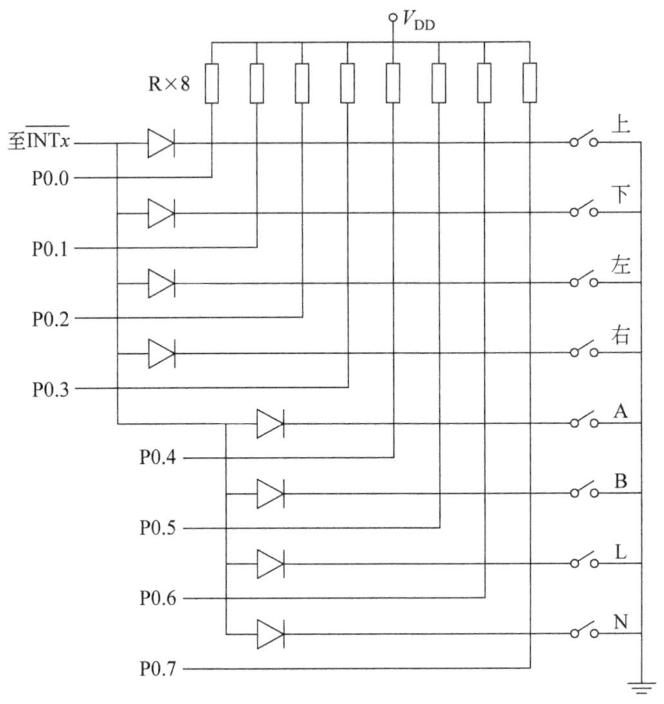

图 5-4 键盘接口电路原理图

解：键盘管理采用事件触发程序结构。键盘管理的 C 语言参考程序如下：

```
#include<stc89c5x.h>
#include <intrins.h>
#define uchar unsigned char
#define uint unsigned int
uchar xdata INTM_MARK;                //定义无符号字符型变量
sbit UP=P0^0;
sbit DOWN=P0^1;
sbit LEFT=P0^2;
sbit RIGHT=P0^3;
sbit KEY_A=P0^4;
sbit KEY_B=P0^5;
sbit KEY_L=P0^6;
sbit KEY_N=P0^7;                      //定义上、下、左、右等 8 个键
void DelayX1ms(uint count)            //标准 51 机,11.0592MHz 时约为 1ms
{   uint i;
    uchar j;
    for(i=0;i<count;i++)
    for(j=0;j<110;j++);
}
void int0() interrupt 0               //外部中断 0 服务程序
{   DelayX1ms(20);                    //延时 20ms,滤除按键抖动
```

```
    if (P3_2==0)
    {
    if (UP==0)
            INTM_MARK=0x01;
        else if (DOWN==0)
            INTM_MARK=0x02;                    //利用 I/O,确定被按下的键,并编号
        else if (LEFT==0)
            INTM_MARK=0x03;
        else if (RIGHT==0)
            INTM_MARK=0x04;
        else if (KEY_A==0)
            INTM_MARK=0x05;
        else if (KEY_B==0)
            INTM_MARK=0x06;
        else if (KEY_L==0)
            INTM_MARK=0x07;
        else if (KEY_N==0)
            INTM_MARK=0x08;
    }
    while (P3_2==0);                           //等待按键释放,避免一次按键,多次响应
}
void main(void)
{
    IT0=1;                                     //外部中断 0 为下降沿触发
    IE=0x81;                                   //开中断,允许 INT0 中断
    INTM_MARK=0;                               //键盘事件处理结构头,清键盘标志
    while (1);                                 //等待按键事件发生
    {
        if (INTM_MARK !=0)                     //检查是否有键按下
        {
            ;                                  //有键按下处理程序部分
            INTM_MARK=0;                       //清除事件标志
        }
    }
}
```

本例中先用延时 20ms 的方法处理键盘抖动(人的触键抖动一般在开始的 20ms 之内),之后判断键盘是否仍为按下状态,如是,则读键值、编号并置按键标志,否则视为干扰,等待按键释放后,进程再从中断返回。

中断服务程序中只作键盘状态标记,而将处理工作交给主程序做。

中断服务程序应以最少的代码最短的运行时间为目标来编写。对实时性要求高的系统,事件的处理可以在中断服务程序之中或之外进行,视具体情况而定。

注意,不要轻易在中断服务程序中调用子程序或函数,特别是与硬件操作相关的子

程序或函数。在中断服务程序中调用这类函数,可能达不到目的,但从程序格式上看不出程序问题所在。解决的办法是:将子程序指令或函数的有效语句全部复制到中断服务程序中,直接执行这些指令或语句即可。这只是个应用经验,仅供参考。

5.6 本章重点

本章应重点理解的内容如下:

(1) 中断的概念及意义。

(2) 中断源的结构、中断控制方法、中断的响应时间及中断过程。

(3) 外部中断的触发方式、优先级设置以及实现中断嵌套的条件。

(4) 外部中断程序的编程要点,汇编语言及C语言中断程序的格式。

(5) 外部中断源的复用原理及现实意义。

程序按功能分为主程序、子程序和中断服务程序。中断服务程序只有在系统中断时才能运行。如果主程序能连续无阻地进入到中断服务程序中,或反过来,3种程序可以随意互通,这个程序一定蕴藏着巨大的危机。通过本章的学习,对此应有深刻的理解。

习 题 5

5-1 设中断信号源已接好,外部中断0用低电平触发,外部中断1用下降沿触发,用汇编语言编写它们响应并处理中断的程序。中断服务程序处理内容部分用NOP指令代替。

5-2 设中断信号源已接好,外部中断0用低电平触发方式,外部中断1用下降沿触发方式,并要求外部中断1的中断能打断外部中断0的中断服务进程。用汇编语言及C51编写响应并处理中断的程序。中断服务程序处理内容部分用空操作代替。

5-3 应用51机外部中断功能,涉及哪些特殊功能寄存器?将它们全部列出来,并考察它们的内容为03H时的意义。

5-4 仿照例5-1的分析方法,实现单片机系统要求并写出程序段:开放外部中断1和定时器0中断,并只将定时器0中断设置为高优先级,外部中断1的中断采用边沿触发。

5-5 试编写能响应外部中断,但事件处理在主程序中进行的汇编语言程序。

第 6 章 chapter 6

定时/计数器

6.1 定时/计数器及时间的表达

定时/计数器是单片机的重要部件。事实上,几乎所有的控制系统都离不开定时和计数。

6.1.1 时间的表达方式

时间的表达分实时时间和相对时间两种方式。

实时时间是基于太阳系中天体运动的规律建立起来的一种世界公认的时间计量体系。时间用年、月、日、时、分、秒以至更小的时间单位来表示。实时时间具有公认的计时参考点,能够记录事件发生的确切时刻,因此适用于所有与时间相关的计量。每台 PC 系统中都有一个实时时钟,用于记录该计算机事件发生的实际时间。

相对时间的时间起点是随意指定的。因此,相对时间只能记录事件持续时间的长短信息,但时间则不具备普遍意义,所以称为"相对"时间。

在单片机应用系统中,相对时间和实时时间的信息都需要。相对时间向实时时间的转换只需统一计时起点,即通过"对表"这一过程即可实现。本章重点讨论相对时间。

标准 51 机片内有两个 16 位的定时/计数器:T0、T1。52 机及以上系列产品增加了一个功能更强的 16 位定时/计数器 T2。这种配置一直延续到目前所有增强型 51 单片机。本章重点讨论 T0 和 T1,T2 作为选学内容。

6.1.2 标准 51 机定时/计数器结构

图 6-1 为标准 51 机内定时/计数器结构图。图中 T0、T1 是结构与工作原理完全相同的两个器件。它们均由两个独立的 8 位定时寄存器 THx 和 TLx 组合构成 16 位定时寄存器的高 8 位和低 8 位,作为定时/计数的"容器",最大计数值为 FFFFH;THx 和 TLx 也可独立作为 8 位定时寄存器使用,最大计数值为 FFH。

T2 的结构与工作原理与 T0 或 T1 完全不同,除有更强的功能外,用法也不同。

3 个定时/计数器对应 3 个中断源,均为内部中断类型。T0 或 T1 中断由定时或计数寄存器溢出事件为中断的必要条件。T2 则具有更多的事件类型。

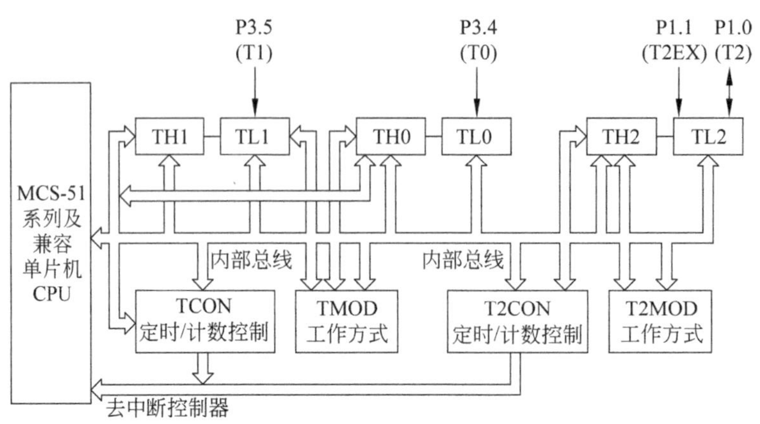

图 6-1　MCS-51 系列及兼容机片内定时/计数器结构

T0、T1 由 TMOD 和 TCON 管理，T2 由 T2MOD 和 T2CON 专门管理。

P3.4、P3.5 为计数模式的输入端，T0、T1 对引脚上的脉冲数进行计数，如图 6-1 所示。

6.2　T0、T1 的工作原理及时间分辨率

6.2.1　T0、T1 的工作方式

1. 定时/计数器的特点

(1) 可编程：T0、T1 都是可编程部件，有多种工作方式。每种工作方式又分定时和计数两种模式。定时/计数器的核心是一个加法计数器，脉冲信号的每个下降沿触发计数一次。计数值以累加方式记录于定时/计数器的定时寄存器(也可称为计数寄存器)之中。

定时和计数模式的信号来源不同：计数脉冲来自系统时钟，称为定时，它能量化的最小时间称为时间分辨率。由于系统时钟是连续的，加上精度高，是理想的数字系统的定时信号，信号周期为机器周期，因此定时器的时间分辨率为机器周期；当计数脉冲来自单片机外部引脚时，则称为计数模式。51 机复位之初，T0、T1 均为方式 0，即定时模式，这是 T0、T1 默认的工作方式。因此，使用定时/计数器一般先要设置其工作方式及模式。

(2) 每个计数脉冲使定时寄存器的数值自动加 1，当计数值达到寄存器最大允许值(FFH 或 FFFFH)后，再来一个计数脉冲，将导致定时/计数溢出事件发生，中断请求标志位 TF0 或 TF1 置位(TF0 和 TF1 在 TCON 中，见表 5-4 和图 5-3)，同时定时寄存器被自动清空(从 FFFFH 或 FFH 变为 0)，定时器从 0 开始计数。TF0 或 TF1 置位，是 T0 或 T1 溢出中断的必要条件的表现，在允许中断的条件下，系统将被中断，对事件进行处理。

注意： 文中 TLx 指 TL0 或 TL1，THx 指 TH0 或 TH1，Tx 指 T0 和 T1，GATEx 指

T0 和 T1 两个启动方式的控制位，TRx 指 TR0 和 TR1，而$\overline{INTx}$指$\overline{INT0}$和$\overline{INT1}$，下同。

(3) T0、T1 的计数寄存器的最大计数宽度为 16 位。因此，一次定时或计数的最大计数量为(65536 或 10000H)。为了得到不同大小的定时或计数值，可以通过写计数寄存器初值的方法，使定时/计数从某一给定值开始。

定时器能量化的最小时间称为定时分辨率。从理论上讲，定时/计数的测量上限是没有限制的，无论多长的定时或多大的计数，都可通过多次定时或计数累加而实现测量。

(4) 定时/计数器的计数寄存器(THx 和 TLx)值可随时读出，使时间或计数的实时跟踪与测量成为可能。

2. 定时/计数器的工作方式与模式

T0、T1 的工作方式与模式，由工作方式寄存器 TMOD 管理。TMOD 的地址为 89H，不可位寻址，其格式如表 6-1 所示。它的上、下半字节对称，分别对应 T0、T1 的工作状态。

表 6-1 工作方式寄存器 TMOD 中的位名及意义

位地址	D_7	D_6	D_5	D_4	D_3	D_2	D_1	D_0
位名	GATE	C/$\overline{T}$	M1	M0	GATE	C/$\overline{T}$	M1	M0
	T1 方式字段				T0 方式字段			

各位的含义如下：

C/$\overline{T}$：工作模式控制位。C/$\overline{T}$=0 为定时模式，C/$\overline{T}$=1 为计数模式。

M1、M0：工作方式选择位，有 00、01、10、11 共 4 种组合，对应定时/计数器的工作方式 0、1、2、3。

注意：T1 没有工作方式 3。

GATE：定时/计数器启动方式控制位。GATE=0，定时/计数器启动和停止由 TR0 或 TR1 独立控制，此时，当 TRx=1 时，Tx 工作，TRx=0 时，Tx 被停止；GATE=1，启动和停止由 TRx 和$\overline{INTx}$共同控制，其原理可参考图 6-2。GATE 位的这一功能可实现脉冲宽度的硬测量，精确度高。

TR0 和 TR1 称为定时器运行控制位(在 TCON 中)，可按位控制，所以，可以灵活、方便地控制 T0 和 T1 的启动和停止。有关 TCON 中各位的意义请参阅 5.3.2 节的内容。

注意：TMOD 中的位名纯粹是为了说明方便而约定俗成的，不能按位操作。

6.2.2 定时/计数工作原理

1. 工作方式 0

当 TMOD 中的 M1M0=00H 时，定时/计数器工作于方式 0，其逻辑框图如图 6-2 所示。

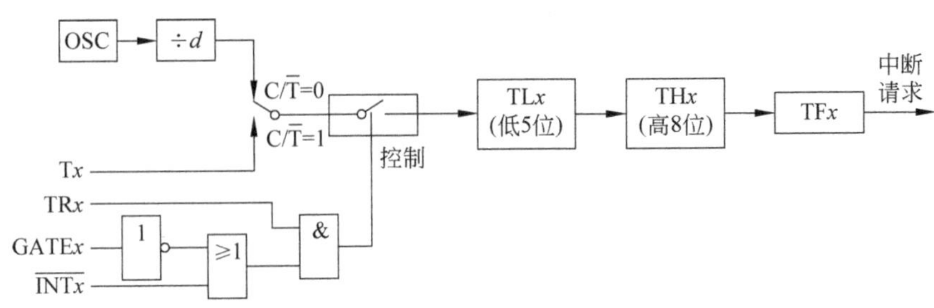

图 6-2　MCS-51 系列及兼容机片内定时/计数器工作方式 0 的逻辑框图

由于 GATEx=0，导致 TRx 前的与门解锁，所以 TRx 成为启动定时/计数的唯一控制位，当 TRx=1 时，启动定时/计数器。除特别声明外，定时/计数器均采用这种方式。方式 0 的计数容量为 13 位，计数寄存器由 THx(高 8 位)和 TLx(低 5 位)组成。当 C/$\overline{\text{T}}$=0 时，计数脉冲来自内部时钟分频器，为定时模式，时间分辨率为 1 个机器周期；当 C/$\overline{\text{T}}$=1 时，计数脉冲来自外部引脚，即为计数模式。设置初值时，高 8 位放在 THx 中，低 5 位放在 TLx 中，TLx 的高 3 位补 0。这是方式 0 与其他方式的不同之处，容易被忽视，要警惕。

注意：方式 0 是为兼容 MCS-48 系列单片机而设计的，很少用。

2. 工作方式 1

方式 1 是 16 位定时/计数器，除使用了 THx 和 TLx 全部 16 位外，其他与方式 0 完全相同。当 TMOD 中的 M1M0=01H 时，T0 或 T1 工作于方式 1。由于计数器容量大，所以是常用的工作方式。图 6-3 为定时器/计数器方式 1 的逻辑示意图。

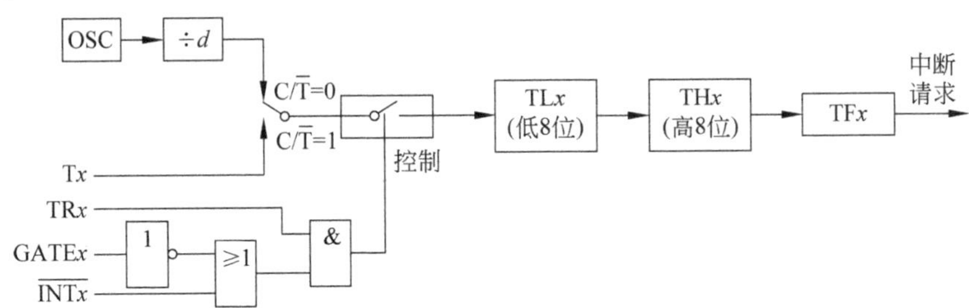

图 6-3　MCS-51 系列及兼容机片内定时/计数器工作方式 1 的逻辑示意图

3. 工作方式 2

方式 2 是具有自动重装计数初值功能的 8 位定时/计数方式，当 TMOD 中的 M1M0=10H 时，定时/计数器则工作于此方式，其工作原理如图 6-4 所示。此时，TLx 为 8 位计数器，THx 为重装常数寄存器。TLx 的溢出在置位 TFx 的同时，系统自动将 THx 的内容装入 TLx，省去 CPU 重装计数初值的操作，这是该方式的最大优点。自动重装功能是以 16 位计数器降为 8 位为代价的，在连续定时的场合，这个代价是值得的，也是一种常用的工作方式。特别地，当 T1(T0 不可)作为串行通信的波特率发生器时，方式 2 是最佳的选择,因为写计数初值的工作完全不需要 CPU 参与。

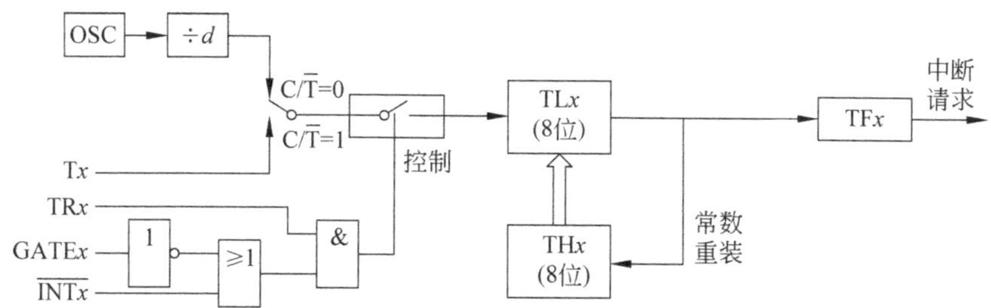

图 6-4 MCS-51 系列及兼容面片内定时/计数器工作方式 2 的逻辑示意图

4. 工作方式 3

方式 3 是为了给 51 机增加一个定时/计数器而设计的。当 TMOD 中的 M1M0＝11H 时,T0(T1 不可)工作于此方式下。T0 被分为两个独立的 8 位计数器 TL0 和 TH0。TL0 使用 T0 的状态位,而 TH0 被固定为一个 8 位定时器(不能用作外部计数),占用 T1 的状态位和中断源,如图 6-5 所示。T0 工作在方式 3 时,T1 还可以工作在方式 0、1、2 下,但不能再使用中断。所以,此时 T1 只能用在不需中断的场合,如波特率发生器等。方式 3 只适用于 T0,如错误地将 T1 设置为方式 3,T1 则停止工作。

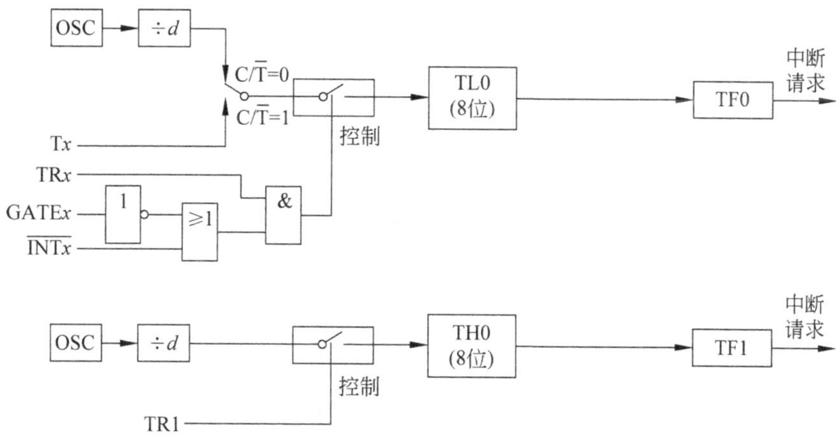

图 6-5 MCS-51 系列及兼容机片内定时/计数器 0 工作方式 3 的逻辑示意图

6.3 T0、T1 应用举例

6.3.1 查询方式

当 T0 或 T1 发生计数器溢出时,中断控制字寄存器 TCON 中的 TFx 置位,同时自动将计数寄存器清空,从 0 开始计数。TFx 置位,意味着定时或计数到达一次终点,在不使用中断的情况下,TFx 可作为查询标志用。

为了准确定时或计数，编程者必须正确选择定时/计数器的工作方式和模式以及计数初值。由以上分析，得出查询方式定时/计数器编程要点如下：

(1) 对 TMOD 写控制字，确定 T0、T1 的工作方式及模式。

(2) 将计数初值写入计数寄存器 TH0、TL0 或 TH1、TL1 中。

(3) 置位 TRx，启动定时/计数器(重要！原理见图 6-1～图 6-5)。

(4) 查询 TFx，以确定定时或计数是否到达终点。

(5) 事件处理，决定下一步程序流程，清除 TFx 标志，一轮定时或计数完成。

(6) 如需重复、连续工作，回到(4)重复定时或计数过程，直到全部工作完成。

【例 6-1】 编写应用 T0 产生 1ms 的定时，并在 P1.0 上输出周期为 2ms，占空比为 0.5 的方波的查询方式程序。设系统时钟频率为 6MHz，T0 工作于方式 0。

解：要在 P1.0 引脚上输出周期为 2ms 的对称方波，可定时 1ms，每次定时到，对 P1.0 的状态取反，如此反复，即可得到连续的方波输出。

注意：不要忘记重装时间常数。

(1) 对本例任务，定时器应工作于方式 0 定时模式。T1 与本例无关，可任意设置。所以，TMOD 的一种可能的控制字为 00000000B。

(2) 确定 T0 的计数初值(也称为时间常数)。已知机器周期 $12\times\frac{1}{6\text{MHz}}=2\mu\text{s}$，计数器每机器周期计数值加 1。设计数初值为 x，则有：

$$(2^{13}-x)\times 2\times 10^{-6} = 1\times 10^{-3}$$

解方程得

$$x=7692=\text{1E0CH}=1\ 1110\ 0000\ 1100\text{B}$$

根据 13 位定时器要求 TH0 放 x 的高 8 位，TL0 放 x 的低 5 位，将 x 值重排如下：

$$x = 1111\ 0000\ 0\ 1100$$

即得所求时间常数为：TH0=F0H，TL0=0CH(高 3 位补 0)。

根据定时/计数器向上计数及溢出原理，方式 0 时间常数也可用如下公式计算：

$$\text{TH}x = (8192 - \text{计数值})/32 \tag{6-1}$$

$$\text{TL}x = (8192 - \text{计数值})\%32 \tag{6-2}$$

式(6-1)和式(6-2)中 $8192=2^{13}$ 是方式 0 下计数寄存器的容量。8192－计数值就是计数初值。在方式 0 下，TLx 是 5 位的存储器，其容量为 $32=2^5$，所以，THx 应该是 32 的整倍数。TLx 则为计数初值中除去 32 的整数倍后的剩余部分，因此，用求余算符%求解。

在定时方式下，计数值等于定时时间除以机器周期时间长度。本例定时时间为 1000μs，机器周期时间长度为 2μs，则计数值=500。代入式(6-1)和式(6-2)得

$$\text{TH0}=(8192-500)/32=240=\text{F0H}$$

$$\text{TL0}=(8192-500)\%32=12=\text{0CH}$$

(3) 编写程序，汇编语言参考程序清单如下：

```
ORG     0000H
AJMP    MAIN
ORG     0050H
```

```
MAIN:     MOV    SP,#60H
          ACALL  PTM             ;子程序完成定时/计数器初始化
TESTTF0:  JNB    TF0,TESTTF0     ;查询 T0 溢出标志位
          CPL    P1.0            ;P1.0 求反,输出方波
          MOV    TL0,#0CH        ;重装时间常数
          MOV    TH0,#0F0H
          CLR    TF0             ;软件清除 T0 溢出标志
          SJMP   TESTTF0         ;循环定时,与子程序隔开
PTM:      MOV    TMOD,#00H
          MOV    TL0,#0CH
          MOV    TH0,#0F0H
          SETB   TR0
          RET
          END
```

请注意体会 CLR TF0 这条指令的意义。如果程序中没有这条指令,将是什么结果?

本例的 C51 程序清单如下:

```
#include<Stc12C5A60S2.h>
void time0int(void)
{
    TL0=0x0c;                       //T0 定时 1ms
    TH0=0xf0;
}
void main(void)
{
    SP=0x5f;                        //设置堆栈指针
    TMOD=0x00;                      //T0 工作于方式 0 定时模式
    time0int();
    TR0=1;                          //启动 T0
    while(1)
    {
        if(TF0)
        {
            time0int();
            P1_0=~P1_0;             //P1_0 求反,输出方波
            TF0=0;
        }
    }
}
```

定时/计数器的查询方式程序编程方法可推广到所有中断源,因为它们都有中断标志位可供查询之用。查询方式是流程控制技术之一,以后会经常用到。

查询方式虽然编程思路直观,但缺点是在整个查询过程中 CPU 被占用,使得 CPU 效率降低。原因是查询期间的 CPU 时间被浪费了。例如,对于例 6-1,设 51 机的时钟为

12MHz,查询时间为1ms,相当于1000个机器周期时间,若不用查询方式时,CPU可执行几百条指令。所以查询方式适合用于任务轻、不需要CPU并行工作的系统。

由于定时和计数上只存在计数脉冲来源不同的区别,所以,从定时程序向计数程序过渡非常简单,将本例改为编写用查询方式实现T0方式0计数500的程序,只需在上面的汇编程序中将MOV TMOD,#00H这条指令改为:MOV TMOD,#04H(方式0计数)即可。一般情况下,还需将计数值代入式(6-1)和式(6-2)中计算计数初值。

从上面的讨论可以得出结论:定时和计数程序的互换,只需修改TMOD中的C/$\overline{T}$位和定时/计数初值两部分。从硬件上讲,计数还需外加信号源到计数器的输入端。

6.3.2 定时/计数器应用-中断方式

对任务重、需要CPU并行工作的系统,中断是处理偶然事件的最有效方式,要善于应用它。与定时/计数器中断有关的SFR有TMOD、TCON和IE,编程步骤归纳如下:

(1) 确定工作方式及工作模式,并通过对TMOD进行赋值而实现。

(2) 计算计数初值,并写入寄存器TH0、TL0或TH1、TL1中。

(3) 在中断向量中加入长跳转指令,编写中断服务程序,方式0和方式1还要重装常数。

(4) 置位ETx允许计数器中断。

(5) 置位EA使CPU开中断。

(6) 置位TRx开通信号通道,启动定时/计数工作,待中断发生。

与查询方式不同,中断方式不必访问中断请求标志位TFx,代之在中断向量表中加入长跳转指令,并编写中断服务程序。在系统响应中断后,标志位TFx自动由系统清零。

【例6-2】 以中断方式实现定时器T1产生1ms的定时,并使P1.0输出周期为2ms,占空比为0.5的方波。设51机的时钟频率为6MHz,T1工作于方式1。

解:设所需初值为x,则

$$(2^{16}-x)\times 2\times 10^{-6}=1\times 10^{-3}$$

解方程得

$$x=65036=\text{FE0CH}$$

FE0CH即本任务的时间常数,其中:

$$\text{TH1}=\text{FEH},\text{TL1}=\text{0CH}$$

根据定时/计数器向上计数及计数寄存器容量,方式1时间常数计算公式可表达为

$$\text{TH}x = (65536-\text{计数值})/256 \tag{6-3}$$

$$\text{TL}x = (65536-\text{计数值})\%256 \tag{6-4}$$

T1方式1定时,TMOD的方式字为10H。T1的中断向量是001BH。汇编语言参考程序清单如下:

```
ORG    0000H
AJMP   MAIN
```

```
            ORG     001BH
            LJMP    TIME1INT            ;步骤(3)
            ORG     0050H
MAIN:       MOV     SP,#5FH
            ACALL   PTM                 ;调用初始化子程序
            SJMP    $
PTM:        MOV     TMOD,#10H           ;步骤(1)
            MOV     TL1,#0CH
            MOV     TH1,#0FEH           ;步骤(2)
            SETB    ET1                 ;步骤(4)允许 T1 中断
            SETB    EA                  ;步骤(5)开放总中断
            SETB    TR1                 ;步骤(6)启动 T1 定时
            RET
TIME1INT:   MOV     TL1,#0CH            ;中断服务程序
            MOV     TH1,#0FEH           ;重装常数
            CPL     P1.0                ;输出求反
            RETI                        ;中断返回
            END
```

本例的C51参考程序清单如下：

```
#include<Stc12C5A60S2.h>
void timer1() interrupt 3           //T1 中断周期 1ms
{   TL1=0x0c;
    TH1=0xfe;                       //重装定时常数
    P1_0=~P1_0;                     //改变 P1_0 的状态,产生方波
}
void main (void)
{
    SP=0x5f;                        //设置堆栈指针
    TMOD=0x10;                      //T1 工作于方式 1 定时模式
    TL1=0x0c;
    TH1=0xfe;                       //T1 定时 1ms
    ET1=1;
    EA=1;
    TR1=1;                          //开中断并启动定时
    while (1);                      //等待中断发生
}
```

思考一下，如何修改本程序，使之成为用中断方式实现T1方式1计数500的程序？用式(6-3)和式(6-4)计算一下计数初值。

注意汇编语言程序中的SJMP $指令与C语言程序中的while(1);语句都是动态停机命令。其实SJMP $还有更重要的作用。考察C语言程序发现，主程序、函数、中断服务程序等不同性质的程序是用{}将彼此隔离，使得它们之间的联系只能通过调用或中断等系统行为才能实现，而不可能以顺序执行的方式从一种程序进入到另一种程序中去。

汇编语言程序一样不允许不同类型程序自由过渡。但汇编语言没有{}这种程序结构。如果程序中没有 SJMP $ 这条指令，主程序将以顺序执行的方式进入子程序 PTM 中；同样，如果没有 RET 这条指令，子程序 PTM 将以顺序执行的方式进入中断服务程序到 TIME1INT 中。以上情况都是编程的大忌，一定要避免发生。

SJMP $ 、RET、RETI 这些指令，除了指令功能外，客观上起了隔离墙的作用，与 C 语言程序中的{}功能相当。一般主程序中常用 SJMP $ 这类指令做隔离墙，请体会。

【例 6-3】 用中断方式编写每计数 3 次产生中断的程序。设 T1 工作于方式 2。

工程实际中，计数器的应用大致分两种。第一种是纯粹的计数，相对容易理解。本例就是如此。计数程序与定时程序编写的要点基本相同，不同之处仅在于对 TMOD 中 C/$\overline{T}$ 位的设置上。本例 TMOD 的控制字就为 01100000B，即 60H。汇编语言参考程序如下：

```
            ORG     0000H
            AJMP    MAIN
            ORG     001BH
            LJMP    TIME1INT          ;中断向量中的长跳转指令
            ORG     0030H
MAIN:       MOV     SP,#5FH
            ACALL   PTM
            SJMP    $
PTM:        MOV     TMOD,#60H         ;TMOD=01100000B
            MOV     TL1,#0FDH         ;计数初值(常数)
            MOV     TH1,#0FDH
            SETB    ET1               ;允许 T1 中断
            SETB    EA                ;开放总中断
            SETB    TR1               ;启动 T1 定时
            RET
TIME1INT:   CPL     P1.0              ;假设的服务内容：产生方波
            RETI                      ;中断返回
            END
```

注意：方式 2 下，TL1 是计数寄存器，TH1 为重装常数寄存器，编程时将它们设成一样，简单、实用且不会错。

如果将计数初值改为 FFH，程序在运行效果有什么表现？（答：与外部中断下降沿触发方式效果相同。）

计数的第二种应用是在限制时间内的计数，其典型应用就是测量信号的频率。例如 V-F 转换器，它是将模拟电压 V 转换为方波输出的器件，且方波频率与 V 成正比，因此，只要测出转换器的输出频率 F，就可推算出对应模拟量 V 的值，所以 V-F 转换器是模数转换器的一种。T0、T1 的计数端上的每一个下降沿使计数值加 1，对连续信号来说，单位时间内的计数值就是信号的周期数，即频率。因此，在某一固定时间内，对 V-F 转换器的输出进行计数，再经过简单的计算即可算出信号的频率，进而推出 V 的值。

【例 6-4】 设 V-F 转换器的输出已接至 T1 引脚 P3.5。试编写测量信号频率的程序。设单片机的 $f_{osc}=6\text{MHz}$(f_{osc}即为单片机的时钟频率)。

解：如果能测出在1s内信号的周期数，测量结果直接就是信号频率。在计数器一次溢出条件下，有以下实际问题需要考虑：

(1) 测量周期越长，采样频率越低，低频率采样往往不能满足工程要求。另一方面，计数采样具有平滑滤波的效果，采样值是信号在采样时间内的平均值，采样周期越长，平均值越准确，但分辨信号细节的能力降低，这两者的关系要根据实际需要来考虑。

(2) 在对准静态信号测量时(变化慢的信号)，1s测量(采样)周期不算太长，但对高频信号，16位计数寄存器最大容量为65 536，折合成频率就是65k，即被测信号的上限频率限制在65k以内。采样周期与上限频率成反比关系。为了拓宽检测频率上限，测量周期就要降低，因此，测量周期的设计要综合考虑测量的精度和频率范围的关系。

(3) 51机定时/计数器用于定时，一次溢出的时间与系统时钟有关，1s的定时，一般需要多次定时溢出才能累计达到。这就意味着程序的难度增加，但意义并不大。

综上所述，用好V-F转换器的关键在于找一个较好的采样周期。比如0.1s，则转换器的上限频率可达655k，采样率升至10次/秒(每秒10次)。在6MHz的系统时钟下，0.1s在一次溢出的时间限内，编程难度没有增加，这个采样时间算是比较理想的。例如，AD650是常用的V-F转换器，它的上限频率就是650k。

任务和解法明确后，定时/计数器任务分配如下：T1用于方式1计数，计数容量是64K，没有问题。采样定时当然只有T0承担了。T0工作于方式1定时模式。

设T0的初值为x，则

$$(2^{16}-x)\times 2\times 10^{-6}=100\times 10^{-3}$$

解得

$$x = 15536 = 3\text{CB0H}$$

因此：TH0=3CH，TL0=0B0H。

只进行一次频率测量的汇编语言参考程序清单如下：

```
        TIML    EQU  30H
        TIMH    EQU  31H
        ORG     0000H
        AJMP    MAIN
        ORG     000BH
        LJMP    TIME0INT
        ORG     0050H
MAIN:   MOV     SP,#60H
        ACALL   PTM                 ;调用初始化子程序
WAIT:   JB      TR1,WAIT            ;等待计数采样结束
        MOV     TIMH,TH1
        MOV     TIML,TL1            ;保存计数值
        SJMP    $                   ;动态停机
PTM:    MOV     TMOD,#51H           ;方式1,T0定时,T1计数
        MOV     TL1,#00H            ;计数值清零
        MOV     TH1,#00H
```

```
            MOV     TL0,#0B0H              ;定时常数
            MOV     TH0,#3CH
            SETB    ET0                    ;允许 T0 中断
            SETB    EA                     ;开放总中断
            SETB    TR1                    ;启动 T1 计数
            SETB    TR0                    ;启动 T1 定时
            RET
TIME0INT:   CLR     TR1                    ;计时到,禁止 T1 计数
            CLR     ET0                    ;禁止 T0 中断
            RETI                           ;计数值在 TL1 和 TH1 中
            END
```

连续频率测量需要主程序和中断服务程序的配合。C51 程序清单如下：

```
#include<Stc12C5A60S2.h>
void timer0() interrupt 1                //T0 中断周期 100ms
{   TR1=0;                               //停止 T1 计数
    TR0=0;
    TL0=0xb0;
    TH0=0x3c;
}
void main(void)
{
    SP=0x5f;                             //设置堆栈指针
    TMOD=0x51;                           //T1 方式 1 计数,T0 方式 1 定时
    TL0=0xb0;
    TH0=0x3c;                            //T0 定时 100ms(fosc=6MHz)
    TL1=0;
    TH1=0;                               //T1 计数清零
    ET0=1;
    EA=1;
    TR0=1;                               //启动 T0 定时
    TR1=1;                               //启动 T1 计数
    while(1)
    {
        if (TR1==0)                      //定时结束
        {   ;                            //读计数值并进行处理
            TL1=0;
            TH1=0;                       //计数值读完后要清零
            TR0=1;                       //启动 T0 定时和 T1 计数
            TR1=1;                       //开始新一轮采样
        }
    }
}
```

【例 6-5】 有条件启动、停止 T0 和 T1 的实例。应用 T0 产生 100μs 的定时，使 P1.0 输出周期为 200μs、占空比为 0.5 的方波。要求在产生 100 个周期的方波后，停止方波输出，CPU 处于动态停机状态。设 f_{osc}=12MHz，T0 工作于方式 2。

解：本例有输出方波周期数的限制，通过一个全局变量，建立起主程序和中断服务程序之间的联系，是解决这类问题的要点。产生 100 个周期的方波的条件是，定时器中断 200 次。所以，定时器中断次数（它就是这个全局变量）是主程序控制输出方波周期数的钥匙。

系统 f_{osc}=12MHz，定时器的计数间隔为 1μS，则方式 2 下的计数初值为

256－100＝156＝9CH （这是用算术计算初值的方法）

C51 参考程序如下：

```
#include<Stc12C5A60S2.h>
#define uchar unsigned char
uchar data intcount=200;                  //100 个周期,要进入中断 200 次
void timer0() interrupt 1                 //T0 中断周期 100μs
{
   P1_0=~P1_0;
   intcount-=1;
}
void   main(void)
{  TMOD=0x02;                             //T0 工作于方式 2 定时
   TL0=0x9c;
   TH0=0x9c;                              //定时 100μs
   ET0=1;
   EA=1;
   TR0=1;                                 //开放中断并启动定时
   while (intcount!=0);                   //等待输出 100 个周期的方波
   TR0=0;
   ET0=0;
   while (1);                             //100 个周期后,程序停于此句
}
```

本例的汇编语言程序请读者自己完成。之后，考查有无犯以下错误：

(1) 使用无效的控制方法。以下面的程序结构控制输出方波的个数。

```
        MOV     R6,#0C8H        ;200 次
STOP0:  DJNZ    R6,STOP0
STOP:   SJMP    STOP            ;接下是中断服务程序
```

这个错误比较低级。这里 R6 被用于软件延时循环结束条件，与中断与否没有因果关系，根本没起到 200 次中断的计数作用。

(2) 从中断服务程序向主程序跳转。在下面的程序结构中发生了跨界跳转的错误。

```
        MOV     R6,#0C8H        ;200 次
STOP:   SJMP    STOP            ;主程序区
```

```
IT1P:   CPL         P1.0
        DJNZ        R6,STOP             ;中断服务程序区
        RETI
```

这段程序中的错误属于严重错误。回忆第 3 章的一段话"堆栈无小事,只要堆栈使用有错误,就是大错。"本例的错误在于,编程者试图强行将程序的流程从中断转移到主程序中,造成只有进堆栈没有出堆栈的错误,结果是堆栈很快被占满并溢出。

通常系统程序常态化地在主程序中运行,主程序是程序的主流程。程序流程也可以暂时在子程序(函数)中,但必须通过系统的行为——子程序或函数调用才能允许,可以将程序流程从主程序到子程序(函数)比喻为"出国",要得到两个国家的批准才行。"出国"总是要回来的,也要得到批准。这一逻辑在汇编程序中表现明显,CPU 执行 RET 指令后,才能"回国",使流程回到主程序或上一级子程序中。同理,在中断程序中"回国",必须通过执行 RETI 指令进行申请,才能得到许可。没有签证不能"出国","出国"后不用签证而"回国",后果是可想而知的。对单片机系统来说,上述错误将造成堆栈紊乱,导致 PC 得不到正确的返回地址,最终程序"跑飞",系统崩溃。

在实践子程序调用、中断等技术的编程后,我们将堆栈的使用原则归纳如下:

(1) 合理设置堆栈的大小,保证单片机系统在工作时有足够的堆栈空间使用。

(2) 始终要警惕的问题是堆栈平衡。即进一次堆栈,必有一次出堆栈与之对应,否则,CPU 将得不到正确的代码,使系统失控。保证堆栈平衡的方法就是要在程序中做到以下几点:

① PUSH 与 POP 指令成对使用。

② 调用指令要与 RET、中断要与 RETI 指令成对出现。

③ 将 3 类程序在本质上隔开。这样来检验其效果,如果主程序能以单步执行的方式自然进入子程序或中断程序中,则这个程序一定是错的。在这一点上,C 语言程序中有{和}为边界,是天然的屏障,不会发生上述情况。在汇编语言程序中则应仿照 C 语言程序的做法,用 SJMP $ 等跳转指令构成屏障。本例就是这样做的,请注意检验。

④ 绝不要用跳转指令在不同类型的程序间相互跳转。C 语言程序书籍中有谨慎使用 goto 语句的警告,就与防止编程者发生转移区域错误有关。

【例 6-6】 设 $f_{osc}=12\text{MHz}$,T0 外接可控方波信号。T0 引脚上的第一次跳变,在 P1.0 引脚输出周期为 200μs、占空比为 0.5 的方波;第二次跳变则停止输出方波,依此类推。

解:本例需要两个定时器同时工作。产生方波已不成问题,可由定时器 T1 承担,由于定时时间在 8 位二进制内,T1 可工作于方式 2 定时,免去 CPU 重装定时常数的工作。为此,T1 的初值 M 为 256－100＝156＝9CH。

定时器响应外接信号,应工作于计数方式。设 T0 以方式 2 计数,当计数初值设为 FF 时,1 个计数脉冲就会导致其溢出中断,效果相当于外部中断源的中断。如果能利用 T0 的中断服务程序,控制方波输出的启动和停止,就能满足本例的要求。怎样才能有效地控制方波输出呢?通用的方法控制定时器(T1),如 T1 不工作,方波自然不能产生。如果 T1 以中断方式定时,控制 T1 的方法就更多了。请看以下汇编语言参考程序:

```
        ORG     0000H
        AJMP    MAIN
        ORG     000BH               ;计数器 0
        LJMP    IT0P
        ORG     001BH               ;定时器 1
        LJMP    IT1P
        ORG     0050H
MAIN:   MOV     SP,#60H
        LCALL   PTM
STOP:   SJMP    STOP
PTM:    MOV     TMOD,#26H           ;定时器 0 方式 2 计数
        MOV     TL0,#0FFH           ;定时器 1 方式 2 定时
        MOV     TH0,#0FFH           ;T0 引脚上 1 次跳变就中断
        MOV     TL1,#9CH            ;方式 2 时,THx 和 TLx 相同
        MOV     TH1,#9CH            ;这样设置初值最简单
        SETB    ET0
        SETB    ET1
        SETB    EA                  ;开放中断和定时器 0、1 中断
        SETB    TR0                 ;在主程序中启动 T0
        RET
IT0P:   CPL     TR1                 ;T0 中断服务程序中控制 T1
        RETI
IT1P:   CPL     P1.0                ;T1 中断服务程序产生方波
        RETI
        END
```

控制 TR1 就是控制 T1 定时与否最简单的方法，用 CPL TR1 指令实现。TR1 可位寻址特性为控制提供了极大的方便。无论 TR1 的初态如何，操作者只要为 T0 提供一个计数脉冲，TR1 的状态就改变一次，从而接通或断开了定时器 T1 的脉冲通道，达到对 T1 定时的控制目的。本程序 T1 以中断方式工作，不控制 TR1，还有其他方法控制方波输出吗？

本例告诉我们一个事实，定时/计数器可以做成效果上的外部中断源。当将 T0 或 T1 设置成方式 2 计数模式，且计数初值为 FFH 时，从程序运行的效果看，定时/计数器实现了外部中断源功能。对外部中断源不足，而定时/计数器有余的系统，可将定时/计数器当作外部中断源使用。

本例的 C51 参考程序如下：

```
#include<Stc12C5A60S2.h>
void timer0() interrupt 1          //1 个计数脉冲中断 1 次,效果与外部中断源相当
{
   TR1=~TR1;
}
void timer1() interrupt 3          //T1 中断周期 100μs
```

```
{
    P1_0=~P1_0;                          //输出方波
}
void    main(void)
{   TMOD=0x26;                           //T0 方式 2 计数,T1 方式 2 定时
    TL1=0x9c;
    TH1=0x9c;                            //T1 定时 100μs
    TL0=0xff;
    TH0=0xff;                            //T0 计数 1
    ET0=1;
    ET1=1;
    EA=1;
    TR0=1;                               //启动 T0 计数(等待电平变化)
    while (1);                           //主程序将任务交由中断服务程序完成
}
```

【例 6-7】 门控位 GATE 的应用。利用 T1 的门控功能，反复测量$\overline{INT1}$引脚上正脉冲信号的宽度(时间单位为机器周期)。

解：参考图 6-3，当 GATE 位为 1 时，计数脉冲通道开关由位 TR1 和$\overline{INT1}$(即 P3.3)通过“与”门控制，如果将 TR1 置为 1，定时器的启动和停止就只由$\overline{INT1}$控制了。定时器的这一结构是专门为测量$\overline{INTx}$引脚上的脉冲宽度而设置的。应用时，被测信号接入$\overline{INT1}$引脚(T0 与$\overline{INT0}$配对)，当该信号为高电平时，T1 开始计时，信号为低电平时，T1 停止计时，定时器的启、停间隙，与被测正脉冲宽度相等，且其值被记录在 TH1 和 TL1 中。由于定时器的启动和停止是由被测信号的上升和下降沿触发的，所以，不会带来测量误差，测量精度仅由定时器的分辨率决定。

利用 T1(对 T0 一样适用)门控制位，测量正脉冲宽度的编程思路如下：

(1) 定时器寄存器清零，做好计时准备，此时须禁止$\overline{INT1}$中断。

(2) 在$\overline{INT1}$引脚为低电平时，令 TR1=1，将“与”门解锁，同时允许$\overline{INT1}$中断。

(3) 在$\overline{INT1}$中断服务程序中，首先要停止定时器 T1 工作，然后再读取 TH1 和 TL1 内容，进行处理(显示、决策等)。

(4) 重复上述过程，进行正脉冲宽度连续测量。

程序采用查询与中断结合方式。参考程序如下：

```
            ORG     0000H
            AJMP    MAIN
            ORG     0013H               ;外部中断 1 中断向量首址
            LJMP    INT1INT
            ORG     0050H
MAIN:       MOV     SP,#5FH
            MOV     A, TMOD             ;初始化定时器 T1 工作方式
            ANL     A, #0FH             ;高 4 位清零,低 4 位不变
            ORL     A, #10010000B       ;定时器 1 方式 1 定时,GATE=1
```

```
            MOV     TMOD,A              ;将工作方式控制字写入 TMOD
            MOV     TL1, #00H           ;计数器初值为 0
            MOV     TH1, #00H
            SETB    IT1                 ;边沿触发方式
            SETB    EA                  ;开总中断
            CLR     F0
WAITL:      JB      P3.3,WAITL          ;等 P3.3 引脚为低电平
            SETB    TR1                 ;启动计数器
            CLR     IE1                 ;清外部中断 1 中断请求标志位
            SETB    EX1                 ;开放外部中断 1
WAITINT:    JNB     F0,WAITINT
            CLR     F0
            ……                          ;脉冲宽度显示等工作
            LJMP    WAITL               ;继续工作
INT1INT:    CLR     TR1
            MOV     R4,TH1              ;读脉冲宽度
            MOV     R5,TL1
            MOV     TL1, #00H           ;计数器初值为 0
            MOV     TH1, #00H
            SETB    F0                  ;置脉冲宽度测量完成标志
            CLR     EX1
            RETI
            END
```

C51 参考程序如下：

```
#include<Stc12C5A60S2.h>
bit int1mark;
unsigned char data Plus_h,Plus_l;
void int1int() interrupt 2              //外部中断 1
{
    TR1=0;                              //禁止 T1 定时
    EX1=0;                              //禁止外部中断 1 中断
    Plus_h=TH1;                         //得到脉冲宽度值
    Plus_l=TL1;
    TL1=0;
    TH1=0;                              //T1 定时初值清零
    int1mark=1;                         //测量完成标志置 1
}
void    main(void)
{
    SP=0x5f;                            //设置堆栈指针
    int1mark=0;
    TMOD &=0x0f;
    TMOD |=0x90;                        //T1 方式 1 定时 GATE=1,T0 方式不变
```

```
    TL1=0;
    TH1=0;                                      //T1定时初值清零
    IT1=1;                                      //外部中断1边沿触发
    EA=1;                                       //开放总中断
    while(1)                                    //重复测量和处理
    {
        while (P3_3==1);                        //躲过高电平
        IE1=0;                                  //清除无效的外部中断请求标志
        EX1=1;                                  //外部中断1开中断
        TR1=1;                                  //启动T1定时
        while(int1mark==0);                     //等待本次测量完成
        ;                                       //脉冲宽度处理程序部分
        int1mark=0;                             //测量完成标志清零
    }
}
```

此方法对被测信号脉冲宽度的上限没有限制(需要记录计数器溢出的次数),下限为1个机器周期,在12MHz时钟下是1μs。如果限制计数器一次溢出条件下定时器工作于方式1,适用于测量宽度在1～65 536个机器周期范围内的正脉冲信号。

6.4 定时/计数器T2原理及应用

标准52以上机型及大多数增强型51机在片内集成了第3个定时/计数器——T2。T2比T0、T1功能更强,使用方法也与T0或T1不同。为管理T2,单片机增加以下SFR:控制寄存器T2CON、计数(定时)寄存器TH2和TL2、重装/捕获寄存器RCAP2L和RCAP2H,增强型51还增加了方式字寄存器T2MOD,使SFR数达到27(见表3-5)。

6.4.1 与T2相关的特殊功能寄存器

1. T2控制寄存器T2CON

T2CON的地址为C8H,可按位寻址。其格式如表6-2所示。

表6-2　T2CON的中的位名及意义

D_7	D_6	D_5	D_4	D_3	D_2	D_1	D_0	复位值
TF2	EXF2	RCLK	TCLK	EXEN2	TR2	$C/\overline{T2}$	$CP/\overline{RL2}$	0000 0000

各位含义如下:

TF2:T2的溢出标志位。需用软件清零。当RCLK或TCLK为1时,TF2不会置位。

EXF2:T2外部触发端。当EXEN2=1且T2EN上的负跳变引发捕获或重装时,EXF2被置1。T2中断使能时,EXF2=1,将引发系统中断。此标志位必须用软件清零。在递增/递减计数模式中,EXF2不会引起中断。递减计数功能只限于部分增强型51机,标准 52 机没有此功能。

RCLK：接收时钟控制位。RCLK 置位时，T2 的溢出脉冲产生串行口的接收时钟。

TCLK：发送时钟控制位。TCLK 置位时，T2 的溢出脉冲产生串行口的发送时钟。

RCLK=0、TCLK=0 时，T2 不做波特率时钟发生器使用。

EXEN2：T2 外部触发控制位。当 EXEN2=1 且 T2 未作为串行口时钟时，T2EN 上的负跳变产生捕获或重装。EXEN2=0 时，T2EN 上的负跳变对 T2 无效。

TR2：T2 启动/停止控制位，与 TR0、TR1 功能相同。置位时，定时/计数器 2 启动工作，TR2=0，定时器 2 停止工作。

C/$\overline{\text{T2}}$：T2 计数/定时模式选择位，1 为计数模式，0 为定时模式。

CP/$\overline{\text{RL2}}$：捕获/重装控制位。当该位置位，且 EXEN2=1 时，T2EN 脚上的负跳变产生捕获。EXEN2=0 时，T2 溢出或 T2EN 上的负跳变都可使定时器重装。当 RCLK=1、TCLK=1 时，该位无效且 T2 强制为溢出时自动重装。

2. 中断允许寄存器 IE

中断允许寄存器 IE 中的 ET2 位(IE.5)置 1 时，允许 T2 中断。参见表 5-2。

3. 定时器 2 方式(T2MOD)控制字寄存器

T2MOD 的地址是 C9H，其字节格式如表 6-3 所示。

表 6-3 T2 方式字寄存器 T2MOD 的位名及意义

D_7	D_6	D_5	D_4	D_3	D_2	D_1	D_0	复位值
—	—	—	—	—	—	T2OE	DCEN	×××× ××00

各位含义如下：

T2OE：定时器 2 可编程时钟输出使能位。

DCEN：向下计数使能位。当此位为 1 时，定时器 2 可配置成减法计数器。

T2MOD 是增强型 51 机如 STC 系列单片机多于标准 52 机的部分，其内容对应的功能也是标准 52 机所不具备的，即可编程时钟输出和向下计数的功能。

4. RCAP2L 和 RCAP2H

定时/计数器 2 重装/捕获寄存器低、高位字节。

T2 为 16 位自动重装定时/计数器。在重装方式下，RCAP2L、RCAP2H 分别为重装常数的低 8 位和高 8 位。在捕获方式下，RCAP2L、RCAP2H 为正脉冲宽度值(以机器周期为单位)。RCAP2L、RCAP2H 的地址分别为 CAH、CBH，复位值均为 00H。

5. TL2 和 TH2

TL2 和 TH2 分别为 T2 计数寄存器低、高位字节。与 TL1 和 TH1、TL0 和 TH0 意义相同。

TL2、TH2 的地址分别为 CCH、CDH，复位值均为 00H。

6.4.2 T2 的工作方式及应用

T2 的工作方式由 T2CON 中各位的状态决定，如表 6-4 和表 6-5 所示。

表 6-4 T2 作定时器时 T2CON 的设置状态

T2CON 位	TF2	EXF2	RCLK	TCLK	EXEN2	TR2	$C/\overline{T2}$	$CP/\overline{RL2}$
方式	内部控制				外部控制			
16 位重装	0000 0000B 00H				0000 1000B 08H			
16 位捕捉	0000 0001B 01H				0000 1001B 09H			
收发波特率	0011 0100B 34H				0011 0110B 36H			
收波特率	0010 0100B 24H				0010 0110B 26H			
发波特率	0001 0100B 14H				0001 0110B 16H			

表 6-5 T2 作计数器时 T2CON 的设置状态

T2CON 位	TF2	EXF2	RCLK	TCLK	EXEN2	TR2	$C/\overline{T2}$	$CP/\overline{RL2}$
方式	内部控制				外部控制			
16 位重装	0000 0010B 02H				0000 1010B 0AH			
16 位捕捉	0000 0011B 03H				0000 1011B 0BH			

注意：内部控制指定时器溢出引发的捕捉或重装。外控制指 T2EX(P1.1)上的负跳变引发的捕捉或重装(T2 作波特率情况除外)。

表 6-4 和表 6-5 中只对 T2 作波特率情况时给出了 TR2＝1 的必要设置，其他模式下的 TR2 留给编程者自己灵活设置。

1. 普通定时与计数——16 位自动重装方式

T2 与 T0、T1 相比有如下特点：

(1) 定时/计数器容量总是 16 位的，且总是自动重装的。

(2) 有递增和递减两种计数方式，通过 T2MOD 中的 DECN 位选择。默认方式(上电复位值决定)为递增。

图 6-6 和图 6-7 分别为 T2 在递增和递减方式下的 16 位自动重装原理示意图。

定时器 2 可以通过 $C/\overline{T2}$ 设置为定时或计数模式，计数方向由 DCEN 位确定。DCEN＝0，T2 向上计数。如果 EXEN2＝0，当计数达 10000H，中断请求标志 TF2 置位，同时将 RCAP2L 和 RCAP2H 中的 16 位值装入 T2。如果 EXEN2＝1，TF2 的置位，可由定时器溢出或 T2EX 引脚上的下降沿触发，即比 EXEN2＝0 时多了一种触发方式。

当 DCEN＝1 时，T2 的计数方向还要通过 T2EX 引脚的状态确定。如图 6-7 所示，T2EX 为高电平时，T2 向上计数；T2EX 为低电平时，T2 向下计数(递减)。

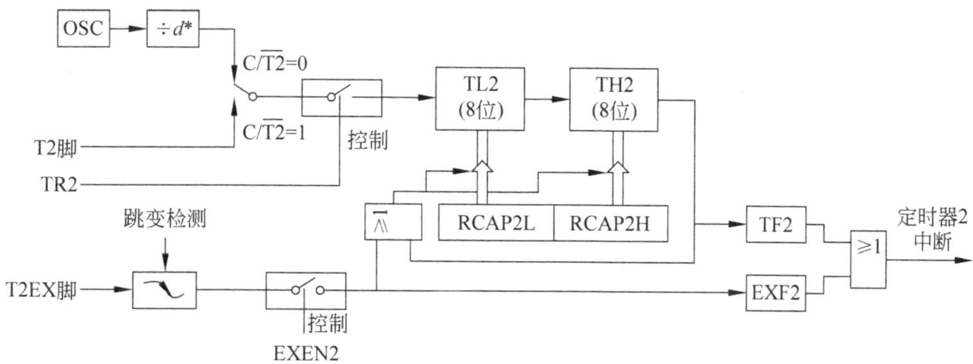

d*在6T模式下, d=6; 在12T模式下, d=12

图 6-6 STC 系列单片机 T2 自动重装方式(DCEN＝0)

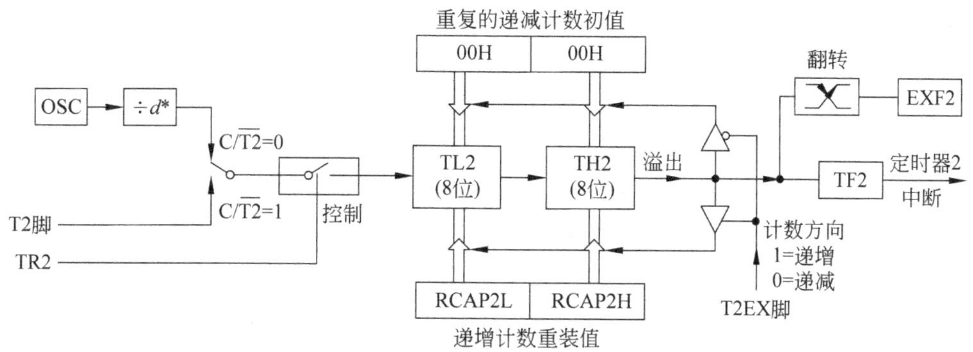

d*在6T模式下,d=6;在12T模式下,d=12

图 6-7 STC 系列单片机 T2 自动重装方式(DCEN＝1)

在递减计数方式下,TH2 和 TL2 从初值递减直到与 RCAP2L 和 RCAP2H 中的值相等时,TF2、EXF2 置位,申请中断,之后以计数寄存器从 10000H(实际为 0000H)的初值开始重复计数过程,但 TF2、EXF2 必须用软件清除,否则不能再次中断(与 TI、RI 类似)。

【例 6-8】 设系统 f_{osc}＝11.0592MHz,选择 12T 模式。用 C51 编写 T2 在 16 位自动重装方式下实现定时 20ms、向下计数方式的程序。

解:DCEN＝1,是 T2 递减计数的必要条件,而 T2EX 为低电平是充要条件。为此,要对 T2EN 脚进行电平控制。本例将 T2EN 与 P1.2 连接,受控制于 P1.2。

16 位递减计数的重装初值计算过程如下:

机器周期:12÷11.0592×1(μs)≈1.085μs;

20ms 折合成机器周期数:20000÷1.085＝18432

计数寄存器初值:65536(10000H)－18432＝47104＝B800H

所以存入 RCAP2L 和 RCAP2H 的初值应为:RCAP2L＝00H,RCAP2H＝B8H。

C51 参考程序如下:

```
void intT2() interrupt 5
```

```
{T2CON=0x04;}                          //TF2、EXF2用软件清除,保持TR2=1
main()
{   T2MOD=0x01;
    T2CON=0x00;
    P1_2=0;                            //置T2EX为逻辑0电平
    RCAP2L=0x00;
    RCAP2H=0xB8;
    ET2=1;
    EA=1;
    TR2=1;
    while(1) ;
}
```

【例 6-9】 设系统 $f_{osc}=11.0592\text{MHz}$,选择6T模式。编写T2的以16位自动重装方式实现定时20ms、向上(递增)计数方式的汇编语言程序。

解:向上(递增)计数与T0、T1方式1定时编程方法完全相同。要注意的是6T模式下,单片机运行速度提高了一倍。即在相同的时间常数下,6T模式下的定时时间是12T模式的一半。因此对本题可理解为:系统 $f_{osc}=22.1184\text{MHz}$,12T模式下,用T2实现定时20ms,并要求采用向上(递增)计数方式。本例不需要对T2EN进行控制。

16位递增计数的重装初值计算过程如下:

机器周期:$12\div22.1184\times1(\mu s)\approx0.5425\mu s$(用计算器计算时将小数全部保留)

计数寄存器初值:$20000\mu s\div0.5425\mu s=36864=9000\text{H}$,$10000\text{H}-9000\text{H}=7000\text{H}$

所以存入RCAP2L和RCAP2H的初值应为:RCAP2L=00H,RCAP2H=70H。

上面两例重装初值的计算方法相同。汇编语言参考程序如下:

```
        T2CON   EQU   0C8H
        TR2     EQU   T2CON.2
        T2MOD   EQU   0C9H
        RCAP2L  EQU   0CAH
        RCAP2H  EQU   0CBH
        TL2     EQU   0CCH
        TH2     EQU   0CDH                ;定义STC89C5X系列新增SFR
        ORG     0000H
        LJMP    MAIN
        ORG     002BH                     ;定时/计数器2中断向量
        LJMP    INIT2
        ORG     0050H
MAIN:   MOV     SP,#0E0H
        MOV     T2MOD,#00H
        MOV     T2CON,#00H
        MOV     RCAP2L,#00H
        MOV     RCAP2H,#70H
        SETB    ET2
```

```
        SETB    EA
        SETB    TR2
        SJMP    $
INIT2:  MOV     T2CON,#04H                    ;TF2、EXF2用软件清除,保持TR2=1
        RETI
        END
```

2. 捕捉方式

当 EXEN2=1 时,T2EX 引脚上的负跳变使 EXF2 置位,向 CPU 发出中断请求,同时将 TL2 和 TH2 的当前值装入 RCAP2L 和 RCAP2H 中。这个过程就是 T2 的捕捉方式。

图 6-8 为捕捉方式的原理框图。从图中可以直观地看到编程要点:将 EXEN2 置 1,才能使捕捉控制开关接通。

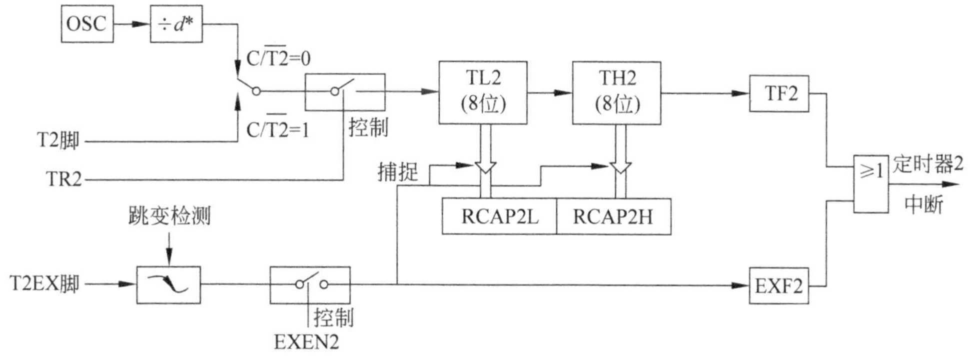

图 6-8 STC 系列单片机 T2 捕捉方式(EXEN2=1)

捕捉值是从 T2 定时或计数启动,到 T2EX 引脚上的下降沿跳变这段时间内,内部定时数或 T2 引脚(P1.0)上的输入信号的周期数。这与 51 机 T0、T1 的 GATE 门方式相类似。在定时方式下,T2 的捕捉方式也可用于测量脉冲宽度。但 TR2 不受 T2EX 的控制。

【例 6-10】 捕获方式应用举例。利用 T2 的捕获方式测量 T2EX 引脚上正脉冲宽度。

解:由于 T2 不能用信号的上升沿启动,因此要用软件检测信号的上升沿。当 T2EX 引脚从低电平到高电平时,启动 T2 计时,信号的下降沿引发捕捉,读取 RCAP2L 和 RCAP2H 的值,即是信号的脉冲宽度(机器周期数)。

参考程序如下:

```
        ORG     0000H
        AJMP    MAIN
        ORG     002BH                         ;定时器2中断向量
        LJMP    T2INT
```

```
          ORG      0050H
MAIN:     MOV      SP,#5FH
          MOV      T2CON,#09H          ;EXEN2=1,CP/RL2=1
          MOV      TL2, #00H           ;T2 初值为 0
          MOV      TH2, #00H
          CLR      F0
WAITL:    JB       P1.0, WAITL         ;等 P1.0(T2EX)引脚为低电平
          SETB     ET2                 ;开放定时器 2
          SETB     EA                  ;开放总中断
WAITH:    JNB      P1.0, WAITH         ;等 P1.0(T2EX)引脚为高电平
          SETB     TR2                 ;启动定时
WAITINT:  JNB      F0,WAITINT
          CLR      F0
          ……                           ;处理测量数据
          SJMP     WAITL               ;继续工作
T2INT:    MOV      R4,RCAP2L           ;读脉冲宽度
          MOV      R5,RCAP2H
          MOV      TL2, #00H           ;T2 初值为 0
          MOV      TH2, #00H
          CLR      ET2
          CLR      TR2
          SETB     F0
          RETI
          END
```

3. 波特率时钟发生器方式

定时器 T2 可用于串行通信的波特率时钟发生器,使波特率时钟源增至两个(另一个为 T1)。但 T1 与 T2 的使用方法不同。

当 T2CON 的 TCLK 位为 1 时,定时器 T2 溢出信号的 16 分频作为串行口发送时钟。

当 T2CON 的 RCLK 位为 1 时,定时器 T2 溢出信号的 16 分频作为串行口接收时钟。

即 T2 作为波特率发生器时,发送和接收时钟频率可分别设置。

图 6-9 为 T2 的波特率时钟发生器方式逻辑框图。在 T2 作为波特率时钟的同时,T2EX 引脚的捕获方式可作为一个附加的外部中断使用。

T2 作波特率时钟发生器时,16 位自动重装初值放在 RCAP2L 和 RCAP2H 中。

值得注意的是,在"12 时钟/机器周期"模式下,T2 波特率时钟发生器的计数脉冲是时钟信号的 2 分频,而不是 12 分频(与 T1 不同)。因此,波特率与 T2 初值的关系如下:

$$\text{串行口方式 1 和方式 3 的波特率} = \text{定时器 2 的溢出率} \div 16 \quad (6\text{-}5)$$

$$\text{Baud} = \frac{f_{osc}}{n \times [2^{16} - (\text{RCAP2H}, \text{RCAP2L})]} \quad (6\text{-}6)$$

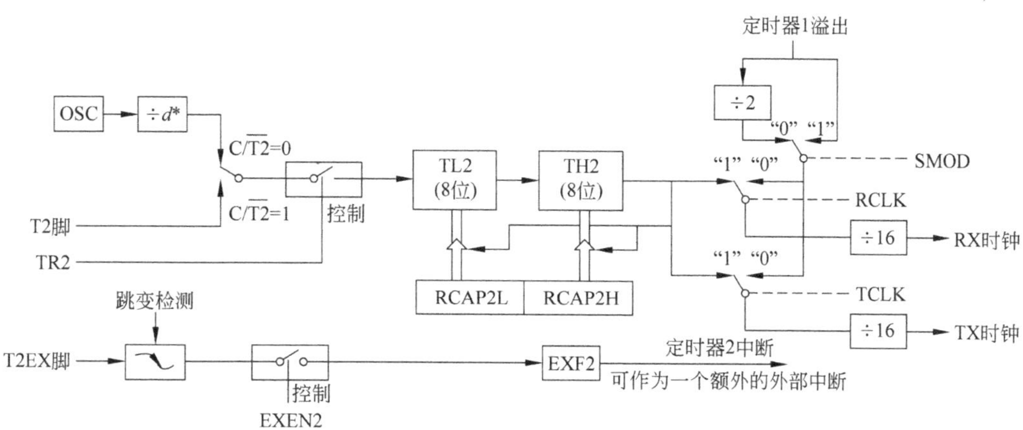

图 6-9 STC 系列单片机 T2 波特率发生器方式

式(6-6)中，$n=16$(6T 模式)或 32(12T 模式)。将式(6-6)整理后，得到 16 位自动重装初值计算公式如下：

$$(\text{RCAP2H},\text{RCAP2L}) = 2^{16} - \frac{f_{osc}}{n \times \text{Baud}} \tag{6-7}$$

根据式(6-7)计算出的常用波特率下的计数寄存器的初值如表 6-6 所示。

表 6-6 常用波特率下 T2 的计数寄存器的初值

波特率		振荡器频率/MHz	计数寄存器初值	
12T 模式	6T 模式		RCAP2H	RCAP2L
38400	76800	11.0592	FF	F7
19200	38400	11.0592	FF	EE
9600	19200	11.0592	FF	DC
4800	9600	11.0592	FF	B8
2400	4800	11.0592	FF	70
1200	2400	11.0592	FE	E0
300	600	11.0592	FB	80

注意：由于 $f_{OSC}=11.0592$MHz，因此表 6-6 中计数寄存器初值没有误差。

【例 6-11】 定时器波特率时钟方式应用举例。两个以 12 时钟模式工作的 STC89C5X 系列单片机进行通信。约定使用串口方式 1，T2 作波特率发生器，波特率为 9600。A 作为发送方，B 机接收，设两机的 f_{osc} 相同，均为 11.0592MHz，试编写 A 方发送一个字节数据 AAH 到 B 机的程序。

解：用 T2 作波特率发生器，与 T1 作波特率发生器编程方法类似，但要对 T2 相关的控制寄存器进行设置。参考程序如下：

```
        ORG     0000H
        AJMP    START
        ORG     0040H
START:  MOV     SP,#5FH
        MOV     SCON,#40H               ;方式 1,不允许接收
        MOV     RCAP2H,#0FFH            ;查表 6-6
        MOV     RCAP2L,#DCH             ;9600 baud
        MOV     T2CON,#34H              ;RCLK、TCLK、TR2 置 1
        MOV     SBUF,#0AAH
WAIT2:  JBC     TI,STOP
        SJMP    WAIT2
STOP:   SJMP    STOP
        END
```

4. 可编程时钟输出方式

STC 系列单片机可通过 T2 在 P1.0 输出时钟。标准 52 机这个功能没有。

图 6-10 为 T2 的可编程时钟输出方式原理框图。看图可知，为使 T2 工作于可编程时钟输出方式，T2 应为定时方式($C/\overline{T2}=0$)，还需使 T2MOD 的 T2OE 置位。此时，TR2 仍是 T2 的启/停控制位。程序工作时，时钟信号从 P1.0 输出。

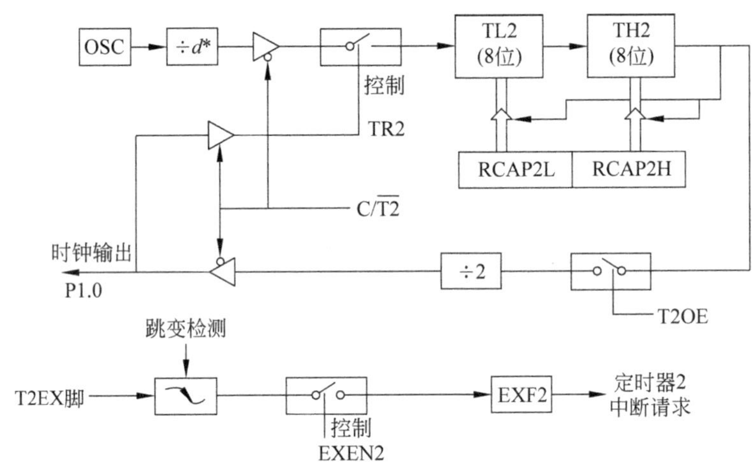

图 6-10　STC 系列单片机 T2 可编程时钟输出方式

时钟信号的频率由下式决定：

$$\text{可编程时钟信号频率}=\frac{f_{osc}}{n\times[65536-(\text{RCAP2H},\text{RCAP2L})]} \qquad (6\text{-}8)$$

式中 $n=2$(6T 模式)或 4(12T 模式)。

在 11.0592MHz、12T 模式下，时钟信号频率为 42.1875～2764800Hz。

在可编程时钟输出方式下，T2 溢出不会产生中断请求。

【例 6-12】 练习可编程时钟输出方式的基本用法，编写时钟输出程序。设

STC89C5X 系列单片机的系统时钟为 11.0592MHz,采用 12T 模式。

解:编程时,要能控制可编程时钟的启/停,改变可编程时钟信号频率。参考程序如下:

```
            ORG     0000H
            AJMP    START
            ORG     0040H
START:      MOV     SP,#5FH
            MOV     DPTR,#T2_FREq1          ;配置输出频率参数
            LCALL   STA_T2_FREq
            SETB    TR2                     ;启动频率输出
            ……                              ;继续运行
            SJMP    $                       ;继续运行
STA_T2_FREq:
            CLR     TR2                     ;也可不禁止频率输出
            MOV     RCAP2H,#DPH
            MOV     RCAP2L,#DPL             ;频率参数用 DPTR 传递
            MOV     T2CON,#00H              ;T2 定时方式
            MOV     T2MOD,#02H              ;允许可编程时钟输出
            RET
            END
```

6.5 本章重点

本章重点讨论及应掌握的内容如下:

(1) 与定时/计数器相关的 SFR 有 TMOD、TCON、IE 及 THx、TLx。

(2) 定时/计数器的工作方式、模式的概念及含义,掌握时间常数的计算方法。

(3) 定时/计数器在中断方式下应用程序的编程步骤,见 6.3.2 节的内容。

(4) 学会多个中断协调工作的编程方法。对可能同时发生的事件,可根据任务的轻重缓急设置中断源的优先级。

(5) T0、T1 的 GATE 门功能是定时/计数器与外部中断源硬件协作的典型应用,其功能就是精确测量脉冲宽度。硬件上分为两组:T0 和$\overline{\text{INT0}}$为一组,T1 和$\overline{\text{INT1}}$为一组,不能交叉。该功能专门用于脉冲宽度的精确测量。

(6) 掌握标准 52 机定时/计数器 T2 的自动重装、捕捉及波特率发生器功能。了解 STC 系列单片机 T2 的新增功能:可编程时钟输出方式及递减计数。

习题 6

6-1 继续例 6-4 的 V-F 转换器采样周期问题的讨论,采样周期定得太小会有什么问题?

6-2 (1) 以中断方式,用汇编语言编写定时器 T0 方式 0 连续定时 1ms;方式 1 和方式 2

定时 1ms 后，就禁止定时溢出中断的程序。设系统 f_{osc}=12MHz。

(2) 用 C 语言编写实现(1)的任务程序。

6-3 (1) 以中断方式，用汇编语言编写定时器 T1 方式 0,1,2 下计数的程序，要求方式 1 连续计数，直到主程序下达停止命令为止；方式 0 和方式 2 只计数一次。设计数初值为 NH 和 NL，说明在计数值不溢出的情况下，每种方式下一次溢出的最大值是多少？

(2) 用 C 语言编写实现(1)的任务程序。

6-4 将例 6-6 中定时器 T0 的任务交给 INT0，试编程实现之。

6-5 用 C51 编写计算定时器方式 1、方式 2 定时时间常数(定时器初值)的程序。系统时钟频率单位为 MHz，定时时间单位为 μs。

6-6 设系统 f_{osc}=12MHz。

(1) 用 51 机定时器 T0 的方式 1，连续定时 10ms，TMOD 如何设置？

(2) 计算定时器的初值。

(3) 编写查询方式实现定时任务的汇编语言及 C51 程序。

(4) 编写中断方式实现定时任务的汇编语言及 C51 程序。

第7章 chapter 7

串行口及异步串行通信

7.1 通信的基本概念

为了更好地理解通信，可将人们在日常生活中通信的所有方法（手段、方式以及对信息的解释等）对应到计算机通信中来进行对比。

7.1.1 通信的意义

通信是当代计算机应用的核心问题。网络和数据库是计算机技术的两大支柱。通信是网络研究的目的，网络是通信的架构。

随着计算机在检测控制领域应用的深入，由单个计算机构成的封闭系统逐渐显出能力不足、系统复杂、资源有限等问题。为了完成更庞大、更复杂的工程任务，多台计算机协作的思想应运而生，计算机网络和通信技术就此产生。

单片机在通信领域起了重要的作用。工业现场总线系统中，众多通信功能节点，如检测器、执行器等，均由具有通信能力、可独立完成某种专项工作、以单片机为核心的智能模块来承担。

7.1.2 通信的定义及数据的传输

1. 通信的定义

从广义上说，通信就是两个以上智能体之间信息交换的过程。强调“智能”的原因是通信的实体必须能正确理解通信内容的含义。两个智能体之间的通信是最基本的通信形式。

2. 信息传送的方式

按照信息传送的方式可将计算机通信分为并行通信（传输）和串行通信两种。

1）并行通信

并行通信是两通信设备之间一次传输多位数据的通信方式，其原理如图7-1所示。传输速率用每秒钟传送的数据位数来表示（b/s）。其特点是通信速率高，缺点是通信线路多，每一位数据都要占用一条数据线，不适用于远程通信。计算机与并行接口打印机的数据传输就是并行通信的一个例子。

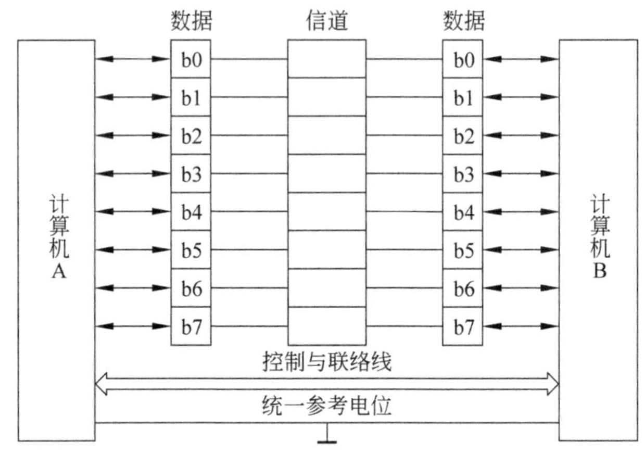

图 7-1 并行通信数据传输方式示意图

2）串行通信

串行通信是两通信设备之间一次传输一位数据的通信方式。其特点是通信速率相对较低，但通信线路少，建设投资少，故障率和维护费用都低，适用于远程通信，如图 7-2 所示。

注意： 串行通信不一定需要统一的参考电位，所以图中的参考电位线画成了虚线。计算机远程通信均采用串行传输方式。本章只讨论串行通信问题。

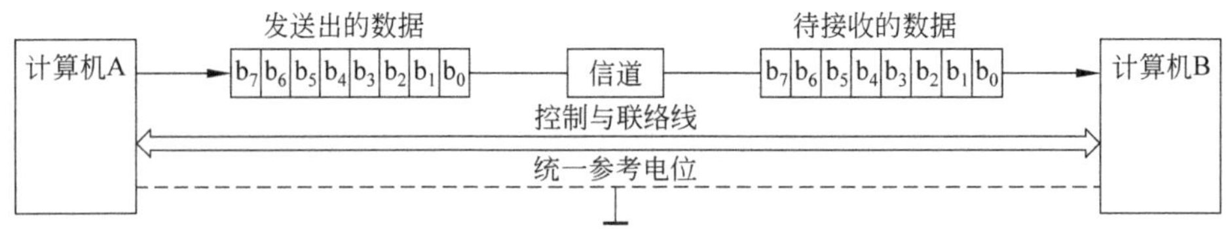

图 7-2 单工串行传输方式示意图

3. 通信工作方式

1）单工方式

单工方式是数据只能从通信的一方传向另一方，而不能沿反方向传输的方式。在图 7-2 中，数据只能从 A 到 B。单向传输设备（如广播电视台）与接收机之间的“通信”是单工的，收音机和电视机是接收设备。

2）半双工方式

半双工方式是允许数据双向传输，但只能交替进行，而不能同时进行的传输方式，如图 7-3 所示。

3）全双工方式

全双工方式是数据可同时往两方向传输的通信方式，如图 7-4 所示。在多数情况下，单工、半双工和全双工都是对串行通信而言的，若将其推广到并行通信，则图 7-1 所示电路是半双工的。电话是全双工的典型例子，但人们往往使用半双工方式通话，否则，谁也得不到有用的信息。

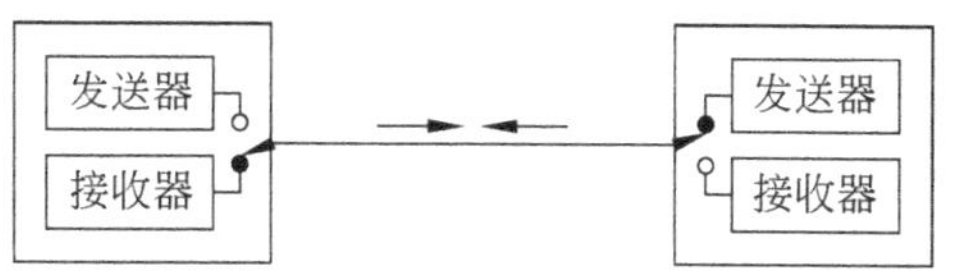

图 7-3 半双工传输方式示意图

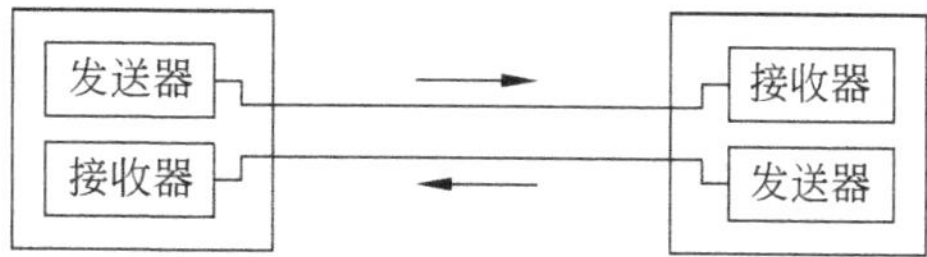

图 7-4 全双工传输方式示意图

4. 信道及信号的调制和解调

1）信道

信道的狭义定义指信号的传输介质，计算机通信系统中采用有线和无线两种信道。信道的广义定义为传输介质加变换设备，如调制解调器(modem)和基带放大器等。

2）传输介质

有线传输介质主要包括明线、同轴电缆、双绞线和光纤等。

无线传输以大气、水或太空等为介质。移动电话是无线通信的典型应用例子。

5. 计算机通信常用的几种信道

1）基带传输信道

基带传输信道指所传输的数字信号不经过任何变换(但允许放大)。典型的基带传输信道如两台计算机通过 RS-232C 接口的互联部分。

2）载波传输信道

计算机之间进行远距离通信时，基带传输往往不能满足通信质量和速率的要求，而将数据信息加载到载波信号上传输，效果却非常好。电话线用于数据通信就是一个成功的实例。为在其上传输二进制数字信号，需要对数字信号进行两次变换：发送时先用调制器将数字信号调制成音频模拟信号输送到电话网上，接收方先通过解调器将模拟信号变换为数字信号，再由计算机接收。为了实现双工通信，通信每一方均需要一个调制器和一个解调器，将它们合在一个装置中，就称为调制解调器。图 7-5 是频移键控调制解调过程的示意图。

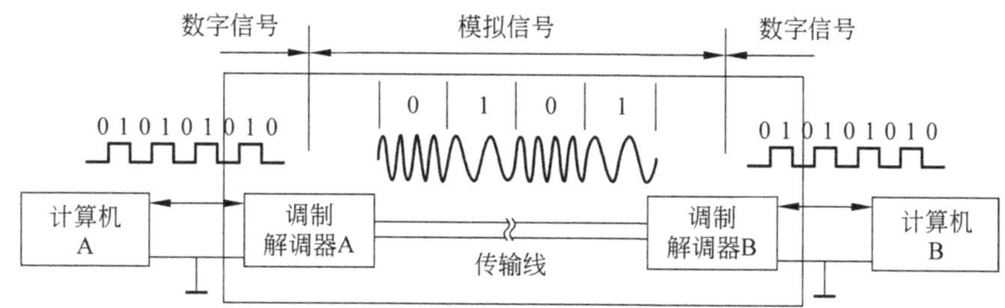

图 7-5 频移键控调制解调示意图

调制解调器的类型较多，有振幅键控(ASK)、频移键控(FSK)和相移键控(PSK)。FSK 具有较好的抗干扰性，应用最多，波特率可达 1200 baud 以上，如 HT2012。

本书只讨论异步串行通信的基带传输信道问题。对通信设备使用者来说，将图 7-5 框内的部分看作广义信道，则基带传输和载波传输的通信程序没有区别就容易理解了。

7.2 串行通信

与封闭系统不同，通信系统是开放的、多机协作的系统。为了交换信息，就有数据的编码、校验方式、信息含义的表达与解释、收/发同步方式、传输速率和总线仲裁等问题。

7.2.1 串行通信协议

为了正确地表达信息，通信双方就应有如数据格式、传输速度、统一的编码和数据校验方法等一套完整规定，称为通信规程，在计算机网络术语中称为通信协议。

另一方面，为实现数据设备间的互联与信息传输，必须对接口进行统一规定，包括接口定义、电气特性和机械特性等规定，称为接口标准，如 RS-232C 和 RS-485 接口标准等。

通信协议和接口标准是通信的应用指南。

通信协议也有开放和不开放之分。开放协议就是公开的、普遍认可(若不被认可，开放也没用)、规范化的规程。开放协议使各厂商的产品可以互换，方便用户，也利于产品市场竞争，如 TCP/IP 协议、CANBUS 协议、Lonworks 协议等。通信协议中除公共标准外，还有根据实际应用需要制定的扩展协议部分，称为应用通信协议，一般不开放。

值得注意的是：并不是所有的通信系统都需要完整的通信协议。对于功能单一，而不需与标准设备进行通信的系统，只要满足通信的接口标准和通信的数据格式，可以自定通信协议，如 RS-232C 和 RS-485 通信系统就是如此。

7.2.2 串行通信方式

1. 同步方式

同步方式是一种连续传输若干字符的串行通信方式，如图 7-6 所示。通信双方靠同

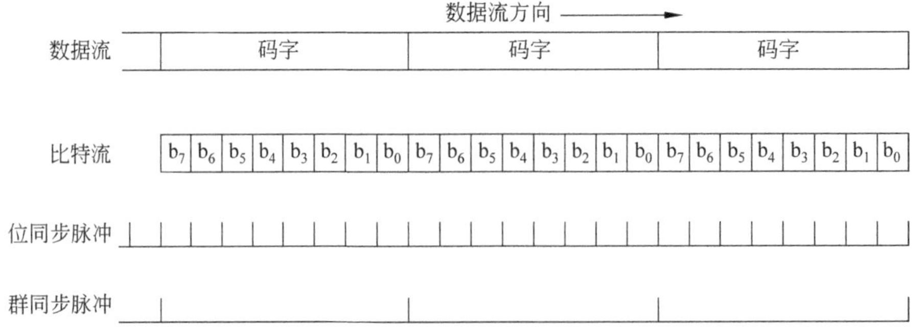

图 7-6 同步传输方式示意图

步信号保持同步关系。每个码字(如字节)间隔相同,之间的同步称为群同步。码字必须连续发送,之间不能留有空隙。在无数据发送时,发送方须用码字同步序列来填充剩余时间。

码字中的各个码元之间的同步称为位同步。位同步和群同步信号均由主控制器产生。

单片机中常用的同步通信有 I^2C、SPI 等规范。将在第 10 章讨论。

2. 异步方式

异步通信时,收发双方在码元和码字上都不存在严格的时序关系,码字之间也不存在确定的时间间隔。其特点是:字符(码字)以数据帧为单位传送,每一帧由起始位开始,中间为数据,最后是停止位。接收方通过对起始位和停止位的检测与发送方同步,因此也称为起止式异步通信。其传输方式如图 7-7 所示。

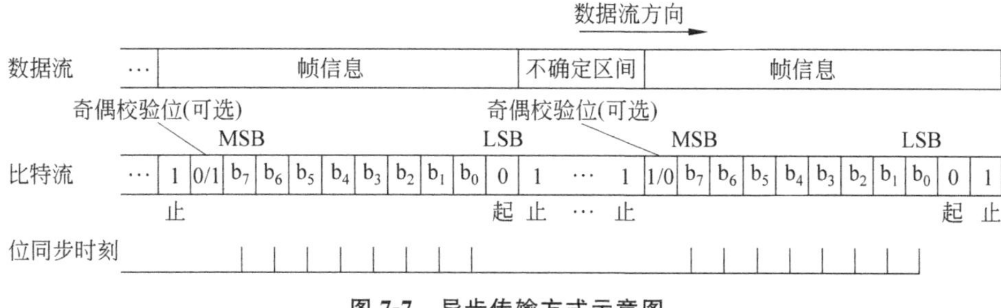

图 7-7 异步传输方式示意图

3. 同步通信与异步通信方式的比较

串行通信的两种方式同异之处如表 7-1 所示。

表 7-1 同步通信与异步通信方式的比较

方式 \ 内容	信息传送方式	码元和码字间的时序关系	串行时钟	同步条件
同步	连续不间断	严格	共用一个	同步信号
异步	以帧为单位间断	不严格	独立时钟	起、止信号

4. 异步串行通信中必须遵循的规定

为了实现数据的可靠传输,通信双方必须严格遵守以下几点规定。

(1) 帧格式必须统一。

通信双方对数据帧中字符的位数、停止位的位数(可以为 1、1.5 或 2 位)、是否使用校验等参数必须统一。这些参数可通过对通信控制器的设置而实现。

(2) 传输速率必须相同。

数据传输速率是指单位时间内传输的信息量。它可分为以下两种表示方式。

比特率(R_p)：比特率是指单位时间内传输二进制代码的有效位(bit)数，又称码率或数据带宽，单位为 b/s。

波特率(R_b)：在电子通信领域，波特率(baud rate)即调制速率，指单位时间内传输载波码元的个数。1 波特即指每秒传输 1 个码元。单位为 baud(波特)。

通过不同的调制方法可以在 1 个码元上加载 n 位信息。反过来说就是：如果一个码元由 n 个位构成，则码元的组合数为 $L=2^n$，于是比特率与波特率的关系为

$$R_P = nR_b = R_b\log_2 L \tag{7-1}$$

式(7-1)表明，比特率总是大于或等于波特率。PC 和 51 机的通信码元由 1 位组成(0 或 1)，所以 $n=1(L=2)$，比特率等于波特率。又如 QPSK 调制是四相位码，它的 1 个码元由 4 个位构成，$n=4(L=16)$，比特率 4 倍于波特率。

数据传输率的另一种表示，称为“位周期”。它是比特率的倒数。

国际上规定的一个标准的波特率系列是 110、300、600、1200、1800、2400、4800、9600、19200 等。异步通信允许通信双方波特率误差范围为 2%～3%。

在异步方式下，通信双方必须保证数据传输率一致。起、止信号再加上相同的数据传输率才能保证收发双方同步。

7.2.3 通信控制器

仔细观察，人与人的通信是分层实现的。现代生活人们离不开邮电局，邮电局是人们通信的中介。领导与员工的通信往往是通过秘书间接实现的。计算机与外设的通信也采用了类似的方法，使用一个类似于邮箱或秘书的器件来帮助 CPU 管理通信事务，使得 CPU 不用直接参与通信的具体过程，就能与外部交互信息。这样，CPU 的工作效率就大幅度地提高了。由此而研制的专用器件称为通信控制器。

通信控制器一般有几个主要功能：

(1) 将 CPU 交给它待发的数据，转换为协议规定的格式发送出去。

(2) 在收到数据帧后，将信息翻译、复原为原始数据，并通知 CPU 读取信息。

(3) 能有条件地屏蔽某些特定的信息，使 CPU 安心工作，不受干扰。

总之，在通信过程中，通信控制器扮演的是名副其实的邮箱或秘书的角色。实际上，编程者只需指定通信控制器的工作方式，通信就成为与本地“邮箱”交互数据的简单操作，在通信协议保证下，数据由通信控制器收、发。这就是通信控制器的价值。

51 机的异步通信标准与 RS-232C 标准兼容，但信号逻辑采用 TTL 电平标准，即高电平代表逻辑 1，低电平代表逻辑 0；而 RS-232C 标准则采用 EAI 电平。两种标准信号的转换问题将在 7.6 节中讨论。

7.3 串行口结构及工作原理

51 机的通用异步接收/发送器(Universal Asynchronous Receiver/Transmitter, UART)是一种全双工的异步串行通信控制器，对应一个收/发共用的中断源 ES，其结构

如图 7-8 所示。每发送或接收帧后，SCON 中的 TI 或 RI 被置位，发出中断请求，通知 CPU 处理。

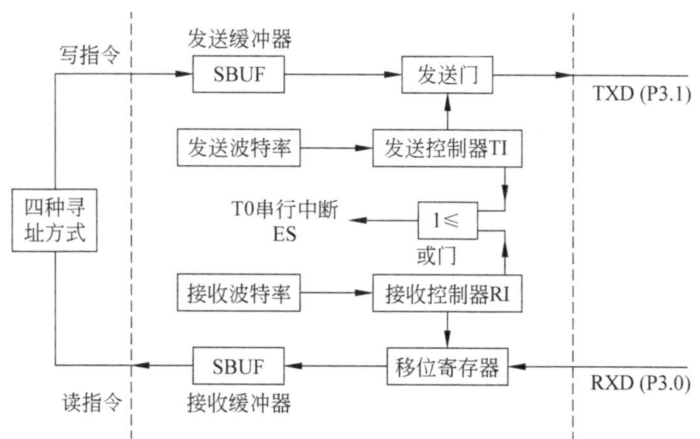

图 7-8 51 机内置通用异步接收/发送器结构框图

图 7-8 的虚线右侧是标准 51 机通信控制器的接口引脚，TXD 为发送端，RXD 为接收端。图的左侧为 CPU，两条虚线中间的部分是通信控制器。发送和接收缓冲器共用一个名为 SBUF 的寄存器，它们是两个独立的物理实体。在通信控制器中，收/发有两条独立通道，因此具有全双工通信功能。图中的波特率时钟在通信方式 2 时由系统时钟分频后得到；在方式 1、方式 3 下，由片内定时器 T1 产生，T0 没有此功能，请记住。标准 52 机的 T2 也可用于波特率时钟发生器，详细内容请参考 6.4 节中的相关内容。

7.3.1 串行口的工作方式

控制 51 机串行口工作的寄存器共有两个。

1. 串行口控制寄存器(SCON)

SCON 用来控制串行口的工作方式和状态，地址为 98H，可位寻址。在 51 机复位时所有位均被清零。其格式如表 7-2 所示。

表 7-2 串行口控制寄存器 SCON 中位的位名及相对地址

位地址	D_7	D_6	D_5	D_4	D_3	D_2	D_1	D_0
位名	SM0	SM1	SM2	REN	TB8	RB8	TI	RI

各位的含义如下：

SM0，SM1：工作方式选择位。51 机的通信控制器共有 4 种工作方式，每种方式对应串口的基本情况如表 7-3 所示。

表 7-3 SM0、SM1 的组合对应的串行口工作方式

方式	SM0	SM1	功能说明
0	0	0	移位寄存器方式(用于 I/O 扩展)
1	0	1	8 位异步串行收/发,波特率可变
2	1	0	9 位异步串行收/发,波特率固定为 $f_{osc}/64$ 或 $f_{osc}/32$
3	1	1	9 位异步串行收/发,波特率可变

SM2：多机通信控制位。它在串口方式 2、方式 3 时起作用。在方式 0、方式 1 下建议将其清零。多机通信系统是指由 3 个以上节点组成的通信系统。节点是对网络中数据收/发单元的总称。

事实上,51 机的多机通信是需要 9 位数据通信方式及 SM2、TB8、RB8 三个位之间的逻辑关系支持的。多机通信内容将在 7.5 节中再详细讨论。

REN：允许串行接收控制位。REN=0,禁止接收;REN=1,允许接收。

TB8：发送数据位 8(第 9 位数据)。在方式 2 和方式 3 下,TB8 为所要发送的第 9 位数据。在多机通信中,可利用 TB8 的位状态表示发送数据的类型,如 1 表示命令,0 代表数据等;在双机通信时,也可作为奇偶校验位使用。

RB8：接收数据位 8(第 9 位数据)。含义与 TB8 对应,由通信双方定义其意义。

TI：发送中断请求标志位。方式 0 比较特殊,在发送数据的第 8 位结束时被置位;在其他方式下,发送停止位后被置位。该标志位需用软件清零。

RI：接收中断请求标志位。方式 0 比较特殊,当接收到数据的第 8 位后,由硬件使 RI 置位;在其他方式下,接收到停止位后,由硬件置位 RI。该标志位也需用软件清零。

TI、RI 置位是串口中断必要条件的表现形式,也可作为查询状态位使用。

2. 电源控制寄存器 PCON

PCON 是用于 51 机电能控制的专用寄存器,单元地址为 87H,不能按位寻址。复位状态为 00×10000。对标准 51 机来说,除最高位 SMOD 外,其他位无意义。PCON 的格式如表 7-4 所示。

表 7-4 电源控制寄存器 PCON 中位的位名及相对地址

位地址	D_7	D_6	D_5	D_4	D_3	D_2	D_1	D_0
位名	SMOD	—	—	—	—	—	—	—

各位的含义如下：

D_7(SMOD)：波持率倍增位。SMOD=1 时,方式 1、2、3 的波特率是 SMOD=0 时的 2 倍,SMOD 位故此得名。

$D_6 \sim D_0$：标准 51 机无定义,增强型 51 机其意义以其数据手册为准。

7.3.2 串行口工作方式

串行口有 4 种工作方式,它们由 SCON 中的 SM0、SM1 来定义,如表 7-3 所示。

1. 方式 0

串行口方式 0 是 51 机串口的一种特殊工作方式。数据传输示意如图 7-9 所示。此时,51 机为通信主机,发送位同步时钟,但不是同步通信方式,因为数据传输是不连续的;方式 0 不属于异步串行通信范畴,因为它不发送起、止信号而发送同步信号。方式 0 适用于与移位寄存器功能的接口芯片通信,常用于 I/O 扩展,称为移位寄存器方式。

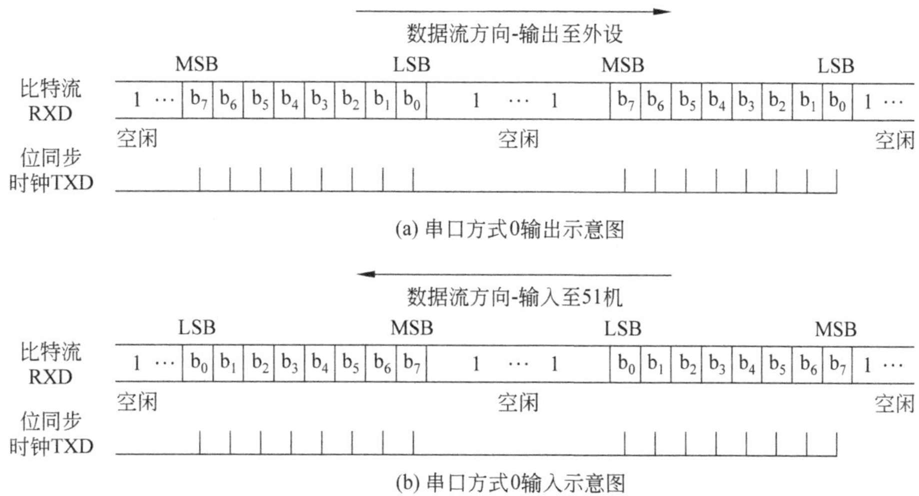

图 7-9 串口方式 0 数据传输示意图

(1) 方式 0 发送:串行口相当于“并入串出”型移位发送器,8 位串行数据 $b_0 \sim b_7$ 依次从 RXD(P3.0)引脚输出,TXD(P3.1)引脚输出(移位)同步脉冲,脉冲频率固定为系统时钟频率的 12 分频。当 8 位数据输出完后,中断请求标志 TI 被置 1。

(2) 方式 0 接收:相当于“串入并出”的移位接收寄存器。8 位串行数据 $b_0 \sim b_7$ 依次从 RXD 引脚输入,TXD 引脚输出同步脉冲,波特率$=f_{osc}/12$,不可改变。当 8 位数据被接收后,中断请求标志 RI 被置 1。

在方式 0 下,串行口控制寄存器 SCON 内的 TB8、RB8、SM2 位没有定义,可设为 0,电源控制寄存器 PCON 中的 SMOD 位也没有定义,可以是任意值。

串口方式 0 的控制时序与具有移位寄存器结构的逻辑器件的工作时序相吻合,常用它们实现 I/O 扩展。有关方式 0 的应用问题留在本章最后进行专题讨论。

2. 方式 1~3

当 SCON 中的 SM0、SM1 为 01、10、11 时,串行口分别工作在方式 1、2、3,它们均为异步通信方式。这3种方式下端口的物理特性相同，TXD是发送端，RXD为接收端。

方式1、方式3的波特率是可变的。波特率与定时器T1的溢出率、SMOD位有关。

$$R_b = \frac{2^{SMOD}}{32} \times \text{T1 的溢出率} \tag{7-2}$$

方式2的波特率只与 f_{osc} 有关，只有两个可选值，其计算式为

$$R_b = \frac{2^{SMOD}}{64} \times f_{osc} \tag{7-3}$$

式中SMOD是PCON的 D_7 位，称为波特率倍增位，f_{osc} 是单片机的时钟频率。两式都有共同的特点：SMOD位为1时是SMOD位为0时波特率值的2倍。

式(7-2)中第1项的倒数是波特率因子。当SMOD位为1时，波特率因子为16；当SMOD位为0时，其值为32。波特率因子明显使波特率大为降低。那么，为什么要使波特率因子存在呢？换句话说，直接用T1的溢出率作为波特率，通信速率不是更高吗？

在异步串行数据传输时，双方的同步是靠起、止信号和相同的波特率实现的。实际上，为了降低误码率，接收方应在每个数据位时间片中点（信号畸变最小处）将数据移位并锁存，以最大程度地克服因信号畸变导致的通信错误。实现这一目的的有效方法是对时间进行细分，如图7-10所示。将每个位接收时间片（式(7-2)中的T1的溢出率）分成16个等宽的小时间片。当接收方检测到起始信号后，以8个小时间片后的时刻为同步参考点，之后每隔16个小时间片接收一位数据，使控制器采样时机正好落在信号的中点。一个位时间片中的小时间片数称为波特率因子。图7-10是波特率因子=16的情况。

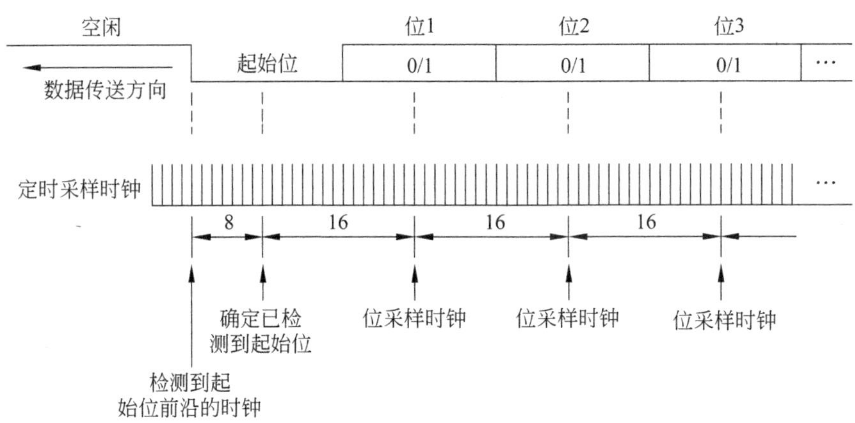

图7-10 波特率时钟中的波特率因子的作用

将式(7-3)改写为

$$\text{Baud} = \frac{2^{SMOD}}{32} \times \frac{f_{osc}}{2}$$

再与式(7-2)比较发现，51机波特率因子应为16或32。从理论上讲，波特率因子越高，通信的误码率就越低，在可能情况下，应尽量选取较高的波特率因子。一般情况下，16的波特率因子已能满足可靠性要求。

7.3.3 异步串行口通信的过程

1. 方式 1 发送

在 TI 为 0(发送电路空闲)的情况下,任何对 SBUF 的写指令(如 MOV SBUF,A)均会触发串行发送过程:通信控制器自动在 8 个数据位的前、后分别插入一个起始位和一个停止位,构成 10 位信息帧,从 TXD 发出,如图 7-7 所示。当一帧数据发送结束(即发出停止位)后,控制器将 TI 位置 1,在中断开放的情况下,将导致串口发送中断。

2. 方式 1 接收

在接收中断标志 RI 为 0(通信控制器接收空闲)且 REN 位为 1 的情况下,当检测到 RXD 引脚上的启动信号(电平由高到低的跳变)后,通信控制器便自动启动接收过程。当接收完一帧信息(即收到停止位)后,置位 RI,并将数据帧中的数据装入 SBUF 中。在串口中断及总中断处于开放状态下,将触发单片机串行口接收中断。

与定时器或外部中断请求标志 TFx、IEx 等性质不同,系统响应串行中断后,TI、RI 这两个标志位不会被系统自动清除,因此,要用 CLR RI 或 CLR TI 等指令加以清除。只有"历史事件"标志被清除,串口收/发工作才能继续进行。

3. 方式 2 和方式 3 的帧数据格式与方式 1 的区别

方式 2 与方式 3 都是 9 位异步串行通信口。它们的区别在于,方式 2 的波特率固定为时钟的 32 或 64 分频。由于波特率与通用串行通信设备的波特率难以匹配,因此,方式 2 只用于 51 机之间的通信。方式 2 的波特率由系统时钟分频而来,与方式 1 和方式 3 相比,省了一个定时器,而且波特率值比方式 1 和方式 3 的高很多,这是方式 2 的优点。

方式 3 与方式 1 的波特率来源相同,区别点在于帧格式上:方式 3 是 9 位数据格式,一帧 11 位长,而方式 1 的数据帧为 10 位。方式 2 和方式 3 支持多机通信,方式 1 不支持。

在方式 2 和 3 下,9 位数据的构成是 8 位数据+1 个附加位(发送时是 TB8,接收时是 RB8)。任何写 SBUF 命令均会启动信息帧的发送过程,除非 TI 位为 1。因此发送数据帧的写入顺序为:先将附加位写入 SCON 的 TB8 位中,再将 8 位数据写入 SBUF。只有这样才能使附加位数据搭上车。由于方式 3 波特率可变,因此,串行口方式 3 更常用。

方式 2 和方式 3 下,接收的信息的第 9 位在 SCON 的 RB8 位中,8 位数据在 SBUF 中。

7.4 串行通信编程举例

基于 RS-232 标准的通信电路如图 7-11 所示。相距很近时,两台 51 机可以直接互联。注意 TXD、RXD 需交叉联接,类似打电话时通信双方的耳朵和听筒交叉的情况。图中的地线用于统一双方的参考电位。长距离通信时,信号需进行电平转换或调制才能有效传输。

7.4.1 双机通信

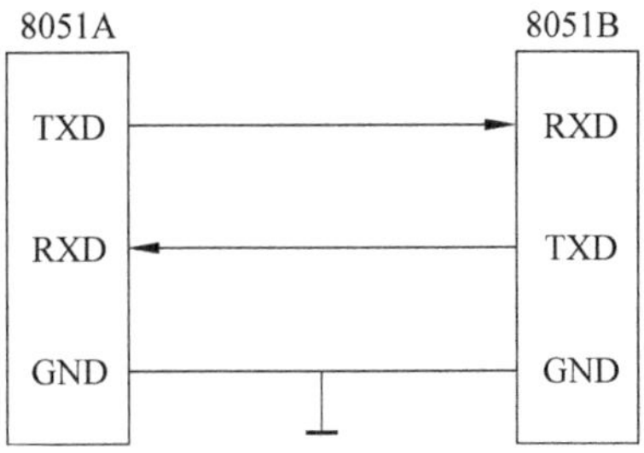

图 7-11 单片机点对串行通信线路

双机通信也称为点对点通信，是通信中最基本的形式。方式 1、2、3 都能进行双机通信，但要注意：为避免复杂操作，无论哪种方式，收/发双方都须将 SM2 位置 0。

【例 7-1】 要求两台近距离的 51 机以最高速率进行通信，A 机作为发送方，用查询方式发送一个字节数据，如 0AAH；B 机用中断方式接收数据。试编写通信双方的程序。设两机的 f_{osc} 相同。

分析：编写异步通信程序首先要保证通信双方的信息帧格式和波特率一致。此外还要制定通信协议，如数据含义的解释方法、数据帧的个数、通信过程的结束条件、要不要校验以及用什么校验等。

以最高速率进行通信，自然选择串口方式 2，因为它是波特率最高的工作方式。又因为两机 f_{osc} 相等，通信双方波特率一致的条件可以满足。任务是收/发一个数据，不要求校验，协议简单明了。本例虽然简单，但包含了双机通信所需的全部要素，可以说是方式 2 通信程序的模板。

解：根据题目要求，先写出发送方查询方式结构的汇编语言程序，清单如下：

```
        ORG     0000H
        AJMP    START
        ORG     0040H
START:  MOV     SP,#5FH
        MOV     SCON,#90H               ;方式 2,允许接收 SM2=0
        MOV     PCON,#80H               ;波特率加倍,最高速率
        MOV     SBUF,#0AAH              ;启动发送
WAIT2:  JBC     TI,STOP
        SJMP    WAIT2
STOP:   SJMP    STOP                    ;动态停机
        END
```

JBC 指令是复合功能型指令，功能是指令中操作数为 1 时转移，在转移的同时将操作数复位，该指令执行后自然排除了一次事件被两次响应的可能性。程序中“JBC TI,STOP”指令在转移的同时将标志位 TI 清零，为下次信息发送做好了准备。

发送方 C51 参考程序如下：

```
#include <reg51.h>
main()
{   SP=0x5f;                            //堆栈设置,可根据编程习惯取舍
    SCON=0x80;                          //方式 2 不允许接收,SM2=0
```

```
    PCON=0x80;                                    //波特率加倍
    SBUF=0xaa;
    while(TI !=1);
        TI=0;                                     //等待发送完成
    while (1);                                    //动态停机
}
```

对照发送程序,写出接收方汇编参考程序如下:

```
         ORG     0000H
         AJMP    START
         ORG     0023H
         LJMP    SINT                         ;串行中断入口
         ORG     0040H
START:   MOV     SP,#5FH
         MOV     SCON,#90H                    ;方式 2,允许接收 SM2=0
         MOV     PCON,#80H                    ;波特率加倍
         MOV     IE,#90H                      ;串口及总中断开放
         CLR     F0
WAIT1:   JBC     F0,TRDATA                    ;F0 由中断服务程序置位
         SJMP    WAIT1                        ;置位或清零
TRDATA:  CLR     ES                           ;关串口中断
         MOV     A,SBUF
         SJMP    $                            ;动态停机
SINT:    JBC     TI,NOTHING                   ;发送中断直接返回处理法
         CLR     RI
         SETB    F0                           ;置成功接收标志
NOTHING: RETI                                 ;中断返回
         END
```

注意:中断服务程序中 JBC TI,NOTHING 这条指令的意义。由于串口发送和接收共用一个中断向量,所以原则上说,串口中断服务程序首先要分清是发送还是接收引起的中断,然后再分别进行处理。由于本例没有发送的任务,所以,发送中断没有服务内容。

在接收中断服务程序中,CLR RI 将标志位 RI 复位,也为下次接收做好了准备。如果保持 RI=1,通信控制器则不再接收任何新的信息帧了。

接收方 C51 参考程序如下:

```
#include <reg51.h>
#define uchar unsigned char
uchar idata R5;
bit getdata;
void ssio(void)interrupt 4                        //串口中断服务程序
{   if(TI)
    {TI=0;return;}
```

```
    else
    {   RI=0;
        getdata=1;}                             //置接收一帧数据标志
}
main()
{   //SP=0x5f;                                  //堆栈设置,可根据编程习惯取舍
    getdata=0;
    SCON=0x90;                                  //方式 2 允许接收,SM2=0
    PCON=0x80;                                  //PCON=0 为波特率 9600
    ES=1;                                       //允许串口中断
    EA=1;                                       //开放总中断
    while (getdata==0);                         //等待数据帧到来
        R5=SBUF;                                //保存数据
        getdata=0;                              //数据收到,清除标志
}
```

RI、TI 这两个标志位需用指令清零的性质,客观上对通信的安全大有好处,相当于收、发方必须签字,对收、发事件的确认,可避免发生信息丢失和重复发送的错误。

7.4.2 奇偶校验

串行通信常需对通信结果进行校验。本书介绍第一种校验方法——奇偶校验。

什么是校验? 为什么要校验? 如何校验?

受通信距离、速率、信息量、线路质量和环境条件等因素的影响,信息可能会出现传输错误的情况。为保证信息的可靠性,通信双方需要对往来信息进行核对,确认信息的真实性。验证信息传输正确性的过程称为校验。

校验是手段,确认信息的正确性才是目的。校验方法多种多样,但本质就是核实。例如,寄款方与收款方的“核数”的校验方法完全可引入通信系统的信息校验中。

信息校验的算法来自数据内含信息的启发。在每个帧数据中,如果信息被正确传递,8 位数据的奇偶性就一定不会变。换句话说,信息无误的必要条件是:同一帧数据的奇偶性在收、发前后相同。以奇偶性为依据的校验就是奇偶校验。但奇偶性不变不是通信无误传输的充分条件,因为不能说奇偶性相同,两个数据就相同。如发送数据 11000000,接收到的数据变为 10100000,数据的奇偶性在收、发前后没变,但数据却变了。这个例子说明奇偶校验有错误被漏检的情况,但漏检的概率很低(一帧信息发生了两次以上的传输错误)。在正常条件下,传输错误应该是很少的,如果传输错误率降不下来,应该解决的问题是通信系统的软硬件,而不是校验方法了。

事实上,由于数据长度的限制,任何一种检验方法都不能做到 100%地查出错误。

奇偶校验的实现过程如下:

(1) 发送方每发送一帧数据时,先将待发数据的奇偶性作为第 9 位(附加位)写入 SCON 的 TB8 位,再将数据写入 SBUF 中,一个完整的数据帧发出。

(2) 接收方每收到一帧信息,就将所收数据的奇偶性与信息帧的第 9 位数据(在 RB8 中,这是原始数据的奇偶性)进行比较,两者相等则可确定此数据帧传输无误,否则,此数据帧必有传输错误。

(3) 对于校验的结果,通信双方根据通信协议进行相应的处理,这里没有通用方法。

使用奇偶校验应注意的问题如下:

(1) 通信双方只有在方式 2、方式 3 且 SM2 位为 0 时,才可进行奇偶校验。

(2) 为测得数据的奇偶性,用 MOV A,SUBF 指令最方便。

(3) 并不是所有的通信都要使用校验,更不是都要用奇偶校验。校验与否是通信双方根据需要选择的。因此在编程时,要按通信双方的约定行事,避免犯画蛇添足的错误。

【例 7-2】 两台 51 机进行通信。要求使用串口方式 2、奇偶校验。使用工作寄存器组 2。A 机为发送方,连续发送存于片内 RAM 中的 n 个字节数据,B 机接收。设两机的 f_{osc} 相同。通信完成,接收方将校验结果发给发送方。

解:本例是奇偶校验的应用示例。编写双机通信程序,以例 7-1 的程序为基础,再将奇偶校验的内容加进去即可。收/发程序的运行过程是往复式的,因此,程序结构是反对称的(发对应收,收对应发)。因此,先写出发送程序,接收程序就容易编写了。

本例的特点是奇偶校验和多信息帧连续收/发。另外发送采用中断方式,注意体会。至于使用工作寄存器组 2,只是作为一个附加的练习。发送方参考程序如下:

```
          ORG     0000H
          AJMP    START
          ORG     0023H
          LJMP    SINT                    ;串行中断入口
          ORG     0040H
START:    MOV     SP,#5FH
          SETB    PSW.4
          CLR     PSW.3                   ;工作区用 2 区,非核心指令
          MOV     R0,#ADDR0               ;发送数据区首地址
          MOV     R7,#n
          CLR     01H                     ;01H=1,单个数据发送成功
          CLR     F0                      ;F0=1,启动发送
          MOV     SCON,#80H               ;方式 2,不允许接收 SM2=0
          MOV     PCON,#80H               ;波特率加速
          MOV     IE,#90H                 ;串口及总中断
WAIT1:    JBC     F0,TRDATA               ;F0 由程序的某个过程设置
          SJMP    WAIT1                   ;置位或清零
TRDATA:   MOV     A,@R0
          MOV     C,P                     ;取奇偶位
          MOV     TB8,C                   ;装入 TB8 作为第 9 位数据
          MOV     SBUF,A
          INC     R0
          ……                              ;CPU 可进行其他工作
WAIT2:    JBC     01H,AGAIN
```

```
        SJMP    WAIT2
AGAIN:  DJNZ    R7,TRDATA           ;R7 为发送字节数
        MOV     R7,#n               ;重赋初值
        MOV     R0,#ADDR0
        CLR     ES                  ;禁止串口中断
        SETB    REN                 ;现在才允许接收
WAIT3:  JBC     RI,CON              ;等待接收校验结果
        SJMP    WAIT3
CON:    SETB    ES                  ;再次允许串口中断
        CLR     REN                 ;再次禁止接收(可以省略)
        MOV     R5,SBUF             ;将校验结果存于 R5
        LJMP    WAIT1               ;等待下次通信命令
SINT:   CLR     TI
        SETB    01H
        RETI
        END
```

发送方 C51 参考程序如下：

```
#include <stc89c5x.H>
#define uchar unsigned char
#define ADDR1 0x30;
#define N 10;
uchar idata i, * data_point;
bit Go_work=0;
main()
{
    //SP=0x5f;                          //堆栈设置,可根据编程习惯取舍
    SCON=0x80;                          //方式 2 不允许接收,SM2=0
    PCON=0x80;                          //波特率加倍
    data_point=ADDR0;                   //片内 RAM 指针指向 ADDR0
    while (1)
    {
        if (Go_work)                    //Go_work 由程序的某个过程设置
        {
            for(i=0;i<N;i++)
            {
                ACC= * data_point;
                TB8=P;
                SBUF=ACC;
                data_point++;           //指针值加 1,指向下一个数据单元
                while(TI !=1);
                    TI=0;               //等待发送完成
            }
            REN=1;
```

```
        while(RI !=1);
            RI=0;
        ACC=SBUF;                           //接收答复内容
        Go_work=0;
        data_point=ADDR0;                   //恢复指针初值
    }
  }
}
```

注意：C51和汇编语言的发送程序采用了不同方法。C51采用查询结构，这是发送方常用的程序结构；汇编语言则采用发送用中断，接收用查询的方式。程序先禁止接收，在发送任务完成后，再允许接收，同时禁止串口中断。这样，发送和接收事件就不会同时发生。因此，中断服务程序中就不用进行发送还是接收中断的判别了。本例的接收方程序(包括C51程序)也采用这种方法，注意体会其中的道理。

接收方汇编语言参考程序如下：

```
          ORG     0000H
          AJMP    START
          ORG     0023H
          LJMP    SINT                      ;串行中断入口
          ORG     0040H
START:    MOV     SP,#5FH
          SETB    PSW.4
          CLR     PSW.3                     ;使用工作寄存器组2
          MOV     R1,#ADDR1                 ;接收数据区首地址
          MOV     R6,#n
          CLR     01H                       ;01H=0通信成功,01H=1通信错误
          CLR     F0                        ;F0=1表示数据组接收完成
          MOV     SCON,#90H                 ;方式2,允许接收SM2=0
          MOV     PCON,#80H                 ;波特率加倍
          SETB    ES
          SETB    EA                        ;与MOV IE,#90H等价
          ……                                ;CPU可进行其他工作
WAIT1:    JBC     F0,USEDATA                ;数据组接收完成则转移
          SJMP    WAIT1
USEDATA:  JNB     01H,OK                    ;转通信正常
          MOV     A,#01H                    ;发通信有错信息
          SJMP    SENDMES
OK:       CLR     A
SENDMES:  CLR     01H                       ;清标志
          CLR     ES                        ;禁止发送中断
          MOV     SBUF,A                    ;发送通信信息的共同入口
WAIT2:    JBC     TI,OTHER
          SJMP    WAIT2                     ;通信正常处理
```

```
OTHER:  ……                          ;CPU进行的其他工作
        MOV     R1,#ADDR1
        MOV     R6,#n
        SETB    ES
        SJMP    WAIT1
SINT:   CLR     RI                  ;接收中断服务程序
        MOV     A,SBUF
        MOV     @R1,A
        INC     R1
        DEC     R6
        JNB     P,NOOP              ;P为0,转移
        JNB     RB8,ERR             ;P为1,RB8为0,转错误处理
        SJMP    CON1
NOOP:   JNB     RB8,CON1
ERR:    SETB    01H                 ;置出错标志
CON1:   CJNE    R6,#00H,CONJ        ;未收完继续
        SETB    F0                  ;置接收完成标志
CONJ:   RETI                        ;中断返回
        END
```

接收方 C51 参考程序如下：

```
#include <stc89c5x.H>
#define uchar unsigned char
#define N 10
data_point=ADDR1;                          //片内RAM指针指向ADDR1
uchar idata i=0,*data_point;               //帧计数单元清零
bit Fin_work=0,error_mark=0;               //数据通信完成,通信错误标志清零
void ssio(void)interrupt 4                 //串口中断服务程序
{
    RI=0;
    if (i<N)
    {
        ACC=SBUF;
        *data_point=ACC;                   //得到数据
        if(P)                              //如果P=1,而RB8=0,有错
        {
            if(!RB8)
                error_mark=1;              //error_mark=1表示通信有错误帧
        }
        else
        {
            if(RB8)                        //如果P=0,而RB8=1,有错
                error_mark=1;
        }
        i++;                               //帧计数加1
```

```
        data_point++;                              //指针值加 1,指向下一个存储单元
    }
    else
    {   Fin_work=1;                                //Fin_work=1 表示数据组接收完成
        i=0;                                       //帧计数单元清零
        data_point=ADDR1;                          //恢复指针初值
    }
}
main()
{    //SP=0xdf;                                    //52 机堆栈设置,可取舍
    data_point=ADDR1;                              //片内 RAM 指针指向 ADDR1
    SCON=0x90;                                     //方式 2 允许接收,SM2=0
    PCON=0x80;                                     //PCON=80,波特率加倍
    ES=1;
    EA=1;                                          //开放串行口及总中断
    while (1)
    {
        if (Fin_work)                              //数据组接收完成处理
        {    ES=0;                                 //禁止发送中断
            if (error_mark)
                SBUF=1;                            //有错发非 0 数
            else SBUF=0;                           //无错发 0
            while(TI !=1);
                TI=0;                              //等待发送完成
            Fin_work=0;
            ES=1;
        }
    }
}
```

下面对如何选择通信程序的工作方式(中断或查询)作一小结:

(1) 如果系统通信事件频繁、零散,接收程序用中断方式最好。而发送数据的时机是可控的,即什么情况下该发什么数据,都是在程序中安排好的,采用查询方式,通信效率更高。

(2) 串口接收中断的使用方法也应视具体的通信任务而定。

当通信以成组数据连续传输时,即发送方一次将多个字节数据连续不断地发送出去,直到数据发送完成的场合下,接收方又分两情况:

① 如果系统 CPU 任务不重,或这组数据与后续的工作有关,并且每组数据传输不会占用过多的通信时间的系统,用中断与查询方式结合的方法较好。具体做法是:允许串口中断,当第一个数据被接收后,关闭串口中断,用查询法接收后继数据,当所有数据接收完后,在中断返回之前再将中断开放,然后返回。

② 若系统 CPU 任务重,实时性要求又高,数据帧时间就不宜损失了,用中断方式接收所有数据,可为 CPU 争取更多的工作时间。在每一次通信任务完成后,用全局变量传送信息,主程序通过周期查询这些变量的状态掌握程序的进程。

7.4.3 定时器 T1 溢出率的计算方法

串口方式 1、方式 3 波特率可变，且与 T1 溢出率有关，波特率的计算方法由下式给出：

$$R_d = \frac{2^{SMOD}}{32} \times \text{T1 的溢出率} \tag{7-4}$$

注意：在方式 1、方式 3 下，波特率由定时器 T1 产生(T2 也可作波特率时钟发生器，但 T0 不行)。因此在方式 1、方式 3 下，除了串口初始化处，还有 T1 的工作方式设置问题，它们都将出现在程序的初始化中，不要将它们混淆。串口初始化是选择通信方式，而对定时器初始化，是为了让它作为波特率时钟。

T1 作波特率时钟时的溢出率计算方法如下：

(1) T1 工作于方式 0，一般不用。

(2) T1 工作于方式 1 时，设 T1 的初值为 Z(16 位)，则 T1 的溢出率(m)为

$$m = \frac{f_{osc}}{12}(2^{16} - Z + \text{NR})^{-1} = \frac{f_{osc}}{12 \times (2^{16} - Z + \text{NR})} \tag{7-5}$$

式中，NR 为执行 T1 溢出到恢复初值的中断服务的周期数：NR=N1+N2。其中 N1 为 CPU 系统从响应中断到转入中断服务程序所需的机器周期数，一般 N1=5；N2 为执行为定时器重装初值的机器周期数，取 N2=4。所以，NR=9。

由于方式 1 不具备时间常数自动重装的功能，T1 作波特率时钟时，频繁溢出并申请服务，将占用 CPU 大量时间，降低了 CPU 的工作效率；加上系统中断响应时间的不确定性，使 NR 不确定，致使溢出率直到波特率都不是一个稳定的值，所以不提倡使用。

(3) T1 工作于方式 2 时，设 T1 的初值为 Z，则 T1 的溢出率(m)为

$$m = \frac{f_{osc}}{12}(2^8 - Z + \text{NR})^{-1} = \frac{f_{osc}}{12 \times (256 - Z)} \tag{7-6}$$

因为 T1 方式 2 有自动重装定时常数的功能，所以 NR=0。因此，T1 方式 2 下的波特率是一个稳定的值，并且不占用 CPU 的工作时间，是首选的工作方式。

【例 7-3】 波特率计算方法与误差分析。设串行口工作于方式 1 或方式 3，波特率定为 2400，T1 工作于方式 2，系统 f_{osc}=6MHz。求 T1 的初值和波特率的误差。

解：综合式(7-2)和式(7-5)，得

$$\text{Baud} = \frac{2^{SMOD}}{32} \times \text{T1 的溢出率} = \frac{2^{SMOD}}{32} \times \frac{f_{osc}}{12 \times (256 - Z)} \tag{7-7}$$

本例中，Baud=2400，整理式(7-7)得

$$Z = 256 - \frac{2^{SMOD}}{32} \times \frac{f_{osc}}{12 \times 2400} \tag{7-8}$$

取 SMOD=0 得 Z=249.49，由于 Z 只能取整数，若取 Z=250，波特率为

$$\text{Baud} = \frac{1}{32} \times \frac{6 \times 10^6}{12 \times (256 - 250)} \approx 2604$$

波特率相对误差为

$$\varepsilon = \frac{2604 - 2400}{2400} \times 100\% = 8.5\%$$

同理，若取 $Z=249$，则波特率等于 2232，波特率相对误差为

$$\varepsilon=\frac{2232-2400}{2400}\times 100\%=-7\%$$

误差过大，不宜使用。实践表明：当两个串行通信设备之间的波特率误差超过2.5%时，串行通信将无法进行。

为此，取 SMOD=1，计算得 $Z=242.98$，取 $Z=243=\text{F3H}$，波特率为 2403.8，误差为 0.16%，可满足精度要求。但波特率误差仍然存在。

彻底消除波特率误差的途径是：选择 51 机系统的 f_{osc} 值，当 f_{osc} 为 1.8432 的整数或半整数倍时，就可以消除波特率误差了。11.0592 是 1.8432 的 6 倍，且与标准 51 机最高频率(12MHz)最接近，所以这个频率最常用。

在方式 1、方式 3 下，51 机可以和标准 RS-232 设备，如 PC 等进行通信。这是串口方式 1、方式 3 被常用的原因。

工程书籍中将常用波特率与 T1 初值的对应关系以表格形式列出，如表 7-5 所示，给单片机开发者提供了很大方便。但表格不可能将所有时钟频率下对应的定时器初值情况都列出，所以，参照公式计算给定波特率下的定时器初值非常重要。

表 7-5 常用波特率与 T1 计数初值的关系

串行口工作方式	波特率/(b/s)	f_{osc}=6MHz			f_{osc}=12MHz			f_{osc}=11.0592MHz		
		SMOD	TMOD	TH1	SMOD	TMOD	TH1	SMOD	TMOD	TH1
方式 0	1M	—	—	—	×	×	×	—	—	—
方式 2	375k	—	—	—	1	×	×	—	—	—
	187.5k	1	×	×	0	×	×	—	—	—
方式 1 或 方式 3	62.5k	—	—	—	1	20	FFH	—	—	—
	19.2k	—	—	—	—	—	—	1	20	FDH
	9.6k	—	—	—	—	—	—	0	20	FDH
	4.8k	—	—	—	1	20	F3H	0	20	FAH
	2.4k	1	20	F3H	0	20	F3H	0	20	F4H
	1.2k	1	20	E6H	0	20	E6H	0	20	E8H
	600	1	20	CCH	0	20	CCH	0	20	D0H
	300	0	20	CCH	0	20	98H	0	20	A0H
	137.5	1	20	1DH	0	20	1DH	0	20	2EH
	110	0	20	72H	0	10	FEEBH	0	10	FEFFH

【例 7-4】 两台相近的 51 机以方式 1 进行通信，约定波特率为 9600。A 机的 f_{osc} 为 11.0592MHz，B 机的 f_{osc} 为 7.3728MHz，试分别编写 A 机发送一个数据帧、B 机接收一个数据帧的程序。

解：实现本例题通信程序的调试并验证通信正确性的步骤如下：

(1) 设两机相距不远,无须调制与电平转换,通信线路如图 7-11 所示。

(2) 确定 T1 的工作方式并计算初值。首选 T1 方式 2。A 机 T1 的初值可直接从表 7-5 中查出,为 FDH(SMOD=0)。计算 B 机 T1 的初值时,将式(7-8)中的 2400 改为 9600,并取 SMOD=0,得

$$Z = 256 - \frac{1}{32} \times \frac{7.3728 \times 10^6}{12 \times 9600} = 256 - 2 = 254 = \text{FEH}$$

还可取 SMOD=1,这时 Z=FCH。在两个可取的初值中,应尽量取 SMOD=0,其波特率因子比取 SMOD=1 时大,通信的可靠性更高。

(3) 编写发送方参考程序如下:

```
        ORG     0000H
        AJMP    START
        ORG     0040H
START:  MOV     SP,#5FH
        MOV     TMOD,#20H                   ;T1 方式 2,定时
        MOV     TH1,#0FDH
        MOV     TL1,#0FDH                   ;T1 的初始化完成
        MOV     SCON,#40H                   ;方式 1,禁止接收 SM2=0
        MOV     PCON,#00H                   ;不加倍,串口初始化完成
        SETB    TR1                         ;开启波特率发生器
        MOV     SBUF,#0AAH
WAIT:   JBC     TI,STOP
        SJMP    WAIT
STOP:   SJMP    STOP
        END
```

(4) COPY 发送程序,稍加修改得接收方参考程序如下:

```
        ORG     0000H
        AJMP    START
        ORG     0040H
START:  MOV     SP,#5FH
        MOV     TMOD,#20H                   ;T1 方式 2,定时
        MOV     TH1,#0FEH
        MOV     TL1,#0FEH
        MOV     SCON,#50H                   ;方式 1,允许接收,SM2=0
        MOV     PCON,#00H                   ;波特率不加倍
        SETB    TR1                         ;开启波特率发生器
WAIT:   JBC     RI,RECI
        SJMP    WAIT
RECI:   MOV     A,SBUF
        SJMP    $
        END
```

(5) 进入仿真调试界面。分别对 A、B 两个源程序进行编译和连接,直到通过。

(6) 调试程序。先运行接收程序。将光标定位到接收完成行上(本例在 SJMP $ 这一行)。程序运行到光标处调试命令,等待 A 机发数据。在 A 机发送数据之前,B 机应处于 BUSY 状态,否则说明系统有故障。此时,应将仿真器复位,检查系统的软硬件。

现在运行发送程序。将光标停在 STOP: SJMP STOP 这一行,执行运行到光标命令后,双方仿真机都应停在光标所在的行才正确。现在检验通信是否成功:已知 A 机发的数据是 AAH,则 B 机收到的数应为 AAH(在哪里? 如何能看到?)。若 B 机停不下来,或 B 机接收的数据不是 AAH,则通信有问题。再次检查通信线路、程序及仿真机的设置。

调试成功后,A、B 交换程序,进行反向收/发调试,多数应该是成功的。若不成功,应重点检查线路的连接状况,也不排除仿真器的芯片有损坏的可能。

在此基础上,将程序复杂化,如连续收/发多个数据帧试试,收益将会很大。

7.4.4 累加和校验

本节介绍第二个校验方法——累加和校验。与奇偶校验不同,累加和校验的信息可以是多个数据帧共有的,所以校验效率高。其原理和工作过程如下:

发送方每发一帧信息前,先对帧数据求和并保存在累加和寄存器中,再将数据发出。累加和可以是任意位,但一般保留 8 位。由于累加和位数有限,所以随着累加次数的增加,累加和可能超出 8 位范围,处理的方法是将溢出位丢弃,只保留和的低 8 位。

接收方每接收一帧信息,也要将其中的数据进行一次累加,形成累加和。

在一组数据收/发完后,通信的任一方可将这组数据的累加和也发出去,为对方提供校验依据。校验时将己方累加和与对方的累加和进行比较,若两者相等则可认为这组数据收/发正确,否则,收/发过程中至少存在一次错误。

对于校验的结果,通信双方根据通信协议进行相应的处理。这里没有通用方法。

累加和校验不需要 9 位数据格式支持,串口方式 1、2、3 都可以使用,这是它比奇偶校验优越之处。

另外再重申一次:并不是所有的通信信息都要校验,是否要校验,采用什么校验方法,要根据需要而定。

【例 7-5】 累加和校验的应用示例。设通信双方 51 机的 f_{osc} 均为 11.0592 MHz,约定:波特率为 9600,8 位数据,采用累加和校验。试编写两机的通信程序。

通信任务:A 机发,B 机收 N 个数据($N \leqslant 256$)。发送/接收双方的数据均在以 0200H 为首址的外部数据存储器的连续单元中。

通信协议:A 机在发送数据之前先将数据块长度发给 B 机,接着发 N 个数据给 B 机。当数据全部发送完后,A 机接收 B 机发回的累加和并进行校验,存储校验结论,等待主程序作决策,并结束本次通信过程。B 机发送累加和后,立即结束本次通信过程。

解:波特率设置,T1 工作于方式 2,初值为 FDH,SMOD=0。串行口工作于方式 1。

工作寄存器设置:R6 为数据块长度,R5 为累加和寄存器。

发送方采用查询方式。汇编语言参考程序清单如下:

```
        N       EQU  0              ;发送数据为 256
        ORG     0000H
        SJMP    WORK
        ORG     0040H
        MOV     SP,#6FH
        MOV     TMOD,#20H           ;波特率设置
        MOV     TL1,#0FDH
        MOV     TH1,#0FDH
        SETB    TR1                 ;启动波特率发生器工作
        MOV     SCON,#50H           ;方式 1,REN=1
        MOV     PCON,#00H           ;串口初始化
        LCALL   SEND
        SJMP    $
SEND:   MOV     DPTR,#0200H         ;数据缓冲区首地址
        MOV     R6,#N               ;数据长度
        MOV     R5,#00H             ;累加和单元清零
        MOV     A,R6
        MOV     SBUF,A              ;发送数据长度
        ADD     A,R5
        MOV     R5,A                ;形成累加和并存储
ML4:    JBC     TI,ML5              ;等待发完数据长度帧
        SJMP    ML4
ML5:    MOVX    A,@DPTR             ;读缓冲区数据
        MOV     SBUF,A              ;发送
        ADD     A,R5                ;形成累加和并存储
        MOV     R5,A
        INC     DPTR                ;调整数据指针
ML6:    JBC     TI,ML7              ;等待发完一字节
        SJMP    ML6
ML7:    DJNZ    R6,ML5              ;发完否?
ML8:    JBC     RI,ML9              ;等待 B 机发累加和
        SJMP    ML8
ML9:    MOV     A,SBUF              ;得到 B 机的累加和
        XRL     A,R5                ;若 A=0 则通信成功
        RET
        END
```

本程序就像流水账,查询方式的通信程序就是这样的结构。通信就像人的交谈一样,一应一答,自然流畅。

接收方的 C 语言程序清单如下:

```
#include<Stc12C5A60S2.h>
#define uchar unsigned char
uchar xdata * data_point;                                      //接收数据指针
uchar data Add_sum=0,i=0,first_data=0, Scom_data=255;  //初始化
```

```
void ssio(void)interrupt 4                                   //串口中断服务程序
{
    RI=0;
    if(first_data==0)
    {
        first_data=0xaa;
        Scom_data=SBUF;                                      //接收数据长度值
    }
    else
    {
        *data_point=SBUF;                                    //存储帧数据
        i++;                                                 //帧计数寄存器加 1
        data_point++;                                        //存储地址加 1
    }
    Add_sum+=SBUF;                                           //累加求和
    P2=~Add_sum;                                             //用 LED 灯组显示累加和值
}
void main(void)
{   //SP=0xdf;                                               //52 机堆栈设置,可取舍
    data_point=(char*)0x020200;                              //指针指向 XRAM 的 0200H 单元
    TMOD=0x20;
    TH1=0xfd;
    TL1=0xfd;                                                //波特率 9600
    SCON=0x50;                                               //方式 1 允许接收
    PCON=0x00;
    TR1=1;                                                   //开启波特率时钟
    ES=1;EA=1;                                               //现在开放串口和总中断
    while(i==Scom_data)                                      //接收 N 个数据
    {
        ES=0;                                                //关串口中断,禁止发送中断
        SBUF=Add_sum;
        while(TI !=1);                                       //发送累加和
            TI=0;
        while(1);
    }
}
```

7.5 多机通信原理及系统设计

1. 多机通信的物理基础

多机通信是在同一网络上的多台单片机构成的通信系统。多机通信比双机通信系统复杂,有总线竞争、总线控制权的仲裁以及数据管理等事务,如果这些事务均由 CPU 承担,则 CPU 除了管理通信外,什么事也做不成了。因此,实现多机通信,需要有物理基

础支持。51 机有支持多机通信的通信控制器，其方式 2、方式 3 支持多机通信。

要理解 51 机多机通信的工作原理，就应将问题的焦点集中于串行口控制寄存器 SCON 的 SM2、TB8、RB8 三个位上。其中 SM2 为多机通信控制位。

若 SM2＝1，当接收到的第 9 位数据(RB8)为 0 时，通信控制器将保持 RI＝0 状态，并将接收些数据帧丢弃。只有在 RB8 为 1 时，数据帧才能被接收。

当 SM2＝0 时，则 RB8 不论是否为 1，只要串行口收到有效数据帧，就置位 RI，并将 8 位数据装入 SBUF 中。

在方式 2 和方式 3 下，RB8、TB8(发送方的第 9 位数据)及 SM2 这 3 个控制位在多机通信收、发时所起的作用和它们之间的逻辑关系如表 7-6 所示。

表 7-6 多机通信的 3 个控制位 SM2、RB8 和 TB8 的功能及逻辑关系

发送方		接收方		
通信目的	实现条件	SM2	所处状态	接收条件
广播命令等公共信息	TB8＝1	1	监听广播	RB8＝1
发送节点数据	TB8＝0	0	接收数据	无限制

2. 多机通信的管理方式

多机通信分主-从多机通信和无主多机通信(也称为多主通信)两种方式。

1) 主-从多机通信系统

在主-从多机通信系统中，各计算机所处的地位不同，有主机和从机之分，一般一台单片机为主机，其余均为从机。所有的通信事务均由主机管理，每一次通信均由主机启动并与指定的从机交换信息，而从机总是处于被动地位。由 51 机构成的主-从多机通信系统如图 7-12 所示。主-从多机通信系统具有数据流的流动方向明确、系统软件简单、通信可靠(理论上不会发生数据冲突)等优点。

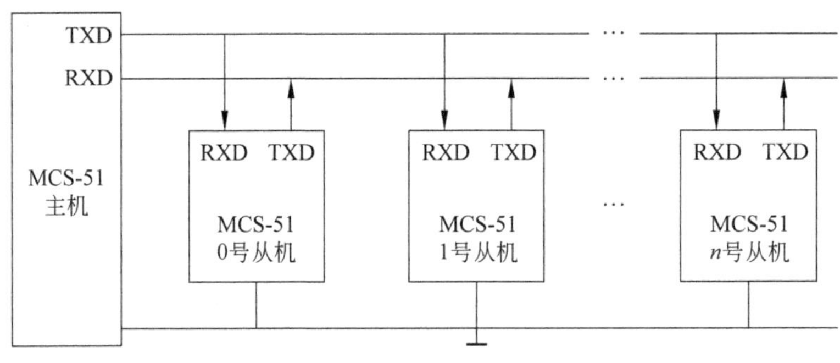

图 7-12 近距离多单片机主-从通信系统

SM2、RB8、TB8 三个控制位在主-从多机通信系统中的作用可以用课堂教学过程的例子加以说明。课堂上，教师为主，学生为从，形成主-从教学模式。教师以广播方式讲课，学生以监听方式听课(SM2＝1)。提问时，教师先广播问题，学生用心听，并记住问题。接着教师点名，仍用广播方式。没有被叫到的学生就不必回答当前问题了(可以放松一下，但还是要听听别人的见解)，但仍在关注着下一次广播(SM2 保持为 1)，因为还会有下一次点名。回答问题时，被点名的同学需将 SM2 暂时清零，才能与教师形成双人通信，直到这一轮提问结束；然后再一次将 SM2 置 1，回到监听状态。

工程上沿用了广播式主-从多机通信方式。系统中有一个主机，相当于教师；其他均为从机，相当于学生。主机采用轮循方式，对“所有成员”提问一遍。顺序为先点名，后提问。主机点名时，所有的从机都要听到。怎样才能做到这一点呢？答案是：从机须处于监听状态，即 SM2＝1，而主机必须将每帧数据的第 9 位(TB8)置位，才能与从机的监听状态相配合，让每一位成员听到广播信息。从机收到信息后，要判断主机是否呼叫自己，被点中的从机可以应答“到”(回复 TB8＝0 的数据帧)以表示在线(也可以不回答，依协议而定)，广播叫号过程就结束了。接着主机再向该从机发送信息，该从机需从监听状态转为接收状态，才能接收信息。而无关的从机如何不受无关信息干扰呢？一种方法是将耳朵堵起来，另一种方法是将信息屏蔽。显然后一种方法更好，实现方法是保持监听状态(SM2＝1)。

从表 7-6 的逻辑关系看出，主机在传送私有信息帧时，TB8 应为 0，这样，无关的从机(SM2＝1)就不会被“私人谈话”干扰了。而被点中的从机应将 SM2 位清零，才能听到“私人谈话”。如此主-从的默契配合，高效的多机通信目的就达到了。当通信完毕后，被点中的从机一定要将自己的 SM2 位再次置位，否则它再不能听到点名广播了。

2) 无主多机通信系统

在无主多机通信系统中，各计算机所处的地位相同，没有主-从之分。系统中每台计算机都有占据总线控制权成为主机的权利。其优点是信息传输速率高，在完善的硬件(主要是通信控制器)和成熟的通信软件支持下，系统的可靠性仍能保证。在工业测控系统中常用的现场总线技术以及工业以太网都属于无主系统。

本书只讨论主-从通信技术。

3. 51 机主-从通信系统的工作过程

(1) 所有从机的初始态均为监听状态，即所有从机的 SM2 位都应置为 1。而主机的 SM2 位都应置为 0，以便接收从机的信息。

(2) 主机首先发出一帧广播地址信息——8 位地址，数据的第 9 位 TB8 为地址/数据信息标志位，该位为 1 表示此帧为地址/命令信息帧。

(3) 从机收到地址帧后，与本从机的地址进行比较，相符时，则将 SM2 位清零，同时将自己的从地址发回主机(可选)，以表示应答(注意，从机发送的信息帧内容一定是数据，而不是命令，所以 TB8 必须为 0)，并准备接收主机随后发来的所有信息。而其他从机则应保持监听状态(SM2＝1)不变，屏蔽与自己无关的数据帧，也不影响继续接收之后的地址/命令信息帧。

(4) 主机收到从机的正确应答后(可选)，进入信息交换过程。此时，主机发出的是数据信息帧而不是地址/命令信息帧。因此，TB8 必须为 0，于是只有被选中的从机才能接收到数据帧，而网内其他无关从机则不会受数据帧的干扰。

(5) 数据帧全部发送完成后，即可结束本次通信过程。这时，被指定的从机一定要回到监听状态(置 SM2 为 1)。否则，该从机会错误地理解之后主机发送的信息含义，如将数据帧理解为地址帧，作出错误应答，从而造成整个通信系统的崩溃。

(6) 重复步骤(1)～(5)，进行下一次通信过程。

4. 防止通信的陷阱

为保证通信的可靠性，可在每个通信环节使用往复应答，但要避免通信进入陷阱。主机呼叫后，有很多原因可造成从机不应答的情况，如果死等应答，随后的通信可能再无法进行，相当于通信进入陷阱之中。此时，可采用多次广播呼叫或限时控制方法，一旦通信超次或超时，主机应结束本次通信过程，并记录通信错误等待处理。

5. 多机通信编程举例

【例 7-6】 某主-从多机通信系统中，所有 51 机的 f_{osc} 均为 11.0592MHz，通信波特率为 9600。现模拟通信内容如下：主机先广播发出 1 字节的地址帧(从机号为 0～255)，接着再发 1 个读或写命令帧。如是写命令，则主机接着发 1 个数据帧；如是读命令，接下来主机在接收从机发回的 1 个数据帧后完成通信任务。

解：为实现题目要求，通信双方编程必须按主-从系统的通信步骤要求进行。

51 机只有方式 2、方式 3 支持多机通信。题目要求波特率为 9600，所以只能选用方式 3。

主机参考汇编程序如下：

```
          ORG       0000H
          SJMP      START
          ORG       0040H
START:    MOV       SP,#60H
          MOV       TMOD,#20H                  ;定时器 1 方式 2
          MOV       TH1,#0FDH
          MOV       TL1,#0FDH                  ;波特率 9600
          MOV       PCON,#00H
          MOV       SCON,#0C0H                 ;方式 3
          SETB      REN
          SETB      TR1                        ;启动波特率时钟
          SETB      TB8                        ;准备发(地址)命令
          MOV       SBUF,B                     ;被呼叫的从机号存于 B 中
WAIT1:    JBC       TI,CON1                    ;等待发送完成
          SJMP      WAIT1
CON1:     CLR       TB8                        ;发送命令
          MOV       A,R5                       ;命令存于 R5 中,00H 为写,01H 为读
          MOV       SBUF,A
WAIT2:    JBC       TI,CON2
          SJMP      WAIT2
```

```
CON2:   CJNE    A,#00H,READ         ;转读命令处理
        MOV     A,R6                ;要发送的数据存于 R6 中
        MOV     SBUF,A
WAIT3:  JBC     TI,CON3
        SJMP    WAIT3
CON3:   SJMP    STOP
READ:   JBC     RI,STOP1
        SJMP    READ
STOP1:  MOV     R7,SBUF             ;接收从机的数据存于 R7 中
STOP:   SJMP    STOP
        END
```

从机参考汇编语言程序如下：

```
        ORG     0000H
        SJMP    START
        ORG     0023H
        LJMP    SCOM
        ORG     0050H
START:  MOV     SP,#60H
        MOV     TMOD,#20H           ;定时器 1 方式 2
        MOV     TH1,#0FDH
        MOV     TL1,#0FDH
        MOV     PCON,#00H           ;波特率 9600
        MOV     SCON,#0E0H          ;方式 3,SM2=1(地址)
        SETB    REN
        SETB    ES
        SETB    TR1                 ;启动波特率时钟
        SETB    EA
STOP:   SJMP    STOP                ;多次通信调试用
SCOM:   CLR     RI
        CLR     ES                  ;禁止串口中断
        MOV     A,SBUF
        CLR     C
        SUBB    A,B                 ;B 存放从机号码
        JNZ     CON4                ;不是本机,退出中断
        CLR     SM2                 ;是本机,准备接收命令
WAIT1:  JBC     RI,CON1
        SJMP    WAIT1
CON1:   MOV     A,SBUF
        JNZ     READ                ;不是写命令,转读处理
WAIT2:  JBC     RI,CON2             ;主机收,从机发
        SJMP    WAIT2
CON2:   MOV     R6,SBUF             ;R6 存放主机发来的信息
        SJMP    CON4
```

```
READ:   MOV     SBUF,R5                 ;R5存放从机要发的信息
CON3:   JBC     TI,CON4
        SJMP    CON 3
CON4:   SETB    ES                      ;允许串口中断
        SETB    SM2
        RETI
        END
```

注意：本例从机处理串口的方法是中断与查询结合。先用串口中断快速响应接收数据帧偶然事件，接着在中断服务程序中完成一次通信过程的所有任务(任务轻)，处理任务的指令夹在禁止和允许串口中断指令之间。

7.6 RS-232C 接口标准

1. RS-232C 标准接口

RS-232C 是一种标准接口，常用的是 DB9 型串行接口连接器，如图 7-13 所示。连接器各引脚名定义如下：

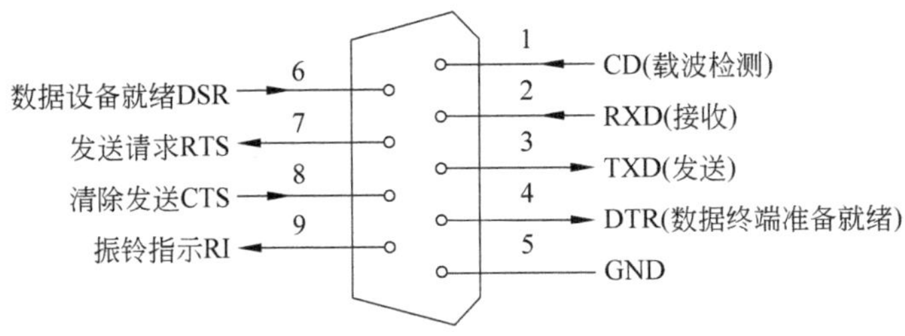

图 7-13 DB9 型 RS-232C 连接器引脚定义

地线：GND。

串行数据接收端：RXD，输入，空闲时为负电位(逻辑 1)。

串行数据发送端：TXD，输出空闲时为负电位(逻辑 1)。

联络(控制)信号：RTS，发送请求端，输出。

清除发送：CTS，输入。

数据终端(DTE)就绪信号，DTR，输出。

数据设备(DCE)准备就绪信号：DSR，输入。

调制解调器状态信号：RI，振铃指示。

载波检测：CD，输入。

RI 和 CD 两信号是专为电话网设计的，只有利用调制解调器进行远程通信时才需要。

2. RS-232C 逻辑电平

在 RS-232C 标准中，为保证数据可靠传送，均采用 EIA 电平。规定用－3～－15V 表示逻辑 1，＋3～＋15V 表示逻辑 0。－3～＋3V 为过渡区，它保证即使信号线受到干

扰，其信号的逻辑也不易发生变化。

RS-232C标准规定发送端与接收端之间必须保证2V的噪声容限。

噪声容限是指发送端逻辑电平下限的绝对值与接收端识别逻辑所需电平下限绝对值之差。例如，RS-232C接收电平下限为3V，噪声容限为2V，则发送端下限绝对值为3V+2V=5V。则发送端逻辑0的电平要在+5～+15V，逻辑1在−5～−15V之间。

3. RS-232C标准的电气连接方式

RS-232C标准中，采用如图7-14所示的非平衡的连接方式，即每条信号线为一条连线。缺点是信道噪声会叠加在信号上并全部反映到接收器中，误码率高；优点是降低了通信成本，在短距离通信中(RS-232C标准中规定为15m)常用。

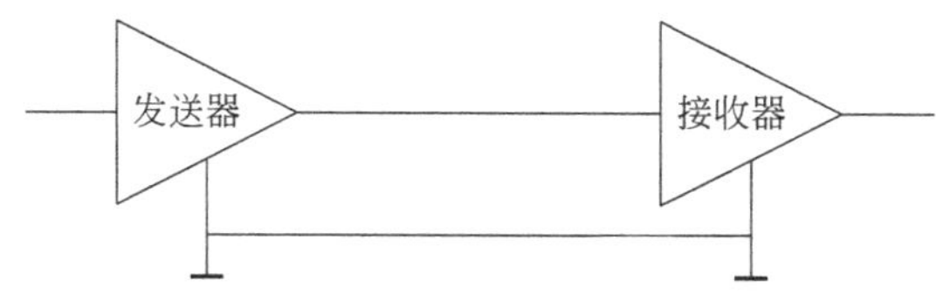

图7-14 RS-232C电气连接方式示意

4. RS-232C设备与TTL/CMOS器件接口-电平转换

PC及带有异步串口的设备有RS-232C标准接口。在工程应用中，常需要在单片机与PC或其他带有RS-232C接口的设备进行通信。51机串口信号采用正逻辑TTL电平，与RS-232C采用的EIA电平不兼容，但帧格式相同，因此它们有互通条件，但需要对两种逻辑电平进行转换，这一技术已经非常成熟，一种典型芯片MAX232的内部结构及TTL电平与EIA电平转换的应用电路如图7-15所示。

在实际应用系统中，可以使用RS-232C中的4个联络信号，通过硬件握手方式，进一步保证通信可靠性，但这会增加硬件成本。在长距离通信的情况下，用软件握手的方式一样能保证通信的可靠性。通信电路只使用RXD、TXD和GND这3条线。

从硬件上说，由于图7-15在传输线上加了电平转换器，从而实现了通信双方的电平匹配。而帧格式没有任何改变。这样，能在图7-11(直接用电线连接的通信双方)上实现通信功能的程序，不需做任何修改，可直接应用于图7-15系统上。不必细究硬件原理，将图7-15中的电平转换部分看成一个黑盒子或通信电路的一部分，转换电路的作用有点像处于两个说不同语言的人之间的翻译。

5. USB转串口电路

目前，计算机上的RS-232C串口正在逐渐被USB接口取代，新型笔记本已没有RS-232C的接口了。但工程技术人员不愿放弃对RS-232接口的使用。为此，很多公司提供了USB转串口方案。本书不准备讨论USB转串口的原理，只是从应用角度提供一个被证明过的可靠、好用的电路，与读者共享。电路如图7-16所示，元件参数见表7-7。

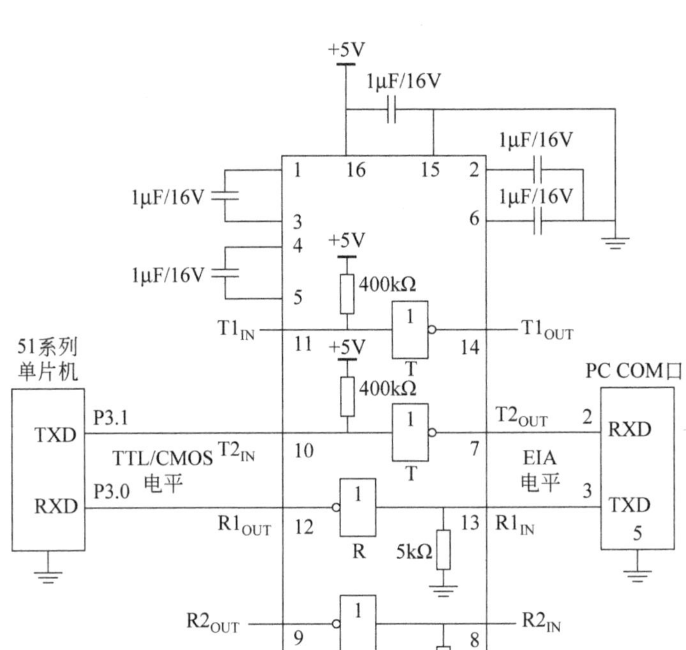

图 7-15 MAX232 电平转换器内部结构及在 RS-232 通信中的应用

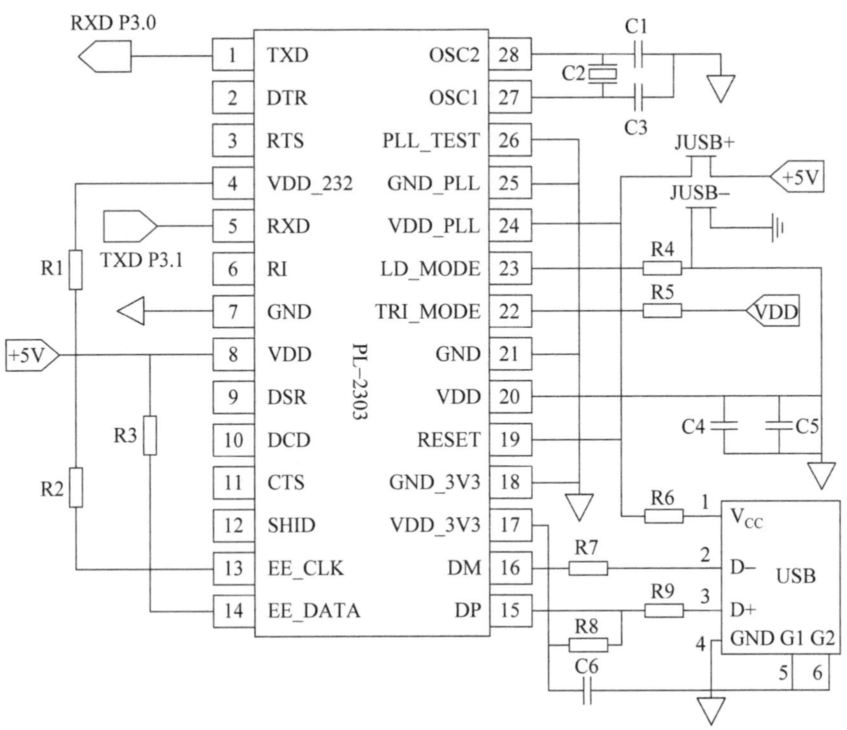

图 7-16 隔离的 USB 转串口

表 7-7 USB 转串口电路元件参数

元件	R1	R2	R3	R4	R5	R6	R7	R8	R9
参数	10kΩ	10kΩ	10kΩ	220kΩ	220kΩ	0Ω	15Ω	1.5kΩ	15Ω
元件	C1	C2	C3	C4	C5	C6			
参数	22pF	12MHz	22pF	10μF	0.1μF	0.1μF			

图 7-16 中的核心元件是 PL-2303。对其 4 脚处理可使该电路适用于 3V 和 5V 供电系统。当引脚 4 悬空时，电路为 3V 的 TTL 串口；当引脚 4 上拉到 5V 时，电路为 5V 的 TTL 串口。图 7-16 左边是 TTL/CMOS 电平标准，与单片机接口；右边通过 USB 与 PC 连接，电路可以用外接电源，也可以使用 PC 的 USB 接口上的 5V 电源为电路供电。

为了 PC 的安全及避免单片机系统受 PC 边的干扰，可以用光电耦合器将 PC 与单片机隔离，电路如图 7-17 所示，其元件参数见表 7-8。

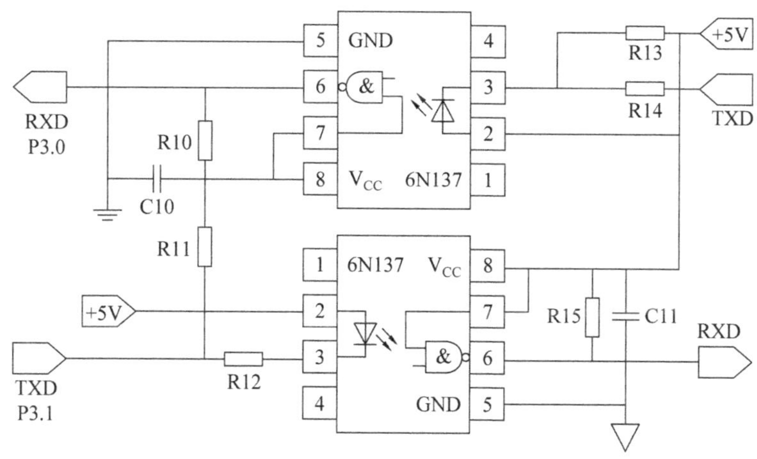

图 7-17 隔离的 USB 转串口原理图

表 7-8 图 7-17 电路中元件的参数

元件	R10	R11	R12	R13	R14	R15	C10	C11
参数	6.2kΩ	10kΩ	390Ω	10kΩ	390Ω	6.2kΩ	0.1μF	0.1μF

7.7 RS-485 接口

当传输线为 15m 时，RS-232C 通信速率须小于 20kb/s。为了实现在更大距离和更高的速率传输，EIA 在 RS-232C 的基础上，制定了更高性能的接口标准。RS-422A 标准是一种平衡传输方式。所谓平衡方式，是指双端发送和双端接收方式，所以，传送信号要两条线，发送端和接收端分别采用平衡发送器(驱动器)和差动接收器，如图 7-18 所示。

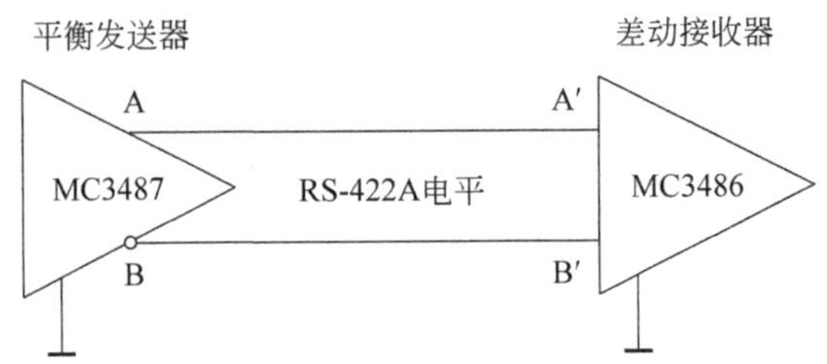

图 7-18 RS-422A 标准传输线连接

7.7.1 RS-485 接口标准

RS-485 与 RS-422A 标准兼容，但扩展了 RS-422A 的功能。RS-422A 标准只允许电路中有一个发送器，而 RS-485 允许电路中有多个发送器，它允许一个发送器驱动多个负载设备。RS-485 共线电路的结构是在一对平衡传输线的两端都配置终端电阻。其发送器、接收器和组合收发器可挂在传输线上的任何位置，实现在数据传输中多个驱动器和接收器共用一传输线的多点应用，其配置如图 7-19 所示。RS-485 具有如下特点：

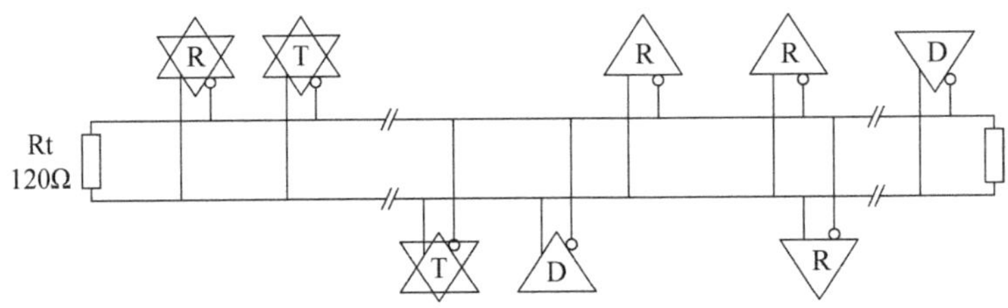

图 7-19 典型的 RS-485 共线配置

(1) RS-485 标准采用差动收/发，共模抑制比高，抗干扰能力强。图 7-20 表示传输线上的差动信号。传输线 AA′为正相信号，BB′上则为与 AA′反相的信号。接收器对两路信号进行 A－B 操作后，再将信号还原成 TTL/CMOS 原始电平信号。设想在数据通信期间，共模干扰加在传输线上，由于两条传输线没有差别，所以它们上面的信号将受到同样程度、方向的干扰，导致信号变形。接收器的 A－B 操作将信号对上的共模干扰减去，而信号中有用成分的电平幅度则为每条传输线上的两倍。

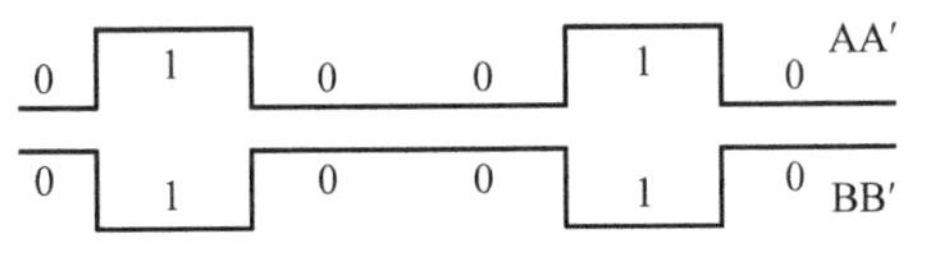

图 7-20 差动信号数据流波形示意

(2) 传输速率高。最大传输速率可达 10Mb/s(15m 时)，传输信号的摆幅小(200mV)。

(3) 传送距离远。以双绞线传输为例，当用 100kb/s 的速率传输时，最大距离可达 1200m，若传输速率下降，则传送距离可以更远。

(4) 能够实现多点的通信。RS-485 允许平衡电缆上连接 32 个发送器和接收器对。

7.7.2 RS-485 发送/接收器

为了实现 RS-485 通信，许多公司推出了平衡发送/接收器。这里仅介绍 MAX485：±15kV ESD 保护、摆幅限制、低功耗 RS-485/RS-422 发送/接收器。

MAX485 发送/接收器内部结构及典型应用电路如图 7-21 所示。各引脚定义如下：

RO：驱动器输出。

DI：驱动器输入。

$\overline{RE}$：接收输出使能，低电平有效。当$\overline{RE}$为高电平时，RO 为高阻。

DE：驱动输出使能，高电平有效。

A：同相接收输入/同相驱动输出。

B：反相接收输入/反相驱动输出。

MAX-485 发送/接收器的功能见表 7-9。

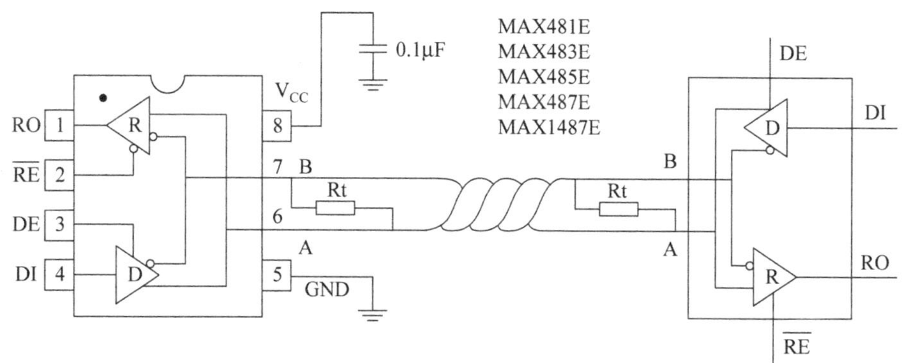

图 7-21 MAX485 的结构及典型应用

表 7-9 MAX485 功能表

发送期间					接收期间			
输入			输出		输入			输出
$\overline{RE}$	DE	DI	A	B	$\overline{RE}$	DE	A－B	RO
×	1	1	1	0	0	0	≥+0.2V	1
×	1	0	0	1	0	0	≤−0.2V	0
0	0	×	高阻	高阻	0	0	输入开路	1
1	0	×	高阻	高阻	1	0	×	高阻

7.7.3 51 单片机 RS-485 通信系统设计

51 机与 MAX485 构成的 RS-485 标准通信系统如图 7-22 所示。

51 机串口的信号经图 7-22 中的 MAX485 转换，便能产生 RS-485 标准信号。应注意对图中 MAX485 的$\overline{RE}$、DE 的控制方式能够使 P1.5 管理数据流的方向，因此编程时要

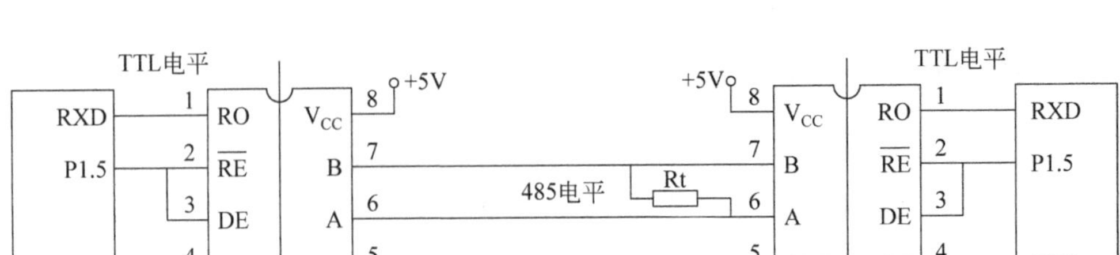

图 7-22 51 机与 MAX485 构成的 RS-485 通信系统

根据通信时的收、发进程改变 P1.5 的状态。如果将图 7-22 中的$\overline{RE}$接地，DE 接电源，可以省去这个 I/O 口。

【例 7-7】 两台 51 机以串口方式 1 进行 RS-485 通信，系统电路如图 7-22 所示。约定波特率为 9600。A、B 两机的 f_{osc} 均为 11.0592MHz。首先 A 机发一个数据到 B 机，B 机接收到 A 机的数据后再将原数据发回发送方作为应答。试编程实现之。

解：发送方参考程序如下：

```
        ORG     0000H
        AJMP    START
        ORG     0040H
START:  MOV     SP,#5FH
        MOV     SMOD,#20H               ;T1 方式 2,定时
        MOV     TH1,#0FDH
        MOV     TL1,#0FDH
        MOV     SCON,#40H               ;方式 1,禁止接收 SM2=0
        MOV     PCON,#00H               ;波特率 9600,不加倍
        SETB    TR1                     ;开启波特率发生器
        SETB    P1.5                    ;发送状态
        MOV     SBUF,#0AAH
WAIT:   JBC     TI,WAIT1
        SJMP    WAIT
WAIT1:  CLR     P1.5                    ;接收状态
WAIT2:  JBC     RI,REV
        SJMP    WAIT2
REV:    MOV     A,SBUF
        ......                          ;处理工作
STOP:   SJMP    STOP
        END
```

接收方参考程序如下：

```
        ORG     0000H
        AJMP    START
        ORG     0040H
START:  MOV     SP,#5FH
```

```
        MOV     SMOD,#20H              ;T1 方式 2,定时
        MOV     TH1,#0FDH
        MOV     TL1,#0FDH
        MOV     SCON,#50H              ;方式 1,允许接收 SM2=0
        MOV     PCON,#00H              ;波特率不加倍
        SETB    TR1                    ;开启波特率发生器
        CLR     P1.5                   ;接收状态
WAIT:   JBC     RI,TRANS
        SJMP    WAIT
TRANS:  MOV     A,SBUF
        SETB    P1.5                   ;发送状态
        MOV     SBUF,A
WAIT1:  JBC     TI,WAIT2
        SJMP    WAIT1
WAIT2:  CLR     P1.5                   ;再进入接收状态
STOP:   SJMP    $
        END
```

从 51 机的 UART 到 RS-232 再到 RS-485 通信标准,都是以帧为单位的异步串行通信,在这几个标准之间,软件是兼容的。硬件只决定系统的性能,是通信介质的一部分,它完成对信号的转换,而转换工作与软件无关。

7.8 串口方式 0 应用举例

51 机 UART 方式 0 为移位寄存器方式,其数据传输原理如图 7-9 所示,串口方式 0 只能用于控制内部有移位寄存器的器件,本节对方式 0 的应用技术进行专项讨论。

7.8.1 LED 数码管的电路结构与显示原理

在单片机系统中的字符显示器中,LED 数码管是使用最普遍的一种。数码管正面由 7 个长条形 LED 灯排列成一个“8”字,这些 LED 灯亮灭的组合,能显示出 0～F 共 16 个数码的形状态,故得名为数码管,如图 7-23 所示。

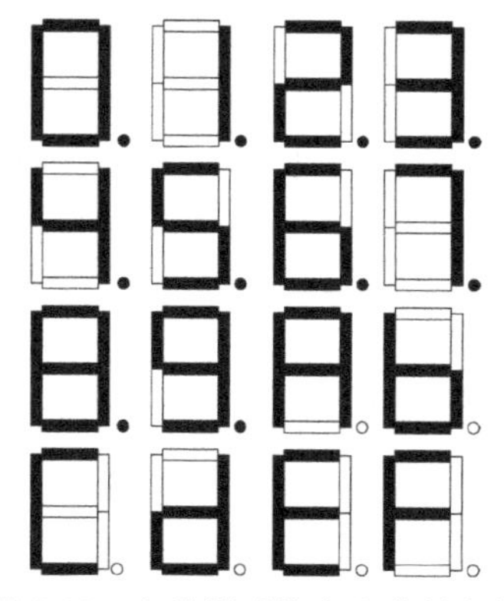
图 7-23 七段数码管十六进制字符

习惯上,将数码管中的 8 个 LED 灯称为段,依次命名为 a、b、c、d、e、f、g、DP 段,其中 DP 为小数点。

数码管的电路结构如图 7-24 所示。图 7-24(a)中的 8 个发光二极管的负极接在一起,称为共阴极数码管。当其阴极接地,阳极输入驱动电流时,即可实现发光显示。图 7-24(b)中的 8 个发光二极管的正极接在一起,称为共阳极数码管。一位共阳极数码管与 51 机的接口电路如图 7-25 所示。由于 LED 灯是电流驱动器件,需用电流调节其亮度。在室内,普通亮度二极管

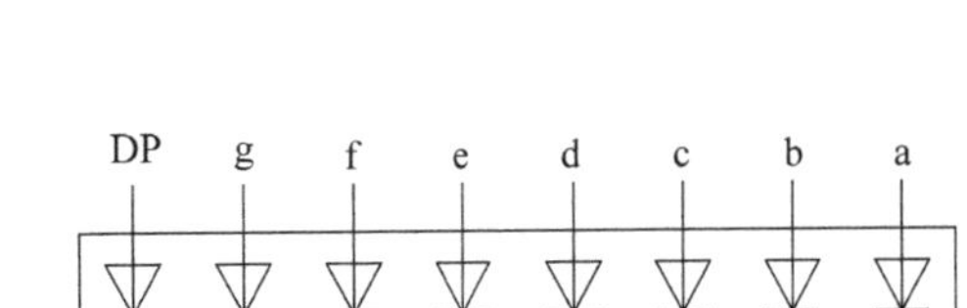

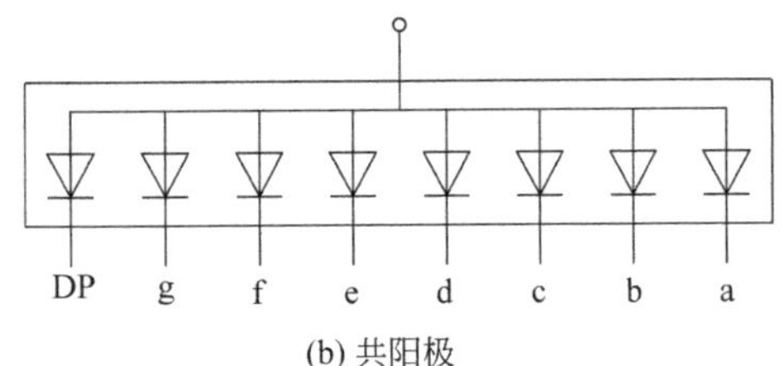

(b) 共阳极

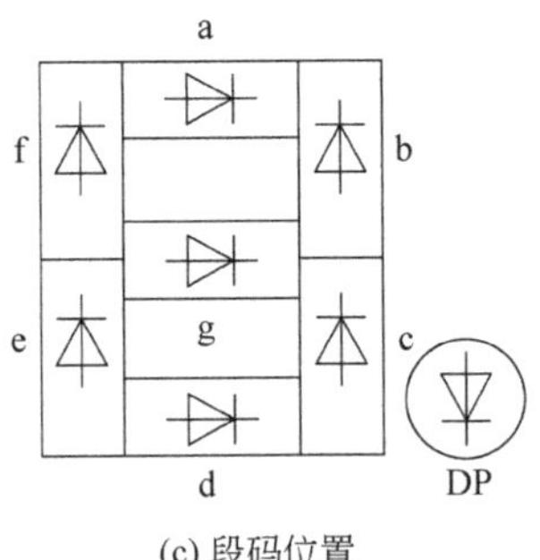

(c) 段码位置

图 7-24　七段 LED 数码管电路结构示意图

工作电流应在 15～20mA 之间；高亮管在 5mA 左右，特亮管有1～2mA就有明显的对比度了。图 7-25 中的电阻起限流作用，电阻值计算公式为

$$R = \frac{V_p - V_D}{I_D} \tag{7-9}$$

式(7-9)中，V_p 为供电电压，V_D为发光二极管的导通压降，I_D为工作电流。设 $V_p = 5V$，$V_D = 2.5V$，$I_D = 10mA$。则由式(7-9)得

$$R = \frac{V_p - V_D}{I_D} = \frac{5V - 2.5V}{10mA} = 0.25k\Omega = 250\Omega$$

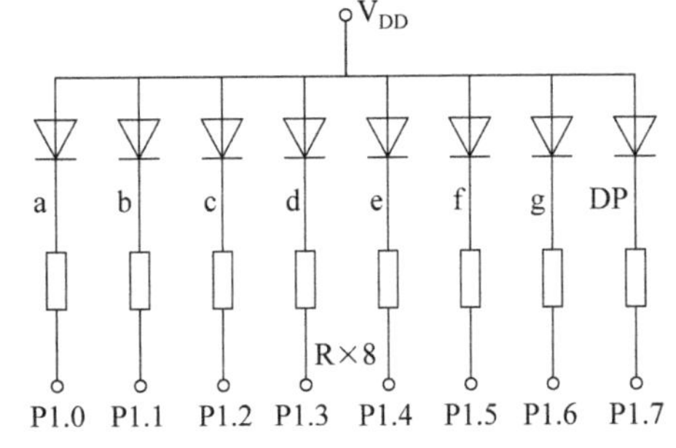

图 7-25　共阳数码管与 51 机的接口

根据数码管各段与 I/O 的对应关系、共阳极数码管控制端为低电平以及对应的段点亮的逻辑，再对照图 7-23，就可定义出 0～F 的段码。例如，要显示"1"，b、c 段的段应为低电平，其他段高电平，对应的 I/O 从高到低排列，得：11111001B＝F9H，这就是数"1"的段码。同理得出数符 0～F 的段码(DP 段不亮)分别为 C0H、F9H、A4H、B0H、99H、92H、82H、F8H、80H、90H、88H、83H、C6H、A1H、86H、8EH，称为共阳码。

对应图 7-24(a)的 0～F 共阴极数码管的段码为 3FH、06H、5BH、4FH、66H、6DH、7DH、07H、7FH、6FH、77H、7CH、39H、5EH、79H、71H，称为共阴码。

如需在数码管上显示一个数，先将此数放入 A 中，再用指令"MOVC A,@A＋DPTR"读取段码，指令是以 DPTR 与 A 的内容之和为地址，将该程序存储器单元的内容读入累加器 A 中。再将该段码写到驱动端口上(图 7-25 为 P1 口)，一次显示操作完成。具体程序段如下：

```
MOV     A,#XXH                                    ;待显示数传送到 A 中
```

```
MOV     DPTR,#TABLE                          ;该指令将段码表首址装入 DPTR
MOVC    A,@A+DPTR                            ;TABLE+03H 单元的内容(B0H)读入 A
MOV     P1,A                                 ;段码 B0H 在 P1 口输出,完成显示
TABLE: DB 0C0H,0F9H,0A4H,0B0H,99H,92H,82H,0F8H,80H,90H,88H,83H,0C6H,0A1H,
86H,8EH
```

7.8.2 多位 LED 数码管的驱动

对于多位 LED 数码显示，比如 6 位，驱动电路设计要考虑位和段的配合问题，显示驱动程序因驱动电路而不同。多位 LED 数码显示驱动分静态和动态两种方式。

(1) 静态驱动：各数码管的显示控制电压或电流处于恒定状态(变化显示内容时除外)，需要多片集锁存、驱动为一体的芯片构成驱动电路。静态驱动方式的硬件电路复杂、成本高，但显示内容不需要 CPU 维持，显示效果好。随着驱动器件成本的下降，静态驱动方式应用越来越广泛。

(2) 动态驱动：各数码管按位分时选通，其显示原理与电影和电视相同，利用人的视觉暂留特性实现显示效果。例如，要顺序显示"123456"六个字符，先输出"1"的段码，然后选通最高显示位，并适当延时，待达到稳定显示效果后，再依次输出"2"～"6"的段码，并分别依次选通 2～6 位数码管，完成一次完整的驱动。为了得到连续稳定的显示效果，需不停地重复以上操作，"123456"就停在人的视觉中了。参考电影一秒钟放 24 帧的视觉效果，在动态显示时，若每秒钟重复显示 20 次以上，就可以得到稳定画面的显示效果了。

采用动态扫描，显示驱动芯片可以共用，因此器件用量少，显示成本低。但硬件成本降低是以 CPU 投入时间进行显示扫描为代价的。

设计显示驱动电路时，要协调好硬件成本和 CPU 开销的矛盾。一般而言，对于同一个 LED 发光管，静态驱动比动态驱动的使用寿命更长。

7.8.3 多位 LED 数码管的驱动电路设计

设计多位 LED 数码管显示驱动电路，供选择的芯片很多，它们可以做成静态或动态驱动形式。本节介绍一种应用较为普遍的驱动芯片——74HC595。

1. 74HC595 的一般特性

74HC595 是具有 8 位移位寄存器、带三态锁存输出的逻辑芯片。其输出引脚 QA～QH 的驱动能力达±35mA，QH′为±25mA，可直接驱动发光二极管。它带有串行数据输出端，可实现多个芯片的级联。由 74HC595 构成的两位 LED 数码管显示驱动电路如图 7-26 所示。74HC595 各引脚(见图 7-26)定义如下：

引脚 1～7、15(QA～QH)：数据输出端，QA 对应于输入数据的最高位。

引脚 9(QH′)：串行数据输出端，用于多个 74HC595 的级联，与 SI 配对使用。

引脚 10($\overline{\text{SCLR}}$)：移位寄存器清除输入。

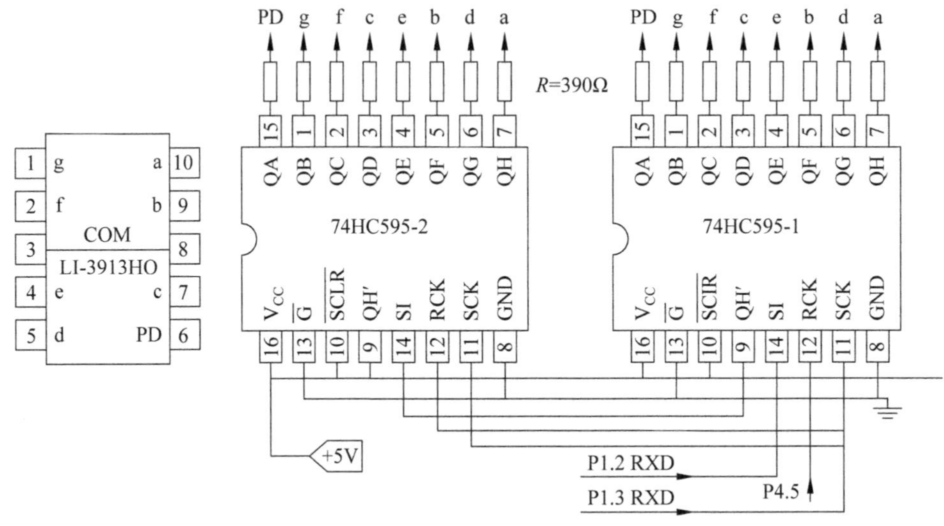

图 7-26 由 74HC595 构成的两位 LED 数码管静态显示驱动电路

引脚 11(SCK)：移位寄存器时钟输入端。

引脚 12(RCK)：存储寄存器时钟输入端。

引脚 13($\overline{G}$)：输出使能控制端。

引脚 14(SI)：串行数据输入端。

表 7-10 是 74HC595 的功能表，图 7-27 是 74HC595 的时序图。即 74HC595 工作时，相关的输入信号和输出信号的时间关系图。每种芯片的用户手册上都会同时提供该芯片工作原理的文字说明和时序图，学会阅读时序图是必要的。

表 7-10 74HC595 功能表

输入					功能
SI	SCK	$\overline{SCLR}$	RCK	$\overline{G}$	
×	×	×	×	H	QA～QH 输出禁止
×	×	×	×	L	QA～QH 输出允许
×	×	L	×	×	移位寄存器清零
L	↑	H	×	×	第一步移位寄存器为 L，后续步存储上一步对应的数据
H	↑	H	×	×	第一步移位寄存器为 H，后续步存储上一步对应的数据
×	↓	H	×	×	移位寄存器状态不变
×	×	×	↑	×	移位寄存器数据被放入存储器
×	×	×	↓	×	存储器状态不变

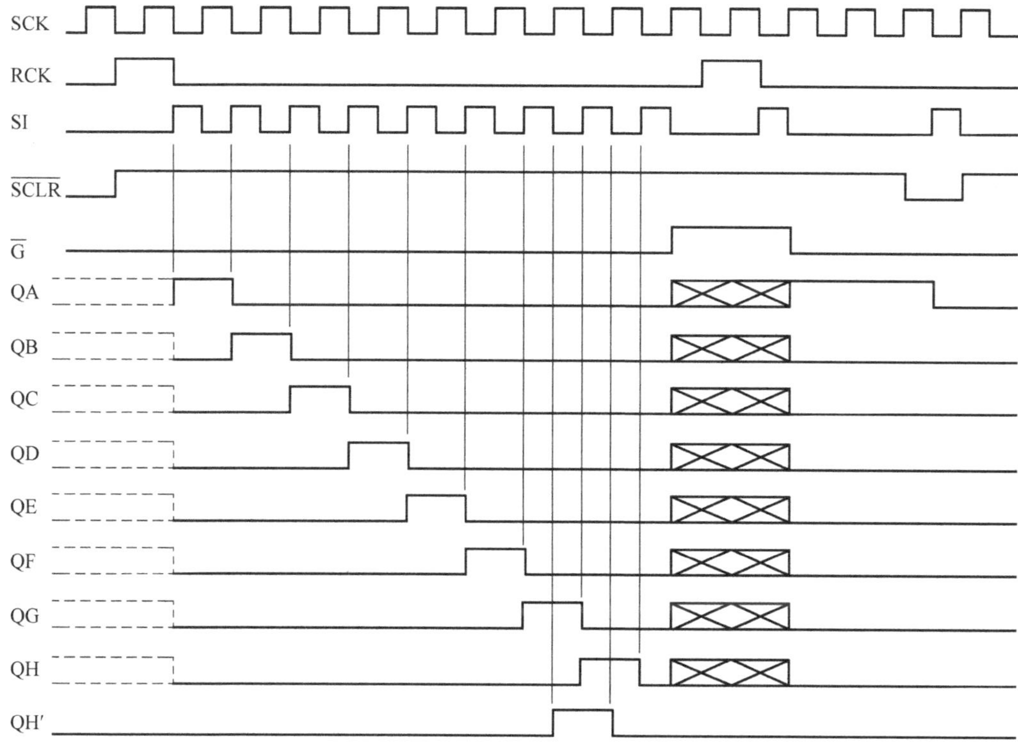

图 7-27 74HC595 时序

从图 7-27 中可得到如下信息：

(1) QH 是数据流的首位，QA 是最后一位，因此，LED 段码要与此顺序匹配。

(2) 数据移位的规则是：在 SCK 的上升沿，SI 线上的数据移入 74HC595 的寄存器。

(3) 每 8 个 SCK 周期，即每传递 8 位数据，RCK 要发出一个正脉冲，在上升沿的作用下，8 位数据被锁存在内部存储器中，并形成输出。

串口方式 0 下，TXD 与 RXD 正好满足图 7-27 中的 SCK 和 SI 的工作时序，再用一位 I/O 作为 RCK 的控制信号线，就可用 51 机实现图 7-27 所示的时序控制了。在串口不足时，可用单片机的 I/O 以"位脉冲"的方式实现对电路的控制。在图 7-26 所示的电路中，P1.2 和 P1.3 是 STC12C5A60S2 的第 2 串口，如果使用这款单片机，读者可以用串口方式 0 和用 I/O 两种方式对电路进行控制。图 7-26 的电路中，上一级 74HC595 的串行数据输出端 QH′与下一级的 74HC595 的 SI 构成串接，称为菊花链。菊花链的长度在理论上没有限制，利用级联的方式可以在此电路基础上扩展更多的 LED 显示位。

图 7-26 中采用共阴极结构的 LED 数码管，根据图中 74HC595 输出引脚的分配情况，得到 0～9 的段码为 0FCH、28H、0F2H、0EAH、2EH、0CEH、0DEH、0A8H、0FEH、0EEH。

2. 74HC595 应用举例

【例 7-8】 用 I/O 方式实现对图 7-26 中两位 LED 数码管的显示驱动。设待显示的十进制数的十位在 R4 中，个位在 R3 中。

解：根据以上图表关系，不难得到该电路对应的驱动程序：

```
          P4      DATA    0C0H                    ;定义 STC 系列 51 机 P4 口寄存器
          SI      EQU     P1.2                    ;P1.2 控制 74HC595 的 SI 端
          SCK     EQU     P1.3                    ;P1.3 控制 74HC595 的 SCK 端
          RCK     EQU     P4.5                    ;标准 51 机可用其他 I/O 替换
          ORG     0000H
          LJMP    MAIN
          ORG     0040H
MAIN:     MOV     SP,#5FH
          SETB    SI
          CLR     RCK
          MOV     0BBH,#0FFH                      ;P4 口设为输出
          MOV     DPTR,#TABLE
          MOV     A,R4
          MOVC    A,@A+DPTR
          LCALL   LOOP
          MOV     DPTR,#TABLE
          MOV     A,R3
          MOVC    A,@A+DPTR
          LCALL   LOOP
          SJMP    $
LOOP:     MOV     R7,#08H
          CLR     C
LOOP1:    RLC     A
          MOV     SI,C
          CLR     SCK
          SETB    SCK
          DJNZ    R7,LOOP1
          CLR     RCK
          SETB    RCK
          RET
TABLE:    DB 0FCH,28H,0F2H,0EAH,2EH,0CEH,0DEH,0A8H,0FEH,0EEH  ;0~9 段码
          END
```

3. 应用串行口方式 0 对 74HC595 的控制方法

【例 7-9】 用 STC12C5A60S2 串口 2 的方式 0 实现对图 7-26 两位 LED 数码管的显示驱动。设待显示十进制数的十位在 R4 中，个位在 R3 中。

解：这是一个串行口方式 0 输出的典型例子。STC12C5A60S2 的串行口与标准 51 机的串行口功能相同，但初始化方法有所不同，应用时可参考有关的数据手册。因为串口方式 0 传送字节数据的次序是低位在前，与 I/O 方式传送数据的次序正好相反，因此方式 0 驱动 74HC595 的段码，正好是例 7-8 所用段码的反序值。参考程序如下：

```
        P4      DATA    0C0H                 ;P4 口地址
        S2CON   DATA    9AH                  ;S2CON 地址
        AUXR    DATA    8EH                  ;辅助寄存器
        BRT     DATA    9CH                  ;独立波特率发生器寄存器
        IE2     DATA    0AFH                 ;中断允许寄存器
        RCK     EQU     P4.5                 ;P4.5 控制 74HC595 的 RCK 端
        S2BUF   DATA    9BH                  ;串口 2 缓冲器地址
        ORG     0000H
        LJMP    MAIN
        ORG     0100H
MAIN:   MOV     SP,#5FH
        MOV     0BBH,#0FFH                   ;P4 口输出
        MOV     S2CON,#00H                   ;串口 2 工作方式 0
        CLR     RCK
        MOV     DPTR,#TABLE
        MOV     A,R4
        MOVC    A,@A+DPTR                    ;得到段码
        MOV     S2BUF,A                      ;方式 0 输出
WAIT:   MOV     A,S2CON
        ANL     A,#02H
        CJNE    A,#02H,WAIT                  ;第 1 位输出
        MOV     A,S2CON
        ANL     A,#0FDH
        MOV     S2CON,A
        SETB    RCK
        CLR     RCK
        MOV     DPTR,#TABLE
        MOV     A,R3
        MOVC    A,@A+DPTR
WAIT1:  MOV     A,S2CON                      ;第 2 位输出
        ANL     A,#02H
        CJNE    A,#02H,WAIT1
        MOV     A,S2CON
        ANL     A,#0FDH
        MOV     S2CON,A
        SETB    RCK
        CLR     RCK
        SJMP    $
TABLE:  DB 3FH,14H,4FH,57H,74H,73H,7BH,15H,7FH,77H  ;0~9 数据段码表
        END
```

注意：程序对两位 LED 的内容是一起更换的。由于 SI 直接控制 LED 的低位，高位 LED 的数据从第一个 74HC595 的 QH′端移出，所以程序要先发高位数据，再发低位数据。更多 LED 位的显示可参照图 7-26 扩展，每增加一位，显示驱动程序就多发一个字节显示数据。

以下是标准51机串口方式0通过74HC595控制8位LED数码管的汇编驱动程序，要显示的数据在R0指向的数据缓冲区中。此程序的核心部分可移植到所有汇编应用程序中。

```
RCK      EQU     P1.4                          ;P1.4控制74HC595的RCK端
         ORG     0000H
         LJMP    MAIN
         ORG     0040H
MAIN:    MOV     SP,#5FH
         MOV     R3,#08H                       ;8位数码管计数
         MOV     R0,#40H                       ;缓冲区首址设为40H
         MOV     SCON,#00000000B               ;定义串行工作方式0
         CLR     RCK
         MOV     DPTR,#TABLE
AGAIN:   MOV     A, @R0
         INC     R0
         MOVC    A,@A+DPTR                     ;得到段码
         MOV     SBUF,A                        ;方式0发送
WAIT:    JBC     TI,SEND
         SJMP    WAIT
SEND:    DJNZ    R3,AGAIN                      ;重复8次
         SETB    RCK                           ;锁存8位数据
         CLR     RCK
         SJMP    $                             ;完成后动态停机
TABLE:   DB 3FH,14H,4FH,57H,74H,73H,7BH,15H,7FH,77H  ;0~9数据段码表
         END
```

4. 并行输入，串行输出逻辑芯片74HC165的应用

74HC165是具有8位移位寄存器、并行输入、串行输出功能的逻辑芯片。可与单片机接口成为输入端口的扩展芯片，每片74HC165可扩展出8个输入端口。74HC165内部主要由8位移位寄存器组成，其引脚分布如图7-28所示，各引脚定义与功能如下：

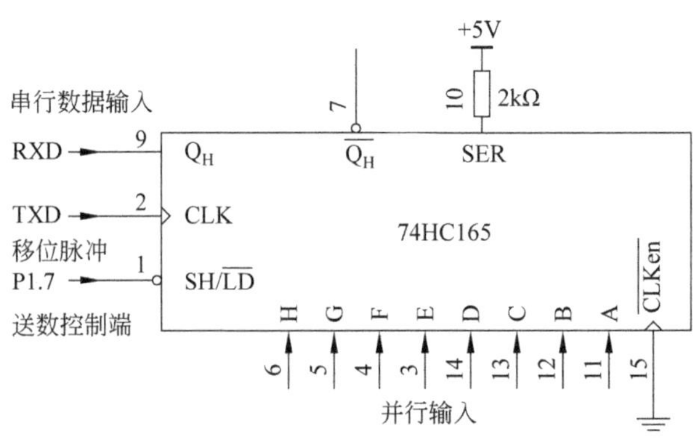

图7-28　串口方式0输入一个应用电路

引脚 11～14、3～6(A～H)：数据输入端，$D_0 \sim D_7$。

引脚 1(SH/$\overline{LD}$)：异步并行移位/数据载入控制端。SH/$\overline{LD}$=0，A～H 上的数据以异步方式移入移位寄存器组中保存；SH/$\overline{LD}$=1 时，各移位寄存器中的数据在时钟作用下依次移位，首先移出的是 H 寄存器的值。

引脚 2(CLK)：串行时钟输入端。

引脚 7($\overline{Q}_H$)：串行数据(反相)输出端。

引脚 9(Q_H)：串行数据(同相)输出端。

引脚 10(SER)：串行数据输入端。它影响移位后 Q_0 的状态，可固定为高或低电平。

引脚 15(CLKen)：时钟允许控制端，低电平有效。

表 7-11 为 74HC165 的功能表，图 7-29 是 74HC165 的时序图。

表 7-11　74HC165 的功能表

输入					内部寄存器输出		Q_H 外部端口输出
移位/载入 SH/$\overline{LD}$	时钟允许 CLKen	串行时钟 CLK	串行输入 SER	并行输入 A…H	Q_A	Q_B	
L	×	×	×	a…h	a	b	h
H	L	L	×	×	Q_{A0}	Q_{B0}	Q_{H0}
H	L	↑	H	×	H	Q_{AN}	Q_{GN}
H	L	↑	L	×	L	Q_{AN}	Q_{GN}
H	H	×	×	×	Q_{A0}	Q_{B0}	Q_{H0}

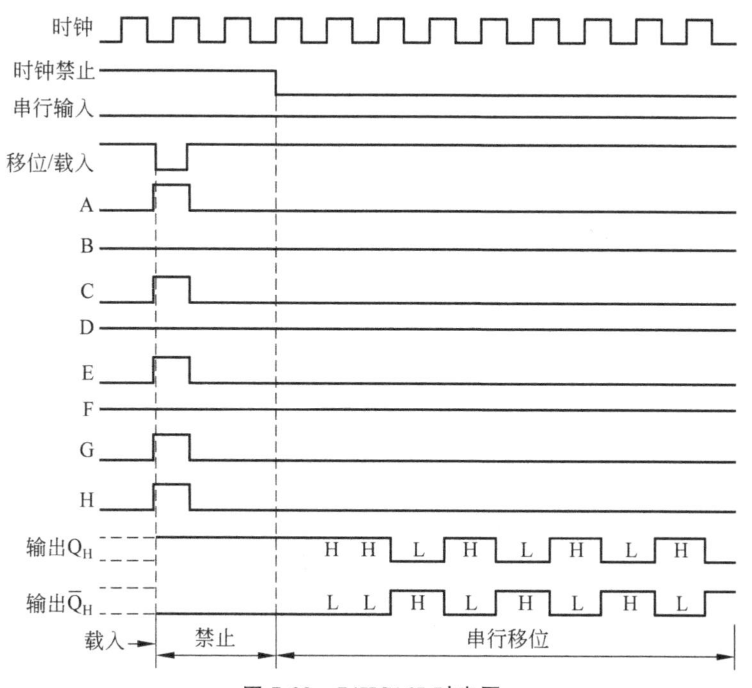

图 7-29　74HC165 时序图

【例 7-10】 编写利用串口方式 0 读取图 7-28 中 74HC165 接口 A～H 上的 8 个输入信号的汇编驱动程序。

根据功能表和时序图，串口方式 0 的时序正好满足图 7-28 中 74HC165 的时钟和串行输入的时序。再用 P1.7 控制 74HC165 移位/数据载入端。74HC165 的驱动程序如下：

```
        SHLD    EQU     P1.7
        ORG     0000H
        LJPM    MAIN
        ORG     0040H
MAIN:   MOV     SP,#5FH
        MOV     SCON,#00000000B          ;串口方式 0
        CLR     SHLD                     ;允许 74LS165 芯片
        NOP                              ;接收并锁存并行输入端数据
        SETB    SHLD                     ;延迟一个机器周期使之有效
        SETB    REN                      ;允许并启动接收
WAIT:   JNB     RI, WAIT                 ;等待接收一帧数据
        CLR     RI                       ;清接收中断标志
        MOV     A,SUBF                   ;得到输入数据
        ……                               ;系统的其他工作
        END
```

注意：串口方式 0 输入顺序为字节的低位在前，对应于 74HC165 引脚 A 的状态。

7.9 本章重点

本章重点讨论及应掌握的内容如下：

(1) 通信的定义与计算机系统信息传送的方式。

(2) 51 机异步串行通信控制器的结构、工作原理及控制方法。

(3) 51 机串口工作方式的含义及特点，能正确选用它们。

(4) 51 机串口各种工作方式下的程序控制方法，包括汇编语言和 C51 程序。

(5) 两种校验的基本形式——奇偶校验和累加和校验的使用方法、应用场合及应用条件。

(6) 51 机串口多机通信的物理条件，多机通信系统编程要点和系统调试方法。

(7) RS-232C 设备与 TTL/CMOS 器件接口-电平转换的原理并能在软硬件上实现两种电平标准设备之间的通信。

(8) 串口方式 0 的应用部分虽然不是本书的主要知识点，但作为单片机的一种实用技术，希望读者参考实例，学会使用。

51 机的学习大体可分为以下几个阶段：

(1) 51 机组成原理、指令系统与程序设计基础。

这个阶段的主要任务是掌握指令、程序结构和基本算法，其核心内容在第 4 章。此

阶段任务是打基础，训练集中在软的方面，可用软件仿真完成，基本不接触硬件。

(2) 片内资源应用一。

这个阶段的学习内容是第 5 章和第 6 章。这部分内容是对单片机片内硬件的控制与应用。对象是 I/O、定时/计数器及中断。由于对硬件操作的直观性，对单片机原理的理解更直观。但对硬件的操作，学习的方法就是要硬对硬地训练。

学好这个阶段的内容，会有一种成就感。就如同学过乐器的人用乐器第一次演奏出一个完整的曲子一样，能用工具创作自己的作品是一件美妙的事。

(3) 片内资源应用二。

上一阶段的单片机系统相当于独奏，不能与其他的乐手合作，难以创造更好的作品。

硬件第二阶段的学习内容的核心是串行通信。通过学习，可能会有第一次参加乐队演出一样的成就感。单片机之间的协调工作的意义重大，在学会单片机串行通信技术后单片机设计技能将大幅度提高，视野更宽阔。本章所讨论的内容是所有通信技术的基础。

(4) 系统扩展与接口技术。

单片机系统扩展的目的是为了构造大的应用系统，在单片机片内资源不足时就要用到这方面的知识。系统扩展与接口技术密切相关，是 51 机应用技术中不可缺少的部分。本书第 8 章至第 10 章将讨论这方面的内容。

习　题　7

7-1　设某异步串行通信的数据格式为 1 个起始位，8 个数据位，没有校验位，一个停止位，通信波特率(等于比特率)为 19200baud。问：帧传输速率是多少(帧/秒)？传送一个 8 位数据的时间是多长？

7-2　要求发送用查询方式，接收用中断方式。(1)用汇编语言分别编写在方式 1、2、3 下串口发送和接收一帧数据的程序。设发送和接收的数据都在 R5 中。注意：设系统的 f_{osc}=11.0592MHz，在波特率可变的方式下，波特率取 9600，一律不用 PCON 加速。(2)用 C 语言程序完成(1)的任务。

7-3　51 机 A 要发送一字节数据(如 5AH)到 51 机 B。双方约定数据要转为 ASCII 码再传输，接收方要将数据还原。请叙述双方单片机对数据的处理过程。

7-4　在例 7-1 中，若 f_{osc}=6MHz，通信的波特率为多少？串口方式 2 对通信双方的 f_{osc} 有何要求？

7-5　(1) 对图 7-25 电路编写子程序，该子程序能实现字符 0～F 的通用显示。

(2) 试编写将串口方式 2 接收的帧数据在图 7-26 所示的两位 LED 数码管上显示的汇编程序。

提高篇

本篇由第 8～10 章构成，内容是关于 51 机系统总线扩展与接口电路设计方面的知识。第 8 章和第 9 章讨论的总线与系统扩展的内容从另一个角度体现了 51 机能力，是本篇的核心内容。第 10 章是同步串行总线技术，是现代单片机应用的热门技术。

第 8 章 chapter 8

MCS-51 单片机并行总线系统

前面各章所讨论的内容是 51 机最基本、最常用的功能部分。但它们并不是 51 机的全部功。事实上，51 机还有并行总线这一强大功能，其内容尚未讨论。并行总线是 51 机应用技术中不可或缺的一部分。单片机并行总线系统具有设计规范、运行速度快、指令效率高等特点，有关内容将在本章和第 9 章进行讨论。

本章讨论存储器的扩展方法，第 9 章讨论接口器件的并行总线接口技术。

8.1 MCS-51 系列单片机的并行总线

8.1.1 最小应用系统及扩展系统

由单片机自身资源构成的应用系统称为最小应用系统，具有电路结构简单、体积小、可靠性强、性价比高等优点。

是否采用最小应用系统设计方案，客观上取决于系统需求和单片机资源水平。在 51 系列机中，8051、8751、89C51 等可以构成最小应用系统，这是由它们片内有程序存储器这一必要条件决定的，如图 8-1 所示。增强型 51 机使最小应用系统方案得以普及，应归结于它们有丰富的片上资源。

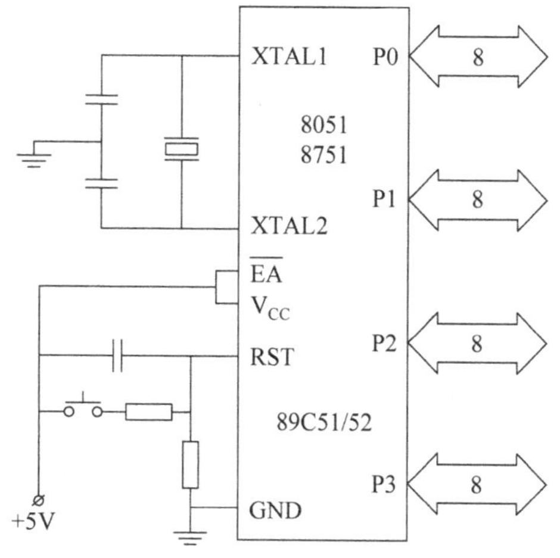

图 8-1 标准 51 机最小应用系统

随着单片机片上资源越来越丰富，单片机自身已具备构成应用系统的条件，这种单片机构成的应用系统称为片上系统，单片机的发展，使最小应用系统趋于简单。片内无程序存储器的 8031 是一个特例，需要用外接程序存储器才能工作。只扩展外部程序存储器所构成的 8031 最小应用系统不是真正意义上的最小应用系统。

参考图 8-1,51 机最小应用系统有如下特点:

(1) I/O 量达到最大。P0、P1、P2、P3 都可作为 I/O 口使用。

(2) 标准 51 机系统存储器总容量有限,仅有 128B 的 RAM 和 4KB 的 ROM。

(3) 无数据总线、地址总线和控制总线。ALE、$\overline{\text{PSEN}}$等信号线悬空即可。

单片机最小应用系统除存储器或 I/O 常不能满足应用的需求外,一些特殊功能资源,如 A/D、D/A、实时时钟、通信控制器、USB 和 CAN 总线等资源均不具备,不能要求一个单片机上的资源能面面俱到,必要时需要以外部扩展的方式解决资源不足的问题,外部扩展的一个主要手段就是总线扩展。

8.1.2 构建总线系统的条件与总线分类

1. 构建总线系统的条件

单片机分为有外部总线和无外部总线的两种。外部总线是内部总线的延伸,通过外部总线结合外部接口芯片所构成的系统称为总线系统。所以单片机有外部总线是构建总线系统的必要条件。

2. 单片机的 I/O 工作方式与总线工作方式

就单片机而言,由于它已是经过一次集成而形成的 CPU+存储器+接口器件+I/O 的整体系统,外部总线就不是必要的了。无外部总线的单片机,如 PIC15、PIC16 等系列,对外不提供总线,I/O 是单片机与外部联系的唯一渠道,单片机对外部对象的控制或数据交换都是通过对 I/O 的操作而完成的,单片机的这种工作方式称为 I/O 工作方式。

有外部总线的单片机,可以通过总线与外部器件构成应用系统,系统在总线控制下协调工作,单片机的这种工作方式称为总线工作方式。

51 系列是有外部总线的单片机,可以工作于 I/O 方式,也可以工作于总线方式。随着内部集成资源的增加,设计者常令 51 机以最小应用系统模式工作,这时 51 机工作于 I/O 方式,具有器件少、成本低、可靠性强等优点,适用于小型检测、控制系统。

当 51 机片内资源不能满足应用需要,需要增加功能器件到系统中时,就涉及系统扩展问题了。经常的情况是,I/O 工作方式的系统,难以满足要求,因为它的性能远低于总线系统,此时,总线技术就显得十分重要了。

3. 并行总线与串行总线

单片机总线系统分并行和串行两种。它们具有不同的特点,电路设计和编程方法也不同。单片机系统扩展是以并行方式为主的,所以习惯术语中的总线默认为并行总线,以区别串行总线系统。

近年来,串行总线接口芯片发展很快,这类芯片性价比高,占用单片机资源少,因此发展前景很好。应该说,两种总线各有特点。作为单片机系统的设计者来说,两种总线的扩展方法都应掌握。串行总线扩展问题将在第 10 章讨论。

8.1.3 MCS-51系列单片机并行总线扩展方法

1. 并行总线基本成员及其作用

单片机的并行总线(简称总线,下同)由数据总线、地址总线和控制总线构成。

总线是开放的,一切符合总线标准的器件都可以挂在总线上,成为总线系统的一员。数据总线如同高速公路,负责数据流的运输。总线上的各个器件可看作目的地,各种数据物资,在总线上形成数据流,而单片机是总线系统的调度,协调整个总线系统有序运行。

总线工作的原则是:任意时刻,数据总线只能被一个器件所占有。不能违背这一设计原则,否则会造成数据"撞车"、程序"跑飞"、系统瘫痪的结果。

当单片机对总线上的器件操作时,地址总线为其提供地址信号。

单片机是并行总线的主控制器,而总线上的其他器件均由单片机管理,它们是被动的,单片机控制总线实现对它们的控制。另一方面,总线上的器件应具有数据、地址和受控接口才能接受单片机的控制,所以将符合这个条件的器件统称为接口器件。

2. MCS-51 并行总线的基本构架

51 系列单片机,均可以进行总线扩展(某些简化后的兼容机如 89C2051 等除外),也就是说它们自身具有总线资源。51 机的外部并行总线是这样构成的:

(1) 数据总线:在总线方式下,P0 口为 8 位数据总线,不再具有 I/O 功能。

(2) 地址总线:P0 口兼作地址总线的低 8 位 $A_0 \sim A_7$,P2 口为地址总线的高 8 位 $A_8 \sim A_{15}$。

(3) 控制总线:$\overline{\text{PSEN}}$为外部程序存储器读选通信号输出端,ALE 为地址锁存信号输出端,$\overline{\text{RD}}$(P3.7)为外部数据存储器读选通输出端,$\overline{\text{WR}}$(P3.6)为外部 RAM 写选通输出端。

图 8-2 是 51 机的三总线的基本构架示意图。

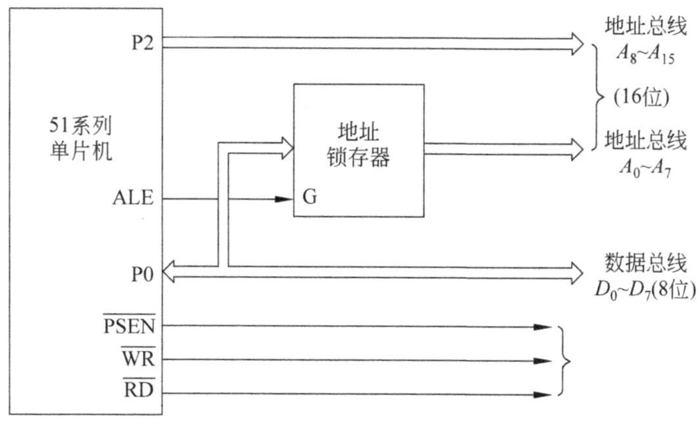

图 8-2 MCS-51 并行总线基本架构

3. MCS-51 并行总线系统设计思路

总线系统设计应以 51 机三总线为核心，接口器件与总线并联对接的方式进行。电路设计时又有先易后难的原则：即先将接口芯片的数据和地址线接入总线，最后处理具有特殊性(差别很小)的控制线部分。此时，要特别注意接口芯片的受控线(读/写、片选、输出允许信号等)的定义，确定它们与 51 机控制总线的连接方式。

图 8-3 是 51 机总线扩展系统的一个典型电路图。系统外扩了 64KB 程序存储器，还有 64KB 的外部 RAM 空间，用于扩展 RAM 及除程序存储器以外的所有接口器件。51 机一般采用读/写命令对外部接口器件进行控制，这是由总线功能及器件的接口功能共同决定的。这就要求接口器件必须放在可读/写区，因此，51 机只能将它们定位于外部 RAM 区。于是，51 机看来对接口芯片的操作与对外部 RAM 的操作的方法就完全相同了。

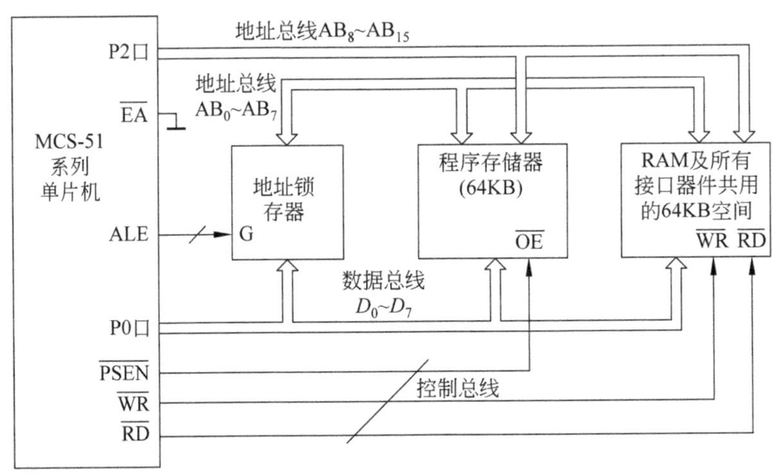

图 8-3　MCS-51 系列单片机扩展方式典型电路原理框图

4. 总线工作原理

(1) MCS-51 单片机采用地址/数据分时复用技术，低 8 位地址 $A_7 \sim A_0$ 与数据总线 $D_7 \sim D_0$ 分时使用 P0 口引脚，因此需要在 P0 口上接一个地址锁存器芯片，锁存器的输入端接 8 位数据总线，锁存器的输出端为低 8 位地址线 $A_7 \sim A_0$。

(2) 总线的工作时序信号由 51 机产生，无须人的干预。时序表现了 51 机的工作原理，也能反映指令代码的执行过程。指令代码的执行过程是编程者思路的表现。

(3) 总线工作的次序遵守先地址、后数据的原则。这与打电话时要先拨号、后通话的方式相同。设标准 51 机选用外部扩展程序存储器，则总线的工作时序如图 8-4 所示。总线工作时序是从 CPU 取指令代码开始的，程序计数器 PC 为 CPU 提供代码地址。CPU 周期地进行取指、指令解析，执行各类操作，实现系统开发者的功能要求。51 机复位后，PC＝0000H，开始第一个指令周期，之后，PC 值每变化一次，CPU 就要从程序存储器读一条指令代码。指令周期开始时，ALE 信号有效，P0 口上的低 8 位地址 $A_7 \sim A_0$ 直接通

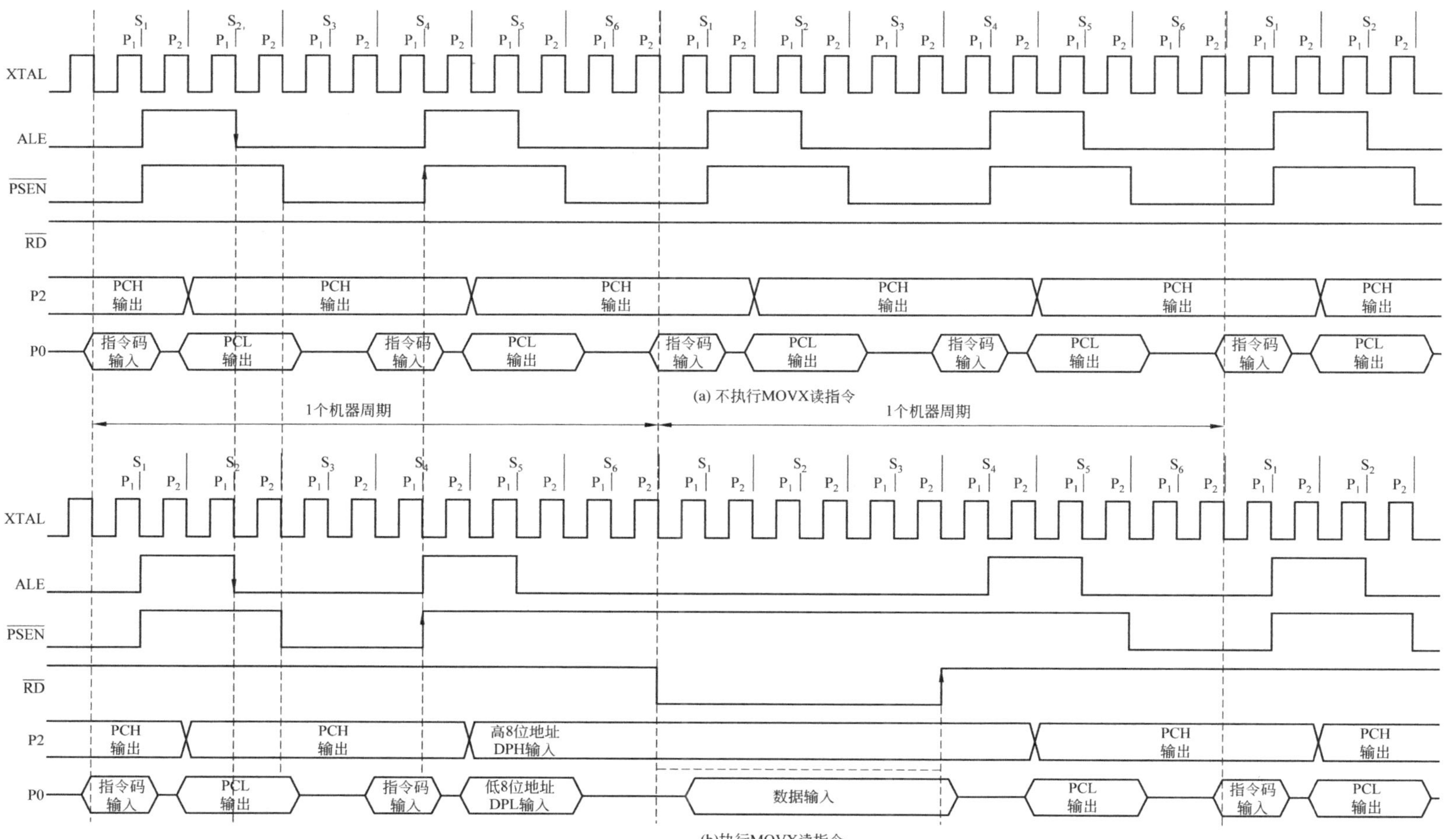

图 8-4 MCS-51 CPU 时序

过图 8-3 中的锁存器，同时 P2 口上的高 8 位地址码 $A_{15} \sim A_8$ 也输出到位，接着 ALE 信号从高变低，锁存器通道关闭，地址码(低 8 位)被锁存，拨号完成，图 8-4 中的 PCH、PCL 表示 PC 的高低字节。接下来 $\overline{\text{PSEN}}$ 有效(电平由高变低)，指令代码通过数据线进入 CPU(通话完成)。在数据传送过程中，数据不会与地址码冲突，原因是在此期间 ALE 无效(低电平)，锁存器的输入端为高阻态，P0 口的数据不能通过锁存器，数据与地址被隔离。接着，CPU 对指令进行解析，执行诸如 I/O、寄存器、数据读写或运算等各类操作，实现用户的功能要求。图 8-4(a)是不执行助记符 MOVX 指令，即不对外部 RAM 操作类的指令，图中，一个机器周期中 $\overline{\text{PSEN}}$ 两次有效，这是系统执行双字节、单周期的指令代码的情况；图 8-4(b)则是对外部 RAM 操作(读)指令的时序，MOVX 类指令是单字节双周期指令，所以图 8-4(b)中 $\overline{\text{PSEN}}$ 在两个机器周期中只一次有效。

ALE 是外部存储器低 8 位地址锁存控制信号。在访问程序存储器机器周期内，ALE 信号二次有效，第一次发生在 S_1P_2 和 S_2P_1 期间，第二次发生在 S_4P_2 和 S_5P_1 期间。在访问外部数据存储器机器周期内，见图 8-4(b)，ALE 信号一次有效，仅发生在 S_1P_2 和 S_2P_1 期间。因此，ALE 信号的频率是不稳定的。在时钟精度要求不高的场合，ALE 可作为频率约为 $f_{osc}/6$ 的硬时钟使用。

可以将 51 机的时序进一步分为内部和外部两种。除了与外部器件相关的操作指令外，CPU 主动取代码过程及内部操作类指令(如 CLR A)执行过程的时序属于内部时序。内部时序是不能观测的。只有当程序存储器在片外时，CPU 取指令代码及数据表格的时序才是可见。MOVX 类指令的时序(图 8-4(b)右半部分)是真正的外部时序，用户可用示波器观察三总线上各类信号的相互关系。对于应用系统设计者来说，观察外部时序更可为分析系统的工作状态提供线索。

将图 8-4(b)中的 $\overline{\text{RD}}$ 改为 $\overline{\text{WR}}$，就是对外部 RAM 的写操作时序图了。

5. 总线设计时需考虑的几个问题

(1) 总线的负载能力。51 机的数据总线和控制总线可直接驱动 8 个 LS TTL 门电路；而地址总线可直接驱动 4 个 LS TTL 门电路，在设计时要将这一因素考虑进去。目前，接口芯片多采用 MOS 工艺，直流阻抗大(负载小)，总线可驱动负载量还可提高。但 MOS 负载的输入电容较大，因此，负载问题应重点考虑交流负载能力。

(2) 总线读/写时序与接口芯片的存取速度的匹配问题。接口器件的读/写速度应与总线相同或更快。目前市面上的接口器件的速度与标准 51 机匹配一般没有问题，但对高速单片机，速度匹配问题需要特别注意。

8.2 总线扩展电路常用器件简介

51 机的并行总线架构需要借助于某些功能的芯片才能实现。其中有些芯片是必需的，如地址锁存器；有些芯片是可选的，如总线驱动、地址译码等功能芯片。

1. 地址锁存器

51 机的并行总线系统常使用 74HC373、74HC573 做锁存器，这两个芯片功能相同，均为带三态输出的 8D 锁存器，只是引脚排列方式不同。芯片引脚排列如图 8-5 所示。图中：

1D～8D 为 8 个输入端。

1Q～8Q 为 8 个输出端。

G 为数据锁存端：当 G 为 1 时，Q 跟随 D 的状态而变化，锁存器处于直通状态；当 G 为 0 时，输出端被锁存，Q 端呈高阻状态，锁存器处于锁存状态。表 8-1 是 74HC373 的真值表（适用于所有以 373、573 为后缀的 74 系列芯片）。图 8-6 是 8D 锁存器的简化的结构示意图，这种图示方式使芯片功能及其引脚之间的关系简单明了。

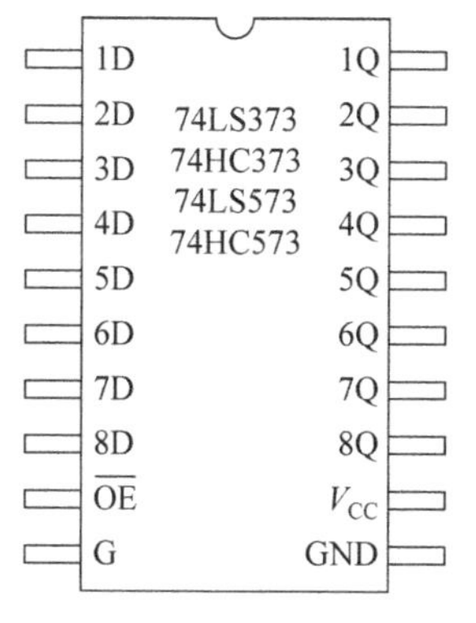

图 8-5　8D 锁存器

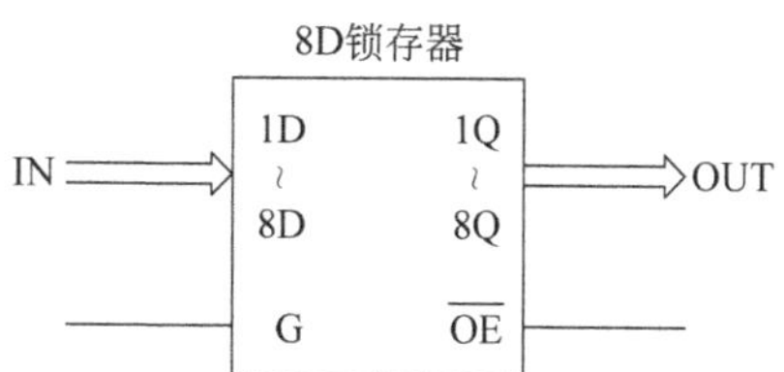

图 8-6　74 系列 8D 锁存器简化结构

表 8-1　74HC373 真值表

$\overline{OE}$	G	D*i*	输出
L	H	H	H
L	H	L	L
L	L	X	Q
H	X	X	Z

要说明的是：8D 锁存器上的 8 个通道的物理特性完全相同，通道序号只作标记之用。所以，在电路板布线时，不必严格考虑通道序号，只要保证输入和输出对应正确即可。

锁存器的逻辑正好与 51 机 ALE 信号功能的逻辑及时序吻合。图 8-4 中，指令周期开始时，ALE 为高电平，P0 中的低 8 位（PCL）代码地址通过锁存器到达输出端，而高 8 位地址则从 P2 口直接输出，16 位地址信号输出完毕后，ALE 信号从高变低，低 8 位地址便锁存于输出端（高 8 位地址不用锁存）。在之后的数据操作期间，ALE 保持低电平不变，所以锁存器的输入、输出两端被断开，P0 口的数据就不可能与地址混合了，直到 CPU

读取代码后，ALE 再次变为高电平为止。地址/数据分时复用由此实现。

2. 译码器

总线设计的一项重要工作就是为总线上的器件分配一个连续、独立的地址范围。这一工作称为地址译码。

为什么要给每个器件分配一个连续地址范围呢？程序存储器不论其容量多大，比如 8KB，应该如何将这 8KB 的“房间”放在 64KB 空间中呢？对 51 机来说，程序存储器地址一定要从 0 开始，这是由 51 机上电复位后 PC 值为 0000H 决定的；另一方面，单片机的代码管理系统要求程序存储器地址必须是连续的，即从 0000H 开始，连续分配 8KB 空间给程序存储器，而不能从 0000H 开始分配 4KB，再从 8000H 开始分配 4KB 空间，源程序的流程也能说明这一问题。对数据存储器，地址空间连续就不严格要求了，但不连续的空间分配显然比分配一个连续空间要难，而且编程也不方便。对其他接口器件，它们内部都有数量不同的用于管理器件的寄存器，编程者必须为它们安排“住处”(在外部数据存储区中)。因为，一般来说，单片机需要通过对寄存器读、写操作实现对器件的管理。

每个器件的地址范围必须是独有的，否则就会产生地址冲突。地址译码的基本方法就是用地址线的不同组合方式，必要时还可用逻辑芯片或译码器，为总线上的器件分配地址。从本质上讲，译码的目的就是当系统访问某外部芯片时，总线系统能自动输出一个片选信号至该芯片的片选输入端(每个接口芯片至少有一个片选输入端，多数为低电平有效)，这是芯片数据口开放的必要条件。当系统给出有效地址并选中该芯片后，在读/写信号控制下，CPU 即可完成与芯片的数据交换。译码电路的设计原则是：在任意时刻只有一个芯片的数据口开放，其他芯片的数据口均为高阻抗状态。

译码是总线系统设计和应用的关键技术，学习译码技术要达到以下水平：

(1) 电路设计者要能指出所设计的系统上每个芯片的地址范围。就像建筑设计师能指出自己设计的房子门、窗一样。

(2) 在参考别人设计的电路时，应能从译码电路看出系统上每个芯片的地址范围。

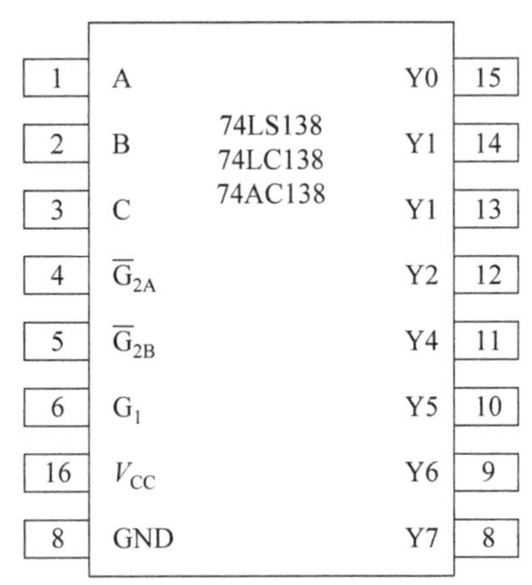

图 8-7　74HC138

单片机并行总线系统设计中，具有代表性的译码器是图 8-7 所示的译码器 74HC138。它是用于低电平选通芯片的译码芯片。表 8-2 为 74HC138 的真值表。其中 G_1、$\overline{G}_{2A}$、$\overline{G}_{2B}$三个控制端，只有当 G_1 为高电平且 $\overline{G}_{2A}$、$\overline{G}_{2B}$均为低电平时，译码器才能进行译码输出。

表 8-2 74HC138 译码器真值表

输入						输出							
控制			选择										
G_1	$\overline{G}_{2A}$	$\overline{G}_{2B}$	C	B	A	Y0	Y1	Y2	Y3	Y4	Y5	Y6	Y7
×	H	×	×	×	×	H	H	H	H	H	H	H	H
×	×	H	×	×	×	H	H	H	H	H	H	H	H
L	×	×	×	×	×	H	H	H	H	H	H	H	H
H	L	L	0	0	0	L	H	H	H	H	H	H	H
H	L	L	0	0	1	H	L	H	H	H	H	H	H
H	L	L	0	1	0	H	H	L	H	H	H	H	H
H	L	L	0	1	1	H	H	H	L	H	H	H	H
H	L	L	1	0	0	H	H	H	H	L	H	H	H
H	L	L	1	0	1	H	H	H	H	H	L	H	H
H	L	L	1	1	0	H	H	H	H	H	H	L	H
H	L	L	1	1	1	H	H	H	H	H	H	H	L

以下讨论几种典型的存储器的总线扩展方法。

8.3 27系列EPROM型存储器总线扩展方法

单片机应用系统中，外部程序存储器一般使用EPROM、EEPROM和Flash ROM，它们的接口特点基本相同，本书以27系列芯片为例，讨论外部程序存储器的扩展技术。

27系列芯片为EPROM型存储器，其上带有一个石英窗，可透射紫外线擦除内部数据，可反复使用，是早期单片机系统首选的程序存储器芯片。直到Flash型存储器出现后，EPROM才被取代。27系列早期型号有2716、2732，中期有2764、27128，后期普遍使用27256和27512等型号的产品。

8.3.1 芯片容量与地址线的数目

27系列芯片型号中的27为系列号，其后的数字为芯片的容量，单位为Kb，如2716的容量为16Kb。因为1B=8b，所以用标称容量除以8，就是该芯片的字节量。因此2716为2KB，有11根地址线，用于片内译码；27C512为64KB容量，它有16根地址线。容量每增加一倍，就需要增加一条地址线。64KB是51机总线寻址的最大容量。

2716和2732采用24脚DIP封装。2764以上芯片封装形式多样，这里介绍28脚DIP封装的产品系列。图8-8为2716、2764和27256的引脚图。芯片的容量与芯片上的地址线条数相对应，例如，2716的容量为2KB，其上11条地址线刚好能提供2K的地址。

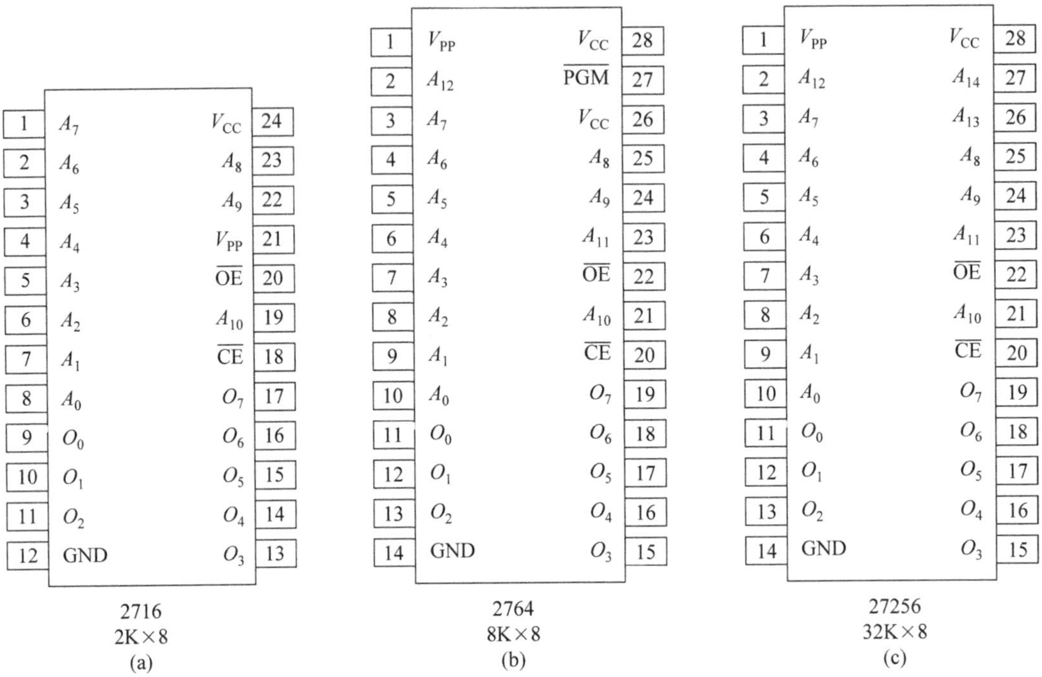

1 A_7 V_{CC} 24
2 A_6 A_8 23
3 A_5 A_9 22
4 A_4 V_{PP} 21
5 A_3 $\overline{OE}$ 20
6 A_2 A_{10} 19
7 A_1 $\overline{CE}$ 18
8 A_0 O_7 17
9 O_0 O_6 16
10 O_1 O_5 15
11 O_2 O_4 14
12 GND O_3 13
2716
2K×8
(a)
1 V_{PP} V_{CC} 28
2 A_{12} $\overline{PGM}$ 27
3 A_7 V_{CC} 26
4 A_6 A_8 25
5 A_5 A_9 24
6 A_4 A_{11} 23
7 A_3 $\overline{OE}$ 22
8 A_2 A_{10} 21
9 A_1 $\overline{CE}$ 20
10 A_0 O_7 19
11 O_0 O_6 18
12 O_1 O_5 17
13 O_2 O_4 16
14 GND O_3 15
2764
8K×8
(b)
1 V_{PP} V_{CC} 28
2 A_{12} A_{14} 27
3 A_7 A_{13} 26
4 A_6 A_8 25
5 A_5 A_9 24
6 A_4 A_{11} 23
7 A_3 $\overline{OE}$ 22
8 A_2 A_{10} 21
9 A_1 $\overline{CE}$ 20
10 A_0 O_7 19
11 O_0 O_6 18
12 O_1 O_5 17
13 O_2 O_4 16
14 GND O_3 15
27256
32K×8
(c)

图 8-8 部分 27 系列芯片引脚分配图

其他芯片的情况也完全一样，地址线的条数随芯片容量的增大而增加。

比较图 8-8 中的几种芯片发现，同一种封装（如 DIP）的芯片，其数据线、控制线和电源端的引脚位置总是不变的，地址线的变化规律是：随着芯片容量的增加，芯片的地址线也增加，因此低容量芯片上的 NC、$\overline{PGM}$（编程脉冲输入端）、V_{PP}（编程电源）等引脚随容量增加被地址线取代。27 系列芯片是向下兼容的，同一种封装形式的 27 系列芯片可以互换使用。用 27 系列芯片作为 51 机程序存储器时，要将程序代码通过专业编程器写入芯片中，8031 必须用外部程序存储器才能工作。

A_{15} 地址线最高位
2716到A_{10}
2732到A_{11}
2764到A_{12}
27128到A_{13}
27256到A_{14}
27512到A_{15}
A_8
A_7
A_0
O_7
O_0
$\overline{OE}$
$\overline{CE}$

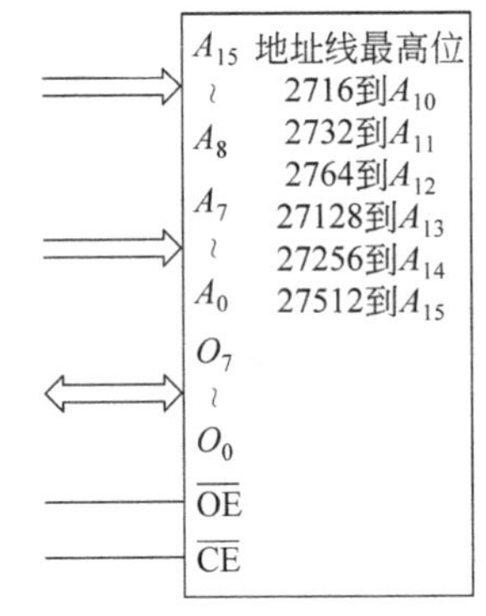

图 8-9 27 系列简化结构

图 8-9 为 27 系列芯片的简化结构图，用于原理图设计简明扼要。27 系列芯片由11～16根地址线、数据线 O_0～O_7 及控制线$\overline{OE}$、$\overline{CE}$构成。控制线的定义与功能见表 8-3。

表 8-3 27 系列芯片控制状态与工作方式

引脚定义 / 操作方式	$\overline{CE}$片选端	$\overline{OE}$输出允许	V_{CC}主电源	芯片数据总线状态
读	V_{IL}	V_{IL}	V_{CC}	D_{OUT}
输出禁止	V_{IL}	V_{IH}	V_{CC}	高阻
备用（低功耗）	V_{IH}	任意	V_{CC}	高阻

续表

操作方式 \ 引脚定义	$\overline{CE}$片选端	$\overline{OE}$输出允许	V_{CC}主电源	芯片数据总线状态
编程	V_{IL}	V_{PP}	V_{CC}	D_{IN}
编程检验	V_{IL}	V_{IL}	V_{CC}	D_{OUT}
编程禁止	V_{IH}	V_{PP}	V_{CC}	高阻

8.3.2 芯片工作时序及特性参数

对单片机应用系统开发者，表8-3中最重要的信息是第1～3行，它们是外部程序存储器设计的技术依据。其中读取程序存储器的数据是电路设计的目的，当然最重要。而第2、3行关于输出禁止和备用(低功耗)状态，涉及片外译码电路设计的原理。

图8-10为27系列芯片的读时序示意图。实际上它是表8-3读操作的图形表示。解读要点是：总线将$\overline{CE}$、$\overline{OE}$端依次拉低后，经很短的延时(ns级)后，存储器中的数据送至总线上，供单片机读取，在$\overline{OE}$端的上升沿读操作结束。

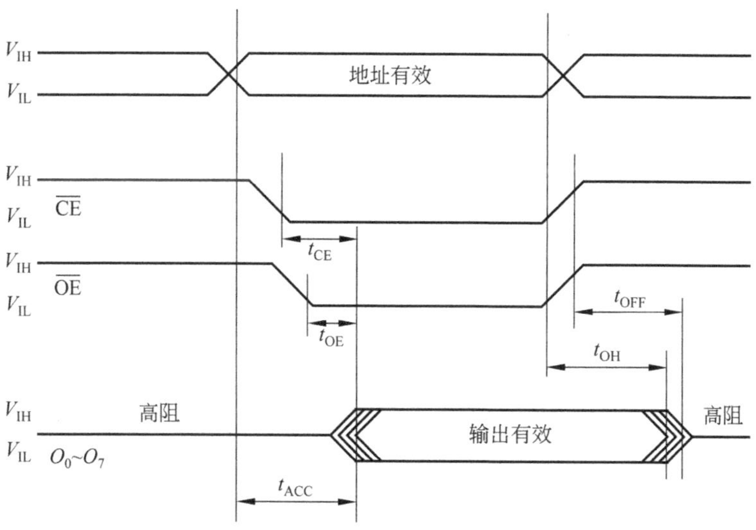

图8-10 27系列芯片的读时序

结论1：对27系列芯片的读操作条件是：$\overline{CE}$端低电平期间，$\overline{OE}$端输出低脉冲。

结论2：即使片选端($\overline{CE}$)为低电平，但输出允许端$\overline{OE}$为逻辑高电平，27系列芯片的输出口仍保持高阻状态。这一结论很重要，在系统设计时，程序存储器和数据存储器或其他接口芯片可以同时被选中，但只要这些芯片的读/写控制信号不同时有效，仍保证系统数据总线只被一个外部芯片占用，总线仍能正常工作。

芯片的时间参数称为器件的AC特性，反映芯片的动态特性。表8-4是MICROCHIP公司27C系列存储器的AC特性值。图8-10中的时间参数，如t_{CE}等值如

表 8-4 所示。

表 8-4 MICROCHIP 公司 27 系列芯片的 AC 特性

符号	参　　数	27C512-70		27C512-90		27C512-10		27C512-15		测试条件
		min	max	min	max	min	max	min	max	
t_{ACC}	地址到输出延时/ns	—	70	—	90	—	100	—	150	$\overline{CE}=\overline{OE}=V_{IL}$
t_{CE}	$\overline{CE}$到输出延时/ns	—	70	—	90	—	100	—	150	$\overline{OE}=V_{IL}$
t_{OE}	$\overline{OE}$到输出延时/ns	—	30	—	40	—	40	—	60	$\overline{CE}=V_{IL}$
t_{OFF}	$\overline{OE}$无效到输出浮动/ns	0	30	0	35	0	35	0	45	
t_{OH}	地址断开到输出保持/ns	0	—	0	—	0	—	0	—	

表 8-4 中的数值提供了什么信息呢？考察一个器件品质的要点，就是看它是否容易与其他器件接口。一个器件对控制信号的反应越快，延迟越短，就越容易与其他器件接口。制造低速芯片相对容易，但要提升器件的速度，却不是一件简单的事。

表 8-4 参数的 max 即最大延时，单位为 ns。这是一个统计值，意思是：在所有芯片中，响应时间最长的芯片延时也不会超过 max 值。对这些参数应有如下认识：

(1) 延时参数值反映芯片的响应速度，越小越好。

(2) 响应速度在芯片的后缀名中给出。后缀名与芯片参数的 max 值相对应，一般是两位数，如 27C512-10 的地址到输出延时为 100ns，27C512-70 输出延时为 70ns。

(3) 表中的存储器能否与单片机在速度上匹配呢？对标准 51 机来说，27 系列芯片的速度不成问题。估算的依据是：标准 51 机的 f_{osc}最大为 12MHz，1 个机器周期的时间是 1μs。外部程序计数器读选通信号($\overline{PSEN}$)的有效时间约为一个机器周期时长，在 0.9～1μs范围。而表中的 t_{ACC}最长为 150ns，速度匹配还有余量。

8.3.3 程序存储器扩展举例

【例 8-1】 设计一个具有 64KB 程序存储器容量的 80C31 系统。

解：80C31 片内无程序存储器。用其构成应用系统时，必须在片外扩展程序存储器，根据题意选用一片 27C512 即可满足容量要求。系统如图 8-11 所示。

设计方法：将图 8-2、图 8-6 和图 8-9 组合起来，最后将$\overline{PSEN}$与 27C512 的$\overline{OE}$对接即可。

注意图中的 3 处接地的意义：80C31 的$\overline{EA}$脚接地，目的是通知单片机，系统程序在外部程序存储器中，对 80C31、80C32 这种片内无程序存储器的单片机，$\overline{EA}$必须接低电平。

74HC573 的$\overline{OE}$端接地，使之处于常选通状态，与 80C31 工作需求相吻合。

由于系统中只有一片程序存储器，故采用常选通方式，故将其片选端$\overline{CE}$接地。

总线信号是系统产生的，编程者只能通过指令告诉单片机要做什么，而不能左右系统行为。总线中的地址信息只能由地址线产生。I/O 也能参与译码，但不能参与程序存储器的译码，因为总线没有自动控制 I/O 的功能，所以 I/O 译码多用于数据存储器。

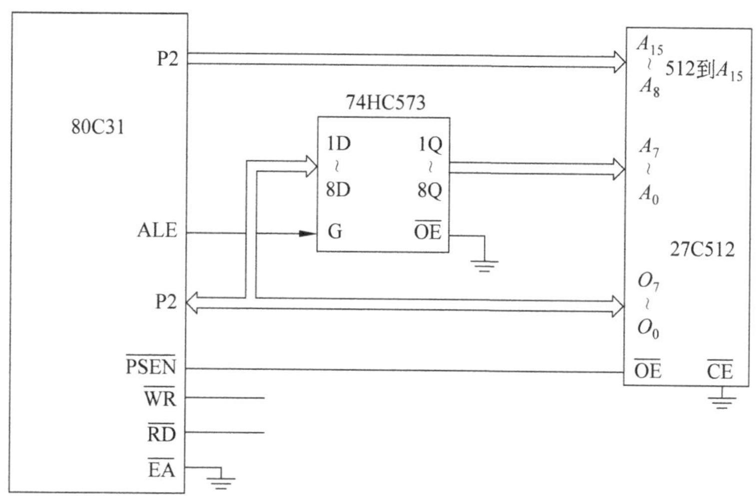

图 8-11 外扩 64KB 程序存储器的 80C31 最小应用系统

译码由片内和片外译码共同完成。片内译码容易理解，就是对芯片内存储单元的译码，通过芯片自带的地址线实现，电路设计时只需将 51 机的地址线与芯片的地址线对接即可；片外译码，就是给每个芯片分配一个独立的地址范围，并保证每个时间片内只有一个器件被选中，通过对芯片的片选端的控制来实现。通常用地址线与译码器、门电路或 CPLD 的组合产生片选信号。本例全用片内译码，没用片外译码。能说出为什么吗？

电路设计完成后，还要指出系统中每个扩展芯片的地址范围，才算完整地完成了设计任务。本例中，80C31 的 16 根地址线全部用在芯片的片内译码上，系统已经没有多余的地址线为其进行片外译码了。由于系统只扩展一片 27C512，没有总线占用冲突的可能，所以可将其$\overline{CE}$端接地，使其处于常选通状态。

确定地址范围的方法是，将 16 根地址线从高到低一字排开，片内译码确定本芯片内部所有单元的地址。不用一个一个单元地确定地址，简单有效的方法是：找到地址最低和最高单元的地址，芯片所有单元的地址，必然在最低与最高之间。再将片外译码与片内译码合在一起，最低到最高地址范围就是该器件的地址范围了。本例没有片外译码，所以片内译码就可确定 27C512 的地址范围了。确定地址范围的过程如表 8-5 所示。

表 8-5 例 8-1 中 27C512 的地址范围的确定过程

片内译码 A_{15}～A_0(×××× ×××× ×××× ××××)		地 址 范 围	容量
最低地址编码	最高地址编码		
0000 0000 0000 0000	1111 1111 1111 1111	0000～FFFFH	64KB

【例 8-2】 用多片 2764 构成 64KB 程序存储器的 51 机应用系统。问：(1)需要多少片 2764？(2)试设计电路并确定每个芯片的地址范围。

分析：一个系统外扩两片以上程序存储器芯片，接口电路该如何设计？作为系统扩展的一个重要技术——电路设计、地址分配或译码，只有在多芯片系统中才能得到充分体现。

解：64KB 外部程序存储器空间正好是 51 机的最大程序存储器的寻址范围。因此，本例译码必然是完全译码系统：即所有地址线均需用于地址译码系统。在完全译码系统中，每个存储器或接口器件只有唯一的地址范围。这是完全译码系统的特点。

(1) 扩展 64KB 外部程序存储器正好需要 8 片 2764。

为了给 8 片 2764 分配独立且连续的地址范围，本例采用译码器进行译码，选用 3-8 译码器 74HC138。设计结果如图 8-12 所示。2764 有 13 根地址线($2^{13}=8K$)，用于片内译码。$A_{13}\sim A_{15}$ 通过 74HC138 产生片选信号，用于 8 片 2764 的外译码，形成各自的地址范围。

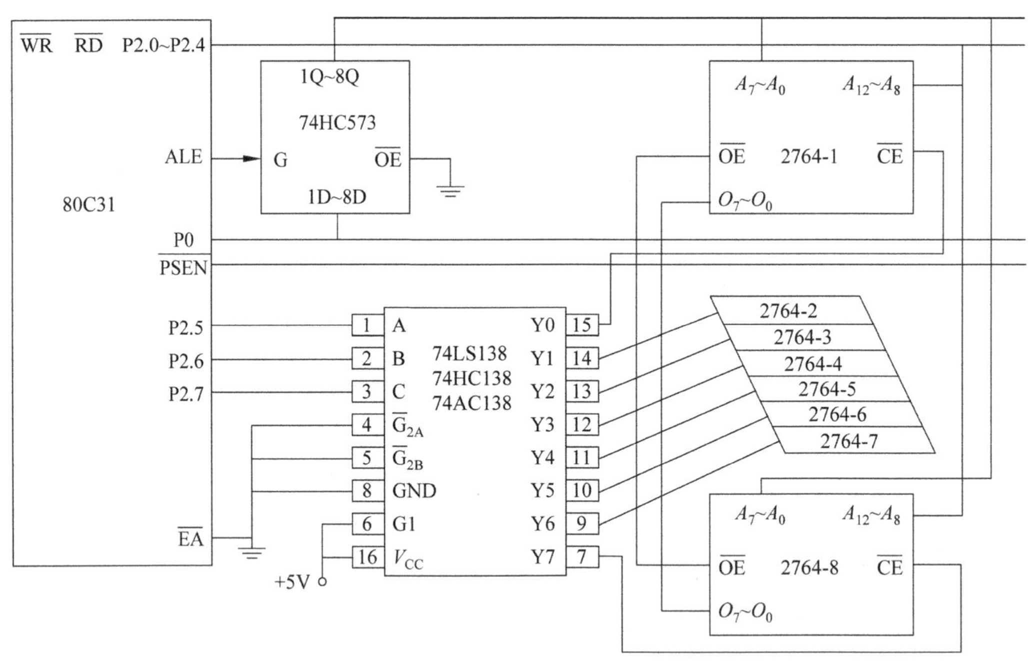

图 8-12 由 8 片 2764 组成的 64KB 程序存储器 51 机应用系统

片外译码的原理如下：在图 8-12 中，将片内译码后剩余的 3 根地址线(P2.5、P2.6、P2.7 或 A_{13}、A_{14}、A_{15})与译码器的输入端 A、B、C 对接，74HC138 的输出依次分别输出至 8 片 2764 的片选端，于是，每片 2764 分得等量的 8KB 空间。电路中，74HC138 的控制端 G1、$\overline{G}_{2A}$、$\overline{G}_{2B}$设成常有效。

(2) 确定 8 片 2764 的地址范围。

具体方法如下：片内译码地址线用×表示，表示 0、1 两种状态。地址线均为 0 时为该芯片的最低地址，均为 1 时为该芯片的最高地址。最低和最高地址之间的范围就是每个芯片的片内地址范围，它们是连续的。再将参与片外与片内译码的所有地址线一字排开，每片 2764 由最低到最高地址值的闭区间就是该芯片的地址范围，如表 8-6 所示。

从表 8-6 可以看出，8 片 2764 的地址从 0 到 FFFFH 连续且无一缺失，共计 64K 个。每片 2764 只有唯一的地址范围，这是全译码的必然结果。

表 8-6 确定例 8-2 中 8 片 2764 的地址范围的过程

译码 / 芯片	片外译码			片内译码 $A_{12}\sim A_0$ (× ×××× ×××× ××××)		地址范围	容量/KB
	A_{15}	A_{14}	A_{13}	最低地址编码	最高地址编码		
2764-1	0	0	0	0 0000 0000 0000	1 1111 1111 1111	0000～1FFFH	8
2764-2	0	0	1	0 0000 0000 0000	1 1111 1111 1111	2000～3FFFH	8
2764-3	0	1	0	0 0000 0000 0000	1 1111 1111 1111	4000～5FFFH	8
2764-4	0	1	1	0 0000 0000 0000	1 1111 1111 1111	6000～7FFFH	8
2764-5	1	0	0	0 0000 0000 0000	1 1111 1111 1111	8000～9FFFH	8
2764-6	1	0	1	0 0000 0000 0000	1 1111 1111 1111	A000～BFFFH	8
2764-7	1	1	0	0 0000 0000 0000	1 1111 1111 1111	C000～DFFFH	8
2764-8	1	1	1	0 0000 0000 0000	1 1111 1111 1111	E000～FFFFH	8

【例 8-3】 用 27C128 芯片设计一个具有 32KB 外部程序存储器的 80C31 系统，并为每个 27C128 芯片分配地址。设 27C128-1 中有一个以 7000H 为首地址的数据表格，试写出读取表格中任意一个字节内容的程序段。

解：(1) 扩展 32KB 外部程序存储器正好需要两片 27C128。

(2) 32KB 外部程序存储器空间没有达到 51 机的最大寻址范围，只需用部分地址线即可完成译码。因此系统是部分译码系统，其特点是每个存储器分配的地址范围可以不止一个。究其原因是地址线空置的结果。

为了满足程序存储器地址连续且从 0 开始的原则，本设计采用反相器 7404 译码，P2.7 空着不用，电路如图 8-13 所示。确定地址范围的过程如表 8-7 所示。

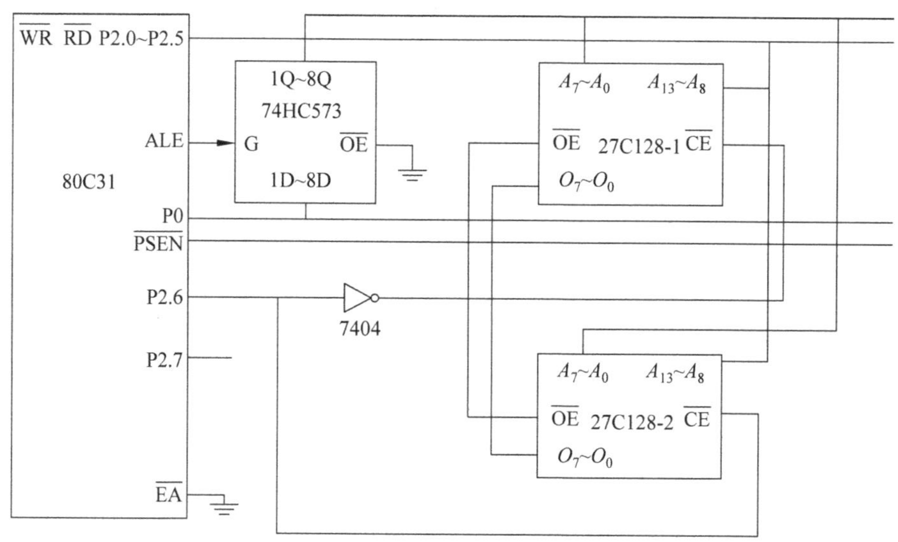

图 8-13 由两片 27C128 组成的 32KB 程序存储器 51 机应用系统

表 8-7 确定两个 27C128 芯片地址范围的过程

译码 芯片	片外译码		片内译码 $A_{13}\sim A_0$(×× ×××× ×××× ××××)		地址范围	容量/KB
	A_{15}	A_{14}	最低地址编码	最高地址编码		
27C128-2	0	0	00 0000 0000 0000	11 1111 1111 1111	0000～3FFFH	16
27C128-2	1	0	00 0000 0000 0000	11 1111 1111 1111	8000～BFFFH	16
27C128-1	0	1	00 0000 0000 0000	11 1111 1111 1111	4000～7FFFH	16
27C128-1	1	1	00 0000 0000 0000	11 1111 1111 1111	C000～FFFFH	16

从表 8-7 看出，芯片的每个存储单元都有两个地址，因此每个芯片也有两个不同的地址范围，但是同一物理空间。逻辑上占用了自己两倍容量的地址范围。存储单元有多外地址，这是部分译码的特点。不难看出，产生这一原因是 A_{15} 空置的结果。本例当 A_{15} 确定后，两个芯片的地址仍是连续的，作为程序存储器，系统使用的地址范围是 0000H～7FFFH。

(3) 读取表格中任意一个字节中内容的程序段如下：

```
MOV     DPTR,#7000H              ;指向数据表首地址
MOV     A,#N                     ;N 为表格中字节的序号，从 0 开始
MOVC    A,@A+DPTR                ;以变址寻址方式得到表中第 N 字节中有数据
```

问：本设计能否用线选法，直接用 A_{14} 和 A_{15} 译码，而省去 7404 门？即用 P2.6 选 27C128-1，P2.7 选 27C128-2。先给两个芯片分配地址，再考虑这样译码是否满足程序存储器的地址分配原则。

外部程序存储器扩展小结：

(1) 系统扩展难点在于地址分配上，设计的关键在于处理好地址线与芯片选片端的关系。实现地址分配的译码电路多种多样，可根据实际电路择优选用。

(2) 程序存储器的地址分配必须满足从 0000H 开始和地址连续这两个原则。

(3) 程序存储区 64KB 空间由信号 $\overline{\text{PSEN}}$ 控制。而外部 RAM 由 $\overline{\text{WR}}$、$\overline{\text{RD}}$ 管理，与 $\overline{\text{PSEN}}$ 无关。这就是 51 机双 64KB 存储空间并存的原理。

8.4 MCS-51 单片机外部数据存储器总线扩展方法

数据存储器也称为随机存取存储器(Random Access Memory，RAM)，用于存储系统随时修改的数据。与 ROM 不同，RAM 是可读写的。但 RAM 为易失性存储器，断电后所存信息消失。

51 机内的 128B 的内部 RAM 是十分珍贵的资源，应该合理地分配并充分加以利用。只有当片内 RAM 不够用时，才考虑外扩 RAM。

外部 RAM(XRAM)的扩展方法与程序存储器的扩展方法基本相同。只是 XRAM 的读、写是由 $\overline{\text{RD}}$、$\overline{\text{WR}}$ 控制的。$\overline{\text{RD}}$、$\overline{\text{WR}}$ 的动作是用户读、写 XRAM 的指令代码被单片机执行的结果，是编程者的意志的体现。在这里，单片机系统只是信号的提供者。

8.4.1 单片机常用数据存储器

1. 62 系列静态 RAM 的封装与引脚排列

62 系列是静态数据存储器，是单片机扩展系统常用的芯片，其中以 6264(8K×8 位)和 62256 最常见(32K×8 位，容量的算法与 27 系列相同)。其 DIP28 封装外形如图 8-14 所示。图中 I/O_0～I/O_7 为三态双向数据口，控制线为$\overline{CE}$、$\overline{OE}$及$\overline{WE}$，其功能见表 8-8。图 8-15 为 62 系列芯片简化接口电路图。

6264 8K×8

引脚	名称	名称	引脚
1	NC	V_{CC}	28
2	A_{12}	$\overline{WE}$	27
3	A_7	NC	26
4	A_6	A_8	25
5	A_5	A_9	24
6	A_4	A_{11}	23
7	A_3	$\overline{OE}$	22
8	A_2	A_{10}	21
9	A_1	$\overline{CE}$	20
10	A_0	I/O_7	19
11	I/O_0	I/O_6	18
12	I/O_1	I/O_5	17
13	I/O_2	I/O_4	16
14	GND	I/O_3	15

62256 32K×8

引脚	名称	名称	引脚
1	A_{14}	V_{CC}	28
2	A_{12}	$\overline{WE}$	27
3	A_7	A_{13}	26
4	A_6	A_8	25
5	A_5	A_9	24
6	A_4	A_{11}	23
7	A_3	$\overline{OE}$	22
8	A_2	A_{10}	21
9	A_1	$\overline{CE}$	20
10	A_0	I/O_7	19
11	I/O_0	I/O_6	18
12	I/O_1	I/O_5	17
13	I/O_2	I/O_4	16
14	GND	I/O_3	15

图 8-14 部分 62 系列芯片引脚图

表 8-8 62 系列芯片的工作方式

引脚 方式	片选端$\overline{CE}$	输出允许端$\overline{OE}$	写入控制端$\overline{WE}$	数据总线工作状态
空闲	V_{IH}	任意	任意	高阻
输出禁止	V_{IL}	V_{IH}	V_{IH}	高阻
读存储器	V_{IL}	V_{IL}	V_{IH}	D_{OUT}
写存储器	V	V_{IH}	V_{IL}	D_{IN}

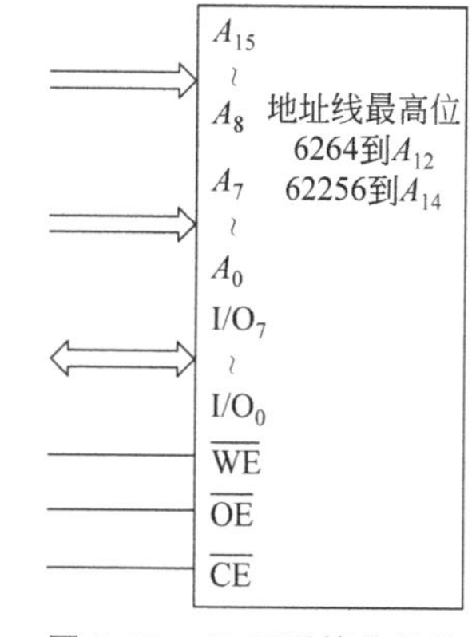

图 8-15 62 系列简化结构

2. 外部数据存储器读/写操作时序

51 机对 XRAM 的读时序可参阅图 8-4，图 8-16 是 51 机对 XRAM 的写时序图，对 XRAM 读、写操作建议只用如下两条命令，即 MOVX，A@DPTR 和 MOVX @DPTR，A。

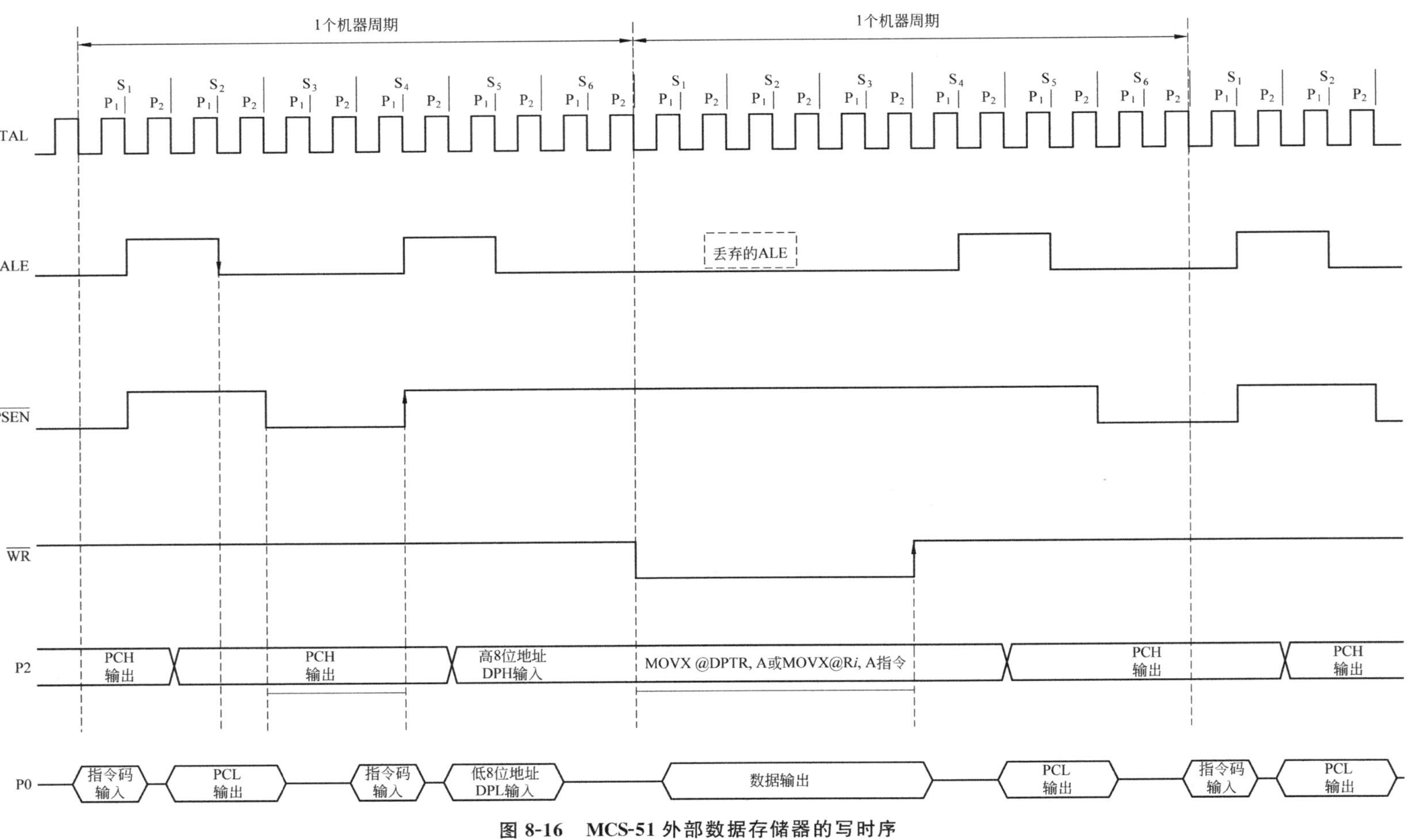

图 8-16 MCS-51 外部数据存储器的写时序

而 MOVX A,@Ri 和 MOVX @Ri,A 这两条指令的寻址范围在 256 之内,其功能包含于前两条指令中,所以只有在数据指针不够时才用,它们的寻址范围在 0～FFH 之间。

XRAM 操作指令均为单字节双周期指令。第一个机器周期是 CPU 取指令周期,第二个机器周期是指令的执行周期。MOVX,A @DPTR 和 MOVX @DPTR,A 指令代码中的地址与操作信息经 CPU 解释后产生决策,先产生 16 位地址,指向 RAM 单元,之后,数据总线上的数据在 $\overline{RD}$ 或 $\overline{WR}$ 信号有效期间,从外部 RAM 单元中读出或写入其中。

静态 RAM 比 EPROM 器件具有更高的响应速度,均满足单片机对器件响应速度的要求。

8.4.2 62 系列数据存储器的接口电路设计

下面的例题有助于认识总线方式下 XRAM 电路与程序设计方面的特点。

【例 8-4】 用一片 62256 芯片为 80C51 外扩 32KB 数据存储器,设计电路并写出对此 62256 中的任一单元进行读、写操作的程序段。

解:系统电路设计如图 8-17 所示。

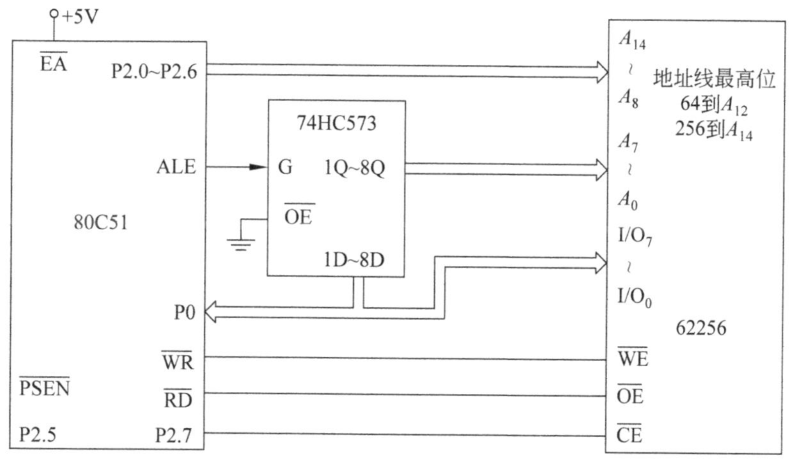

图 8-17 80C51 与 62256 的接口

ALE 控制 74HC573 的锁存控制端 G,$\overline{RD}$ 和 $\overline{WR}$ 分别与 $\overline{OE}$ 和 $\overline{WE}$ 相接。15 根地址线与 62256 对接,完成片内译码;地址线的最高位 A_{15}(P2.7)用于选片。当 A_{15} 为 0 时,62256 被选中:则 0××× ×××× ×××× ××××为 62256 的地址范围,即 0000～7FFFH,共 32K。

对 62256 内部 1000H 单元进行读、写一个字节的程序段如下:

```
MOV     DPTR,#1000H
MOVX    A,@DPTR                        ;对 XRAM 的读操作
MOV     DPTR,#1000H
MOV     A,#0AAH
MOVX    @DPT R,A                       ;对 XRAM 的写 AAH 操作
```

对片内有程序存储器的 51 机,可只作外部 RAM 扩展,对 8031、8032,外部 RAM 可

直接扩展在例 8-1 所设计的系统总线上，即将图 8-17 与图 8-11 所示的两个系统并接在一起。

【例 8-5】 编写一个将外部 RAM 的 2000H～201FH 单元共 32B 传送到以 3000H 为首址的外部 RAM 的子程序。

解：计算机完成重复性工作的程序通常采用循环结构。本例属于重复移动数据问题。

标准 51 机只有一个 DPTR，将源头数据直接移动到目的地，循环结构程序难以实现，原因是难以用一个数据指针同时指向两段地址。

考虑到片内 RAM 区的两个数据指针(R0、R1)，如果先将外部 RAM 中的源数据移到内部 RAM 中进行缓存，然后再将缓存中数据移到外部 RAM 的目标区域，循环程序结构的数据指针条件就满足了。数据分布及移动路线如图 8-18 所示。

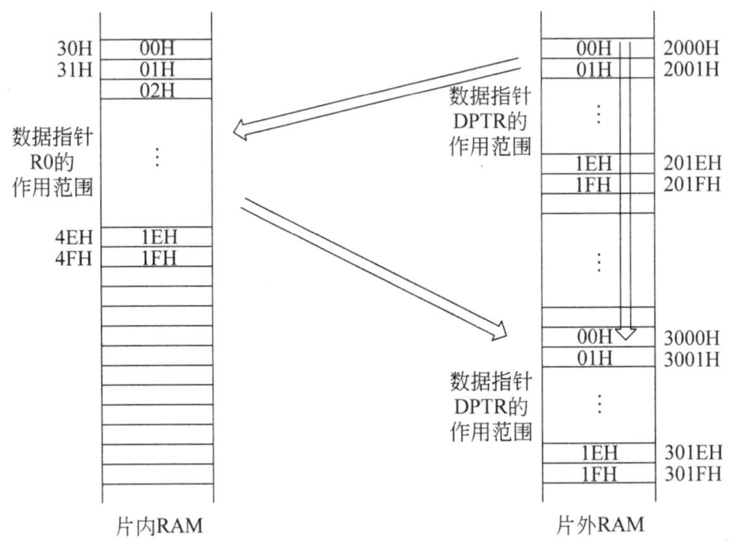

图 8-18　例 8-5 数据分布与移动线路示意图

程序设计要考虑片内 RAM 的容量。标准 51 机片内 RAM 为 128B 单元，用户区只有约 70B 单元的空间。对本题来说，拿出 32B 空间用于数据缓冲区应不成问题，否则就需采用分批移动的方法。参考子程序如下：

```
MXRAMD: MOV     R0, #30H              ;内部 RAM 数据区首址
        MOV     R7, #20H              ;循环计数值
        MOV     DPTR, #2000H          ;源数据首址
LOOP1:  MOVX    A, @DPTR              ;循环体头
        MOV     @R0, A                ;一次向内转移一个数据
        INC     DPTR                  ;片外指针加 1,指向下一源单元
        INC     R0                    ;片内指针加 1,指向下一目的单元
        DJNZ    R7, LOOP1             ;循环体尾
;再将暂存于内部 RAM 的 30H~4FH 中的数据送外部 RAM 地址中
        MOV     R0, #30H              ;源数据首址
```

```
            MOV     R7, #20H
            MOV     DPTR, #3000H                    ;目的数据首址
LOOP2:      MOV     A, @R0
            MOVX    @DPTR, A
            INC     DPTR
            INC     R0
            DJNZ    R7, LOOP2
            RET
```

本例也可将R0或R1作为外部数据指针，将XRAM中的0～FFH区域作为数据中转站，而将片内RAM留作他用，也是一种解决方案。

【例8-6】 编写一个将外部RAM的2000H～21FFH单元共512B的数据传送到以3000H为首址的外部RAM区的C语言程序。

解：很多增强型51单片机，如STC系列，有两个DPTR指针，实现外部RAM不同区域之间数据传送的汇编语言程序要比用标准C51简练得多，程序运行的速度也快很多。有关双DPTR的用法请阅读参考文献[2]第4章的相关内容。本例只讨论用C语言解决这类问题的程序设计方法C51参考源文件如下：

```
#include "REG51series.H"                 //仿真对象为标准51机
#define uchar unsigned char              //定义无符号字符型变量的简写名uchar
#define uint unsigned char               //定义无符号整型变量的简写名uint
uchar xdata * wg_x, * wg_y;              //定义无符号字符型变量,定位于外部RAM
void gwrite (uint n)                     //定义函数名及类型
{
    uint i;
    for (i=0;i<n;i++)
      * (wg_y+i)= * (wg_x+i);            //数据移动
}
void main(void)                          //主程序如下
{
    wg_x=0x022000;
    wg_y=0x023000;                       //为指针变量赋地址,0x02是格式
    gwrite (512);                        //调用函数
    while(1);                            //调试程序用
}
```

要注意的是，对XRAM、内部RAM和程序存储器操作的助记符分别为MOVX、MOV和MOVC，编译系统就是根据指令助记符来区分操作对象所在区域的。

51机内部RAM的寻址范围为0～FFH，而许多增强型51机片内配置的RAM中多于256B以上的单元就成了片内外部RAM。它们虽然在单片机内部，但CPU访问它们的方式与XRAM相同。这样就出现片内、片外有两个XRAM区的选用问题。为此，STC系列单片机中增加了一个名为AUXR的寄存器，该寄存器地址为8EH，内容因型号不尽相同，但都有EXTRAM位，该位为0，允许使用片内外部RAM，即系统XRAM在片

内;该位为 1,系统的 XRAM 在片外。单片机复位后该位为 0,所以使用片内 XRAM 是默认状态。

考虑到片内 XRAM 向片外扩展 RAM 的自动切换,增强型 51 机普遍采用的方法是:当地址超过片内 XRAM 的最高地址后,ALE 和外部地址数据线自动有效,于是使系统目标地址自然指向外部扩展 RAM。

如果确定要使用外部扩展 RAM,可在程序中使用 AUXR |=0x02;的命令实现之。

8.5 外部非易失性数据存储器及总线扩展方法

8.5.1 EEPROM 型非易失性存储器概述

计算机系统中,常常需要一种即可读写又有掉电不丢失数据的特性的非易失性存储器,其中一大类称为 EEPROM(也称 E^2PROM)。这种存储器也分串行和并行接口两种类型。

并行接口 EEPROM 是为并行总线系统而设计的产品,用法与程序存储器和 XRAM 基本相同,其代表产品为 28 系列存储器芯片。串行接口 EEPROM 是为 I/O 系统设计的产品,占用 I/O 少,适用于单片机最小应用系统中,如智能仪器、仪表系统等。

非易失性存储器的另一大类就是 Flash 型存储器。如 STC 系列机就内嵌这类存储器。EEPROM 可以按字节写,Flash 可以按单元读,但擦除和写以扇区为最小单位。本节只讨论并行接口 EEPROM 型非易失性存储器。

8.5.2 28 系列并行接口 EEPROM 的一般特性

28 系列芯片非易失性存储器在单片机中应用最为广泛。其中 28C64(8KB)、28C256(32KB)最具有代表性。在引脚排列与定义上,28 系列与 62 系列完全一样,操作时序也相同。因此,这两个系列的芯片可以在硬件级互换。区别仅在于 28 系列在写操作后需要一个写周期延时,数据才能可靠写入,时间一般为 7～15ms,因产品型号而不同。在读取速度方面,响应时间一般为 100～250ns。51 机与 28 系列芯片的接口电路如图 8-19 所示。

一般 EEPROM 型芯片都有全片擦除功能,以节省擦除时间。

为满足大量数据的快速写入,多数 EEPROM 型芯片具有页写功能,可连续对芯片内若干连续地址单元进行批量的写操作。这就要求芯片内部要有页缓冲器支持,其大小也因型号而不同。批量的写功能使 28 系列芯片的写过程时间大幅度减少。

28 系列的某些芯片,如 28C64A,带有数据查询功能。在写周期中,读取最后一个写入单元中的内容,其最高位是目标值的反码,由此可判断写周期是否结束。这种数据查询方法对页写和字节写都适用。

28 系列产品型号很多,但它们在辅助功能方面相差还是很大的,而价格却相差不大。所以选型时要注意这一问题。

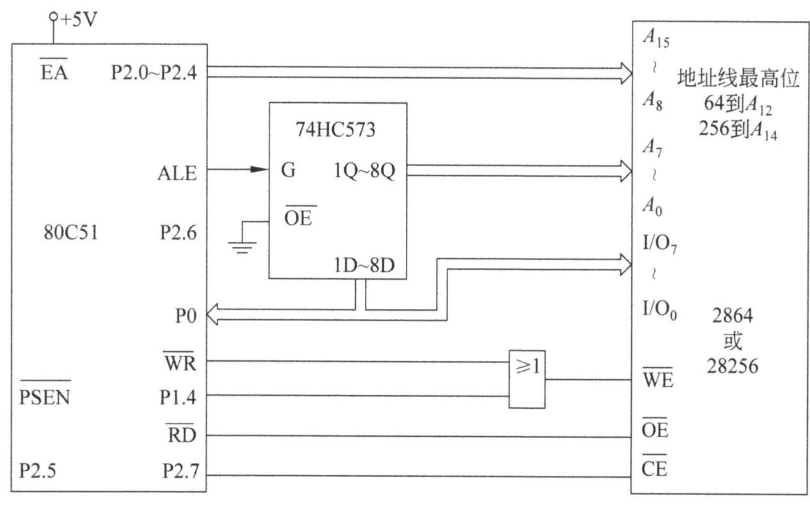

图 8-19 2864 硬件写保护设计

8.5.3 28 系列存储器的数据安全措施

对仪器、仪表而言,非易失性存储芯片内的数据保护问题特别重要。因为,存于其中的工作指令和技术参数等数据一旦丢失,系统就会瘫痪。由于 EEPROM 可以在系统改写,恶劣环境条件的干扰,如雷击等,可能导致数据的改写或丢失,而且这种情况的发生几率非常大,因此,必须采取措施加以防范。

1. EEPROM 存储器硬件写保护措施

对没有 SDP(软件数据保护)功能的 EEPROM 芯片,可采用硬件写保护措施。在图 8-19 中,51 机的写信号线$\overline{WR}$与 P1.4 通过二输入或门后再控制 2864 的写使能端。P1.4 平时为高电平,对 2864 进行写操作时,P1.4 和$\overline{WR}$必须同时为低电平才有效。由于附加了 P1.4 的保险,数据的安全性在一定程度上得到了提高。

2. EEPROM 存储器软件数据保护(SDP)措施

为加强 EEPROM 芯片的数据保护能力,很多数厂家为 28 系列芯片增加了 SDP 功能。软件保护方式相当于软件加密,雷电干扰解密的概率很小。解密后的芯片在读取数据前要先用 USDP 解密。具体内容可查阅本书参考文献[1]、[2]的相关内容。

3. EEPROM 应用举例

【例 8-7】 51 机与 28C256 的接口电路如图 8-19 所示,51 机的 f_{OSC}=11.0592MHz,28C256 的地址范围为 0000～7FFFH,试用 C51 编写对 28C256 读、写操作的测试程序。

解:本程序是针对 AT28C256 编写的,写周期延时为 7ms。C51 参考程序如下:

```
#include <reg51.h>
```

```
#define uchar unsigned char
#define uint unsigned int
uchar xdata ttbuf[100], * paint, * pt_t1,a,m;
void DelayX1ms (uint count)      //延时 1ms 子程序,标准 51 机,11MHz
{    uint i;
     uchar j;
     for(i=0;i<count;i++)
        for(j=0;j<112;j++);
}
void main(void)
{   paint=0x025a00;              //用页写方式从 5A00H 开始写 83 个 22H 到 28C256 中
    a=0;
    P1_4=0;                      //硬件允许写 EEPROM
    for (m=0;m<83;m++)
    {    a++;
        * paint=0x22;            //数据可在源程序中修改
        paint++;
        if (a==16)               //页写长度可为 16、32、64
        {   a=0;
            DelayX1ms(7);
        }
    }
    P1_4=1;                      //硬件写保护
    paint=0x025a00;              //从 5A00H 开始读 100 个数据到 ttbuf 数组中
    for (m=0;m<100;m++)
    {    ttbuf[m]= * paint;
        paint++;
    }
}
```

8.6 MCS-51 总线系统的地址译码技术

51 机外部 RAM 只有 64KB 空间。在并行总线系统中,除程序存储器外的所有接口器件都要占用 XRAM 空间。于是,在接口器件较多的系统中,真正用于数据缓冲的 RAM 空间将被压缩;另一方面,接口器件是靠其片内寄存器(相当于单片机中的 SFR)来管理器件工作的,有命令寄存器和数据寄存器两种,但数量不多,一个接口芯片寄存器的总容量通常在几个至几十个单元之间,容量特别大的也在 256B 以内。如 CAN 控制器 SJA1000 有 192 个专用寄存器;DS12887 有 128 个等,10 个接口器件(这已经是相当大的扩展系统了)占用的空间也不超过 2KB,似乎扩展接口器件不会对 XRAM 空间产生显著的压缩效果。其实不然,在系统电路设计时,不能用 64KB－2KB＝62KB 这样简单的算术方法计算 XRAM 空间的分配问题:一方面,在对器件进行地址分配时,要给它们分配足够的空间,以便访问,实现控制目的;另一方面,给每个器件分配的地址量正好是该器件所需空间的最大量，是一个非常困难的事情。空间分配总是有损失的，损失量的大小与硬件电路的复杂程度成反比，即电路越复杂，XRAM 空间利用率就越高，浪费就越少。

如此看来，扩展 10 个左右接口器件的系统，如果它们占用 RAM 的量在 8KB 以下，则系统还有 56KB 的 RAM 空间，也是可以接受的。但如何做到这一点呢？

事实上，接口器件的外扩数量与用于数据缓冲的 XRAM 量之间的矛盾，不在于接口器件和 XRAM 空间的绝对量，而在于空间的利用率上。下面通过一个例子来说明这一问题，并提出解决的思路和方法。

【例 8-8】 设计一个 51 机的并行总线扩展系统。要求系统有 64KB 程序存储器和 56KB 的外部 RAM，并将剩余的 XRAM 空间分成 8 个区，其中一个区的地址量不低于 1KB，其他端口的空间范围在 32B～1KB 之间。

解：对 XRAM 分区，就是对其进行地址译码。将剩余的 8KB XRAM 空间均分即可达到本例的要求。到目前为止，本书所涉及的译码技术中，采用 74HC138 译码是最佳的设计方案。具体电路如图 8-20 所示。

为实现 56KB 和 8KB 这两个数字的组合，在图 8-20 中，用第 1 个 74HC138 将 64KB XRAM 空间分为相等的 8 个区，每个区 8KB。再用两个 4 输入与门，将前 7 个块分给两片 62256，满足 56KB 题设要求。从图中的逻辑关系可以得到两片 62256 的地址范围，归纳于表 8-9 中。

注意：A_{13}、A_{14} 同时参与了片内和片外译码。

表 8-9 例 8-8 中为两个 62256 芯片分配的地址范围

译码 芯片	片外译码			片内译码 $A_{14}\sim A_0$（$A_{14}A_{13}$） （××× ×××× ×××× ××××）		地址范围	累计容量/KB
	A_{15}	A_{14}	A_{13}	最低地址编码	最高地址编码		
62256-1	0	0	0	000 0000 0000 0000	001 1111 1111 1111	0000～1FFFH	8
62256-1	0	0	1	010 0000 0000 0000	011 1111 1111 1111	2000～3FFFH	16
62256-1	0	1	0	100 0000 0000 0000	101 1111 1111 1111	4000～5FFFH	24
62256-1	0	1	1	110 0000 0000 0000	111 1111 1111 1111	6000～7FFFH	32
62256-2	1	0	0	000 0000 0000 0000	001 1111 1111 1111	8000～9FFFH	40
62256-2	1	0	1	010 0000 0000 0000	011 1111 1111 1111	A000～BFFFH	48
62256-2	1	1	0	100 0000 0000 0000	101 1111 1111 1111	C000～DFFFH	56
IOCS	1	1	1	110 0000 0000 0000	111 1111 1111 1111	E000～FFFFH	64

第 2 个 74HC138 将第 8 个 8KB 空间进一步等分，每个区为 1KB，也就满足了题设的要求。图 8-20 中 $IOCS_1\sim IOCS_8$ 的地址范围的推算过程如表 8-10 所示。其存储空间的细分技术很有启发性，值得学习。

图 8-20 也表现出电路复杂的缺点。用功能固定且简单的译码芯片做细分 XRAM 工作，电路往往庞大而复杂，器件多且译码死板（等分空间）。另外，译码电路的保密性不强，容易被非法盗版等。应该另辟设计途径。

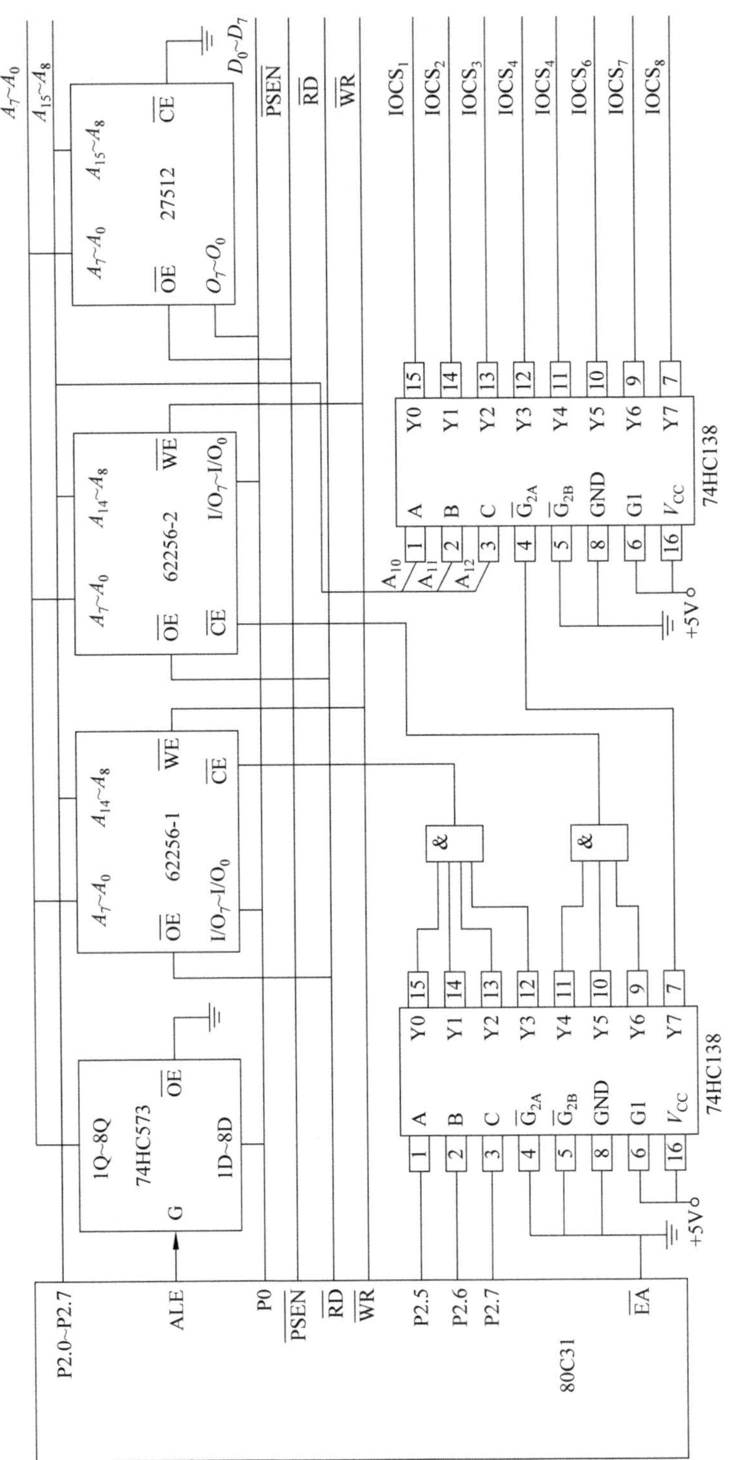

图 8-20 例 8-8 系统电路原理图

表 8-10 例 8-8 中扩展的 8 个选片端口的地址范围

译码 片选端	片外译码						片内译码	地址范围	容量
	A_{15}	A_{14}	A_{13}	A_{12}	A_{11}	A_{10}	$A_9 \sim A_0$		
$IOCS_1$	1	1	1	0	0	0	×× ×××× ××××	E000～E3FFH	1KB
$IOCS_2$	1	1	1	0	0	1	×× ×××× ××××	E400～E7FFH	1KB
$IOCS_3$	1	1	1	0	1	0	×× ×××× ××××	E800～EBFFH	1KB
$IOCS_4$	1	1	1	0	1	1	×× ×××× ××××	EC00～EFFFH	1KB
$IOCS_5$	1	1	1	1	0	0	×× ×××× ××××	F000～F3FFH	1KB
$IOCS_6$	1	1	1	1	0	1	×× ×××× ××××	F400～F7FFH	1KB
$IOCS_7$	1	1	1	1	1	0	×× ×××× ××××	F800～FBFFH	1KB
$IOCS_8$	1	1	1	1	1	1	×× ×××× ××××	FC00～FFFFH	1KB

可编程逻辑器件(PLD)具有逻辑功能的灵活性和易变性。选用它作为译码器时，能很好地解决嵌入式系统译码的一般问题，而且具有保密性强的特点。有关 PLD 在地址译码中的应用可参阅本书参考文献[1]的有关章节。

8.7 异步高速双端口静态 RAM

8.7.1 概述

IDT7132 是 IDT 公司推出的 2K×8B 异步高速双端口静态 RAM 芯片。认识 IDT7132 的最简单的途径是将其看成两组接口、一个存储器实体的 62 系列 RAM 芯片。它允许两片微处理器读或一读一写其存储器，这就是双端控制的含义，但不允许同时写，即写操作是异步的。为实现双端控制功能，IDT7132 有两组独立的地址、数据和控制信号线，图 8-21 是 48 脚 DIP 封装的 IDT7132 引脚布置图。IDT7132 增加的 62 系列芯片所不具备的功能如下：

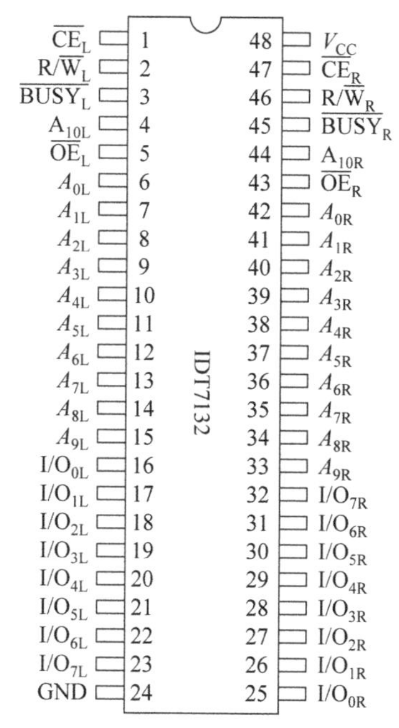

图 8-21 DIP 封装 IDT7132 引脚布置图

(1) 内含仲裁逻辑，可解决同时读/写同一地址问题。

(2) 具有标志$\overline{BUSY}$信号输出，便于通信双方协调工作，共享资源。当左右两端口同时写入或一读一写同一地址单元时，先稳定地址的端口通过仲裁逻辑电路优先进行读/写操作，同时内部电路使能对方端口的$\overline{BUSY}$信号，并在内部禁止对方访问，直至本端口操作完成。

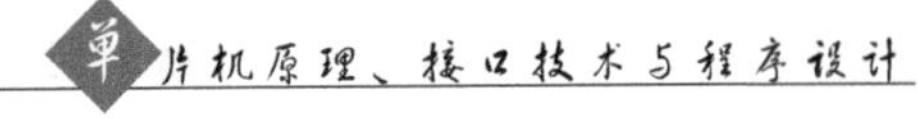

IDT7132 的$\overline{BUSY}$引脚内部为集电极开路结构，应用时需接 270Ω 的上拉电阻。

8.7.2 IDT7132 与 51 机接口电路设计

IDT7132 的控制线有片选端$\overline{CE}$、输出使能$\overline{OE}$及读/写控制端 R/$\overline{W}$。在无地址竞争条件下，IDT7132 与 62 系列芯片的工作方式基本相同，区别仅在于 IDT7132 接口兼容 Intel 和 Motorola 总线，因此，用 R/$\overline{W}$ 取代了 62 系列芯片的$\overline{WE}$，对 Intel 总线的 51 机而言，将 R/$\overline{W}$ 当作 62 系列芯片的$\overline{WE}$用，两者的工作方式就完全相同了，表 8-11 是 IDT7132 的工作方式逻辑表。图 8-22 为由两片 STC12C5A60S2 构成的 51 机应用系统，IDT7132 的作用是为两个单片机提供数据共享场所，或者说提供通信邮箱。两个单片机都提供了一个 I/O 对己方的$\overline{BUSY}$端进行监视，以确保数据操作无误。

图示系统中还有 28C256、实时时钟 DS12C887 等芯片。它们的译码过程将一起讨论。

表 8-11 IDT7132 工作方式逻辑

IDT7132 左边或右边端口				功　能
R/$\overline{W}$	$\overline{CE}$	$\overline{OE}$	$I/O_0 \sim I/O_7(D_0 \sim D_7)$	
×	H	×	Z	休眠模式
L	L	×	数据输入	写存储器
H	L	L	数据输出	读存储器
×	L	H	Z	输出禁止

【例 8-9】 由两片 STC12C5A60S2 构成的 51 机应用系统如图 8-22 所示。试确定图中 IDT7132 在左右两侧 51 机系统中的地址，并写出对其任意一个单元进行读/写的程序段。

解：考察图 8-22，电路没用译码器而是采用逻辑门译码。左侧系统有 3 条片外译码线 A_{15}、A_{14} 和 A_{13}，其余地址线可按片内译码线来处理，现将左侧 16 根地址线从高到低一字排开，并按片内和片外译码分类，其地址范围确定过程如表 8-12 第 1 行所示，其中片外译码线 A_{15}、A_{14} 和 A_{13} 的状态待定。

表 8-12 图 8-22 系统中左侧 IDT7132 的地址范围确定过程

片外译码			片内译码 $A_{12} \sim A_0$(× ×××× ×××× ××××)		IDT7132 地址范围
A_{15}	A_{14}	A_{13}	最低地址编码	最高地址编码	
×	×	×	1 1000 0000 0000	1 1111 1111 1111	不定
0	0	1	1 1000 0000 0000	1 1111 1111 1111	左 3800H～3FFFH
0	0	1	1 1000 0000 0000	1 1111 1111 1111	右 3800H～3FFFH

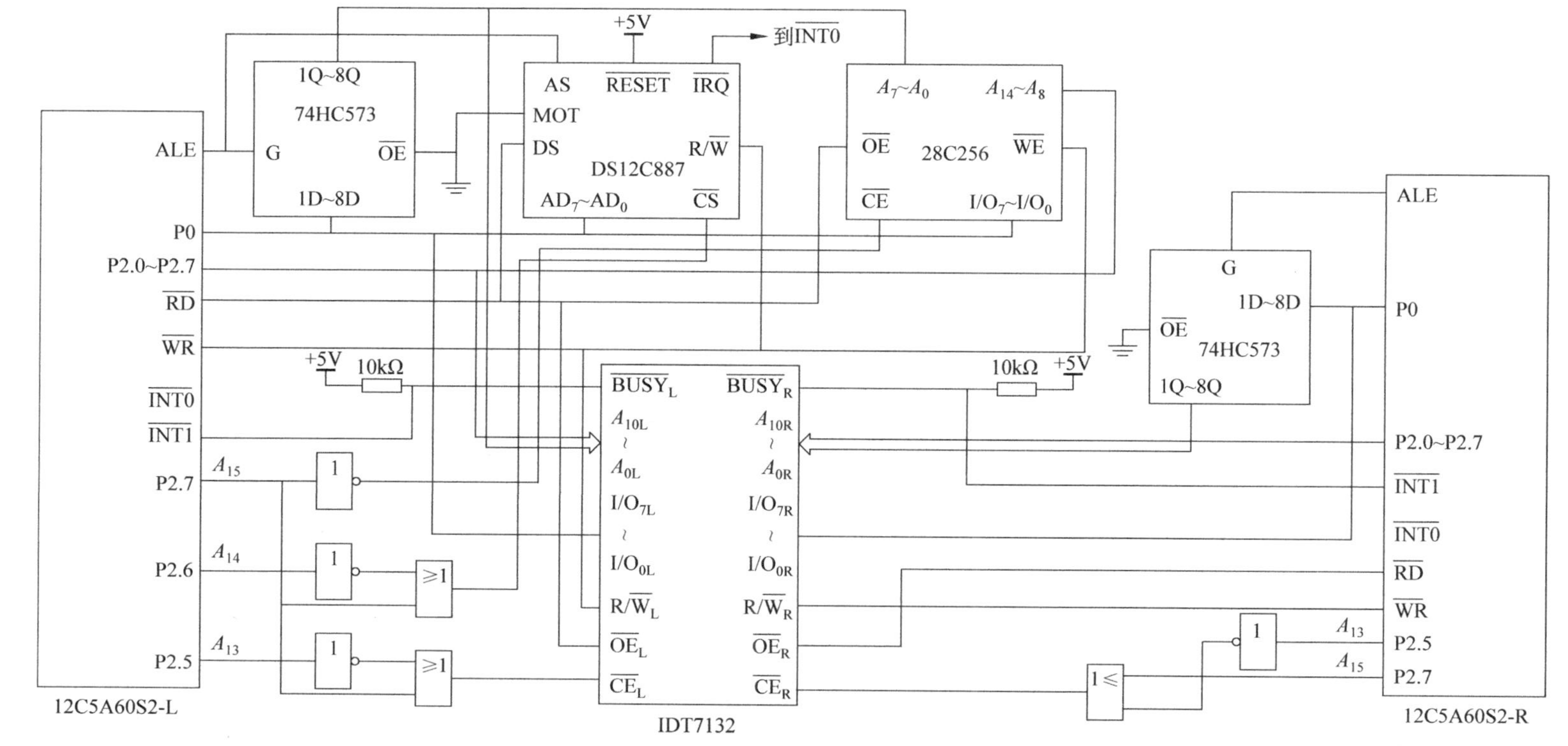

图8-22 用IDT7132通信的双51机应用系统

片外译码按图 8-22 的逻辑，$A_{15}=0$、$A_{13}=1$ 时，$\overline{CE_L}$ 为 0，IDT7132 左侧片选端有效，而同为左侧的 28C256 和 DS12C887 不应被选中，所以，IDT7132 左侧被选中的片外译码线的组合应为 001，将 A_{15}、A_{14} 和 A_{13} 的状态填入表 8-12 的第 2 行，再读出 16 根地址线的最小值和最大值，由最小值和最大值确定的闭区间就是所分析器件的地址范围了。由于 IDT7132 的存储空间只有 2KB，只需要 11 根片内译码线，A_{11}、A_{12} 可取任意值，取 A_{12} 和 A_{11} 为 1，得到一组最方便确定的地址范围，见表 8-12 的第 3 行。

由于电路左右的对称，易知 IDT7132 右侧 RAM 的地址范围为 3800H～3FFFH。

对 IDT7132 左右两侧任意一个单元，如 3900H 进行读/写的程序段如下：

```
        MOV     DPTR,#3900H
WAIT:   JNB     P3.3,WAIT               ;防止 IDT7132 左右两侧操作冲突
        MOVX    A,@DPTR                 ;将 3900H 单元内容读入寄存器 A 中
        MOV     DPTR,#3900H
        MOV     A,#55H
WAIT1:  JNB     P3.3,WAIT1              ;防止 IDT7132 左右两侧操作冲突
        MOVX    @DPTR,A                 ;将寄存器 A 的内容写入 3900H 单元中
```

C 语言的程序段也类似，读取 3900H 单元内容的程序段如下：

```
point=0x023900;                         //point 为指向 XRAM 的字符型指针
while (P3_3==0);
point_data=*point;                      //point_data 为字符型变量
```

同理，可确定图 8-22 中 28C256 的地址范围为 8000H～FFFFH，共 32KB，自身容量全部占用。DS12C887 的地址范围为 4000H～5FFFH，因为 DS12C887 内有 256 个寄存器，只需要 8 条地址线即可片内译码，所以这是一个部分译码区域。其中最容易确定的地址范围为 0100000000000000～0100000011111111。由此得到 DS12C887 的地址范围为 4000H～40FFH。

DS12C887 是并行接口实时时钟芯片，在并行总线单片机系统中应用广泛。在本书的参考文献[3]中对 DS12C887 有相当详细的介绍，本书不再赘述。

通过本节的学习，可以体会到门电路在单片机系统中的应用的灵活性。

8.8 本章重点

本章重点在于译码电路的逻辑设计和解析上。在设计译码电路时，要注意将地址线分为片内译码和片外译码线两组，其中片内译码每个芯片都需要，片外译码有时是不需要的，如例 8-1。片内译码是为芯片提供一个连续的地址范围，要从低位地址线用起；片外译码是为了选片，要用片内译码后剩下的高位地址线。

如果扩展系统中所有器件的物理地址之和小于 51 机的最大存储空间(64KB)，则为部分译码系统，其特点是系统中每个器件占用的逻辑地址多于自身的物理单元；如果扩

展系统中所有器件的物理地址之和等于51机的最大存储空间(64KB),则为全译码系统,这时,系统中每个器件占用的逻辑地址量等于自身的物理单元数。

电路设计好后,要确定芯片的地址范围,方法是将系统的16根地址线从高到低一字排开,与片外译码无关的所有地址线均看作片内译码线,它们全为0和全为1确定了片内译码地址范围;片外译码则需要考察与被分析器件的片选端的逻辑,当片外译码线的组合满足该器件的片选条件,且不选其他器件时,16根地址线的最小值和最大值形成的闭区间就是所分析器件的地址范围,如例8-2。对部分译码系统,器件可能有多个地址范围,只要找出一个自己认为最容易确定的地址范围就可以了,如例8-3。

宏观掌握总线扩展系统组成部分,要记住这个结论:除程序存储器外,所有的并行接口器件都要扩展在外部RAM区64KB空间中。在总线方式下,CPU对它们的操作与对数据存储器的操作方式一样。

最后,对51机不同类型、不同区域的存储器操作指令进行一次全面归纳:

(1) 操作内部RAM,用助记符MOV类指令,寻址方式多,形式灵活多样。

(2) 操作外部RAM,即XRAM,用助记符MOVX类指令,只有间接寻址一种寻址方式,需记住的读/写指令各一条,以读/写2000H单元为例:

```
MOV     DPTR,#2000H
MOVX    A,@DPTR                    ;将2000H单元内容读入寄存器A中
MOV     DPTR,#2000H
MOV     A,#55H
MOVX    @DPTR,A                    ;将寄存器55H写入2000H单元中
```

(3) 读程序存储器中数据表格的指令只需记住以下1条,它是关于DPTR的变址寻址指令:

```
MOVC    A,@A+DPTR
```

C语言读取存储器的通用办法是用指针或数组。达到对它们读/写操作目的的关键是准确定义指针或数组类型,寻址程序存储区需用code型指针或数组,寻址外部RAM区则需用xdata型指针或数组,而寻址内部RAM区则需使用data或idata型指针或数组。

习 题 8

8-1 查阅74HC139的资料,用4片27128芯片设计一个64KB外部程序存储器的8031系统,并为每个27128芯片分配地址。

8-2 编写程序:

(1) 将片内RAM中30H～3FH的内容写入图8-17的62256中的首址为100H的连续单元中。

(2) 将62256内以地址500H开始的连续32B的内容移到62256中以1500H为首

址的连续单元中。

(3) 若图中的单片机为双 DPTR 的 STC89C52RD+，利用这一优势完成(2)的任务，试编程实现之。

8-3 将图 8-20 中的 $IOCS_8$ 的 1KB 空间再细分为 8 块，每块 128B 空间，应如何设计电路？画出电路图(只画出新扩展的部分)，并给出地址范围表。

8-4 例 8-3 的系统能否用线选法设计，即直接用 A_{14} 和 A_{15} 译码，而省去 7404 门？

第9章 chapter 9

MCS-51单片机接口技术

本章讨论 I/O、A/D、D/A 等功能芯片的并行扩展电路设计及控制程序的编写方法，这些内容与第 8 章讨论的存储器并行总线扩展技术形成一个完整的体系。

9.1 并行接口 I/O 芯片 8255A

并行接口芯片 8255A 是 Intel 公司的产品，在单片机 I/O 扩展中有广泛的应用。

9.1.1 8255A 的内部结构和外部特性

1. 8255A 的基本特性

(1) 8255A 是具有 A、B、C 3 个 8 位并口，共 24 条 I/O 端口的芯片，其中 C 口有按位置/复位功能。

(2) 8255A 与单片机有多种数据交换方式，如无条件传送、查询和中断传送。与此相应，8255A 有 3 种工作方式。

(3) 8255A 的各种功能，可通过方式控制字寄存器的设置得以实现。

(4) 单一+5V 电源供电。

2. 8255A 的内部结构

8255A 的内部结构与引脚布置如图 9-1 所示。8255A 由以下几部分组成：

(1) 数据/I/O 端口 A、B、C。

(2) A 组和 B 组控制电路。8255A 将 3 个端口分两组管理。A 组成员有端口 A 和端口 C 的高 4 位(PC_7～PC_4)。B 组成员包括 B 口和 C 口的低 4 位(PC_3～PC_0)。从图 9-1 看出，8255A 对 3 个端口的控制都是通过两组控制电路实现的。

(3) 8 位数据总线及控制逻辑单元。包括 8 位数据线；控制线有读/写控制、地址、复位输入端及片选输入端，共 6 条线，如图 9-1(a)所示。

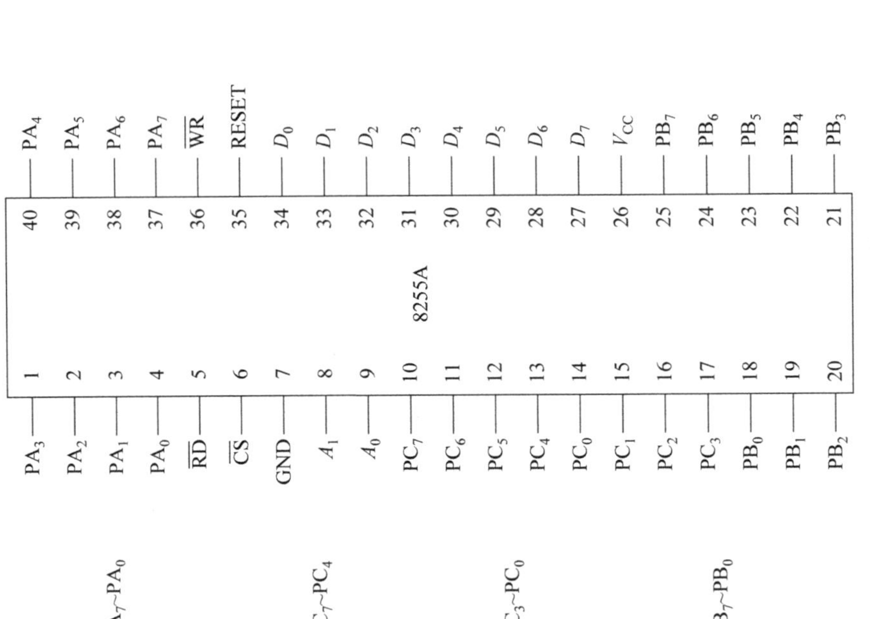

(a) 8255A内部结构

(b) 8255A管脚排列

图 9-1　8255 内部结构与管脚

3. 8255A 芯片的引脚定义与排列

以 40 引脚双列直插式封装为例，8255A 的引脚排列如图 9-1(b)所示。除电源(+5V)和地址线以外，其他信号线可以分为以下 3 组：

(1) 与外设相连接的有 A、B、C 端口线 $PA_7 \sim PA_0$、$PB_7 \sim PB_0$、$PC_7 \sim PC_0$。

(2) 数据线 $D_7 \sim D_0$，8255A 的数据线与单片机(MCU)系统数据总线相连。

(3) 控制信号线，其功能介绍如下。

RESET：复位信号，高电平有效，复位逻辑与 51 机相同。当其有效时，所有内部寄存器被复位，此时，3 个数据端口被自动设为方式 0 的输入方式。

$\overline{CS}$：片选信号，低电平有效。只有当$\overline{CS}$有效时，才允许 8255A 与 MCU 交换信息。

$\overline{RD}$：读信号，低电平有效。当$\overline{RD}$有效时，MCU 可以从 8255A 中读取数据。该引脚通常与 MCU 的"读"控制信号相连接。

$\overline{WR}$：写信号，低电平有效。当$\overline{WR}$有效时，MCU 可以向 8255A 写入控制字或数据。通常与系统中 MCU 的"写"控制信号相连接。

A_1、A_0：地址线或寄存器选择线。用于选择 8255A 内部寄存器，见表 9-1。

表 9-1 8255A 内部各端口地址的偏移量及工作方式

A_1	A_0	$\overline{RD}$	$\overline{WR}$	$\overline{CS}$	工作状态
0	0	0	1	0	A 口数据→数据总线
0	1	0	1	0	B 口数据→数据总线
1	0	0	1	0	C 口数据→数据总线
0	0	1	0	0	数据总线→A 口
0	1	1	0	0	数据总线→B 口
1	0	1	0	0	数据总线→C 口
1	1	1	0	0	数据总线→控制字寄存器
×	×	×	×	1	数据总线→三态
1	1	0	1	0	非法状态
×	×	1	1	0	数据总线→三态

注意：8255A 的电源、地引脚的位置不是按一般 DIP 封装所惯用的位置排列的，使用时要特别留心。

4. 基地址概念

同一接口器件在不同应用系统中的绝对地址一般是不同的，因为地址安排是由使用器件的设计者决定的。但在地址连续的前提下，一个器件内各个寄存器的相对位置是不变的，因此，在接口技术中，经常出现基地址这一词汇，其定义为：器件中寄存器的最低地址。从定义出发，再结合表 9-1 可知，8255A 的基地址是 A 口寄存器的地址，A、B、C 口及控制字寄存器的地址相对于基地址的偏移量分别为 0、1、2、3。

使用基地址这一名词的好处是，地址的描述变得简单、明了、通用。例如，说 8255A 的基地址为 2000H，与 8255A 的 A、B、C 口及控制字寄存器的地址分别为 2000H～2003H 是等价的。显然，基地址与首地址有异曲同工之效，只是基地址在接口技术中常用。

特别强调，基地址概念成立的条件是：器件内的寄存器地址连续。满足这个条件很简单，而不满足这个条件往往是困难的。有时为了节省地址锁存器，只能将器件内寄存器地址做得不连续的情况也是有的，但这种用法实在是不明智的，大大增加了程序设计的难度，因为这样使程序员难以很好地使用循环结构。

9.1.2　8255A 的编程命令

编程命令包括对 8255A 工作方式设置和对 PC 口的按位操作命令两种。用户可通过控制寄存器的各位配置实现其各种功能。

1. 方式控制字

8255A 的方式控制字的格式如图 9-2 所示，其作用是指定 8255A 的工作方式及在这些方式下 3 个并行端口(PA、PB、PC)用于输入还是输出。

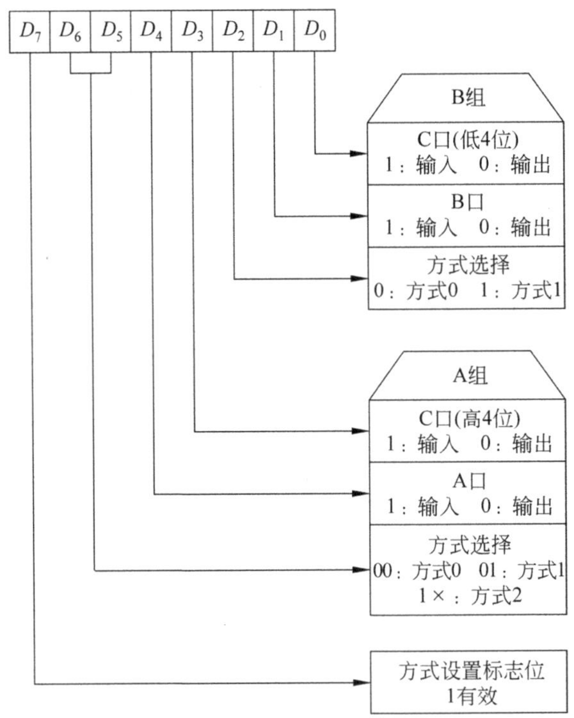

图 9-2　8255A 方式控制字格式及定义

【例 9-1】 设某 51 机系统分配给 8255A 的基地址为 E000H。试编写一个将 A 组指定为方式 1，A 口输入，C 口高 4 位输出；B 组指定为方式 0，B 口输出，C 口低 4 位为输出的8255A初始化程序段。

解：根据题意并对照图9-2得到8255A的方式控制字应为：10110000B或B0H。

将方式控制字写入8255A的方式控制字寄存器，即可完成对8255A的初始化，程序段如下：

```
MOV     DPTR,#0E003H          ;8255A方式控制字地址=基地址+3
MOV     A,#0B0H               ;初始化命令
MOVX    @DPTR,A               ;送入方式控制字端口
```

注意：

(1) 8255A的基地址是A口寄存器，而不是方式控制字寄存器，见表9-1。

(2) 所有的可编程接口芯片都遵从先定义，后使用的原则。对8255A而言，应先指定各端口的工作方式和输入输出状态，才可对其进行相应的操作。

(3) 8255A上电复位后，3个端口均被定义为方式0输入。这个默认的工作方式，对器件是最安全的，但一般不能满足系统工作需要。所以在使用8255A时，一定要先进行初始化工作，确定其工作方式。

2. PC口按位置/复位命令字

8255A的端口C除与A、B口一样可进行按字节操作外，在输出状态下，还可指定其某一位(引脚)输出高或低电平，称为C口的按位置/复位，并且此功能不受工作方式的限制。而A、B口不具备按位置/复位功能。

由于C口的按位置/复位是通过写方式控制字寄存器实现的，因此8255A采用设置特征位的方法，对两类命令加以区分。若命令字的D_7位为1，是工作方式命令；若$D_7=0$，则是PC口的按位置位/复位命令。

C口的按位置/复位命令字格式的特点是：8位数据中最高位是特征位，一定要写0，以区别方式命令。接下来的3个次高位，内容与命令无关，可以用1或0填充，但习惯用0填充。其余各位根据定义，按用户的要求写1或0，如图9-3所示。

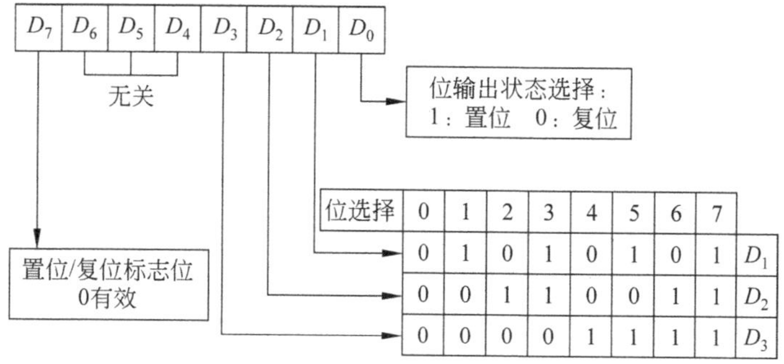

图9-3 8255A端口C按位置/复位控制字格式

【**例9-2**】 设8255A已按例9-1的要求初始化，其基地址仍为E000H。现要把C口的PC_6引脚置成高电平，试写出完成此任务的程序段。

解：将 PC_6 引脚置为高电平的命令字应为 00001101B 或 0DH，实现此功能的程序段如下：

```
MOV     DPTR,#0E003H        ;8255A 方式控制字地址=基地址+3
MOV     A,#0DH              ;C 口按位置/复位命令
MOVX    @DPTR,A             ;送入方式控制字端口
```

9.1.3 8255A 的工作方式

8255A 有方式 0、1、2 三种工作方式。方式 1 是单向、带应答功能的输入输出方式，方式 2 则是双向的带应答功能的输入输出方式。这两种工作方式是为带硬件握手的并行数据传输而设置的功能，现在已经很少用了，所以本书只讨论方式 0。

1. 方式 0 的功能及特点

方式 0 是基本输入输出方式，具有如下特点：

(1) 8255A 的 3 个端口均只具有 I/O 功能，任务单一。在此方式下，8255A 能提供最多 24 个 I/O，图 9-4 为方式 0 时 8255A 的功能示意图。

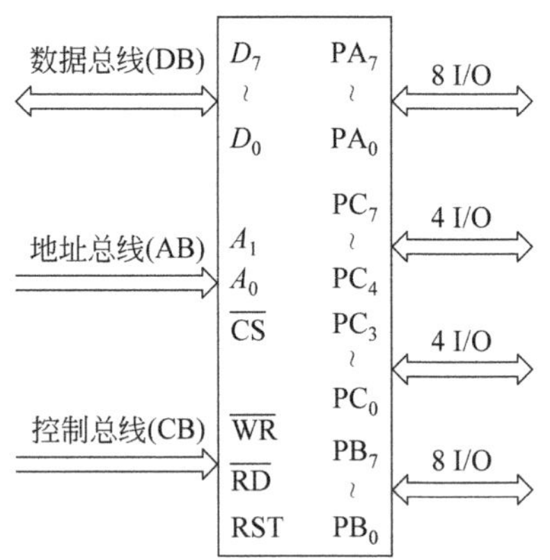

图 9-4 8255A 方式 0 功能结构

(2) 各端口在输出方式下均有锁存功能，输入时有三态缓冲能力。

(3) 8255A 的 24 根 I/O 线全部由用户支配，按 A 口、B 口、C 口高 4 位、C 口低 4 位为单位，可分别被指定为输入或输出，因此，在方式 0 下，8255A 共有 16 种不同的输入输出功能组态。

(4) 8255A 一次只能工作于一种输入输出功能组态下，即一次初始化只能指定端口作输入或作输出。应强调的是，在方式 0 下，C 口的高、低 4 位可分别定义为输入或输出，即以 4 位为一组进行定义。但 MCU 对 C 口的操作还是以 8 位整体进行的，当 C 口 8 位同时被定义为输入或输出时，操作很方便；但当它们用于相反功能时，就要用屏蔽的方法以实现对它们的控制，避免出错。在输出状态下，C 口还可按位进行置位或复位。

方式 0 是 8255A 最基本、最常用的一种工作方式。

【例 9-3】 对 8255A 的要求为：A、B 组均为方式 0，A 口输入，其他口均为输出，8255A 基地址为 E000H。试对 8255A 进行初始化并编程实现：(1)将 A 口的状态读入单片机；(2)将 B 口的高 4 位置 1，低 4 位清零；(3)C 口低 4 位输出 1010，并且要求不影响 C 口高 4 位的输出状态。

解：8255A 的初始化命令字为：10010000B 或 90H。参考程序如下：

```
        ORG     0000H
        LJMP    SATRT
```

```
         ORG     0040H
START:   MOV     SP,#5FH
         MOV     DPTR,#0E003H       ;8255A 方式控制字端口地址=基地址+3
         MOV     A,#90H             ;初始化命令
         MOVX    @DPTR,A            ;送入方式控制字端口,先定义,后使用
         MOV     DPTR,#0E000H       ;8255A 端口 A 地址=基地址+0
         MOVX    A,@DPTR            ;(1)将 A 口的状态读入寄存器 A
         INC     DPTR               ;8255A 端口 B 地址=基地址+1
         MOV     A,#0F0H            ;(2)B 口的高 4 位置 1,低 4 位清零
         MOVX    @DPTR,A            ;送入端口 B
         MOV     DPTR,#0E002H       ;8255A 端口 C 地址=基地址+2
         MOVX    A,@DPTR            ;(3)将 C 口的状态读入寄存器 A
         ANL     A,#0F0H            ;不影响 C 口上半部输出状态
         ORL     A,#0AH             ;(3)C 口下半部输出 1010
         MOVX    @DPTR,A            ;送入端口 C
         END
```

在方式0下,A口、B口也可以按位输出高/低电平,但这与C口按位置/复位命令有本质差别,实现方法也不同。例如,只将 PB_7 输出高/低电平,其他位不变的程序段如下:

```
         MOV     DPTR,#0E001H       ;端口 B 地址
         MOVX    A,@DPTR
         ORL     A,#80H             ;使 PB7=1
         MOVX    @DPTR,A            ;使 PB7输出高电平
         MOV     DPTR,#0E001H       ;端口 B 地址
         MOVX    A,@DPTR
         ANL     A,#7FH             ;使 PB7输出低电平
         MOVX    @DPTR,A
```

【例 9-4】 某51机扩展系统电路原理如图9-5所示。

(1) 试指出8255A的基地址、端口A、B、C及控制口的地址。

(2) 图9-6是由图9-5中的8255A控制的4×4行列扫描I/O编码键盘接口电路,试编写键值识别程序。

(3) 图9-7是由图9-5中的8255A与8位共阳型LED数码管的接口电路图,试编写对其的显示驱动程序。

解:

(1) 要选中图9-5中的8255A,而不选中DAC0832,只需P2.6为0,P2.7为1即可,将其他与选片无关的14根地址线全取0和全取1,所得到的两个16位数值1000 0000 0000 0000和1011 1111 1111 1111所形成的闭区间,即8000H~BFFFH,就是图9-5中8255A的地址范围,而8000H就是众多8255A的基地址之一,于是端口A、B、C及控制口的一套地址分别为8000H、8001H、8002H、8003H。

(2) 编写键盘驱动程序之前,先要确定8255A的工作方式。为此,需要将键盘电路和显示驱动电路中8255A端口的使用情况综合起来,才能得到适合图9-6和图9-7两个

电路 8255A 的输入输出功能组态。

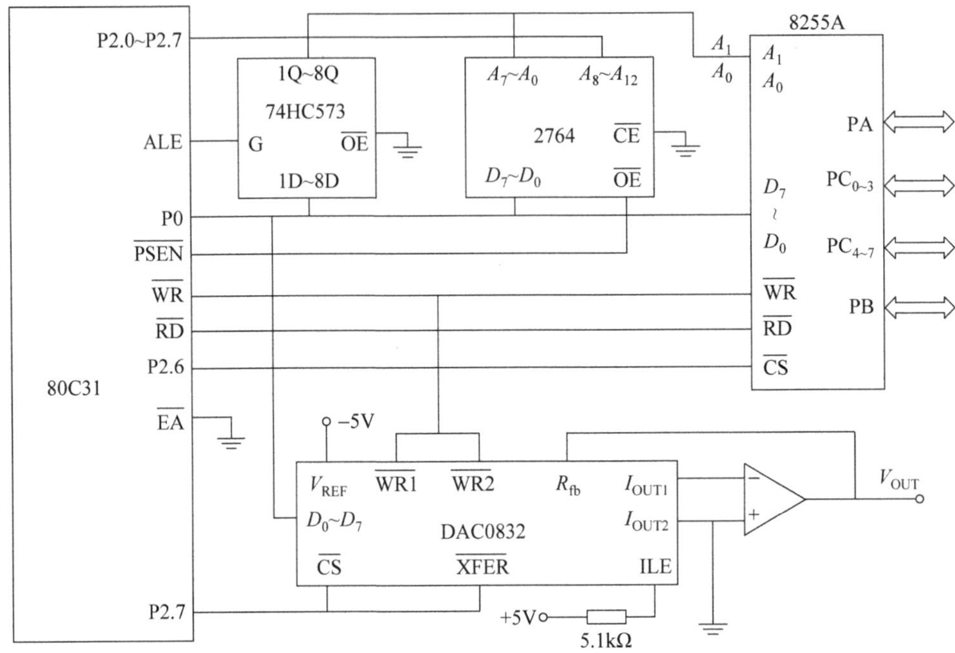

图 9-5 带有 8255A 和 DAC0832 的 8031 扩展系统

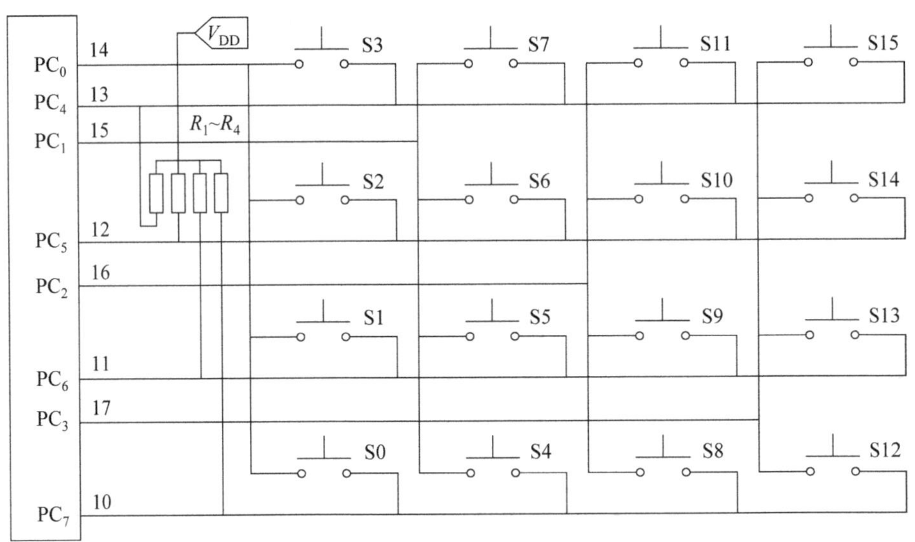

图 9-6 图 9-5 中 8255A PC 口控制的 4×4 行列键盘

从图 9-6 可知，8255A 的 C 口低 4 位在系统中提供列扫描电压，应该设置为输出；C 口高 4 位是监视行状态的，应该设置为输入。图 9-7 中，8255A 的 A 口的任务是提供显示段码，B 口的任务是提供显示器位扫描电压的，都应该设置为输出。

由以上分析的结果可知，8255A 的命令控制字应为 10001000B，即 88H。

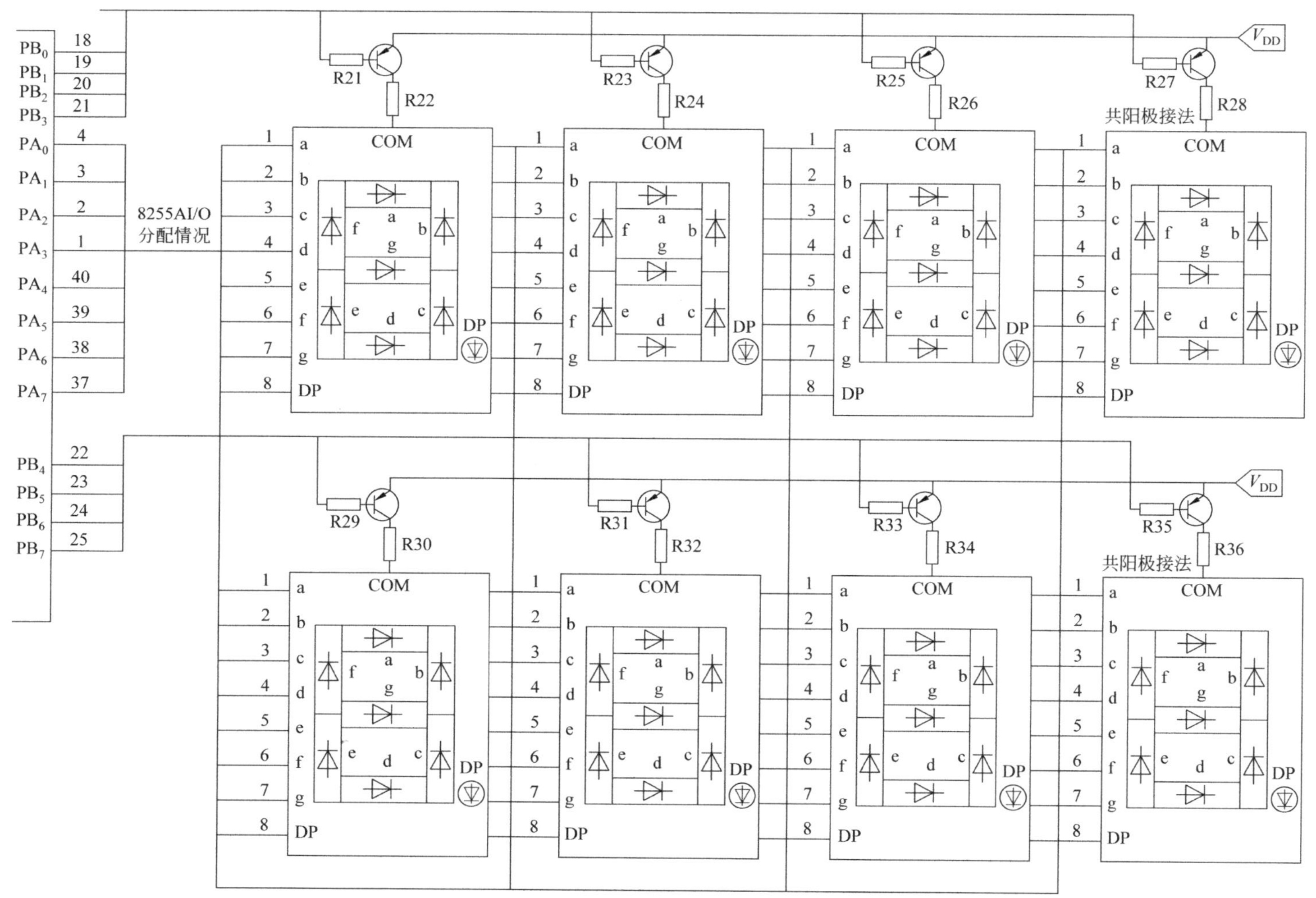

图 9-7 图 9-5 中的 8255A 与 8 拉共阳型 LED 数码管的接口电路

此键盘扫描原理与 4.6.3 节所介绍的行×列扫描 I/O 编码的工作原理完全相同，但要注意，按照图 9-6 的画法，键盘识别的原理应称为列×行扫描 I/O 编码，因为图 9-6 中的列是扫描输出，行是检测输入，与图 4-14 中行、列的功能分配正好相反，但如果将图 9-6 顺时针转 90°，两个图的行、列就没有差别了，键盘识别原理也就没有区别了！

有关列×行扫描 I/O 编码的键盘识别方法的实现步骤再简单复述如下：程序周期地运行，在每个周期中，依次将图 9-6 的“列”拉低（本例为 PC0～PC3），在列拉低期间，读取“行”值（本例为 PC4～PC7），若行值中所有位均为 1，则此时没有按键下；只要行值中有 0 值的位，则与该位对应的键被按下。

以下是对图 9-6 的键盘进行行×列扫描 I/O 识别的 C51 参考源程序清单：

```
#include<t89c51cc01.h>                                          //C51 参考程序
#define uchar unsigned char
#define uint unsigned int
#define    M8255A_A_addr        0x028000;
#define    M8255A_B_addr        0x028001;
#define    M8255A_C_addr        0x028002;
#define    M8255A_CON_addr      0x028003;
static bdata uchar sclkdata;                                    //行列扫描用变量
sbit sclkdata0=sclkdata^0;
uchar xdata * p_8255A, * p_8255B, * p_8255C, * p_8255CON;      //8255A 的 4 个端口指针
uchar idata disroom[8];                                         //显示缓冲区
void DelayX1ms(uint count)
{   uint i;
    uchar j;
    for(i=0;i<count;i++)
        for(j=0;j<110;j++);
}
uchar Keytest(void)
{
     uchar keydata,temp,i;
     keydata=0xff;
     p_8255C=M8255A_C_addr;
     sclkdata=0xfe;                                             //line0=0;
     for(i=0;i<4;i++)                                           //4 行
     {
         * p_8255C=sclkdata;
         //DelayX1ms(10);
         temp= * p_8255C;
         temp &=0xf0;
         if( temp !=0xf0)
         {
             DelayX1ms(10);
             if(temp==0xe0)
```

```
                keydata=4*i+3;
            else if(temp==0xd0)
                keydata=4*i+2;
            else if(temp==0xb0)
                keydata=4*i+1;
            else if(temp==0x70)
                keydata=4*i;
            *p_8255C=0xff;
            return(keydata);
        }
        sclkdata <<=1;
        sclkdata0=1;
    }
    return(keydata);
}
void main(void)
{
    uchar keynum,i;
    keynum=0xff;
    p_8255CON=M8255A_CON_addr;
    *p_8255CON=0x88;                //方式 0,C 口高 4 位输入,低 4 位输出。A、B 口输出
    for(i=0;i<8;i++)
        disroom[i]=0;
    while(1)
    {
        keynum=Keytest();
        if(keynum !=0xff)
        {
            ;                       //有键按下处理程序部分
        }
    }
}
```

仿照C51编程思路,得图9-6的键盘行×列扫描识别的汇编源语言程序清单如下:

```
        ORG     0000H
        LJMP    MAIN
        ORG     0030H
MAIN:   MOV     DPTR,#8003H
        MOV     A,#88H
        MOVX    @DPTR,A
        MOV     R5,#0FFH
AGAIN:  LCALL   X_YKEY
        CJNE    R5,#0FFH,AGAIN
        SJMP    $
```

```
X_YKEY:  MOV    R7,#4
         MOV    20H,#0FEH
AGAIN1:  MOV    DPTR,#8002H
         MOV    A,20H
         MOVX   @DPTR,A
         NOP
         MOVX   A,@DPTR
         ANL    A,#0F0H
         CJNE   A,#0F0H,KEY159          ;有键按下转 KEY159
         LJMP   COL2
KEY159:  MOV    R6,A                    ;以下将 R7 的值还原为循环次数后再乘以 4
         MOV    A,R7
         ADD    A,#0FCH
         CPL    A
         ADD    A,#1
         MOV    B,#4
         MUL    AB
         MOV    B,A
         MOV    A,R6                    ;以上将 R7 的值还原为循环次数后再乘以 4
         CJNE   A,#0E0H,ADD210;         ;PC4 键值：循环次数×4+3
         MOV    A,B
         ADD    A,#3
         MOV    R5,A
         LJMP   AGAIN0
ADD210:  CJNE   A,#0D0H,ADD10           ;PC5 键值：循环次数×4+2
         MOV    A,B
         ADD    A,#2
         MOV    R5,A
         LJMP   AGAIN0
ADD10:   CJNE   A,#0B0H,ADD0            ;PC6 键值：循环次数×4+1
         MOV    A,B
         ADD    A,#1
         MOV    R5,A
         LJMP   AGAIN0
ADD0:    MOV    A,B                     ;PC7 键值：循环次数×4+0
         MOV    R5,A
         LJMP   AGAIN0
COL2:    MOV    A,20H                   ;4 列,4 行共循环 4 次
         RL     A
         MOV    20H,A
         DJNZ   R7,AGAIN1
AGAIN0:  RET
         END
```

(3) 段码与数码管的驱动方式及驱动电路有关。图 9-7 中的数码管的段码与 7.8.1

节的图 7-24 中的共阳极数码管的段码相同,可直接引用,段码的正确性请读者自己证明。

图 9-7 中的 8 位 LED 数码管驱动的 C51 参考程序清单如下:

```
#include<t89c51cc01.h>                                  //包含头文件
#define uchar unsigned char
#define uint unsigned int
#define    M8255A_A_addr       0x028000;
#define    M8255A_B_addr       0x028001;
#define    M8255A_C_addr       0x028002;
#define    M8255A_CON_addr     0x028003;
static bdata uchar sclkdata;                            //行列扫描用变量
sbit sclkdata0=sclkdata^0;
uchar code * point;                                     //指向 code 区的指针
uchar xdata * p_8255A, * p_8255B, * p_8255C, * p_8255CON; //8255A 的 4 个端口指针
uchar idata disroom[8];                                 //8 字节显示缓冲区
char code TABLE[] ={0xc0,0xf9,0xa4,0xb0,0x99,0x92,0x82,0xf8,0x80,0x90,0x88,
0x83,0xc6,0xa1,0x86,0x8e};
//共阳极数码管 0~f 段码表
void DelayX1ms(uint count)                   //标准 51 机在 11.0592MHz 下 1ms 延时程序
{   uint i;
    uchar j;
    for(i=0;i<count;i++)
        for(j=0;j<110;j++);
}
void display(void)                                  //显示驱动函数,功能:
{                                                   //将 8 字节显示缓冲区的数字
     uchar i;                                       //输送到 8 位 LED 数码上显示出来
     p_8255B=M8255A_B_addr;
     p_8255A=M8255A_A_addr;
     sclkdata=0xfe;                                 //从位 0 开始轮流显示
     for(i=0;i<8;i++)                               //8 位 LED 数码显示
     {
         * p_8255B=sclkdata;
         * p_8255A= * (point+disroom[i]);
         DelayX1ms(3);
         sclkdata <<=1;
         sclkdata0=1;
     }
}
void main(void)
{
    uchar keynum,i;
    keynum=0xff;
    p_8255CON=M8255A_CON_addr;
```

```
    *p_8255CON=0x88;                    //方式 0,C 口高 4 位输入,低 4 位输出。A、B 口输出
    point=&TABLE;                       //指针指向段码表首地址
    for(i=7;i>0;i--)
        disroom[i]=i;
    disroom[0]=0;                       //准备显示缓冲区内容：76543210
    while(1)
    {
        display();                      //显示效果为 01234567
        if(keynum !=0xff)               //与键盘扫描程序的接口
            ;                           //有键按下处理程序部分
    }
}
```

参考汇编程序如下：

```
        ORG     0000H
        LJMP    A8255W
        ORG     0040H
A8255W: MOV     R0,#47H
        MOV     R7,#8
        MOV     A,#7
MOVE:   MOV     @R0,A                   ;显示缓冲区内容：76543210
        DEC     R0
        DEC     A
        DJNZ    R7,MOVE                 ;显示效果为 01234567
        MOV     DPTR,#8003H
        MOV     A,#88H
        MOVX    @DPTR,A
A8255:  MOV     R0,#40H
        MOV     R7,#8
        MOV     R6,#00H
        MOV     20H,#0FEH
AGAIN:  MOV     DPTR,#8001H             ;B 口为 LED 位控制
        MOV     A,20H
        MOVX    @DPTR,A
        RL      A
        MOV     20H,A
        MOV     DPTR,#TABLE
        MOV     A,@R0
        MOVC    A,@A+DPTR
        INC     R0
        MOV     DPTR,#8000H             ;A 口为 LED 段码控制
        MOVX    @DPTR,A
WAIT:   DJNZ    R6,WAIT
        DJNZ    R7,AGAIN
```

```
        SJMP    A8255
TABLE:  DB 0C0H,0F9H,0A4H,0B0H,99H,92H,82H,0F8H,80H,90H,88H,83H,0C6H,0A1H,
        86H,8EH
        END
```

有关8255A工作方式1和方式2的内容可参阅参考文献[1]或其他技术书籍。

9.2 模数转换器

9.2.1 研究模数、数模转换器的意义

模数和数模转换器的专业术语为A/D和D/A转换器,英文缩写为ADC和DAC。由于计算机只能识别数字量,其工作对象只能是二进制数,因此,让计算机为我们工作的前提条件是为计算机提供相关的数据原料。自然现象对应的物理量多数是连续的模拟量,如声、光、电等,将它们转换成数字量的专用接口器件就是ADC。另一方面,经计算机系统处理后的数据,还原成人们习惯接受的模拟量,实现这一功能的接口器件就是DAC。从模拟到数字以及数字到模拟的转换为数码时代的到来与发展做出了巨大贡献。ADC和DAC是模拟系统和数字系统之间的桥梁,它们都属于混合接口器件。

以单片机见长的自动化检测为例,压力、温度和流量等物理量是工业自动化生产最常见的控制量,为提高生产效率和产品质量,需将它们转换为相关的数字量,供计算机采集,再经计算、分析等过程后,为控制系统工作决策提供依据。

智能化仪表就是ADC和DAC在仪表行业应用的典型实例。图9-8是典型的4～20mA智能化变送器(常用的有温度、称重、压力和流量等)的原理示意图。

图9-8 4～20mA智能变送器原理框图

可见,一个智能4～20mA变送器内至少各有一片ADC和DAC。在输出级,将DAC输出的电压信号经电压-电流(V/I)转换器以电流形式输出,范围为4～20mA。

传感器是设备智能化的前提。ADC和DAC是自动检测与控制系统最常见的混合接口器件,学习ADC和DAC的重要性就不言而喻了。

9.2.2 A/D转换的原理

1. 基本思路

与日常生活中长度、质量、温度和时间等模拟量的测量联系起来,A/D转换的原理就不难理解了。在测量时,人们总是通过测量仪器得到它们的量化值,即测量值。

日常工作和生活中见到的测量仪器分模拟式和数字式两种,它们都是以指针或数字形式表达测量结果的。

工业上将测量仪器定义为仪表。而测量结果以电信号的形式存在的仪表称为一次仪表。图 9-8 的智能传感器就是一次仪表。以一次仪表的输出为输入的，用于显示和报警的仪表称为二次仪表。

为了使讨论更加具有针对性，现在将对象集中在内有传感器的自动化测量仪表上，如电子秤或万用表，而将尺子、水银温度计这种不带传感器的测量工具排除之外。

图 9-8 可以概括说明自动测量的过程。图中从传感器输出再到调理电路输出，将被测物理量转换成电学量，为自动化测量提供了必要条件。

接下来的工作就是电子系统测量，包括 A/D 转换、数据处理两个过程。A/D 转换值是被测量物理量与测量仪器的最小分度相比较的结果。测量仪器的最小分度称为分辨率，它决定了该仪器能够识别这个物理量的最小值。

2. ADC 的分类及一般特性

按工作原理，ADC 主要有以下几类：

(1) 反馈型 ADC。斜梯型、跟踪型、逐次逼近型 ADC 均属于反馈型 ADC。其中，逐次逼近型 ADC 产品最多，采样速度高，应用范围广。

(2) 积分型 ADC。它又称为双斜率或多斜率 ADC。其转换精度只取决于参考电压 V_R。对交流噪声的干扰有很强的抑制能力。这类 ADC 主要应用于低速、精密测量等领域。有 MC1443 以及 ICL7135 等产品。

(3) 流水线型 ADC。它能够提供高速、高分辨率的模数转换。

(4) 并行比较 ADC。它是 ADC 中速度最快的转换器件。

(5) Σ-Δ 型 ADC。它又称为过采样转换器。内部包括模拟Σ-Δ 调制器和数字抽取滤波器。Σ-Δ 调制器完成信号的抽样及增量编码，即Σ-Δ 码。数字抽取滤波器完成对Σ-Δ 码的抽取滤波，把增量编码转换成由高分辨率的线性脉冲编码调制的数字信号。

3. ADC 的技术指标

ADC 的技术指标是衡量各种 ADC 性能优劣的标尺，有如下主要技术指标。

1) 满量程范围

可输入的模拟量的最大与最小值之差，称为 ADC 的满量程范围。单极性 0～10V 和双极性－5～＋5V 的 ADC，满量程范围均为 10V。最小值和最大值是 ADC 输入的下限和上限。

注意：输入 ADC 的模拟电压信号，只能在 ADC 的转换电压范围之内才能得到正确的转换值，否则，不仅得不到正确的转换值，还可能会使 ADC 遭到永久性的破坏。

2) 量化间隔和分辨率

(1) 量化间隔：理想的 ADC 将满量程电压 V 按转换器的分度数均分为若干等的间隔，称为量化间隔，用 Δ 表示。对用二进制表示分度数的 n 位 ADC 有

$$\Delta = \frac{V}{2^n - 1} \approx \frac{V}{2^n} \tag{9-1}$$

(2) 分辨率：是理想无误差转换器的一种性质，是模拟量和数字量之间的连续性差

异决定的，或者说是由量化间隔的存在决定的。

量化间隔反映了 ADC 量化模拟量的“精细”程度。Δ 与量程有关，不能反映 ADC 本身的特性，如用 Δ 除以满量程电压 V，所得值就与量程无关了，这个特征量即分辨率的数值形式。对用二进制表示分度数的 n 位 ADC 有

$$\frac{\Delta}{V}=\frac{1}{2^n}$$

$\frac{1}{2^n}$就是理想 ADC 的分辨率，常用 LSB 表示。LSB 的权为标称满量程范围的$\frac{1}{2^n}$。

分辨率的表示方法还有$\frac{1}{2^n}\times 100\%$，或直接用其位数(如 8 位分辨率)表示。例如，12 位分辨率指的就是 12 位 ADC，其分辨率为 $1/2^{12}$ 或 0.0245%。

若此 ADC 量程范围为 0～5V，则此 ADC 量化间隔 Δ=1.2mV。可见量化间隔是实际转换中的绝对“精细”程度的反映。分辨率则是相对“精细”程度，与量程无关。

分辨率除用二进制表示外，还广泛使用 BCD 码表示。例如，MC14433 双积分式 ADC，是 $3\frac{1}{2}$位的 ADC，这种表示方法是数显仪表行业中惯用的方式。$3\frac{1}{2}$的含义是 ADC 将量程按 3 位半十进制数等分，共 2000 份，这样，$3\frac{1}{2}$位 ADC 输出的数字范围为 0～1999，分辨率为 0.05%，与 11 位二进制代码 ADC 的分辨率相当。

ADC 的所有外部特性可用量化关系图来反映。图 9-9 是 4 位二进制码 ADC 的转换关系图，其横轴是归一化的模拟输入电压，纵轴是 ADC 的输出代码。由于 ADC 的有限分辨率，造成舍入误差，出现了图中的阶梯。阶梯对称分布在图中的理想 ADC 转换曲线两侧，使阶梯曲线与理想曲线之差的最大值在 1/2 个 LSB(分度值)之内。

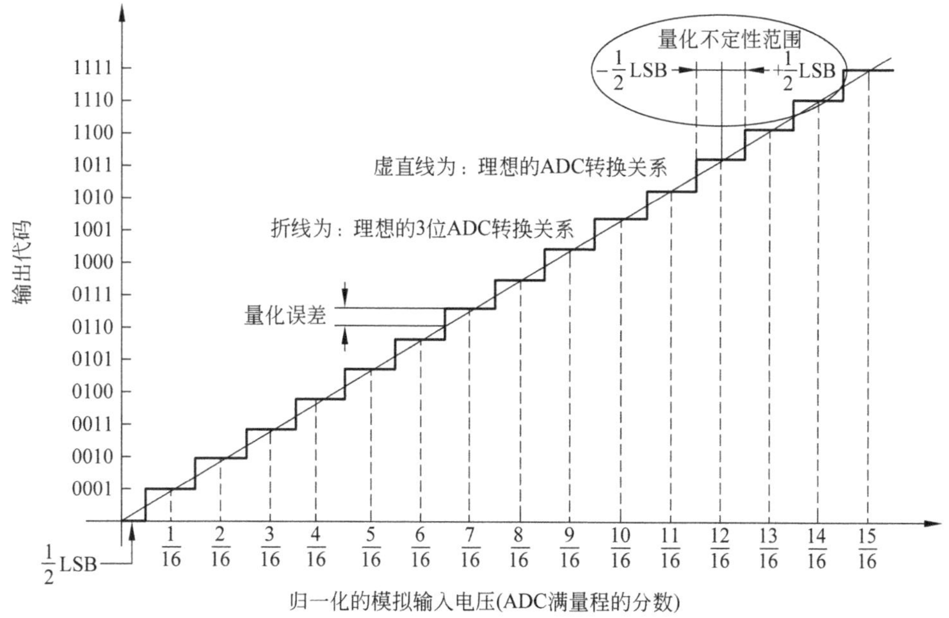

图 9-9 ADC 与模拟量的转换关系示意图

应该明确：均匀的量化间隔和一定的分辨率是理想转换特性。而实际 ADC 在性能上的下降可能导致实际转换器在量化间隔和分辨率上与理想转换器拉开距离。

3) 量化误差

它是由 ADC 的有限分辨率引起的误差。在不计其他误差的情况下，一个 ADC 阶梯状特性曲线与具有无限分辨率的理想 ADC 特性曲线(直线)之间的最大偏差称为量化误差如图 9-9 所示。理想的 n 位二进制 ADC 绝对量化误差为

$$\varepsilon = \pm \frac{\Delta}{2} \tag{9-2}$$

量化不定性是量化误差的另一种表述，指在量化范围内具有相同的数字码的模拟输入量范围。图 9-9 中椭圆框标示的范围就是理想 ADC 的量化不定性，其值为 $\pm\frac{1}{2}$LSB。而实际 ADC 的输出代码还会大于理想 ADC 的量化不定性。

4) 精度(误差)

精度(误差)指对应于一个给定的 ADC 输出码的实际模拟量输入与理论模拟量输入之差的最大值。由于分辨率有限，导致量化不定性和误差。ADC 精度误差的主要来源有以下几个：

(1) 偏移误差。它指 ADC 在输入为零时，输出值不为零值的情况，也称为零值误差。

(2) 增益误差。也称比例因子误差。ADC 的增益或比例因子是模拟量与 ADC 数字输出码之间的比值，也称为 ADC 传递函数。其几何意义是图 9-9 中 ADC 阶梯形转换函数的对称轴线的斜率。

增益误差可定义为：在偏移误差为零时，理想 ADC 与实际 ADC 的传递函数在数字代码为满量程值时两者对应的模拟量值之差。

增益误差除以理想 ADC 满量程模拟量输入值，就是相对增益误差，用 η 表示。

增益误差的几何意义如图 9-10 所示。图中理想 ADC 传递函数上方的是实际 ADC 传递函数，其传递函数斜率大于理想 ADC 传递函数的斜率，其模拟输入电压的上限必然低于理想 ADC。使得其模拟量输入范围将比理想 ADC 少一个相对增益误差份额。

设 $\eta=0.1\%$，ADC 转换电压范围为 0～5V，则此 ADC 的实际输入电压的上限为

$$V_{max} = 5(1-\eta) = 5 \times 99.9\% = 4.995(\text{V})$$

同理可以推论，传递函数斜率低于理想 ADC 的实际 ADC，其模拟输入电压的上限必然高于理想 ADC。

(3) 线性误差。理想 ADC 的传递函数是直线方程。在转换范围内，其增益是一个常数。但实际 ADC 的增益多少会偏离理想直线。由此给转换器带来的误差称为线性误差或非线性终点规格。

线性误差定义为：在偏移误差和增益误差已调零的条件下，零点和满量程之间的连线与 ADC 传递函数之间的最大差值，一般用 LSB 表示。

线性误差的几何意义如图 9-10 所示。线性误差的定义是保守的。习惯上，线性误差

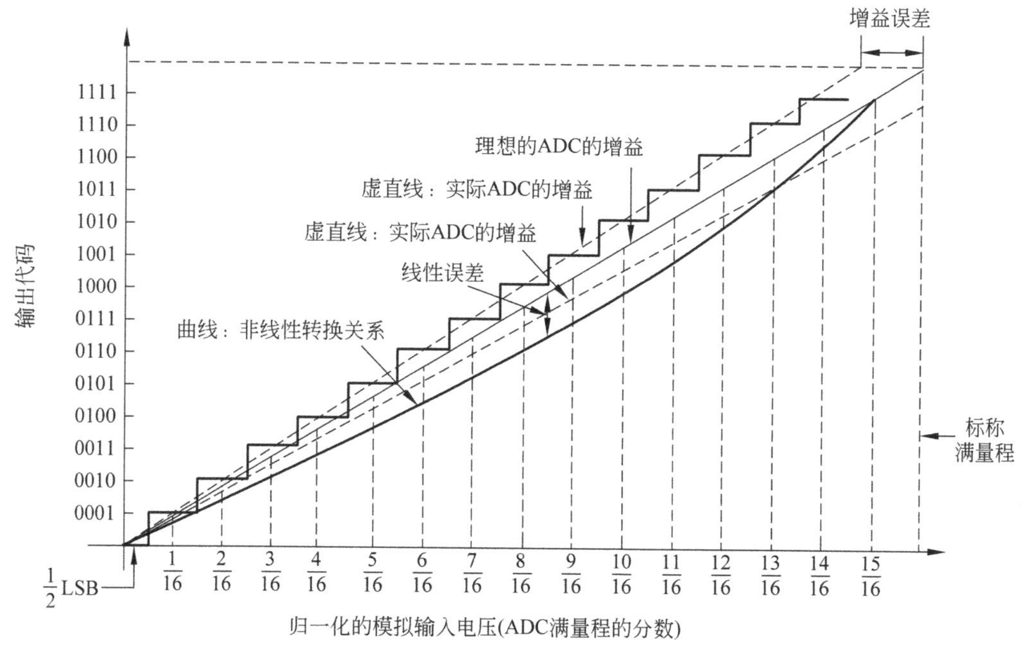

图 9-10 ADC 增益误差及非线性示意图

常以传递函数与“最佳吻合”直线的偏差来表示。这样定义线性误差，可使其绝对值缩小一半。但决定“最佳吻合”直线是麻烦的过程，需要对转换器的非线性有全面的了解，才能确定“最佳吻合”直线的方程。因此，多数厂家还是选用非线性终点规格来表示线性误差。

(4) 温度变化引起的误差。环境温度的变化会引起转换器的偏移、增益和线性误差的变化。这三种由温度引起的误差用每℃满量程范围的百万分之一(ppm)表示。每种 ADC 均有自己的温度特性，使用时要留意其数据手册，做到对误差控制心中有数。

(5) 电源灵敏度。转换器的供电电源的电压发生变化时，相当于加了一个变化的模拟输入量，从而产生转换误差。ADC 电源灵敏度 PSSI 的定义为：电源电压每变化 1%时，模拟量变化相当于满量程的百分数。

例如，PSSI＝0.05%/%的意思是：电源电压每变化 1%时，将在 ADC 的数字输出码中引入相当于满量程 0.05%的系统性误差。

以上所讨论的误差的概念，同样适用于下面要讨论的 DAC 器件。

5) 转换时间与采样率

转换时间或采样率是选择 ADC 时应考虑的主要因素，它们是转换器的动态响应参数。

ADC 完成一次转换所需时间称为 A/D 转换时间，单位为 s。

每秒钟 ADC 采样的次数在专业术语中称为采样率，单位为 1/s，记为 sps。

采样率与转换时间互为倒数关系。如 MAX114 的转换时间为 1μs；采样率为 $1/(1\times10^{-6})=10^6$ sps。

4. 应用 ADC 的技术问题

在进行模数转换时，人们总希望尽可能得到模拟信号的全部真实信息。但由于 ADC 分辨率的限制，在转换过程中不可避免有误差存在，当选择分辨率足够高的产品后，理论上已满足设计指标对精度的要求后，还需要考虑以下问题：

(1) 采样率。A/D 转换结果应尽可能保留原始信号的完整信息。根据奈奎斯特-香农采样定理，为不失真地把原信号复现出来，采样角频率 Ω_s 必须大于或等于原信号上限频率 Ω_{max} 的两倍，即($\Omega_s \geqslant 2\Omega_{max}$)。这个频率($\Omega_s$)称为奈奎斯特频率。在工程上，采样率一般取信号最大频率的 2.5～4 倍，留出余量，以避免失真误差引入。

(2) 采样/保持。ADC 在对快变(或频率高)的信号采样时，应加采样/保持处理。从启动到采样结束需要一定时间，称为孔径时间。没有采样/保持功能的 ADC，对高频信号，由于每次逼近的信号电压值不同，会造成较大的转换误差。

采样/保持器在采样期间其输出随输入变化；而在保持期间，输出码是保持瞬间的信号值。现在，大多数 ADC 产品片内都集成了采样/保持器，使应用更方便。

(3) 模拟信号的前置通道。从模拟信号到 ADC 输入之间的通道称为前置通道。其作用是对模拟信号进行放大和滤波处理。前置通道质量差，会在信号上附加多余的成分，从而影响整个转换的精确性，因为 ADC 是不能校正输入信号的误差的。

(4) 工作时钟。有些 ADC 还需要外加工作时钟。时钟频率的稳定性将直接关系到转换时间的准确性。等间隔采样对时钟频率有严格的要求。此外，对没有内置参考源的 ADC，还要根据其精度配备外部参考电压源。

(5) ADC 输出码制。ADC 输出码制有几种，多数 ADC 输出为二进制码，也有以 BCD 码输出的 ADC。如双积分型 ADC——ICL7135。

选用 ADC，一般要考虑 ADC 的两个主要因素：转换速度和精度。

9.3 MAX114 与 51 机接口电路设计

本节讨论 ADC 与 51 机的接口电路设计和编程问题。为突出重点，先请读者将转换器设想为理想 ADC，并假设系统已消除了一切与采样相关的误差。

1. MAX114 的基本特性

MAX114 是典型的逐次逼近式 ADC。其基本特性如下：

(1) 8 位分辨率。总的不可调整误差为 1LSB。内部集成采样/保持器。

(2) 最高转换速度下转换时间为 660ns/每通道。采样率为 1Msps。

(3) 单电源＋5V 供电。只能接受 0～5V 单极性模拟电压输入。

(4) TTL 兼容，带锁存三态输出。

(5) 具有锁存功能的 4 路模拟开关，可对 4 路模拟电压分时进行转换。

(6) 低功耗：操作模式下为40mW，掉电模式下为5μW。

MAX118是114的升级产品，它有8个模拟输入通道，并内含参考电源。其他方面与MAX114完全相同。

2. MAX114的引脚定义与内部结构

MAX114采用24脚DIP或SSCC封装。其引脚配置及内部结构如图9-11所示。而MAX118则采用28脚封装，它比MAX114多出IN_5～IN_7和A_2共4个引脚。MAX118的电路设计和采样驱动程序的方法与MAX114一样，以下只讨论MAX114的应用问题。

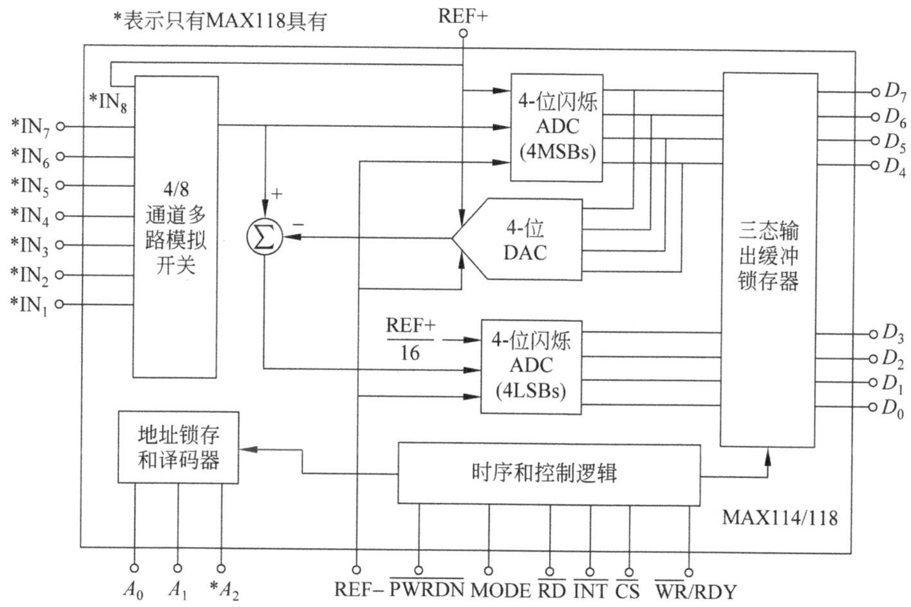

图9-11 MAX114/118内部原理框图

MAX114的引脚和采样电路如图9-12所示。各引脚功能简述如下：

引脚1～4为模拟信号输入端。

引脚6～9、引脚17～20为8位数据线。

引脚5为采样工作模式控制端。

引脚10为读使能控制端；引脚15为写使能控制端，低有效。

引脚11为采样结束信号输出端，采样结束时发出。

引脚13、14为外部参考电源输入端。REF－～REF＋的电压范围是0～V_{DD}。

引脚22、21为采样通道选择地址线。A_0A_1＝00，01，10，11依次选择1～4通道。

引脚23为掉电模式使能控制输入端，低电平有效。

MAX114的模拟多路开关，通过地址锁存和译码器分时导通，可对4路模拟电压信号进行分时采样。表9-2为8位ADC的单极性编码与输入模拟量的关系。MAX114的输出码为单极性原码。

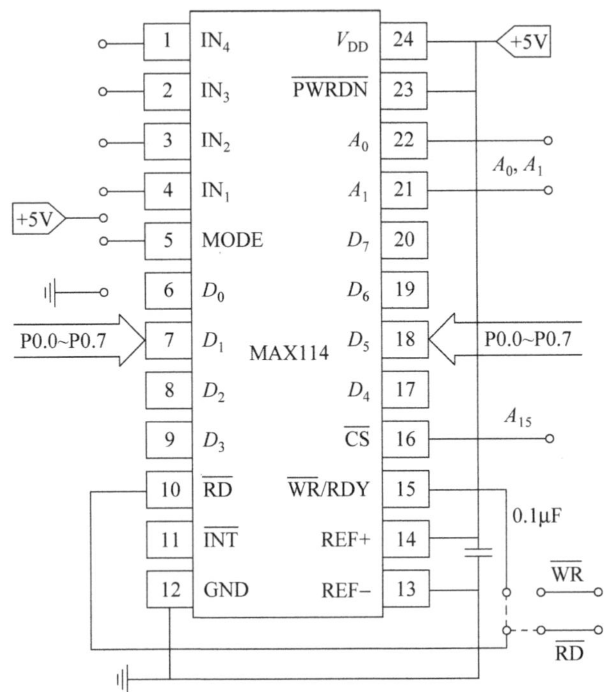

图 9-12　MAX114 引脚分布及流水采样原理

表 9-2　8 位 ADC 的单极性编码

单极性电平/V	原　码	反　码	单极性电平/V	原　码	反　码
5.00	1111 1111	0000 0000	0.02	0000 0001	1111 1110
2.50	1000 0000	0111 1111	0.00	0000 0000	1111 1111

3. 电路设计分析

在图 9-12 中，$\overline{\text{PWRDN}}$、REF+均接于 V_{DD}。禁止 MAX114 进入掉电状态。

MODE 引脚用接插件引出，当它分别与 V_{DD} 及 GND 相连接，可形成不同的采样模式，以适应不同应用场合的要求。

MAX114 的 $\overline{\text{WR}}$ 和 $\overline{\text{RD}}$ 引脚也用接插件引出，可有选择地与 51 机 $\overline{\text{WR}}$ 和 $\overline{\text{RD}}$ 引脚连接，以构成不同的采样模式。按图 9-12 所示虚线连接时，MAX114 的 $\overline{\text{WR}}$ 和 $\overline{\text{RD}}$ 引脚连接在一起，再与 51 机 $\overline{\text{RD}}$ 引脚连接，形成流水线式采样模式。此时 MODE 应接 V_{DD}。

引脚 $\overline{\text{CS}}$ 接 51 机的 A_{15}，则 MAX114 的地址范围为 0000H～7FFFH。MAX114 的 A_0、A_1 两脚与单片机的地址线 A_0、A_1 相接。于是，MAX114 的基地址定为 7FFCH。通道 1～4 的地址依次为 7FFCH、7FFDH、7FFEH 和 7FFFH。

注意：由于采用不完全译码方式，所以 MAX114 的基地址不止一组，以上是众多地址组之一。

在 ADC 的转换时间远少于 MCU 的操作时间的系统中，MAX114 的 $\overline{\text{INT}}$ 引脚完全可以悬空不用。对采样速度要求的系统，$\overline{\text{INT}}$引脚可作为外部中断信号源用。

4. MAX114 的时序

MAX114 有多种工作模式。图 9-13 和图 9-14 分别为 MAX114 的写/读时序图。在写地址(启动 AD)之后，如果转换结束，但在$\overline{\text{INT}}$还没出现之前，进行读 A/D 值操作，就是图 9-13 的$\overline{\text{RD}}$超前模式；如果在$\overline{\text{INT}}$信号之后再读 A/D 值，就是图 9-14 所示的$\overline{\text{RD}}$滞后模式。$\overline{\text{RD}}$超前模式是最大程度利用 ADC 采样率的方式，可应用于连续、快速采样系统中。而$\overline{\text{RD}}$滞后模式对基于采样值为依据的检测控制系统最为合适，有利于提高系统中微控制器的效率。图 9-15 是流水线模式时序图，在这种模式下，$\overline{\text{WR}}=\overline{\text{RD}}$使读 A/D 值与启动下一次 A/D 同时进行，适用于连续不间断进行采样的系统。

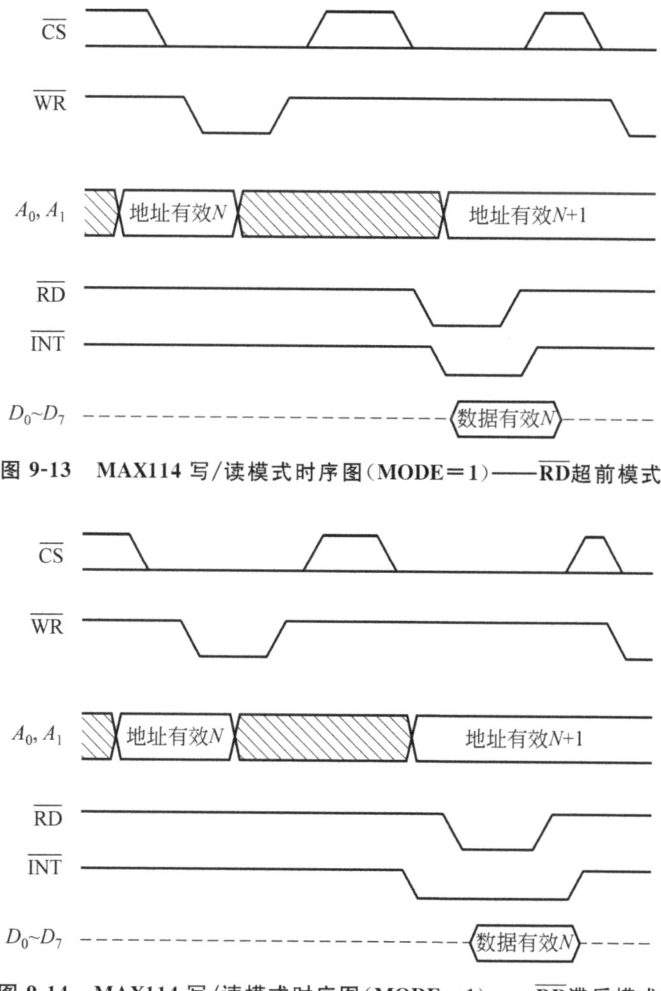

图 9-13　MAX114 写/读模式时序图(MODE＝1)——$\overline{\text{RD}}$超前模式

图 9-14　MAX114 写/读模式时序图(MODE＝1)——$\overline{\text{RD}}$滞后模式

MAX114 的上述 3 种工作模式均要求 MODE＝1，在电路中需将 MODE 引脚接 V_{DD}。MAX114 还有一种工作模式——读模式，要求 MODE＝0。这时，在图 9-12 中需将 MODE 引脚接地。该模式的时序在此就不介绍了，需要时可参阅 MAX114 的数据手册。

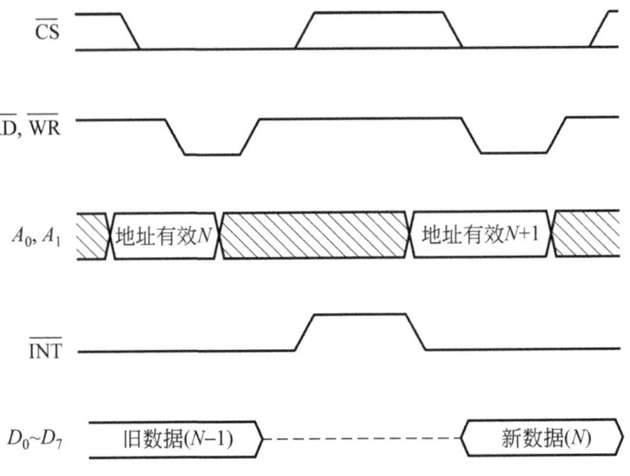

图 9-15 流水线模式时序图($\overline{WR}$=$\overline{RD}$)(MODE=1)

本书关于 MAX114 的时序图是原理层面的。时序图上对应的时间参数并未在图中标出。有关该芯片详细的时间参数请参阅 MAX114 的数据手册。

9.3.1 基于 MAX114 的 51 机采样程序设计

转换结束信号$\overline{INT}$可供系统中 MCU 作为查询信号或中断请求触发信号用。所以 51 机对 MAX114 的控制方式就有查询和中断两种。

【例 9-5】 MAX114 流水线工作模式下，51 机与 MAX114 的接口电路如图 9-12 所示。

(1) 试编写对 MAX114 模拟通道 1 连续进行 16 次采样的程序。要求将采样数据存放于 ADRES 为首址的片内 16 个连续单元中。

(2) 采样完成后，求这 16 次采样平均值，并存于寄存器 A 中，只取整数部分。

解：(1) 参考电路图 9-12，取 MAX114 的基地址定为 7FFCH，编程时以图 9-15 的时序为准则，参考程序如下：

```
          ADC_addr  EQU    7FFCH
          ADRES     EQU    40H
          ADTIME    EQU    10H
          ORG       0000H
          AJMP      MAIN
          ORG       0040H
MAIN:     MOV       SP,#6FH
          MOV       DPTR,#ADC_addr
          MOV       R1,#ADTIME
          MOVX      A,@DPTR                    ;空采样一次，丢弃
          MOV       R0,#ADRES
AGAIN:    MOVX      A,@DPTR                    ;读 A/D 的值
          MOV       @R0,A
```

```
        INC     R0
        DJNZ    R1,AGAIN                    ;采样 16 次
        ……                                  ;采样结束,等待处理
```

注意,在连续采样之前,进行一次空采样,并将其丢弃。因为该数据与本次采样无关。

(2) 本程序程沿用(1)的所有变量,并且接程序(1):

```
        MOV     R0,#ADRES                   ;指向数据区首地址
        MOV     R1,#16
        MOV     B,#00H
        CLR     A
RRAGN:  ADD     A,@R0
        INC     R0
        JNC     CONJ
        INC     B
CONJ:   DJNZ    R1,RRAGN                    ;求 16 个数的和
        MOV     R1,#4                       ;右移 4 次
        MOV     R0,A                        ;和的低位暂存于 R0 中
RRAGN1: CLR     C
        MOV     A,B
        RRC     A
        MOV     B,A
        MOV     A,R0
        RRC     A
        MOV     R0,A
        DJNZ    R1,RRAGN1                   ;求平均值
        SJMP    $                           ;软停机
        END
```

在控制方法上,保持$\overline{CS}$常为低,这样更有利于提高采样速度。

考虑一下,求平均值还有更简单的方法。事实上,16 个 8 位二进制数相加,即使每加一次都有进位,最多产生 15 个进位,其和不会超过 12 位,再求 16 个数的平均值,相当于和右移 4 次,其商就是 12 位二进制数和中的高 8 位,将其提取出来,就是 16 次采样的平均值了。按这个道理,程序可简化为

```
        MOV     R0,#ADRES                   ;指向数据区首地址
        MOV     R1,#16
        MOV     B,#00H
        CLR     A
RRAGN:  ADD     A,@R0
        INC     R0
        JNC     CONJ
        INC     B
CONJ:   DJNZ    R1,RRAGN                    ;求 16 个数的和
```

```
        SWAP    A
        ANL     A,#0FH
        MOV     R0,A                    ;保存 12 位和的中间 4 位
        MOV     A,B
        SWAP    A
        ANL     A,#0F0H                 ;得到 12 位和的高 4 位
        ORL     A,R0                    ;组合成一个字节的平均值
        SJMP    $                       ;软停机
        END
```

与本例任务对应的 C 语言参考程序如下：

```
#define uchar unsigned char
#define uint unsigned int
uchar i,x_16;
uint add_16=0;
uchar xdata * paint;                        //指向外部 RAM 的指针
uchar xdata Ad_buf[16] _at_ 0x1000;         //定义数组并定位其起始地址
void main()
{
    paint=0x027ffc;                         //指向 MAX114 模拟通道 1
    Ad_buf[0]= * paint;                     //第一个 AD 值丢弃
    for (i=0;i<16;i++)
    {   Ad_buf[i]= * paint;                 //得到 16 个采样值
        add_16+=Ad_buf[i];                  //16 个采样值求和
    }
    x_16=(uchar) add_16/16;                 //求得平均值
}
```

【例 9-6】 设计 51 机与 MAX114 的总线方式接口电路。以图 9-14 所示的$\overline{RD}$滞后时序，并以中断方式编写对 1～4 四个模拟通道进行一轮顺序采样的程序。将采样数据存放于 ADRES 为首址的片内 4 个连续单元中。

解：接口电路以图 9-12 为基础，将 51 机的$\overline{WR}$和$\overline{RD}$分别与 MAX114 的$\overline{WR}$和$\overline{RD}$相连接，再将$\overline{INT}$引脚与 51 机的$\overline{INT0}$引脚相接。以图 9-14 的时序为准则，参考程序如下：

```
        ADC_addr  EQU     7FFCH
        ADRES     EQU     40H
        ADTIME    EQU     4H
        ORG       0000H
        AJMP      MAIN
        ORG       0003H
        AJMP      PIT
        ORG       0040H
MAIN:   MOV       SP,#70H
        MOV       DPTR,#ADC_addr
```

```
        MOV     R1,#ADTIME
        MOV     R0,#ADRES
        SETB    EX0             ;允许 INT0 中断
        SETB    IT0             ;边沿触发方式
        SETB    EA              ;开总中断
        MOVX    @DPTR,A         ;启动 AD,A 值并无意义
STOP:   SJMP    $               ;软停机
PIT:    MOVX    A,@DPTR         ;中断服务程序:读 A/D 的值
        MOV     @R0,A
        INC     R0
        INC     DPTR
        DJNZ    R1,RQ1
        CLR     EX0
        RETI
RQ1:    MOVX    @DPTR,A         ;启动 ADC 对下一通道采样
        RETI
        END
```

本例题的C51程序作为习题,留给读者自己完成。

9.3.2 发挥MAX114高速转换优势的方法

MAX114的转换速率相对标准51机来说是很高的,如果不考虑用FPGA和FIFO(先进先出存储器件)方案,而采用常规的总线方式,要充分发挥MAX114的转换速率优势,主要应在单片机系统软、硬件设计方法上采用以下措施:

(1) 采用汇编语言编写采样部分的程序,将其嵌入到C51程序中。对有双DPTR的51机,数据指针在MAX114和RAM之间进行快速切换,可节省大量数据存储时间。

(2) 将采集数据直接放入RAM中,待采集完成后再做数据处理或传送。

(3) 利用MAX114的流水线采样模式,省去片选和读写时间。

MAX114的采样率是1M,所以系统采样速度的瓶颈不在A/D芯片,而在单片机数据处理速度上,可选用增强型51机,可用6时钟方式,运行速度比标准51机可提高一倍,也可以选STC12系列具有单周期特性的增强型51单片机,运行速度是标准51机的6~10倍。

9.4 数模转换器的扩展

9.4.1 DAC的技术性能指标

DAC的主要技术性能指标与9.2节所讨论的ADC的性能指标项目具有相当的类似性或可比性,读者可将两部分的内容进行对比学习,以便能更深入地理解其含义,为在实际工程中的DAC选型及应用做准备。

1. 转换范围

DAC 的模拟输出(电压或电流)的最小值与最大值之间的范围即转换范围。电流型 DAC 的输出电流最大值可达十几毫安,电压型 DAC 的最大输出电压可高达几十伏。

2. 分辨率

输入到 DAC 中的数是以其最低位数字的权为单位,逐一增减的。由此,将模拟量用数值描述时,就产生精度的上限,也称为分辨率的上限。DAC 有限分辨率仍是由于 DAC 最低位数字(LSB)不可能为无穷小的缘故。

与 ADC 的分辨率定义相同,理想 n 位二进制码 DAC 的分辨率为 2^{-n}。表示它能对转换范围的 2^{-n}输入作出反应。

由于 DAC 的输入是确定的数字码,两个相邻数字码输出的模拟量之间的区域是模拟量的空白区,由此产生 DAC 的有限的分辨率效果。而两个相邻数字码输出的模拟量之间的差值称为分隔值。分辨率越高的 DAC,分隔值越小。理想 DAC 的分隔值处处相等。DAC 分隔值的含义如图 9-16 所示。

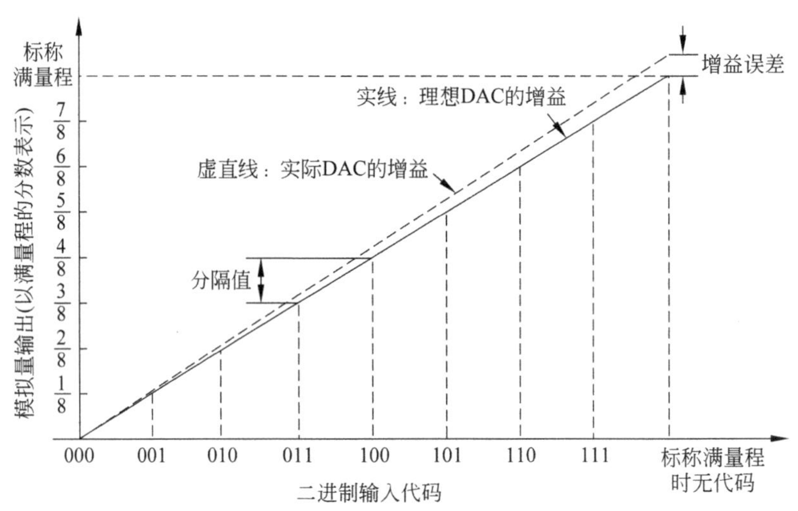

图 9-16 理想 3 位 DAC 转换关系及增益误差示意图

由于有限的分辨率,用 DAC 产生的模拟量就不可能是连续的。因此,用实际 DAC 生成的电信号波形与希望的波形在成分上存在着差异,一般含有更多的高次谐波成分。实用中,在 DAC 输出端之后常加滤波器对输出信号进行平滑处理。

3. 精度

精度(精度误差)指 DAC 输出在整个工作范围内与其设计值的最大偏差。此精度的定义包含了偏移误差、增益、线性及漂移的影响。DAC 精度误差的主要来源有以下几个:

(1) 偏移误差。它指零代码作用于 DAC 的数字输入时任何非零值的模拟量输出,也称为零点误差。

(2) 增益误差。DAC的增益或比例因子是一个数,它反映了转换器的数字输入码与模拟量之间的比例关系,其几何意义是DAC传递函数的斜率,见图9-16。

增益误差可定义为:在偏移误差为零时,理想DAC与实际DAC的传递函数之间在满量程值处的输出模拟量的差值,如图9-16所示。

(3) 线性误差。理想DAC的传递函数是直线方程。或者说,在转换范围内,DAC的增益是一个常数。但实际DAC的增益多少将偏离理想直线,由此给转换器带来的误差称为线性误差。

DAC的线性误差定义为:在偏移误差和增益误差已调零的条件下,在零点和满量程之间连一条线,DAC的传递函数与此直线之间的最大差值,一般用LSB表示。

DAC与ADC的线性误差定义完全相同,其几何意义可参考图9-10所示的ADC线性误差的示意图。

(4) 温度变化引起的误差。环境温度的变化会引起转换器的偏移、增益和线性误差的变化。这3种温度引起的误差可以用每℃满量程范围的百万分之一(ppm)表示。

无论ADC还是DAC,描述器件的精度误差最常用的指标是相对精度,其定义是:任一数字量所对应的模拟量的实际值与理论值之差占模拟量转换范围的比例。

(5) 电源灵敏度。DAC电源灵敏度也用PSSI表示,其定义为:电源电压每变化1%时,输出模拟量的变化相当于满量程输出的百分数。

4. 建立时间

建立时间也称稳定时间,指DAC从数字量输入,到其对应的模拟量输出达到终值附近一定范围之内(如±1/2LSB)所需的时间,是DAC的一个重要的动态性能指标。

5. 输出模拟量类型

DAC有电压和电流输出两类。电流输出型DAC用途广泛(如求和增益放大器等),但若需要电压输出,可直接选用电压输出型DAC。

9.4.2 DAC应用中一般要考虑的问题

在DAC选型时,除了9.4.1节中的技术性能指标外,一般还要考虑以下问题:

(1) 模拟量输出极性。DAC模拟量输出有单极性和双极性两种。对于需要正负电压信号的系统,就需要选用双极性输出型DAC。

(2) 外围电路配置。DAC工作时需要参考电压。内部带参考电源的DAC,其外围电路配置简单、方便。需外部参考电源的DAC,转换范围调整方便,多用于可变增益方面的应用。在转换范围确定的情况下,一般选用内部带参考源的产品较好。

(3) 通道数。DAC芯片有单通道和多通道产品。当转换速度满足要求时,使用多通道DAC比用多个单通道DAC更为经济。

(4) 输入码制。DAC能接收不同码制的数字量输入。有二进制、BCD、偏移二进制码或补码4种。

(5) 电源。有3个与电源有关的问题需要考虑:器件工作电源的个数、数值和功率。

电源的个数多，会给系统生产、维护带来诸多不便。许多新器件以单电源方式工作，而且器件的功耗很低（mW 级），而且新型芯片可工作于低功耗休眠间歇方式，可进一步降低功耗。选用这类芯片，会使整个系统的成本下降。

(6) 接口形式。DAC 与计算机接口有并行总线（μP 总线）及串行总线接口方式（见第 10 章）。串行接口器件需要很少的 I/O 资源，特别适于小型化电子产品的制作，如便携式仪器、工业现场仪表等。

(7) 封装形式。应用系统的研发阶段，标准 DIP 封装比较方便。作为产品，表面贴封装所需电路板的面积更小，不需要在电路板上打孔，可以在电路板上布屏蔽层，抗干扰性能好，电路制造方便，成本低。

9.4.3 DAC0832 的内部结构与外部特性

1. DAC0832 的特性

DAC0832 是美国国家半导体（NSC）公司的产品。主要特性参数如下：

- 8 位分辨率。
- 电流输出型 DAC，电流建立时间为 1μs。
- 精度：1/2LSB。
- 单电源供电，电压范围为 +5～+15V，功耗为 20mW。
- 外部基准电压的范围为 ±10V。
- 具有锁存功能的 8 位三态输入数据线。

DAC0832 的引脚配置如图 9-17 所示。引脚功能如下：

(1) D_7～D_0：8 位数据线，带锁存。

(2) 控制线（输入）。

$\overline{CS}$：片选信号输入，低电平有效。

ILE：数据锁存允许信号，高电平有效。

$\overline{WR1}$：写信号 1，低电平有效。

$\overline{WR2}$：写信号 2，低电平有效。

$\overline{XFER}$：数据传送控制信号，低电平有效。

(3) 输出信号。

I_{OUT1}：电流输出 1，当 DAC 寄存器中各位全为 1 时，电流最大；全为 0 时，电流为 0。I_{OUT2}：电流输出 2，$I_{OUT1}+I_{OUT2}$ = 常数。

R_{fb}：反馈电阻端，片内集成的电阻为 15kΩ。

V_{ref}：参考电压，可正可负，范围为 −10～+10V。

(4) 电源。

V_{CC}：工作电源输入端，范围为 +5～+15V。

DGND：数字量地。

AGND：模拟量地。

引脚	名称	名称	引脚
1	$\overline{CS}$	V_{CC}	20
2	$\overline{WR1}$	ILE	19
3	AGND	$\overline{WR2}$	18
4	D_3	$\overline{XFER}$	17
5	D_2	D_4	16
6	D_1	D_5	15
7	D_0	D_6	14
8	V_{REF}	D_7	13
9	R_{fb}	I_{OUT2}	12
10	DGND	I_{OUT1}	11

图 9-17 DAC0832 引脚图

2. DAC0832的内部结构

DAC0832通常采用20引脚、双列直插封装。其内部结构如图9-18所示。图中，$\overline{LE}$是寄存器选通、锁存控制端，$\overline{LE1}$及$\overline{LE2}$分别控制数据输入寄存器和DAC转换寄存器。$\overline{LE}=1$时，寄存器的输出随输入变化；$\overline{LE}=0$时，数据被锁存在寄存器的输出端。

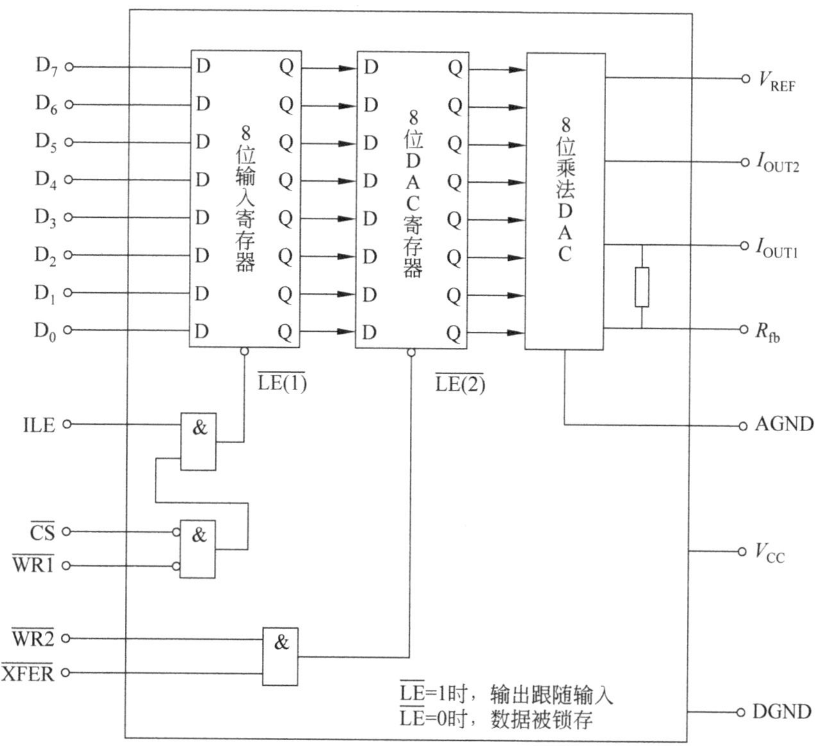

图9-18 DAC0832内部结构框图

当$\overline{WR2}=0$、$\overline{XFER}=0$，即当$\overline{WR2}$、$\overline{XFER}$同时为低电平时，DAC0832启动转换。

可见，DAC0832是具有两级数据输入缓冲器的DAC，这个性能不但使得DAC0832具有多种控制方式，而且还有多DAC0832芯片构成同步输出的能力。

DAC0832将模拟地(AGND)与数字地(DGND)分开。在进行PCB板布线时，模拟和数字信号应各自形成自己的接地点，最后汇聚于系统电源地上。可减少数字信号对模拟信号的干扰。

为了理解I_{OUT2}和I_{OUT2}的数量关系。将DAC0832内部的R-2R梯形网络示意于图9-19中。按图9-19的接法，DAC0832的数据手册中指出：

$$I_{OUT1}=\frac{V_{REF}}{15k\Omega}\times\frac{DATA_{in}}{256} \tag{9-3}$$

$$I_{OUT2}=\frac{V_{REF}}{15k\Omega}\times\frac{255-DATA_{in}}{256} \tag{9-4}$$

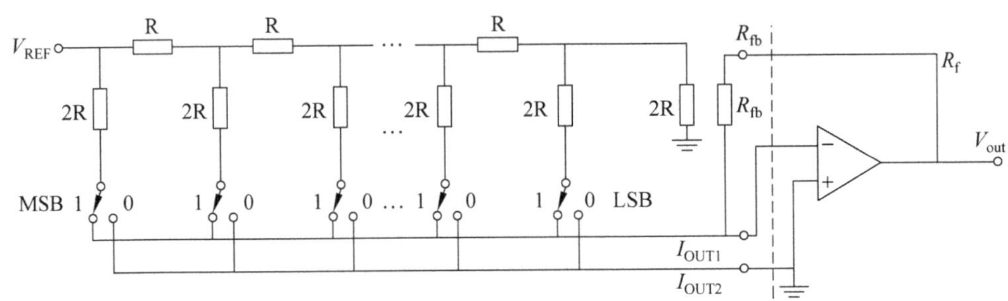

图 9-19　DAC0832 R-2R 梯形网络示意图

所以：

$$I_{OUT1}+I_{OUT2}=\frac{V_{REF}}{15\text{k}\Omega}\times\frac{255}{256}=\text{常数}$$

$$V_{OUT}=I_{OUT1}\times R_{fb}=-\frac{V_{REF}}{15\text{k}\Omega}\times\frac{\text{DATA}_{in}}{256}\times R_{fb} \tag{9-5}$$

3. DAC0832 的控制方式

DAC0832 具有多个控制输入线，除$\overline{CS}$外，还有 ILE、$\overline{WR1}$和$\overline{WR2}$、$\overline{XFER}$两组控制输入端。因此 DAC0832 有多种受控方式，在不同需求的应用场合使用灵活。

1）单缓冲方式

所谓单缓冲方式，就是使 DAC0832 的两个输入寄存器中有一个处于直通方式，而另一个处于受控方式，也可使两个寄存器同时处于选通及锁存的受控方式。

图 9-20 为 DAC0832 的 3 种单缓冲连接方式原理示意图。图(a)为 DAC 寄存器直通方式，将 DAC 寄存器的两个控制端$\overline{WR2}$、$\overline{XFER}$接地，DAC 寄存器为常开状态。芯片只受$\overline{WR1}$引脚上信号的控制。图(b)是输入寄存器直通方式：与图(a)的区别仅在于 DAC0832 只受$\overline{WR2}$引脚上的信号的控制。图(c)为两个寄存器同时选通及锁存方式：两个寄存器的选通控制端与锁存控制端接在一起，使 DAC0832 同时选通并同时锁存。

2）双缓冲方式

双缓冲方式是 DAC0832 的输入和转换寄存器都受控的方式，如图 9-21 所示。

由于两个寄存器分别占据两个地址，因此需要两次控制才能完成转换。设 DAC0832 输入寄存器地址为 7FFFH，DAC 寄存器地址为 BFFFH，则完成一次 D/A 转换的程序段如下：

```
MOV     A,#DATA
MOV     DPTR,#7FFFH                  ;指向输入寄存器
MOVX    @DPTR,A                      ;转换数据送输入寄存器
MOV     DPTR,#0BFFFH                 ;指向 DAC 寄存器
MOVX    @DPTR,A                      ;进入 DAC 寄存器并进行 D/A 转换
```

4. DAC0832 单极性编码与模拟量输出的关系

以上所讨论的都是 DAC0832 单极性输出电路。其数字量输入编码与模拟量输出的

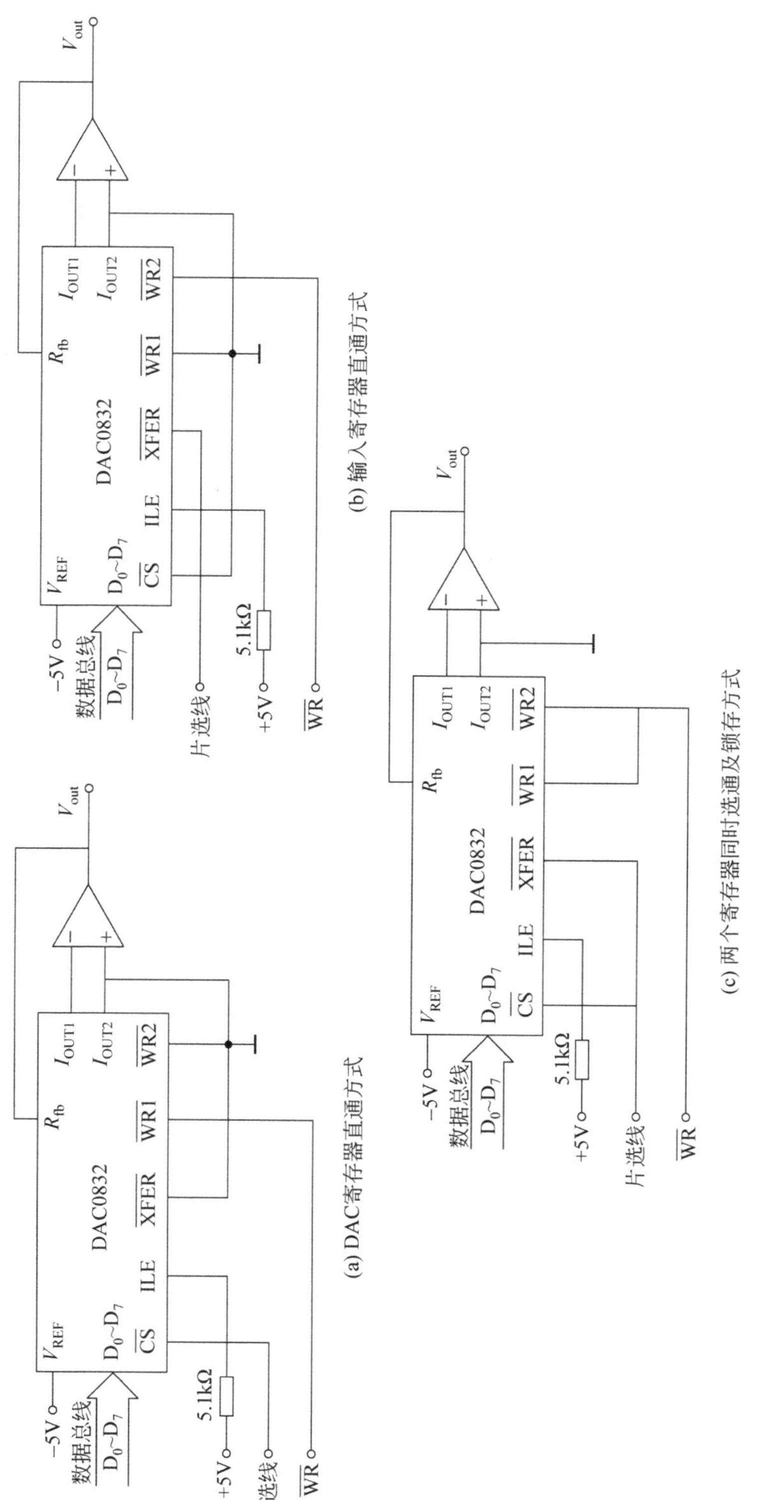

(a) DAC寄存器直通方式

(b) 输入寄存器直通方式

(c) 两个寄存器同时选通及锁存方式

图 9-20 DAC0832 单选通控制方式

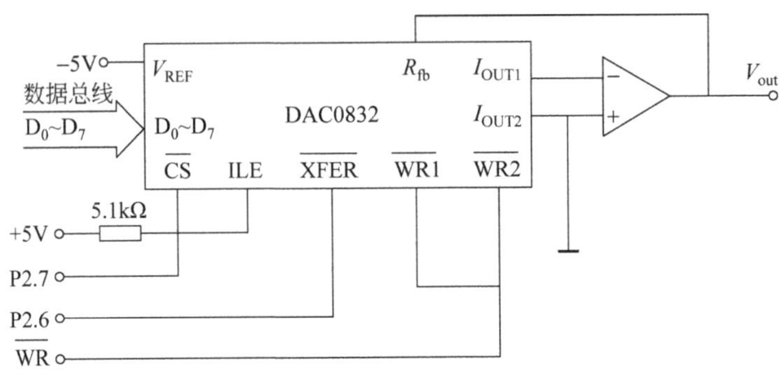

图 9-21 DAC0832 双缓冲控制方式

关系由式(9-5)计算，即 $V_{OUT}=-\frac{V_{REF}\times DATA_{in}}{256}$。式中 DATA 为十进制数。设 $V_{REF}=-5V$，按式(9-5)计算出输入数字量的与输出模拟量对应的数值关系如表 9-3 所示。

表 9-3 DAC0832 单极性模拟量输出与数字量输入的数量关系

数字编码	输出模拟电平/V	数字编码	输出模拟电平/V
00H	0.000	C0H	3.750
01H	0.020	FEH	4.961
40H	1.250	FFH	4.980
80H	2.500		

9.4.4 DAC0832 与 51 机的接口电路与程序设计

1. 并行总线方式

以两个寄存器同时选通的单缓冲方式为例，一路模拟量输出的 DAC0832 与 51 机的接口电路如图 9-22 所示。图中 DAC0832 扩展于图 8-20 的 51 机系统上，$\overline{CS}$、$\overline{XFER}$与片选线 IOCS2 连接，其地址范围为 E400～E7FFH。

【例 9-7】 以图 9-22 电路为基础，由 DAC0832 产生 0～5V 单极性对称斜锯齿波。要求单片机以最高速度控制，使信号达到最高频率输出。试编写 51 机的控制程序。

解：锯齿波的周期只由 f_{osc} 及单片机的类型决定。程序中对 DAC0832 进行连续不断的输出，即可实现使信号达到最高频率输出的目的。汇编语言参考程序如下：

```
          ORG     0000H
          AJMP    MAIN
          ORG     0040H
MAIN:     CLR     F0
          MOV     SP,#5FH
          MOV     DPTR,#0E400H          ;选择 DAC0832
```

```
        MOV     A,#00H
AGAIN:  JBC     F0,STOP            ;检测系统事件触发标志
DS:     MOVX    @DPTR,A
        INC     A
        CJNE    A,#0FFH,DS         ;输出对称斜锯齿波
LS:     MOVX    @DPTR,A
        DEC     A
        CJNE    A,#00H,LS
        SJMP    AGAIN
STOP:   ……                         ;程序的其他部分
        END
```

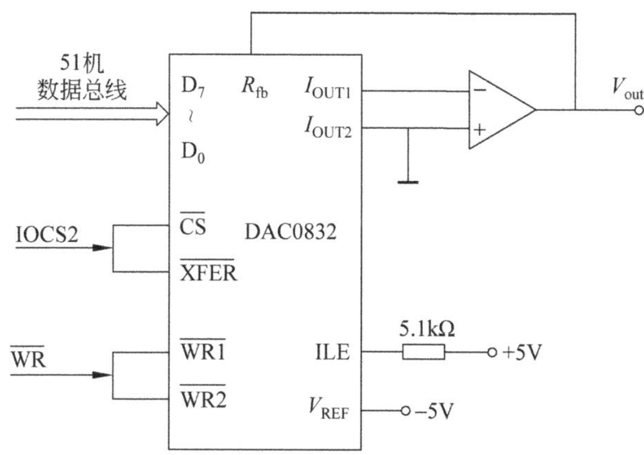

图 9-22　51 机与 DAC0832 的并行单缓冲方式接口

讨论：程序中用 F0 作为输出停止标志。F0 由程序的某个部分触发，可能是外部中断所致，也可能是定时中断产生的，实用中要根据系统工作过程要求具体编程。

完成本例任务的 C51 参考程序如下：

```
#include<stc89c5x.H>
#define uint unsigned int
#define uchar unsigned char
#define    First_DAC_addr    0xe400;
uchar xdata * paint,i;                    //调试指针
void main()
{
    paint=First_DAC_addr;                 //等价于 paint=0x02e400;
    while(1)
    {
        for(i=0;i<255;i+=5)               //5 步间隔,提高三角波频率
        {
            * paint=i;
        }
        for(i=255;i>0;i-=5)
```

```
        {
            * paint=i;
        }
    }
}
```

2. I/O 控制方式

用 I/O 方式对 DAC0832 进行控制，对工作于 I/O 方式的单片机有实际意义。

由于 DAC0832 没有地址线，所以总线与 I/O 方式在电路上没有区别，两种方式下 MCU 所支付的资源是相当的。但两种控制方式有本质上的不同。

总线方式下，编程者站在指挥高度下达命令，系统协调三总线执行命令；而 I/O 方式下，完全要通过 I/O 指令，由 CPU 产生控制时序，由此实现编程者的意愿。

【例 9-8】 设计一个两路模拟量输出的 DAC0832 与 51 机的接口电路。要求两路 DAC 能同时启动转换(如果两个器件性能越接近，则输出同步就越好)，试编写对两片 DAC0832 进行同步转换的 51 机控制程序。

解：为达到两个 DAC 同步输出的控制目标，DAC0832 应工作于双缓冲方式。其原理是：先将每个 DAC 的数据通过输入寄存器并锁存于输出端，之后同时启动两个芯片的 DAC 转换，实现同步输出。两个 DAC 的同步转换的工作时序如图 9-23 所示。

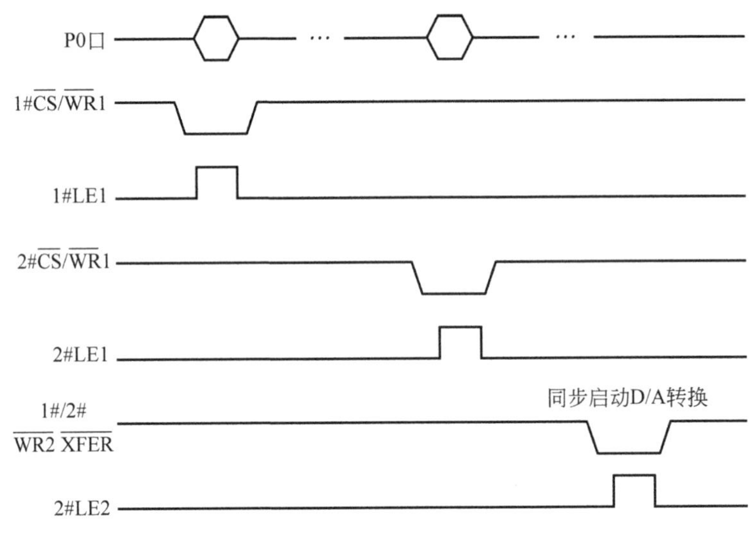

图 9-23 两个 DAC0832 同步输出联合工作时序

DAC0832 与 51 机的接口电路如图 9-24 所示，图中两个 DAC0832 均工作于双缓冲方式。要说明的是，双缓冲控制需要两条写控制线，分别控制输入和转换寄存器。在总线方式下，51 机只有一个写控制线，如果找不到第二条写控制线，电路就不能以总线方式驱动。

分析 DAC0832 的工作时序发现，DAC 转换门控信号就是低脉冲。因此，可用 51 机的读控制线$\overline{RD}$来控制 DAC 转换寄存器，相应要用读指令产生控制信号，问题得以解决。

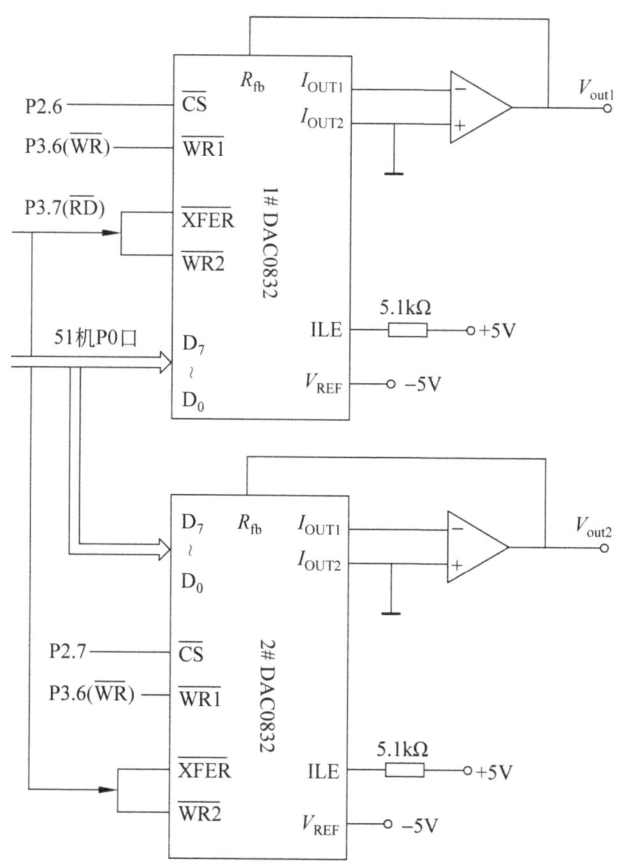

图 9-24 两个 DAC0832 与 51 机的接口电路

所以图 9-24 的电路可以用总线和 I/O 两种方式控制。I/O 方式汇编语言控制程序如下：

```
        CS1     EQU  P2.6
        CS2     EQU  P2.7
        WR1XF   EQU  P3.6
        WR2XF   EQU  P3.7
        ORG     0000H
        AJMP    MAIN
        ORG     0040H
MAIN:   MOV     SP,#5FH
AGAIN:  JBC     F0,STOP
        MOV     R0,#ADDR1
        MOV     R1,#ADDR2
        MOV     R7,#NUM
LOOP:   CLR     CS1                 ;选中 DAC1 输入寄存器
        MOV     P0,@R0
        CLR     WR1XF
        INC     R0
```

```
        SETB    WR1XF               ;数据 1 写入 DAC1 输入寄存器
        SETB    CS1
        CLR     CS2                 ;选中 DAC2 输入寄存器
        MOV     P0,@R1
        CLR     WR1XF
        INC     R1
        SETB    WR1XF               ;数据 2 写入 DAC2 输入寄存器
        SETB    CS2
        CLR     WR2XF
        SETB    WR2XF               ;同步输出
        DJNZ    R7,LOOP
        SJMP    AGAIN
STOP:   SJMP    $
        END
```

程序中 ADDR1、ADDR2 为两部分图形数据区在片内的首地址，NUM 为数据长度。程序将图形数据连续不断地反复输出，若将两个 DAC 输出分别接到示波器 *X*、*Y* 轴输入端，可观察到模拟运动合成图像(李萨如图形)。注意，本例两个输出信号频率相同。

同样的任务，同样的电路，用总线方式控制，参考的汇编语言控制程序如下：

```
        ORG     0000H
        AJMP    MAIN
        ORG     0040H
MAIN:   MOV     SP,#5FH
AGAIN:  JBC     F0,STOP
        MOV     R0,#ADDR1
        MOV     R1,#ADDR2
        MOV     R7,#NUM
LOOP:   MOV     DPTR,#0BFFFH        ;选中 DAC1 输入寄存器
        MOV     A,@R0
        MOVX    @DPTR,A             ;数据 1 写入 DAC1 输入寄存器
        INC     R0
        MOV     DPTR,#7FFFH         ;选中 DAC2 输入寄存器
        MOV     A,@R1
        MOVX    @DPTR,A             ;数据写入 DAC2 输入寄存器
        INC     R1
        MOV     DPTR,#0FFFFH        ;1#DAC 和 2#DAC 均不选中
        MOVX    A,@DPTR,            ;用读指令启动同步转换
        DJNZ    R7,LOOP
        SJMP    AGAIN
STOP:   SJMP    $
        END
```

总线方式控制下的 C51 参考程序如下：

```
#include<stc89c5x.H>                                     //适用于标准 51 机的 SFR 资源头文件
#define uint unsigned int
#define uchar unsigned char
#define     First_DAC_addr      0xbfff;
#define     Second_DAC_addr     0x7fff;
#define     All_DAC_addr     0xffff;
#define     N 128
uchar xdata * paint1,i, * paint2 * paint3,temp;  //定义两个 xdata 指针
uchar xdata DAC1_data[N],DAC2_data[N];           //定义长度为 N 的数组
bit     DAC_finmark;
void main()
{
    DAC_finmark=0;
    paint1=First_DAC_addr;
    paint2=Second_DAC_addr;
    paint3=All_DAC_addr;
    while(DAC_finmark==0)
    {
        for(i=0;i<N;i++)
        {
            * paint1=DAC1_data[i];                 //输入数据到 DAC1 输入寄存器
            * paint2=DAC2_data[i];                 //输入数据到 DAC2 输入寄存器
            temp= * paint3;                        //启动同步转换
        }
    }
    while(1);
}
```

3. DAC0832 双极性输出电路设计

对于需要正负电压控制的设备，需要双极性模拟电压输出。为此，可通过如图 9-25 所示的电路将 DAC0832 的输出电平进行平移。图中虚框线内为反相求和电路，其输入为 V_{OUT1} 和 V_{REF}，图中的运放用双电源供电，电源电压 V 必须满足：$V \geqslant |V_{REF}|$（这里 $V_{REF}=+5V$）。输出与输入的关系式推导过程如下：

$$V_{OUT} = -\left(\frac{R_3}{R_1} \times V_{REF} + \frac{R_3}{R_2} \times V_{OUT1}\right) \tag{9-6}$$

将 $V_{OUT1} = -\dfrac{V_{REF} \times DATA_{in(10)}}{256}$ 及图 9-25 中的电阻关系代入式(9-6)中，得：

$$\begin{aligned} V_{OUT} &= -(V_{REF} + 2V_{OUT1}) \\ &= -\left(V_{REF} - 2 \times \frac{V_{REF} \times DATA_{(10)}}{256}\right) \\ &= -\left(\frac{256V_{REF} - 2V_{REF} \times DATA_{(10)}}{256}\right) \end{aligned}$$

$$= \frac{DATA_{(10)} - 128}{128} \times V_{REF} \qquad (9\text{-}7)$$

式(9-7)就是图 9-25 输入码与输出模拟量的关系式。由式(9-7)计算所得的双极性 DAC 输入量编码与输出量的关系列于表 9-4 中。

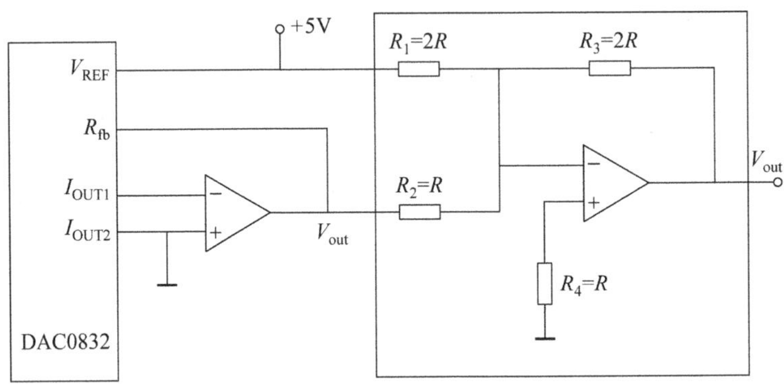

图 9-25 DAC0832 双极性输出电路原理

表 9-4 双极性 DAC 数字输入量编码与模拟输出量的关系

数字编码	输出模拟电平/V	数字编码	输出模拟电平/V
00H	−5.000	C0H	2.500
01H	−4.961	FEH	4.922
40H	−2.500	FFH	4.961
80H	0.000		

可见,由于输出范围扩大一倍,双极性应用比单极性应用的分辨率降低一倍。

9.5 液晶显示器与 51 机的接口

9.5.1 点阵液晶显示器

1. 点阵显示器

点阵显示器是以单片机为控制核心的图形显示器件。在外观上,点阵显示器是若干规则排列的、能发光(或吸收光线)的点阵小格群组成的显示屏。为应用方便,人们用行、列来描述显示屏点阵的数量及它们之间相对位置。128×64,表示该显示屏由 64 行点阵组成,每行 128 个显示点。这些可控制的显示点就是显示屏显示图形的基本单元。

2. 点阵显示字符及图形原理

就黑白显示器而言,可控制显示点就是可被电平控制其亮、灭的点。避开难于理解的显示原理,直接将逻辑电平与点阵的亮、灭的关系联系起来,当某个点受控于逻辑 1

时，点的属性为亮；受控于逻辑 0 时，点的属性为灭。事实上，这个亮、灭的定义与我们在白纸写黑字的习惯相吻合，如果将上述的 0 和 1 互换一下，也能显示出字符或图形，称为反显（方式）。

以显示汉字为例，在 128×64 点阵显示屏左上角显示"五"字，原理如图 9-26 所示。将图中的格子理解为显示屏的点阵，用 1 表示黑点，用 0 表示白点，再标记出 1 和 0 的位置坐标，就形成"五"字的模板，该模板可反复使用，称为"五"的字模。

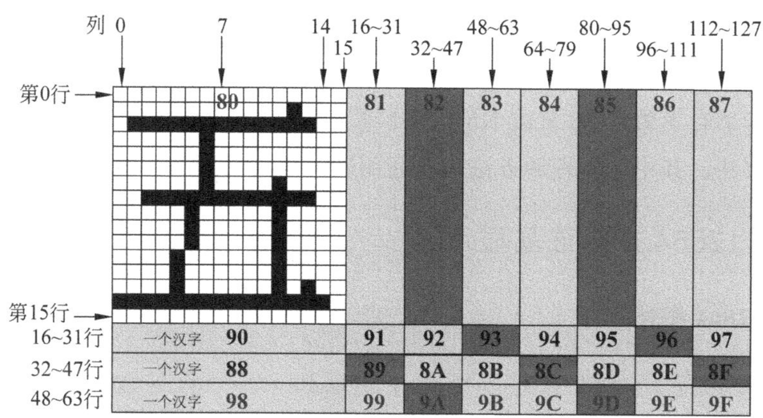

图 9-26 64 行 128 列点阵显示屏显示字符原理示意图

3. 汉字字模与字库

根据点阵图形的显示原理，所有汉字与字符字模的集合称为汉字及字符库。成为通用的、标准化的计算机资源。

汉字显示效果中有一个问题不可回避，这就是用多少个点来显示一个汉字。图 9-26 是 16×16 的汉字字模的视觉效果，最好不要太近地看，否则我们会感觉到这个字形显得太粗糙了；但是稍微离远一点看，字的显示效果是可以接受的；再离远一点，我们甚至会觉得字的边缘非常精细，字体非常漂亮。

对两个大小相同的汉字，在同等距离下观看，点阵数越高的字模，字形显得越美观。24×24 的汉字字模显示效果一定优于 16×16 的汉字字模。

既然如此，为什么还要 16×16 的点阵字模呢？这关系到经济与美观的平衡问题。一个 16×16 的字模需用 32(2×16)个字节来存储，而一个 24×24 的汉字字模需要 72(3×24)个字节单元储存。可见，显示效果的改善是以信息量的增加为代价的。采用 16×16 点阵显示，无论在存储器投资还是显示速度上都优于 24×24 点阵显示。而在通常的情况下，16×16的点阵字模已能得到很好的显示效果，特别是在单片机的应用领域中。

还有一个问题，就是汉字字体。字体不同，汉字字模就不同。如仿宋、宋体、黑体等，都有相应的字库。在 PC 中，字库按一定方式存于存储器中，当用户切换字体时，应用软件（如 Word）就会在相应的字库中提出点阵字模，并输出到显示器上。而在单片机等嵌入式系统中，通常只用 16×16 点阵宋体汉字。

4. 汉字显示的条件与步骤

要实现在点阵显示屏上任意位置显示汉字。一要确定汉字在屏上的相对位置,即汉字点阵的起点;二要将点阵字模中的 1 和 0 转换为点阵电路的高、低电平,使之显示出汉字的形象。如果一个应用系统中的单片机既要完成控制运算,还要管理显示,系统的实时性是不会好的。工程上通常将点阵显示屏与控制单片机做在一起,构成独立的点阵显示器,作为一个独立的智能设备,再与系统单片机接口,接受单片机的显示命令完成显示任务,分工明确、合理,显示更新快。

点阵显示器种类繁多,本节以 KM12864 点阵液晶显示器为例讨论其接口电路及驱动程序设计方法。其中的原理和方法具有通用性。

9.5.2 KM12864 点阵液晶显示器

1. KM12864 概述

KM12864 内置了 8192 个 16×16 汉字字模和 128 个基本 ASCII 码字符库,每个 ASCII 码字符占半个汉字的显示宽度,即每行能显示 16 个字符。KM12864 有 64×256 字节显示 RAM(简称 GDRAM)单元。显示屏可以一次显示 32 个(8×4)的 16×16 点阵汉字或 64 个 8×16 点阵字符。

KM12864 由行、列驱动器、LED 背光、负电压及分压电路组成。其技术参数如下:

- +3.3~+5V 供电,模块内置升压电路,黄绿色或蓝色 LED 背光。
- 8 位并行和 3 线串行输入输出接口。
- 多种辅助功能:光标显示、画面移位、自定义字符和睡眠模式等。
- 工作温度为-20℃~70℃,存储温度为-30℃~80℃。

2. KM12864 的硬件构成

KM12864 点阵液晶显示器结构如图 9-27 所示。

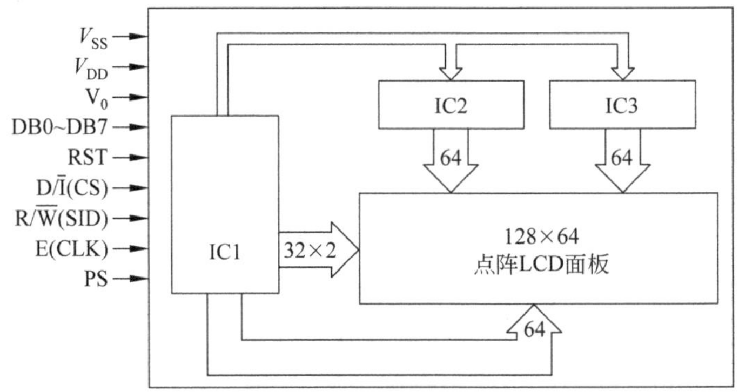

图 9-27 KM12864 点阵液晶显示器组成框图

图中，IC2、IC3为列驱动器，各负责64列显示驱动。IC1为行列驱动器，是显示器的核心部件，负责行、列扫描。IC1以专用微处理器为核心，内部主要寄存器如下：

(1) 指令寄存器(IR)：由D/Ī信号控制。IR用来寄存指令码，与数据寄存器数据相对应。当D/Ī=0时，在E信号下降沿的作用下，指令写入IR。

(2) 数据寄存器(DR)：由D/Ī信号控制。DR用来寄存数据，与指令相对应。当D/Ī=1时，在E信号下降沿的作用下，8位图形数据被写入DR。读操作时，在E信号高电平作用下，把DR的内容送到数据总线上，供外部控制器读取。

(3) 忙标志：BF。它提供显示模块内部工作情况。BF=1表示模块正在进行内部操作，此时模块不接受外部指令和数据。BF=0表示模块空闲，随时接受外部指令和数据。

(4) 显示控制触发器状态：DFF。此触发器状态用于模块屏幕显示的开关控制。DFF=1，屏幕为开显示，DDRAM的内容就显示在屏幕上；DFF=0，屏幕为关闭状态，不显示。

3. KM12864外部引脚的功能

KM12864有与外部MCU并行和串行两种接口的能力，引脚功能见表9-5的定义。

表9-5 KM12864模块引脚名称及功能

引脚号	管脚名称	电平	功能描述
1	V_{SS}	—	电源地
2	V_{DD}	—	模块电源
3	V0	—	液晶显示器驱动电压输入端
4	D/Ī(CS)	H/L	D/Ī=H表示DB_0～DB_7上为显示数据 D/Ī=L表示DB_0～DB_7上为控制指令 CS：串行接口方式下的片选端
5	R/$\overline{W}$(SID)	H/L	R/$\overline{W}$=H，E=H数据输出到DB_0～DB_7 R/$\overline{W}$=L，E=H→L数据写入IR或DR SID：串行接口数据端
6	E(CLK)	H/L	R/$\overline{W}$=L，E信号下降沿锁存DB_0～DB_7 R/$\overline{W}$=H，E=H，DB_0～DB_7读 CLK：串行接口时钟端
7～14	DB_0～DB_7	—	8位数据总线(三态)，内部有上拉电阻
15	PS	H/L	模块与外部MCU接口形式选择位。PS = 1，为并行接口方式；PS = 0，为串行接口方式
16	NC	—	内部无连接
17	RST	H/L	复位信号输入端，低电平有效
18	NC/VEE	—	当模块3V供电时，此脚输出约+6V的电压
19	BLA	—	背光板电源正
20	BLA	5V	背光板电源负(内含限流电阻)

注：引脚D/Ī在很多资料中也被称为A0或RS。

4. 模块操作的基本指令

KM12864 模块操作基本指令见表 9-6，包括实现除图形功能外的所有显示功能指令。

表 9-6　模块操作基本指令集(RE=0)

指　令	指　令　码										执行时间
	$D/\bar{I}$	$R/\bar{W}$	D_7	D_6	D_5	D_4	D_3	D_2	D_1	D_0	
清除显示	0	0	0	0	0	0	0	0	0	1	4.6ms
地址归位	0	0	0	0	0	0	0	0	1	×	4.6ms
进入设定点	0	0	0	0	0	0	0	1	I/D	S	72μs
显示状态:开/关	0	0	0	0	0	0	1	D	C	B	72μs
游标或显示移位控制	0	0	0	0	0	1	S/C	R/L	×	×	72μs
功能设定	0	0	0	0	1	DL	×	RE	×	×	72μs
设定 CGRAM 地址	0	0	0	1	AC_5	AC_4	AC_3	AC_2	AC_1	AC_0	72μs
设定 DDRAM 地址	0	0	1	AC_6	AC_5	AC_4	AC_3	AC_2	AC_1	AC_0	72μs
读取忙标志 BF 及其地址	0	1	BF	AC_6	AC_5	AC_4	AC_3	AC_2	AC_1	AC_0	0μs
写资料到 RAM	1	0	D_7	D_6	D_5	D_4	D_3	D_2	D_1	D_0	72μs
读出 RAM 的值	1	1	D_7	D_6	D_5	D_4	D_3	D_2	D_1	D_0	72μs

KM12864 模块操作的扩展指令见表 9-7。

表 9-7　模块操作扩展指令集(RE=1)

指　令	指　令　码										执行时间/μs
	$D/\bar{I}$	$R/\bar{W}$	D_7	D_6	D_5	D_4	D_3	D_2	D_1	D_0	
待命模式	0	0	0	0	0	0	0	0	0	1	72
卷动地址选择	0	0	0	0	0	0	0	0	1	SR	72
反白选择	0	0	0	0	0	0	0	1	R1	R0	72
睡眠模式	0	0	0	0	0	0	1	SL	×	×	72
扩充功能设定	0	0	0	0	1	1	×	RE	G	0	72
设定卷动地址	0	0	0	1	AC_5	AC_4	AC_3	AC_2	AC_1	AC_0	72
设定绘图 RAM 地址	0	0	1	AC_6	AC_5	AC_4	AC_3	AC_2	AC_1	AC_0	72
	0	0	1	0	0	0	AC_3	AC_2	AC_1	AC_0	72

5. 汉字显示坐标

KM12864液晶显示模块每行可显示8个16×16点阵汉字，全屏4行，共可显示32个汉字。表9-8给出了汉字在DDRAM中的确定坐标。

表9-8 汉字在4行中的显示坐标

第1行	80H	81H	82H	83H	84H	85H	86H	87H
第2行	90H	91H	92H	93H	94H	95H	96H	97H
第3行	88H	89H	8AH	8BH	8CH	8DH	8EH	8FH
第4行	98H	99H	9AH	9BH	9CH	9DH	9EH	9FH

图9-26是KM12864显示屏上字符分布示意图，图中的坐标与表9-8中的地址对应。

9.5.3 液晶显示器与51机接口电路设计

1. KM12864时序

在电路设计前，要明确KM12864的工作时序。图9-28是KM12864并行接口方式下的写时序，图9-29是其读时序。

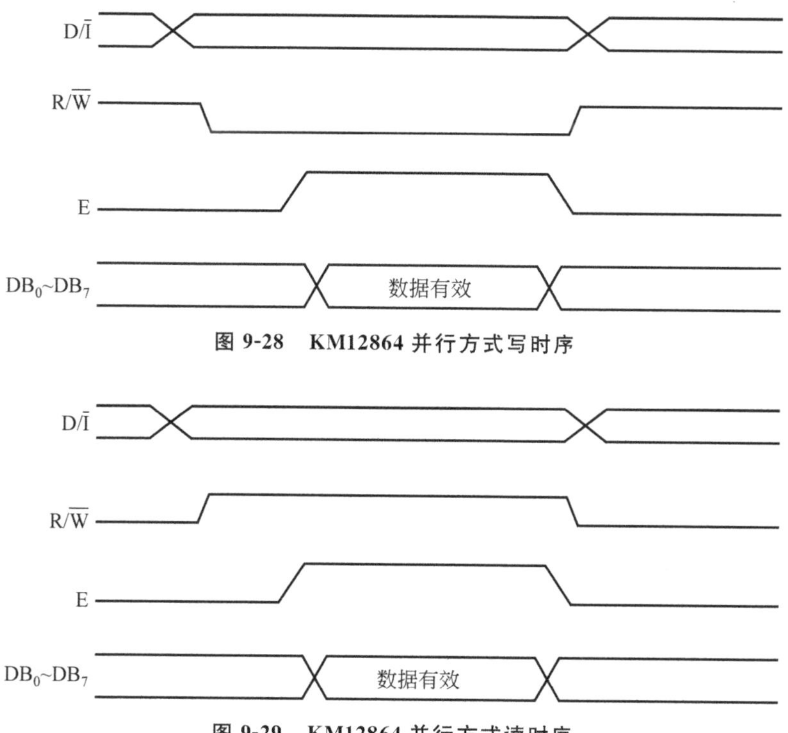

图9-28 KM12864并行方式写时序

图9-29 KM12864并行方式读时序

看图发现，读、写时序的区别只在R/W̄信号上，当R/W̄为低电平时，是写操作。D/Ī信号起两重作用，以写操作为例，当D/Ī=0时，写入内容为指令，目标是模块内的MCU；

当 D/Ī=1 时，写入显示数据，目标是数据寄存器 DR。DR 与 DDRAM 之间的数据传输由模块内部自动完成，并实现显示，不再需要外部控制器参与。

图 9-30 是 KM12864 串行接口方式下的读、写时序。传送一个字节的数据的过程如下：

(1) 写命令，格式为 11111A B 0。其中，A=1 表示下面为读操作，A=0 则为写操作。在写操作时，B=1 表示命令字节后跟数据，B=0 则表示命令字节后跟命令。

(2) 读、写数据格式，8 位数据分高、低 4 位，两次传输，格式为 DDDD0000。

命令和数据只有在写操作时才有意义，如果是读操作，则读出的数据为模块的状态。

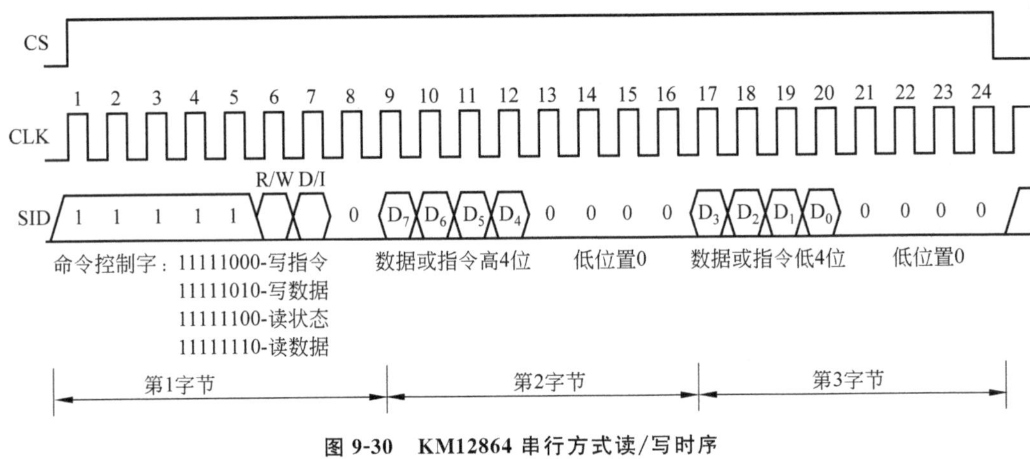

图 9-30 KM12864 串行方式读/写时序

2. KM12864 与 51 单片机的接口电路设计

接口电路如图 9-31 所示。电路的设计目标如下：

(1) 可满足 51 机以并行或串行两种方式对显示器进行控制，为此，8 根数据线用一个完整的 8 位 I/O 口承担，通过设置显示器 PSB 状态实现并行或串行方式的选择。

(2) 在并行接口方式下，51 机还能以总线或 I/O 两种方式对显示器进行控制，为此，8 根数据线一定要用 P0 口承担，同时，将 51 机的控制线 $\overline{WR}$ 反相后，作为显示器的 E 信号的控制，以满足显示器 E 信号(从高到低有效)时序要求。

注意：因为 $\overline{RD}$ 线没有参与对 E 信号的控制，因此，该电路在并行总线方式下没有读显示器内部数据的功能。

当 PSB 端接高电平时为并行接口方式，接地则为串行接口方式，这时串口控制端的功能为图 9-31 中括号内的定义。

9.5.4 液晶显示器应用程序举例

1. 并行接口 I/O 方式

51 机的最小应用系统只能用 I/O 方式对工作于并行接口方式的液晶显示器进行控制。这种方式虽说不能达到 51 机总线方式的控制水平，但控制程序的运行速度仍比串

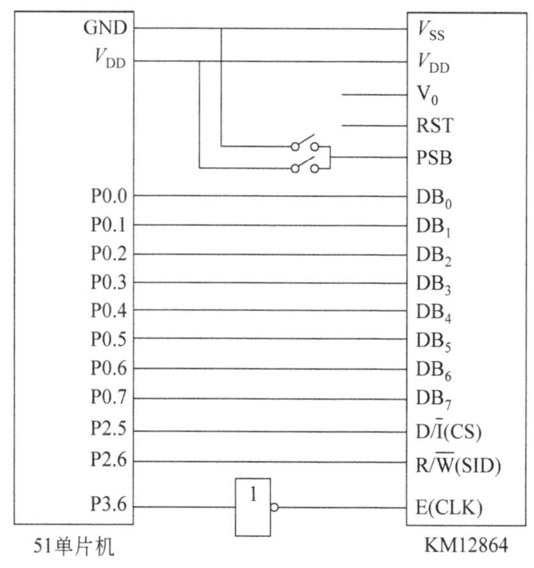

图 9-31　KM12864 与 51 机的接口电路

行接口方式快，缺点是并行接口方式比串行接口方式要占用更多的单片机 I/O 口。

【例 9-9】 电路如图 9-31 所示，编写并行接口 I/O 方式下 KM12864 的显示驱动程序。

解：编程器件的控制程序需使程序指令的运行流程与 KM12864 的时序相吻合，程序就是显示器工作时序的翻版。以下是对显示器进行初始化、写汉字及 ASCII 字符的程序：

```
        DI      EQU     P2.5
        E       EQU     P3.6
        RW      EQU     P2.6
        ORG     0000H
        LJMP    MAIN
        ORG     0100H
MAIN:   MOV     SP,#5FH
LOOP:   LCALL   DELAY                   ;延时,等待模块就绪
        LCALL   SETUP                   ;调用初始化子程序
        MOV     A,#80H                  ;设定 DDRAM 地址
        LCALL   WRITE_I                 ;写命令
        MOV     DPTR,#CHINESE
        LCALL   WRITE_HZ                ;在第 1 行显示一行汉字
        LCALL   DELAY                   ;延时一个显示时间
        MOV     A,#01H
        LCALL   WRITE_I                 ;清屏
        LCALL   DELAY
        MOV     A,#90H                  ;设定 DDRAM 地址
        LCALL   WRITE_I
```

```
          MOV       DPTR,#TABLE1
          LCALL     W_ASC                 ;在第 2 行显示一行 ASCII 码
          LJMP      LOOP
SETUP:    MOV       A,#01H
          LCALL     WRITE_I               ;清屏
          MOV       A,#00110000B
          LCALL     WRITE_I               ;功能设置: 8 位数据线,基本指令集动作
          MOV       A,#00000010B
          LCALL     WRITE_I               ;DDRAM 设置 0(地址归位)
          MOV       A,#00000100B
          LCALL     WRITE_I               ;功能设置: 进入点设定
          MOV       A,#00001100B
          LCALL     WRITE_I               ;开显示
          RET
DELAY:    MOV       R1,#00H               ;延时子程序
AGAIN:    MOV       R2,#00H
          DJNZ      R2,$
          DJNZ      R1,AGAIN
          RET
W_ASC:    MOV       R4,#16                ;写 ASCII 字符子程序
AGAIN1:   CLR       A
          MOVC      A,@A+DPTR
          LCALL     WRITE_D
          INC       DPTR
          DJNZ      R4,AGAIN1
          RET
WRITE_HZ:MOV        R4,#8                 ;16 点阵汉字显示子程序
AGAIN2:   CLRA
          MOVC      A,@A+DPTR
          INC       DPTR
          LCALL     WRITE_D               ;通用写子程序
          CLR       A
          MOVC      A,@A+DPTR
          INC       DPTR
          LCALL     WRITE_D
          DJNZ      R4,AGAIN2
          RET
TABLE1:   DB 41,42,43,44,45,46,47,48,49,50,51,52,53,54,55,56,57,58,59  ;ASCII 字符
CHINESE:  DB 32,32,32,32,206,229,210,216,180,243,209,167,32,32,32,32    ;五邑大学
WRITE_I:  CLR       RW                    ;写命令子程序
          CLR       DI
          MOV       P0,A
          CLR       E
          NOP
```

```
        SETB    E
        RET
WRITE_D: CLR    RW                          ;写数据子程序
        SETB    DI
        MOV     P0,A
        CLR     E
        NOP
        SETB    E
        RET
        END
```

与上面的汇编语言程序具有同样功能的C51参考驱动程序如下：

```
#include <intrins.h>
#include <stc89c5x.H>
#define uchar unsigned char
#define uint unsigned int
#define DI     P2_5
#define E      P3_6
#define RW     P2_6
uchar idata w_command,count;
static bdata uchar sclkdata;
sbit sclkdata7=sclkdata^7;
uchar code * point_l;                        //code 指针
code uchar CHINESE[64]={                     //汉字字符：五邑大学
32,32,32,32,206,229,210,216,180,243,209,167,32,32,32,32};
code uchar TABLE1[64]={41,42,43,44,45,46,47,48,49,50,51,52,53,54,55,56,57,58,59};
                                             //ASCII 字符
void DelayX1ms(uint count)                   //标准 51 机,11MHz,延时 1ms 函数
{uint i;uchar j;
 for(i=0;i<count;i++)
    for(j=0;j<110;j++);
}
void send_com(void)                          //写命令函数
{
    RW=0;
    DI=0;
    P0=w_command;
    E=0;
    _nop_();
    E=1;
}
void send_data(void)                         //写数据函数
{
    RW=0;
```

```
    DI=1;
    P0=w_command;
    E=0;
    _nop_();
    E=1;
}
void setup_lcd(void)                    //模块初始化
{
    w_command=0x01;                     //清屏
    send_com();
    w_command=0x30;                     //功能设置：基本指令集动作
    send_com();
    w_command=0x02;                     //DDRAM设置"0"
    send_com();
    w_command=0x04;                     //功能设置：进入点设定
    send_com();
    w_command=0x0c;                     //开显示
    send_com();
    w_command=0x01;                     //清屏
    send_com();
}
void send_HZ(void)                      //字符显示函数
{   uchar tt;
    for (tt=0;tt<8;tt++)
    {   w_command= * point_1;
        send_data();
        point_1++;
        w_command= * point_1;
        send_data();
        point_1++;
    }
}
void send_ASCII(void)                   //ASCII显示函数
{   uchar tt;
    for (tt=0;tt<16;tt++)
    {   w_command= * point_1;
        send_data();
        point_1++;
    }
}
main()
{   uchar idata i;
START:
    setup_lcd();                        //模块初始化
```

```
    DelayX1ms(10);
    w_command=0x88;                          //设置 DDRAM 地址
    send_com();
    point_l=(uchar code * )CHINESE;
    send_HZ();                               //在 3 行显示一行汉字
    DelayX1ms(250);                          //延时一个显示时间
    w_command=0x01;                          //清屏
   send_com();
    w_command=0x98;
   send_com();
   point_l=(uchar code * )TABLE1;
   send_ASCII();                             //在第 4 行显示一行 ASCII 字符
   DelayX1ms(250);                           //延时一个显示时间
   goto START;                               //反复运行
}
```

2. 并行接口总线方式

【例 9-10】 同样是图 9-31 的电路，编写 51 机工作于并行总线方式，实现与例 9-9 相同功能的 C51 程序。注意此时 D/$\bar{I}$、R/$\overline{W}$ 从电平控制变成了 RAM 地址。E 反相后与 $\overline{WR}$相联，成为写使能端。并行总线方式的 C51 参考程序如下：

```
#include<Stc12C5A60S2.h>
//#include<stc89c5x.H>
#include <intrins.h>
#define uchar unsigned char
#define uint unsigned int
uchar xdata * paint;                         //XRAM 指针
uchar idata w_command,count;
static bdata uchar sclkdata;
sbit sclkdata7=sclkdata^7;
uchar code * point_l;                        //code 指针
uchar idata i,j;
code uchar CHINESE2[64]={" 信息工程学院 "};  //在 C 语言程序中汉字字模可如此获得
code uchar TABLE[64]={ 41,42,43,44,45,46,47,48,49,50,51,52,53,54,55,56,57,58,59};
                                             //ASCII 字符
void DelayX1ms(uint count)
{   uint i;
    uchar j;
    for(i=0;i<count;i++)
    for(j=0;j<110;j++);
}
void send_com(void)                   //写命令函数
{
```

```
    paint=(char *)0x029fff;          //写命令地址：10011111B=9FFFH,DI、RW均为低
    _nop_();
    *paint=w_command;
}
void send_data(void)                 //写数据函数
{
    paint=(char *)0x02bfff;          //写命令地址：10111111B=BFFFH,DI高,RW低
    _nop_();
    *paint=w_command;
}
void setup_lcd(void)
{
    DelayX1ms(50);
    w_command=0x01;                         //清屏
    send_com();
    w_command=0x30;                         //功能设置
    send_com();
    w_command=0x02;                         //DDRAM设置0
    send_com();
    w_command=0x04;                         //功能设置
    send_com();
    w_command=0x0c;                         //开显示
    send_com();
}
void send_HZ(void)                          //字符显示
{
    uchar tt;
    for (tt=0;tt<8;tt++)
    {
        w_command= *point_l;
        send_data();
        point_l++;
        w_command= *point_l;
        send_data();
        point_l++;
    }
}
void send_ASCII(void)                       //ASCII显示
{
    uchar tt;
    for (tt=0;tt<16;tt++)
    {
        w_command= *point_l;
        send_data();
```

```
            point_l++;
        }
}
main()
{
    AUXR=0x02;                              //开放外部 RAM,禁止内嵌外部 RAM
    SP=0xcf;
START:
    setup_lcd();
    DelayX1ms(10);
    w_command=0x80;                         //设置 DDRAM 地址
    send_com();
    point_l=(uchar code * )CHINESE2;        //在第 1 行显示一行汉字
    send_HZ();
    DelayX1ms(500);                         //延长一个显示时间
    w_command=0x90;                         //设置 DDRAM 地址
    send_com();
    point_l=& TABLE;
    send_ASCII ();                          //在第 2 行显示一行 ASCII 字符
    DelayX1ms(500);
    w_command=0x34;                         //以下是用扩展功能实现显示效果
    send_com();
    w_command=0x03;                         //屏幕垂直转动
    send_com();
    for ( i=0x40;i <0x80 ;i++)
    {
        w_command=i;                        //转动地址
        send_com();
        DelayX1ms(30);
    }
    goto START;                             //反复运行
}
```

3. 串行接口 I/O 方式

【例 9-11】 电路如图 9-31 所示，编写 KM12864 串口方式写命令、写数据的子程序。

解：如果有串口接口方式下写命令和写数据的子程序，要实现与例 9-9 相同功能，主程序部分不变，只将原来的两个子程序用串行接口程序替换即可。设显示器工作于串口方式，阅读时注意将指令与图 9-30 的时序相对比。汇编语言驱动子程序如下：

```
WRITE_COM:  LCALL     DELAY
            SETB      DI                    ;这里 DI 是 CS,即片选端
            PUSH      ACC
            MOV       R0,#8
            MOV       A,#11111000B
```

```
COMM1:      CLR     C               ;第 1 个 8 位
            RLC     A
            MOV     RW,C            ;这里 RW 是 SID,即串行数据
            CLR     E               ;这里 E 是 CLK,即串行时钟
            SETB    E
            DJNZ    R0,COMM1
            POP     ACC
            MOV     R5,A
            ANL     A,#0F0H
            MOV     R0,#8
COMM2:      CLR     C               ;第 2 个 8 位
            RLC     A
            MOV     RW,C
            CLR     E
            SETB    E
            DJNZ    R0,COMM2
            MOV     A,R5
            SWAP    A
            ANL     A,#0F0H
            MOV     R0,#8
COMM3:      CLR     C
            RLC     A
            MOV     RW,C
            CLR     E
            SETB    E
            DJNZ    R0,COMM3
            CLR     DI              ;第 3 个 8 位
            RET
WRITE_DAT:  SETB    DI
            LCALL   DELAY
            PUSH    ACC
            MOV     R0,#8
            MOV     A,#11111010B
            LCALL   COMM1           ;其他部分数据和指令相同
            RET
```

注意程序的入口：数据或命令在 A 中。程序占用 A、R0、R5。

程序通过 I/O 指令，模拟串行接口方式时序，达到对显示模块的控制。由于串行时钟和数据传输过程像一串脉冲，所以将 I/O 的这种形式称为“位脉冲”。

液晶显示模块的应用技巧还有很多，比如绘图功能、字符移动等，本书并没有详细讨论，而将重点放在硬件应用的核心——驱动程序上。万变不离其宗，当掌握了驱动方法，处理变化的显示形式问题就不难了。

9.6 本章重点

本章重点讨论了单片机常用的外围接口器件(I/O扩展芯片、A/D、D/A等)与51机的接口电路以及这些接口器件的控制程序设计等技术。

从电路设计角度看,外围接口器件的设计方法与外部RAM一样,控制也延用与外部RAM相同的方法。因此,学习本章内容,要将注意力集中在各种外围接口器件的功能差异上,要用好这些芯片,需要对这些芯片应用的工程背景有一定的了解。

在理解点阵液晶显示器的工作原理的基础上,学会它与单片机接口电路的设计,重点是显示器的驱动程序的编写和程序调试方面的工作。在应用技巧上,走熟能生巧之路。

习题9

9-1 设某51机系统分配给8255A的基地址为8000H。试编写一个将A组指定为方式0,A口输入,C口高4位输出;B组指定为方式1,B口输出,C口低4位为输出的8255A初始化程序段。

9-2 设8255A已按习题9-1的要求初始化,8255A的基地址仍为E000H。现要把C口的PC_6引脚置成低电平,试写出实现此任务的程序段。

9-3 8255A面向I/O设备一侧的端口有几个?其中C口的使用有哪些特点?

9-4 一个$5\frac{1}{2}$位ADC有多少分格?若其量程为5V,则此ADC能够分辨输入电压的最小值为多少毫伏?试用百分数表示分辨率。

9-5 给出下列ADC性能指标的定义:

(1)满量程范围;(2)分辨率;(3)量化误差;(4)精度;(5)转换率。

9-6 以0.5V的间隔,做出8位ADC的单极性编码表。已知ADC的满量程范围为0~5V。

9-7 设计51机与MAX114的总线方式接口电路。以图9-14所示的$\overline{RD}$滞后时序,并以中断方式,用C51编写对1~4四个模拟通道进行一轮顺序采样,并将采样数据存放于片内4个连续RAM单元中的程序。

9-8 给出下列DAC性能指标的定义:

(1)转换范围;(2)分辨率;(3)精度;(4)建立时间。

9-9 以图9-22电路为基础,编写DAC0832输出直锯齿波(从最小值斜升到最大值,再直降到最小值输出)的程序。

9-10 某一表压压力传感器(以标准大气压为零点,理想输出为0V,压力高于大气压输出为正,反之输出为负),以恒流供电。特性参数如下:灵敏度100mV/MPa·mA,测量范围0~5MPa。现以1mA为传感器供电,采用转换电压范围0~5V的ADC对0~5MPa工作下的传感器输出信号进行采样量化。问:若系统要求能分辨

2kPa 的表压，应如何设计系统的前置通道的电压放大倍数？应选用多少位的 ADC？

9-11 若图 9-25 中参考电压源为－5V，试仿照表 9-4，列出 DAC 输入数字量编码与模拟量输出的关系。

9-12 试编写控制图 9-24 中的两个 DAC0832 同步转换的 C51 驱动程序。要求用 I/O 方式控制(提示：参考例 9-8 的汇编语言程序)。

9-13 针对图 9-31 的电路，编写 51 机以并行总线方式，实现与例 9-9 相同功能的汇编语言程序。

第10章 chapter 10

同步串行总线及其应用

10.1 同步串行通信简介

同步串行通信是串行通信的另一种形式。它以连续不间断的方式传输数据，通信的效率远远高于异步方式，应用广泛。

在嵌入式应用中广泛使用的同步通信有 Philips 公司推出的 I^2C 总线（Inter IC Bus）、MOTOROLA 公司的串行外围接口总线（Seral Peripheral Interface，SPI）、Dallas-Maxim 公司推出的一线总线，它们都有自己的接口标准和通信协议。协议集成在芯片内部就成为这种总线的接口器件，它们种类繁多，几乎涵盖了模拟接口器件（ADC、DAC、传感器等）及数据接口器件（存储器、时钟等）的所有类型。

与并行总线相比，串行总线突出的优点是总线数少。异步串行总线通常是两条线，同步串行总线为 1～3 条线，依具体类型而定。与异步串行总线一样，同步串行总线器件的接口标准提供了保证通信正确进行的物理条件。标准 51 机片内没有配置同步串行总线接口，可谓一个缺陷。而多数增强型 51 单片机内部集成有 I^2C/SPI 总线控制器。

内嵌同步串行通信控制器的单片机与同类型的总线器件的通信程序与异步串行通信程序的编程方法类似，编程时，可将通信控制器作为邮箱看待。

对于无同步串行总线控制器的标准 51 机来说，需要通过 I/O 产生“位脉冲”，以此产生总线控制时序，实现对总线器件的控制。本章只讨论“位脉冲”编程方法。

同步串行通信程序的编写需严格遵守总线时序规定。所以，准确理解总线时序是本章学习的一个重点。

10.2 SPI 总线及其应用

10.2.1 SPI 总线简介

1. SPI 总线的一般特性

SPI 器件都具有独立的片选端 $\overline{CS}$，使得微控制单元（MCU）在对其操作时用硬件选片，总线时序相对简单，但占用 MCU 的 I/O 多，I/O 量充足时，易选用。

从应用角度看,SPI 总线有如下特点:

(1) 三线传输。SPI 总线由数据线 MISO、MOSI 和串行时钟线 SCK 构成。主、从器件的输入与输出对应相接,数据流的方向是固定的。

(2) SPI 总线可以是单主机系统,即系统中只有一台主机,从机由外围接口器件构成,如 EEPROM、ADC、DAC、显示驱动器、日历时钟等。SPI 也可以构成多主机系统。带 SPI 总线的 MCU 可通过指令将其设置为主机或从机,主、从交替,实现多主通信。

2. SPI 总线时序

SPI 总线接口器件种类繁多,功能各异,但控制时序完全相同。以下通过一个 SPI 总线接口器件的应用实例来说明 SPI 总线时序的特点。

10.2.2 具有 SPI 接口的实时时钟芯片 DS1306

1. DS1306 简介

DS1306 是 Dallas 公司的具有 SPI 总线接口的实时时钟器件。其主要特性与功能如下:

(1) 实时时钟:秒、分钟、时计数,万年历,闰年补偿,有效期至 2100 年。

(2) 96B 的通用 RAM,供用户使用。

(3) 提供主、后备双电源引脚。

(4) 具有 1Hz 和 32.768kHz 硬时钟输出。

(5) 串行接口:兼容 SPI 及 3 线串行接口标准。

(6) 支持连续地址批量数据的传输模式。

(7) 两个精确到秒的闹钟。两个中断信号,分别在主电源和后备电源供电时有效。

(8) 涓流充电寄存器控制对接在 V_{CC2} 引脚的可充电电池的充电。

(9) 2.0～5.5V 的宽电压工作范围,可用于便携和低功耗系统中。

(10) 有－40～＋85℃ 工业温度范围产品。

DS1306 与 DS12C887 和 DS1302 同为 Dallas 公司的实时时钟产品。DS1306 具有 DS12C887 的主要功能。但 DS12C887 为并行接口器件,内有维持日历工作的电池,可保证日历 10 年以上的连续计时,因此不需后备电源引脚。

DS1302 是实时时钟芯片中的低档产品。它只支持 3 线传输方式。没有时钟方波输出功能,片内只有 31B RAM,也采用外接后备电源和外接晶体振荡器的电路结构形式。

DS1306 是介于 DS12C887 和 DS1302 之间的中档产品。表 10-1 列出了 3 种实时时钟芯片的功能参数,供读者选用。

表 10-1 Dallas 公司 3 种实时时钟芯片的功能参数

器件功能	DS12C887	DS1302	DS1306
数据传送方式	并行	3 线	SPI，3 线
通用 RAM/B	113	31	96
时钟保持电源	内置	需外接	需外接
晶体振荡器	内置	需外接	需外接
时钟方波输出	1 个可调频率	无	1Hz 和 32.768kHz 输出各 1 个
中断触发输出	1 个	无	2 个
占用主机最少 I/O	11 条	3 条	4 条
通信数据格式	BCD 码，二进制	BCD 码	BCD 码
专用寄存器	4 个	2 个	3 个
闹钟	1 个	无	2 个
批量数据传输功能	无	有	有

2. DS1306 引脚配置及功能

DS1306 有 DIP 和 TSSOC 两种封装形式。引脚配置如图 10-1 所示，各引脚的意义如下：

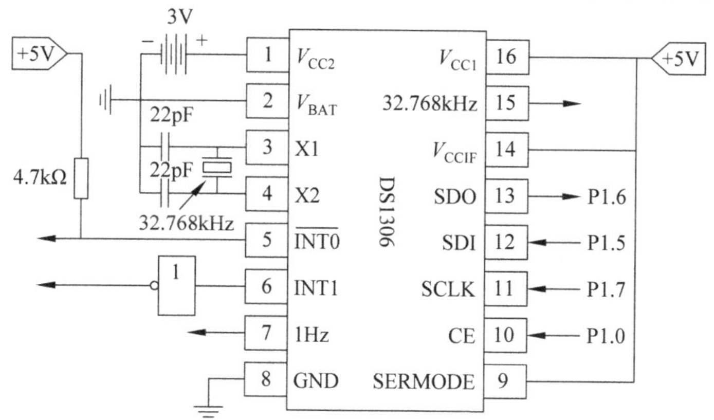

图 10-1 DS1306 引脚配置及与 51 机的接口电路

V_{CC1}（引脚 16）：主电源输入端。

V_{CC2}（引脚 1）：备用电源输入端。

V_{BAT}（引脚 2）：+3V 电池输入端。

V_{CCIF}（引脚 14）：接口逻辑选择输入。该引脚的输入电平决定芯片输出高电平的幅值，使系统间的信号电平兼容。V_{CCIF} 接+5V，SDO、1Hz 等输出信号为 5V TTL 电平；V_{CCIF} 接+3V，输出信号为 3V TTL 电平。

GND（引脚 8）：电源地。

以上引脚均与电源有关。其中 V_{CC1}、V_{CC2}、V_{BAT} 因不同的供电模式，接入电源方式也发生变化，如图 10-2 所示。

X1，X2（引脚 3，4）：外部 32.768kHz 晶体输入端。DS1306 时钟电路可以省略图 10-1 的两个 22pF 的电容，为防止芯片时钟不起振，在做 PCB 板设计时，可预留出这两

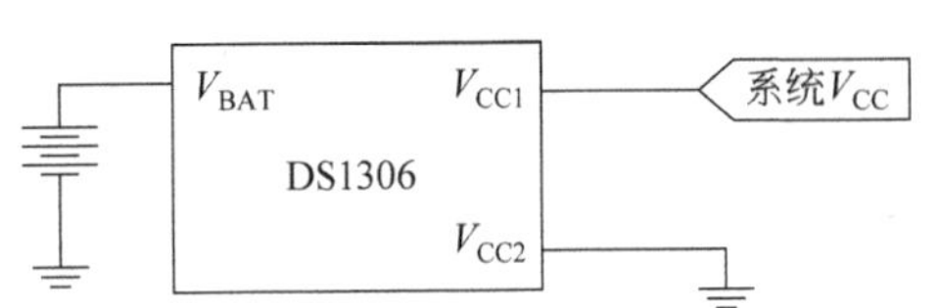

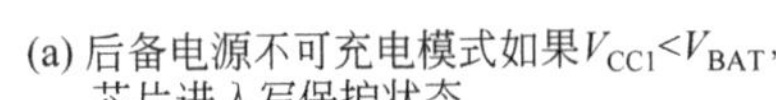
(a) 后备电源不可充电模式如果$V_{CC1}<V_{BAT}$，芯片进入写保护状态

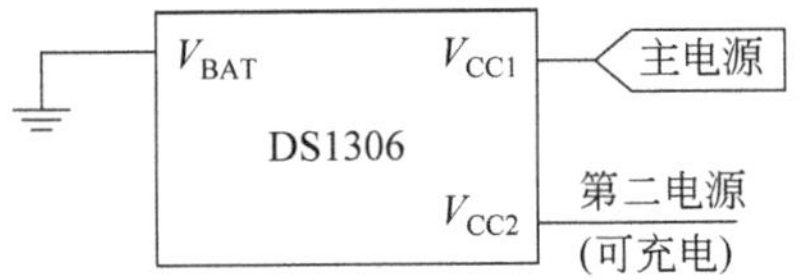

(b) 后备电源为可充电电池或大容量电容模式器件不提供写保护功能

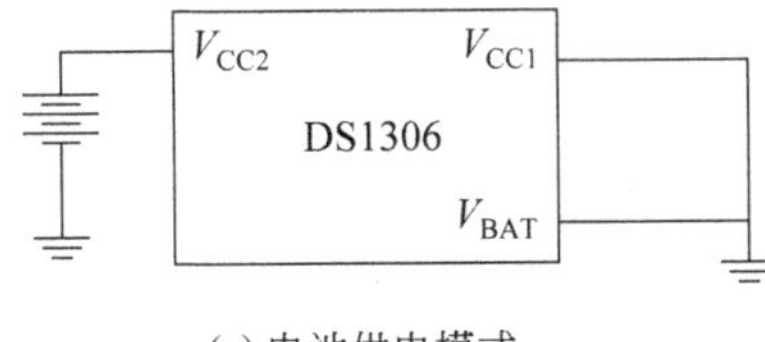

(c) 电池供电模式

图 10-2　DS1306 工作的 3 种供电模式

个电容的位置。

$\overline{INT0}$、INT1、1Hz、32.768kHz(引脚 5、6、7、15)：分别为 DS1306 的输出信号$\overline{INT0}$、INT1、1Hz 和 32.768kHz 对应的引脚。$\overline{INT0}$为闹钟 0 的中断请求信号，在 V_{CC1}、V_{CC2}、V_{BAT}供电条件下均可使用；INT1 是闹钟 1 的中断请求信号，只在 V_{CC2}、V_{BAT}供电条件下才可使用。芯片内部结构决定在使用$\overline{INT0}$时需外加一个上拉电阻，而 INT1 引脚则不需要。

SERMODE、CE、SCLK、SDO、SDI(引脚 9、10、11、12、13)：它们与 SPI 接口相关。其中 SERMODE 决定芯片的接口标准，当其接 GND 时，通信用 3 线标准；当其接 V_{CC}时，通信用 SPI 标准，CE、SCLK、SDO 和 SDI 分别为芯片的片选、SPI 时钟、数据输出和数据输入线。其中 SDO 为输出，其他引脚均为输入，如图 10-1 所示。

3. DS1306 的内部结构

DS1306 内部结构如图 10-3 所示。图左侧的箭头和字母表示数据流方向和引脚名称。

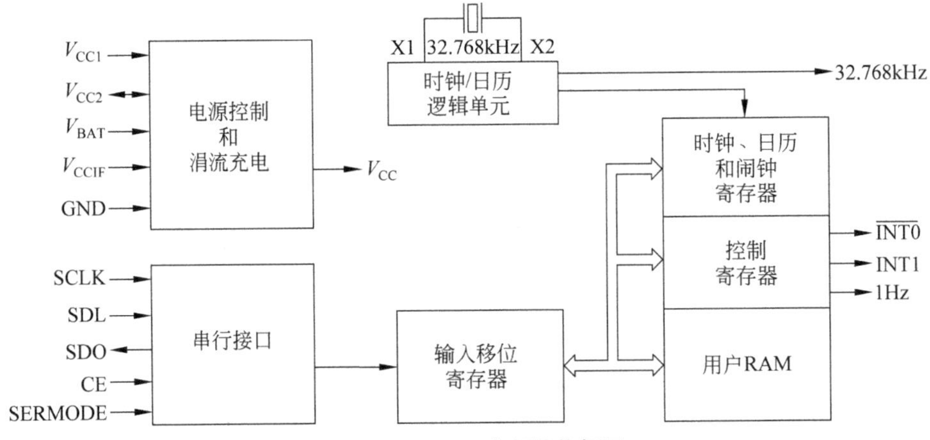

图 10-3　DS1306 内部结构框图

1）DS1306 时钟、日历和闹钟寄存器

DS1306 的时钟、日历和闹钟寄存器的数据均采用 BCD 格式。数据信息列于表 10-2 中。

表 10-2 DS1306 寄存器地址、属性及功能

<table>
<tr><th colspan="2">十六进制地址</th><th rowspan="2">位 7</th><th rowspan="2">位 6</th><th rowspan="2">位 5</th><th rowspan="2">位 4</th><th rowspan="2">位 3</th><th rowspan="2">位 2</th><th rowspan="2">位 1</th><th rowspan="2">位 0</th><th rowspan="2">范 围</th></tr>
<tr><th>读</th><th>写</th></tr>
<tr><td>00H</td><td>80H</td><td>0</td><td colspan="3">10 秒</td><td colspan="4">秒</td><td>0～59</td></tr>
<tr><td>01H</td><td>81H</td><td>0</td><td colspan="3">10 分</td><td colspan="4">分</td><td>0～59</td></tr>
<tr><td rowspan="2">02H</td><td rowspan="2">82H</td><td rowspan="2">0</td><td rowspan="2">12/24</td><td>P/A</td><td rowspan="2">10 小时</td><td colspan="4" rowspan="2">时</td><td>1～12＋P/A</td></tr>
<tr><td>10</td><td>0～23</td></tr>
<tr><td>03H</td><td>83H</td><td>0</td><td>0</td><td>0</td><td>0</td><td>0</td><td colspan="3">星期(周日)</td><td>1～7</td></tr>
<tr><td>04H</td><td>84H</td><td>0</td><td>0</td><td colspan="2">10 天</td><td colspan="4">日</td><td>1～31</td></tr>
<tr><td>05H</td><td>85H</td><td>0</td><td>0</td><td colspan="2">10 月</td><td colspan="4">月</td><td>1～12</td></tr>
<tr><td>06H</td><td>86H</td><td colspan="4">10 年</td><td colspan="4">年</td><td>0～99</td></tr>
<tr><td colspan="11">闹钟 0</td></tr>
<tr><td>07H</td><td>87H</td><td>标志位</td><td colspan="3">10 秒报警</td><td colspan="4">秒报警</td><td>0～59</td></tr>
<tr><td>08H</td><td>88H</td><td>标志位</td><td colspan="3">10 分报警</td><td colspan="4">分报警</td><td>0～59</td></tr>
<tr><td rowspan="2">09H</td><td rowspan="2">89H</td><td rowspan="2">标志位</td><td rowspan="2">12/24</td><td>P/A</td><td rowspan="2">10 小时</td><td colspan="4" rowspan="2">小时报警</td><td>1～12＋P/A</td></tr>
<tr><td>10</td><td>0～23</td></tr>
<tr><td>0AH</td><td>8AH</td><td>标志位</td><td>0</td><td>0</td><td>0</td><td>0</td><td colspan="3">星期(周日)报警</td><td>1～7</td></tr>
<tr><td colspan="11">闹钟 1</td></tr>
<tr><td>0BH</td><td>8BH</td><td>标志位</td><td colspan="3">10 秒报警</td><td colspan="4">秒报警</td><td>0～59</td></tr>
<tr><td>0CH</td><td>8CH</td><td>标志位</td><td colspan="3">10 分报警</td><td colspan="4">分报警</td><td>0～59</td></tr>
<tr><td rowspan="2">0DH</td><td rowspan="2">8DH</td><td rowspan="2">标志位</td><td rowspan="2">12/24</td><td>P/A</td><td rowspan="2">10 小时</td><td colspan="4" rowspan="2">小时报警</td><td>1～12＋P/A</td></tr>
<tr><td>10</td><td>0～23</td></tr>
<tr><td>0EH</td><td>8EH</td><td>标志位</td><td>0</td><td>0</td><td>0</td><td>0</td><td colspan="3">星期(周日)报警</td><td>1～7</td></tr>
<tr><td colspan="11">专用寄存器</td></tr>
<tr><td>0FH</td><td>8FH</td><td colspan="8">控制寄存器</td><td></td></tr>
<tr><td>10H</td><td>90H</td><td colspan="8">状态寄存器</td><td></td></tr>
<tr><td>11H</td><td>91H</td><td colspan="8">涓流充电寄存器</td><td></td></tr>
<tr><td>12H～1FH</td><td>92H～9FH</td><td colspan="8">保留</td><td></td></tr>
</table>

表 10-3 反映了 DS1306 内部非易失性 RAM 的地址分配情况。

DS1306 内部 RAM 分为读、写两个区，共有 256 个地址。实际上 DS1306 片内 RAM 只有 128B。DS1306 用地址最高位 0 表示读命令，用 1 表示写命令，给人以片内有 256B RAM 单元的感觉。对表 10-2 说明如下：

表 10-3 DS1306 内部非易失性 RAM 的地址分配情况

地　址	用　途	读/写
20H～7FH	96B 用户 RAM	只能读
A0H～FFH	96B 用户 RAM	只能写

DS1306 可以工作在 12 或 24 小时模式下。时钟和闹钟两组寄存器具有相同的格式。当寄存器(如表 10-2 中的 02/82H)的第 6 位为逻辑 1 时，为 12 小时模式，此时第 5 位为逻辑 1 时，表示 PM，反之则表示 AM。第 6 位为逻辑 0 时，则为 24 小时模式。此时，第 5 位表示第二个 10 小时(20～23 点)。

DS1306 的两个日闹钟(闹钟 0 和闹钟 1)，报警方式和报警时间分别在 87H～8AH 和 8BH～8EH 寄存器中设置。每个日闹钟寄存器都有标志位(见表 10-2)。标志位与报警方式的关系如表 10-4 所示。

表 10-4 时间日闹钟寄存器标志位与报警方式的关系

标志位(第 7 位)				报 警 方 式
秒	分	时	星期(周日)	
1	1	1	1	每秒报警
0	1	1	1	在与设定秒值相等时报警
0	0	1	1	在与设定的分、秒值相等时报警
0	0	0	1	在与设定的时、分、秒值相等时报警
0	0	0	0	在与设定的周日、时、分、秒值相等时报警

2) DS1306 的专用寄存器

DS1306 有 3 个专用寄存器(见表 10-2)。即控制、状态和涓流充电寄存器。

(1) 控制寄存器(地址：读 0FH，写 8FH)各位含义及功能如表 10-5 所示。

表 10-5 控制寄存器各位含义及功能

位 7	位 6	位 5	位 4	位 3	位 2	位 1	位 0
0	WP	0	0	0	1Hz	AIE1	AIE0

WP：写保护位。当其为逻辑 1 时，芯片禁止外部对片内所有寄存器的改写，包括寄存器。上电后，该位的状态是不定的，因此，WP 位需在对芯片写操作之前清零。

1Hz：1Hz 信号输出控制位。当其为逻辑 1 时，允许输出 1Hz 信号，当其为逻辑 0 时，1Hz 信号线为高阻抗状态。

AIE0、AIE1：闹钟 0、1 中断使能端。当它们为逻辑 1 时，允许各自状态寄存器中的中断请求标志位置位，并输出中断请求信号；当它们为逻辑 0 时，闹钟 0、1 中断被禁止。

(2) 状态寄存器(地址：读 10H)：各位含义及功能如表 10-6 所示，含义如下：

IRQF1、IRQF0：中断请求标志位。当时间与所设定的报警时间值相等时，它们分别被置位(逻辑 1),表示报警时刻到。此时,如果 AIE0、AIE1 为逻辑 1,$\overline{INT0}$引脚电平则被拉低,INT1 引脚则变为高电平。当 IRQF1、IRQF0 对应的闹钟寄存器被读/写后,这两位被复位。

注意:INT1 与$\overline{INT0}$的区别是:INT1 最长持续时间为 62.5ms 正脉冲,而$\overline{INT0}$为没有时间限制的低电平状态,直到闹钟 0 的任何一个寄存器被读/写后才复位。

表 10-6 状态寄存器各位含义及功能

位 7	位 6	位 5	位 4	位 3	位 2	位 1	位 0
0	0	0	0	0	0	IRQF1	IRQF0

(3) 涓流充电寄存器(地址:读 11H,写 91H):它控制 DS1306 的涓流充电参数。涓流充电系统简化原理及寄存器的作用如图 10-4 所示。

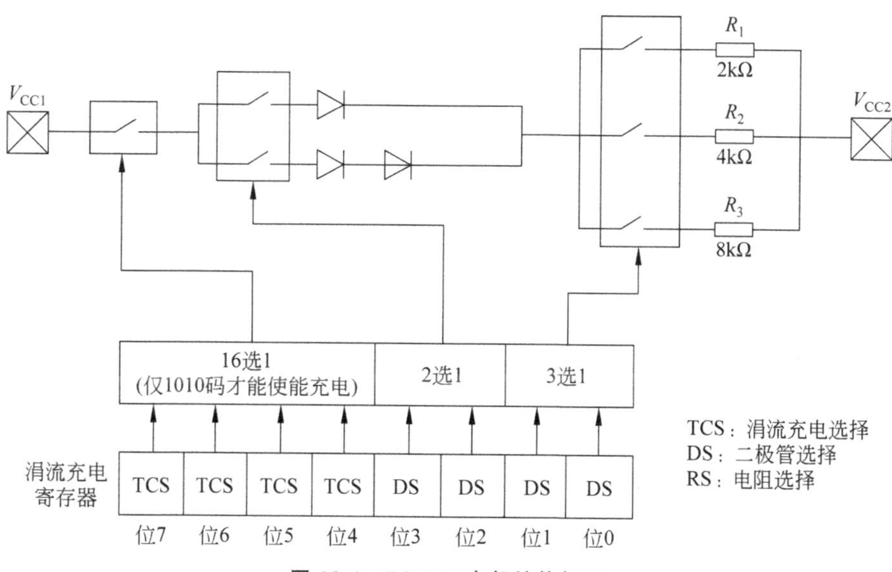

图 10-4 DS1306 内部结构框图

考察图 10-4 发现,涓流充电寄存器的 4～7 位的作用是选择涓流充电。为了保证选择的可靠性,只有编码 1010 可使能涓流充电。DS1306 上电后处于禁止涓流充电状态。

寄存器的 2～3 位用于选择二极管连接 V_{CC1} 和 V_{CC2} 通道。DS=01 选用一个二极管的通道;DS=10 选用两个二极管的通道;DS=00 或 11,电流通道断开,充电被禁止。

RS 位决定充电线路中的限流电阻。参照图 10-4,电阻的选择方法如表 10-7 所示。

表 10-7 涓流充电电路中电阻的选择方法

RS 位	选 用 电 阻	电阻典型值
00	电流通道断开,充电被禁止	无效
01	R_1	2kΩ
10	R_2	4kΩ
11	R_3	8kΩ

【例 10-1】 用户可以通过涓流充电电路中电阻和二极管决定对电池或超大容量电容充电的最大电流。假设系统用 5V 供电，即 $V_{CC1}=5V$，一个超大容量电容接于 V_{CC2}，现通过程序设置充电寄存器参数为 A5H，试估算最大充电电流值。

解：充电寄存器参数设置为 A5H，其含义为允许充电，充电电路由一个二极管和 R_1 组成。硅二极管导通压降典型值为 0.7V，即 $V_D=0.7V$，于是，最大充电电流近似为

$$I_{MAX}=\frac{V_{CC1}-V_D}{R_1}=\frac{5.0V-0.7V}{2k\Omega}\approx 2mA$$

注意：最大充电电流是电池或电容完全没有电荷的极端情况。随着充电过程的延续，电池或电容的电位升高，充电电流也逐渐减小。

4. DS1306 的工作时序

1) SPI 接口模式下 DS1306 的总线时钟极性

单片机对工作在 SPI 接口模式下的 DS1306，要按表 10-8 的时钟极性对其进行操作。时钟极性(CPOL)指总线时钟信号有效时的状态。对内部集成有 SPI 总线控制器的单片机，如 STC12 系列单片机，需通过控制寄存器将串口设置为一种时钟极性控制方式。两种时钟极性对 DS1306 的作用效果如图 10-5 所示。

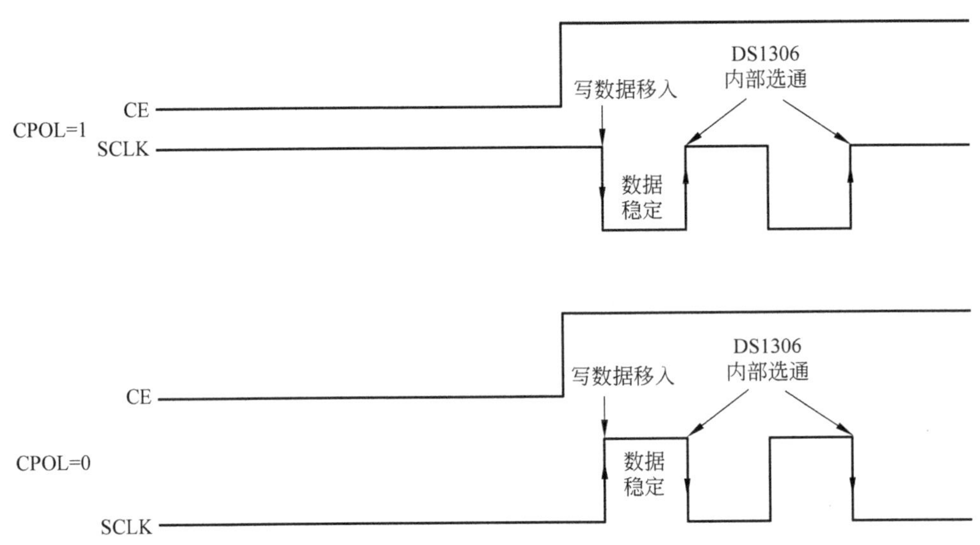

图 10-5　时钟极性与单片机控制时序对 DS1306 的作用

表 10-8　DS1306 的 SPI 总线时钟极性

操作模式	CE	SCLK	SDI	SDO
禁止复位	低电平(L)	输入禁止	输入禁止	高阻
写	高电平(H)	CPOL=1(↑) CPOL=0(↓)	数据位锁存	高阻
读	高电平(H)	CPOL=1(↓) CPOL=0(↑)	无效(×)	下一位数据移位

标准 51 机通过 I/O 的"位脉冲"对 DS1306 进行控制，要掌握好写数据和读数据的时刻。当选择 CPOL=1 时，写操作时，在时钟的上升沿之前，要将数据稳定在数据线上；读操作时，在时钟下降沿之后，再采集数据线上的数据。CPOL=0 时，情况正好相反。

2) SPI 单个字节数据传送时序

DS1306 的地址/数据字节要求以 MSB 为首，在串行时钟作用下依次写入其数据输入端(SDI)，或从数据输出端(SDO)移出，供控制器读取。

单字节读、写是对器件最基本、最常用的操作。DS1306 单字节读、写时序如图 10-6 和图 10-7 所示。读、写操作总是从主机拉高 DS1306 的片选端开始的。主机接着发出 8 位地址，如果 $A_7=0$，指示 DS1306 之后是读操作，读周期中，8 位数据(MSB 在前)通过 SDO 移出至主机；如果 $A_7=1$，则之后的写操作，主机发出的 8 位数据(MSB 仍在前)通过 SDI 线进入 DS1306，如图 10-6 和图 10-7 所示。

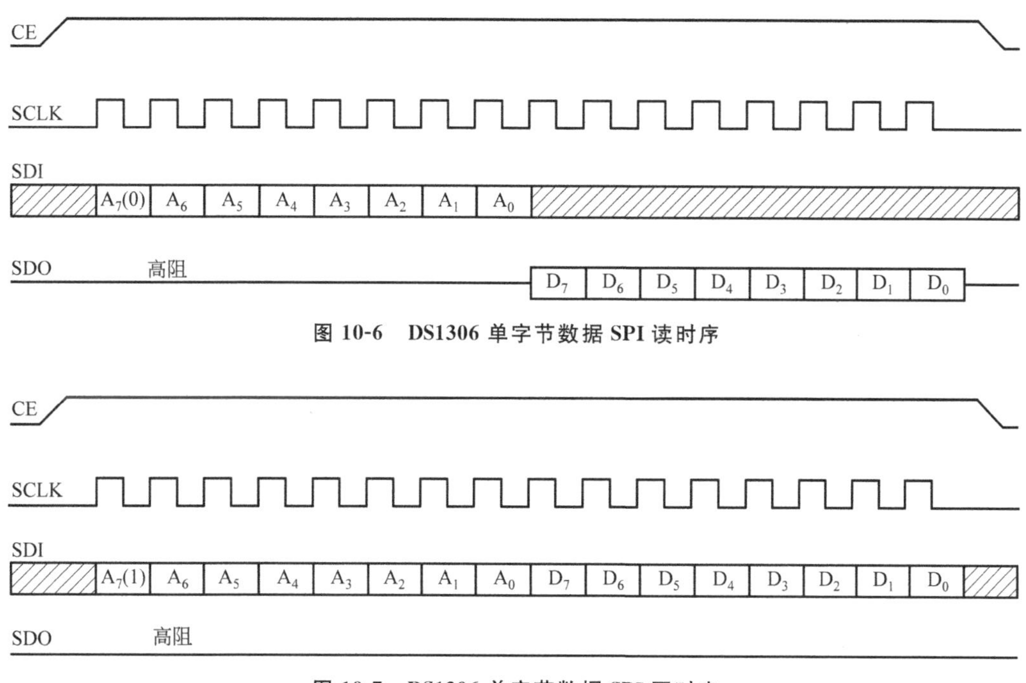

图 10-6 DS1306 单字节数据 SPI 读时序

图 10-7 DS1306 单字节数据 SPI 写时序

3) SPI 批量数据读/写时序

DS1306 的数据还可采用批量传送方式。在 DS1306 的片选输入端 CE 为 1 时，对其进行 1 次数据读/写操作，则为单字节读/写方式。如果在地址传送之后，接着对其进行连续多次读/写操作，则为连续区域的批量读/写数据方式。这个过程一直持续到单片机将 DS1306 的 CE 端拉低为止，时序如图 10-8 所示。为配合数据的批量传送，DS1306 寄存器具有地址自动增加和循环的功能。这样，在批量数据传送方式下，主机只需写一次首地址，接着就可连续读/写数据了。当地址超出范围时(时钟读 1FH，写 9FH；RAM 读 7FH，写 FFH)，地址将自动循环回到起点(时钟读 00H，写 80H；RAM 读 20H，写 A0H)，如表 10-2 所示。

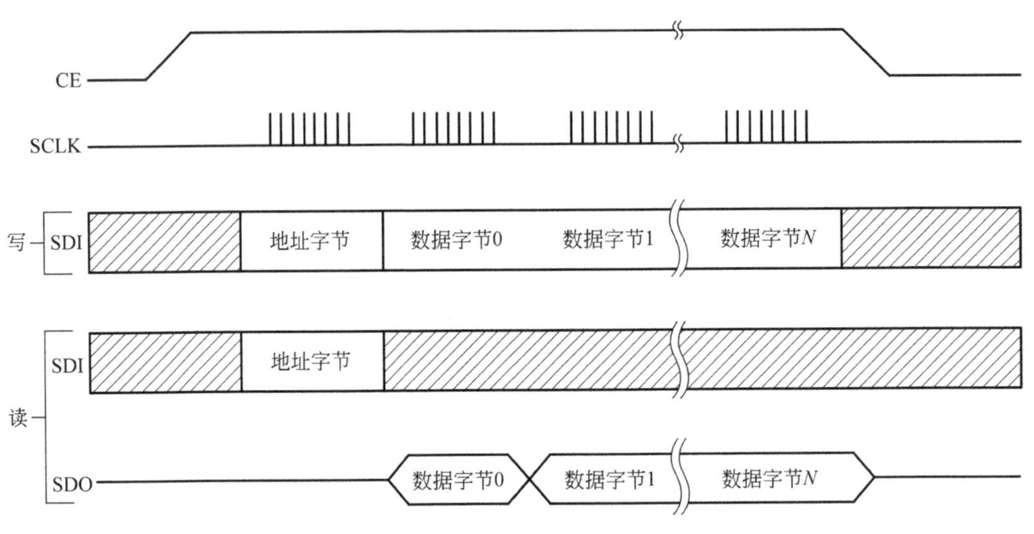

图 10-8 DS1306 批量数据字节传送 SPI 读写时序

5. DS1306 的三线接口

三线接口时序与 SPI 总线时序类似。但三线接口用一个 I/O 取代数据输入输出信号。它包括 I/O(SDI 和 SDO)、片选线 CE 和串行时钟 SCLK。在三线模式下，数据以 LSB 位在先移动，正好与 SPI 总线顺序相反。三线接口也同样支持单字节和批量数据传送方式。

本章只讨论 SPI 总线的应用问题。有关 DS1306 的三线接口的详细内容，可查阅 DS1306 的数据手册或相关文章，这里不再赘述。

6. DS1306 的单片机驱动程序设计

【例 10-2】 参照图 10-1，设系统的主机为 STC12C5A60S2(51 内核 1T 单片机)，单片机的晶振为 11.0592MHz。试编写主机对 DS1306 的字节数据读/写的子程序。

解： 为了满足通用性，本程序不用 STC12C5A60S2 中的 SPI 硬件，而用 I/O 的"位脉冲"产生总线时序，实现对 DS1306 的控制。此程序适用于 51 系列所有机型。用 I/O 实现总线时序，时钟极性可以随意选择。本例 CPOL＝1，即数据在时钟上升沿位移入 DS1306，时钟下降沿位移出 DS1306，见图 10-5。

1 字节写数据子程序。地址命令在 COM 中，数据在 TDAT 中。

```
DS1306_Write:  SETB    CE              ;使能 DS1306,数据读/写有效
               MOV     A,COM           ;将地址字节命令赋给累加器 A
               MOV     R7,#8           ;发送一个字节的地址数据
W_Byte0:       CLR     CLK             ;清时钟总线 CPOL=1
               RLC     A               ;准备数据,先写入高位
               MOV     SDI,C           ;将数据位送到 SDI
               SETB    CLK             ;时钟上升沿数据移入 SPI 器件
```

```
                DJNZ    R7,W_Byte0                ;直到 8 个地址数据位送完
LX_    Write:   MOV     R7,#8                     ;发送 1 字节(8 位)数据计数
                MOV     A,TDAT                    ;将要发送的数据赋给累加器 A
W_Byte1:        CLR     CLK                       ;清时钟线
                RLC     A                         ;先写入高位
                MOV     SDI,C                     ;将数据位送到 SDI
                SETB    CLK                       ;时钟上升沿数据移入 DS1306
                DJNZ    R7,W_Byte1                ;直到一个字节数据送完
                RET
```

2 字节读数据子程序。地址命令在 COM 中,数据在单片机 RDAT 单元中。

```
DS1306_Read:    SETB    CE                        ;使能 DS1306,数据读/写有效
                MOV     R7,#8                     ;发送一个字节的地址数据
                MOV     A,COM                     ;将地址字节命令赋给累加器 A
W_Byte00:       CLR     CLK                       ;清时钟线
                RLC     A                         ;准备数据,先写入高位
                MOV     SDI,C                     ;将数据送到 SDI
                SETB    CLK                       ;时钟上升沿数据移入 DS1306
                DJNZ    R7,W_Byte00               ;直到 8 个地址数据位送完
LX_ Read:       MOV     R7,#8                     ;接收 1 字节(8 位)数据计数
R_Byte0:        CLR     CLK                       ;时钟下降沿将数据输出
                NOP
                NOP                               ;延时长度要根据单片机的速度选择
                MOV     C,SDO                     ;接收 SDO 输出的数据位
                RLC     A                         ;左移,实现数据位的存储和移位
                SETB    CLK                       ;将时钟线置高
                DJNZ    R7,R_Byte0                ;等待一个字节数据接收完
                MOV     RDAT,A                    ;将接收到的数据存入 RDAT 单元
                RET
```

注意:LX_Read 和 LX_ Write 这两个标号供批量数据传送之用。

【例 10-3】 参照图 10-1,试编写单片机应用 DS1306 时钟功能的简单程序。

解:本程序以 STC12C5A60S2 为主机,在晶振 11.0592MHz 条件下调试通过。

```
                CE      BIT     P1.0              ;定义位变量及存储地址
                SDI     BIT     P1.5              ;定义数据输入端口
                SDO     BIT     P1.6              ;定义数据输出端口
                CLK     BIT     P1.7              ;定义串行时钟端口
                COM     EQU     30H               ;定义地址字节命令
                RDAT    EQU     31H               ;接收数据缓冲区
                TDAT    EQU     32H               ;发送数据缓冲区
                RDATA   EQU     32H               ;连续读出数据区首址,存放秒、分、时等
                WDATA   EQU     32H               ;连续写数据区首址,存放秒、分、时等
                ORG     0000H
                SJMP    MAIN
```

```
                ORG     0040H
MAIN:           MOV     SP,#5FH
                SETB    CE                  ;使能 DS1306,数据读/写有效
                LCALL   DS1306_Init         ;初始化 DS1306
AGAIN:          SETB    CE                  ;使能 DS1306,数据读/写有效
                MOV     R0,#RDATA           ;时钟值存储指针,以 RDATA 为首址
                MOV     R6,#6               ;连续读计数分、时、星期、日期、月、年
                MOV     COM,#00H            ;读秒值
                LCALL   DS1306_Read         ;调用字节数据读取子程序
AGAIN1:         MOV     @R0,A               ;秒值存于 RDATA 最低地址单元中
                INC     R0                  ;数据指针指向下一个存储单元
                LCALL   LX_ Read
                DJNZ    R6,AGAIN1           ;连续读分、时、星期、日期、月、年
                CLR     CE                  ;片选端复位,禁止对 DS1306 的读/写
                SJMP    AGAIN               ;不断重复读取时间数据
                END
```

3 DS1306 初始化子程序,包括年、月、星期、日、小时、分、秒的设置。

```
DS1306_Init:    SETB    CE                  ;使能 DS1306,数据读/写有效
                MOV     COM,#8FH            ;指向控制寄存器
                MOV     TDAT,#00H           ;允许对 DS1306 进行写数据操作
                LCALL   DS1306_Write
                MOV     COM,#80H            ;"对表": 现在时间为 10 秒
                MOV     TDAT,#10H           ;BCD 码
                LCALL   DS1306_Write
                MOV     TDAT,#11H           ;现在时间是 11 分
                LCALL   LX_Write            ;连续写,分寄存器写地址为 81H
                MOV     TDAT,#10H           ;现在时间是 16 时,24 小时模式
                LCALL   LX_Write            ;小时寄存器写地址为 82H
                MOV     TDAT,#01H           ;今天是星期一
                LCALL   LX_Write            ;星期寄存器写地址为 83H
                MOV     TDAT,#04H           ;今天是 2011 年 1 月 24 日
                LCALL   LX_Write            ;日期寄存器写地址为 84H
                MOV     TDAT,#01H           ;本月为一月
                LCALL   LX_Write            ;月份寄存器写地址为 85H
                MOV     TDAT,#11H           ;11 年
                LCALL   LX_Write            ;年份寄存器写地址为 86H
                MOV     COM,#8FH
                MOV     TDAT,#40H           ;写保护,禁止向 DS1306 写数据
                LCALL   DS1306_Write
                CLR     CE                  ;片选端复位,禁止对 DS1306 的读/写
                RET
```

10.3 I^2C总线

在标准I^2C总线模式下，数据传输率可达100Kb/s；高速模式下可达400Kb/s。总线驱动能力受总线电容限制，不加驱动器时的扩展能力为400pF。

10.3.1 I^2C总线时序分析

1. I^2C总线的一般特性

(1) 二线传输。I^2C总线由数据线SDA和时钟线SCL构成。总线上的所有节点都以同名端互连。SCL与SDA都是漏极开路结构。因此，在I^2C总线上，必须加上拉电阻。上拉电阻值折中速度与功耗一般为5～10kΩ。

(2) 当系统中有多个主机时，它们都可以作为总线的主控制器，构成多主系统。总线竞争的时钟同步与总线仲裁均由硬件与标准软件模块自动完成，无须用户介入。

(3) 总线传输时，采用状态码管理。状态码的产生与处理由硬件完成。

(4) I^2C总线工作在一主多从方式时，每个从器件均有唯一"从片地址"，且多采用7位地址格式，因此，从片最多可以连接128个从片。例如，24系列EEPROM存储器从片地址格式为1 0 1 0 A2 A1 A0 1/0。最低位为读/写命令位，0为写命令。前7位是器件的地址，其中A2 A1 A0是可变的，有8个独立地址。前4位表示芯片的类型，一主多从结构在单片机应用系统中最常见。

I^2C总线系统中主控制器对节点采用纯软件寻址，不用片选线。I^2C总线接口器件采用器件地址及引脚地址的编码方法。当多个芯片发生地址编码冲突时，可通过芯片地址引脚的电平设置的硬件辅助方法加以解决。

I^2C接口器件都具有地址自动加1功能，可以接受批量数据输送方式。

(5) 所有I^2C总线接口器件都具有应答功能。在主机以广播方式发出地址信息后，从器件与自己的"从片地址"相比较，如果相符，则发出"应答信号"；反之，不做任何响应。

2. 有关I^2C总线系统中的几个术语

(1) 主机节点：为系统中的单片机或微处理，这些节点能对I^2C总线实现主动控制。

(2) 外围器件节点：系统中不含CPU的I^2C总线接口器件。

(3) 主控器：I^2C总线工作时，任何一个掌握总线控制权的主机节点。

(4) 被控器：被主控器寻址并控制的器件。

(5) 多主竞争：多个主机节点同时企图控制总线的情况。

(6) 仲裁：在多主竞争状态时的裁决过程。裁决的结果只允许其中一个主机节点成为主控器占据总线。仲裁过程中总线数据不丢失。

(7) 同步：在多主竞争状态下，将参与竞争的主机的时钟信号进行同步处理。

3. I²C 总线原理及时序分析

I²C 总线的时钟线 SCL 和数据线 SDA 都是双向传输线。总线备用时两线都必须保持高电平，只有关闭 I²C 总线时才使 SCL 处在低电平状态。

1）总线上数据的有效时段

I²C 总线数据传输时，时钟线的高电平期称为总线上的数据有效时段，如图 10-9 所示。此时，数据线上必须保持为稳定的逻辑电平状态，并且高、低电平分别为数据 0 和 1。

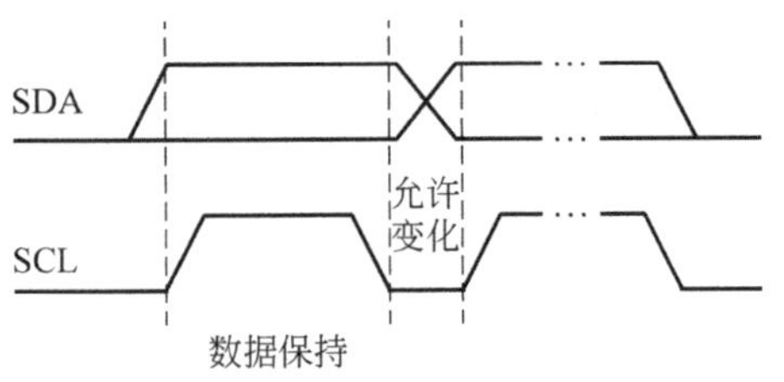

图 10-9 I²C 总线上的数据位传送

2）起始信号和终止信号

在 SCL 高电平期间，SDA 由高向低的电平变化表示主机要启动一次 I²C 总线过程，称为 I²C 总线起始信号。

在 SCL 高电平期间，SDA 由低向高的电平变化表示主机将终止对 I²C 总线的占用，称为 I²C 总线终止信号。起始信号和终止信号均由主控制器产生。时序如图 10-10 所示。

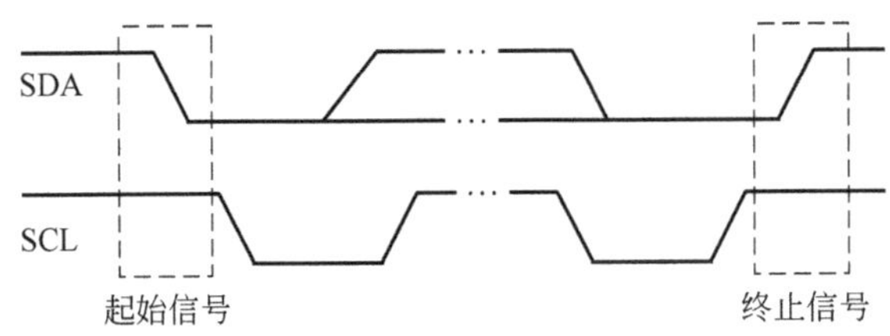

图 10-10 I²C 总线的起始和终止信号

3）I²C 总线上的数据传送格式

I²C 总线的数据传送格式是先地址，后数据。器件地址的长度因型号而不同。

10.3.2 I²C 总线接口器件在 51 机系统中的应用

1. CAT1161 简介

CAT1161 是 CATALYST 公司的具有 I²C 总线接口的 16Kb EEPROM 存储器芯片。它将复位控制器和 WDT 等多功能集成为一体。主要特性与功能如下：

（1）串行接口与 400kHz 高速模式 I²C 总线规程兼容。

（2）内含 16Kb EEPROM 存储器，并具有 16B 页写缓冲区。

（3）片内设有防误擦除的写保护功能。

（4）EEPROM 单元的最大写周期为 10ms，100 万次擦写周期，数据保存长达 100 年。

（5）内含电源电压监视器，可选的复位阈值电压。

（6）内含 WDT。独立的高、低两种电平复位信号输出。

(7) 低功耗 CMOS 工艺，具有 2.7～6V 很宽范围的工作电压。

由于 CAT1161 可工作于 2.7～6V 宽电压范围，因此 CAT1161 的复位门槛电压是可选的。器件编码与复位门槛电压值的关系归纳于表 10-9 中。选型时要注意。

表 10-9 CAT1161 型号编码与复位门槛电压值的关系

编码	复位电压下限/V	复位电压上限/V	编码	复位电压下限/V	复位电压上限/V
45	4.50	4.75	28	2.85	3.00
42	4.25	4.50	25	2.55	2.70
30	3.00	3.15			

2. CAT1161 引脚配置及功能

CAT1161 有多种封装形式。引脚配置如图 10-11 所示。

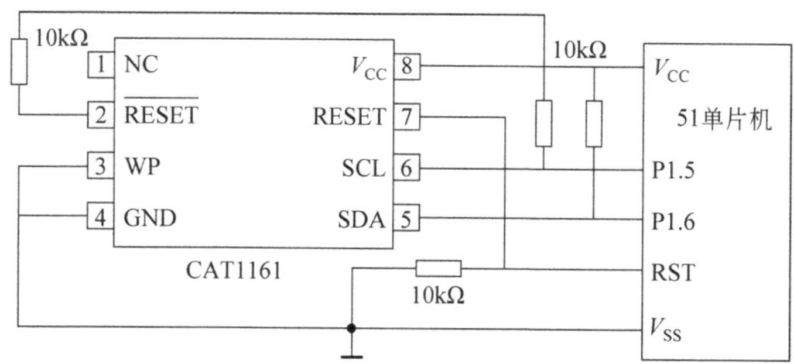

图 10-11 51 系列机与 CAT1161 的接口电路

各引脚的功能及定义如下：

WP：片内 EEPROM 写保护控制输入端。WP=1，EEPROM 的写操作无效，但不影响读操作。当其为低电平时，才可对器件内的 EEPROM 单元进行写操作。

SCL：时钟线。CAT1161 为被控器件，该引脚作为同步串行时钟的输入端。

SDA：双向数据/地址线。SDA 还兼做 WDT 复位控制输入端，该脚上的电平跳变使 WDT 清零。CAT1161WDT 定时长度约为 1.6s。若在 SDA 线上超过 1.6s 没有复位脉冲，看门狗定时器将溢出并在 RESET 和$\overline{\text{RESET}}$引脚上同时输出复位信号。

RESET、$\overline{\text{RESET}}$：复位信号输出端。可用作微处理器等的复位触发输入。在该引脚强制复位的条件下，芯片保持约 200ms 的复位状态，其中 RESET 引脚在复位期间输出高电平脉冲，必须接下拉电阻。$\overline{\text{RESET}}$的逻辑与 RESET 相反，必须上拉，否则器件将不能正常工作(无论它们是否被使用)。图 10-11 是 51 机与 CAT1161 的一种典型的接口电路，图中还给出了 CAT1161 的复位信号的使用方法。

3. CAT1161 的数据传送格式

CAT1161 采用器件地址，从地址字节格式如表 10-10 所示，其中高 4 位是固定的，为器件地址；最低位是读/写操作命令位，1 为读命令，0 为写命令。a8、a9、a10 为 EEPROM

单元的高端地址选择位。由于 CAT1161 有 2KB 容量的存储空间,需要 11 根地址线寻址。从地址字节提供了 3 位,其后续的 8 位数据流组成低 8 位地址,如图 10-12 所示。

表 10-10 CAT1161 地址字节格式

位 7	位 6	位 5	位 4	位 3	位 2	位 1	位 0
1	0	1	0	a10	a9	a8	R/W

图 10-12 CAT1161 字节写时序

I^2C 总线以 8 位(码字)为地址/数据单位进行信息交换,码字之间用应答信号连接,以此保证群同步。应答信号 ACK 低电平有效。

4. CAT1161 操作时序

1) CAT1161 的字节写时序

主控器发出启动命令后,接着发 CAT1161 的 16 位从地址,最后是 8 位数据。主控器在收到应答后,发出停止信号,结束本次通信。通信过程如图 10-12 所示。

注意:在一个 EEPROM 的写周期之后,新写入的数据才算稳定存储下来,这是 EEPROM 型存储器与 RAM 的不同之处。

2) CAT1161 页写方式时序

图 10-13 是 CAT1161 页写方式的时序。CAT1161 片内有 16B 的页缓冲区,最多一次可接收 16B 的数据。工作时,CAT1161 先将接收的数据放入页缓冲区中,当接收到总线停止信号后,按指定地址和接收顺序将缓冲区中的数据放入相应的存储器单元中,此过程需要利用片内地址指针的自动加 1 功能。将 16B 数据放好后,EEPROM 的写周期便被启动,最后完成数据的储存。CAT1161 页写方式只发送一次地址,即可一次向 CAT1161 批量输出数据,并且多个数据共同占用一个写周期,通信效率远高于字节写方式。

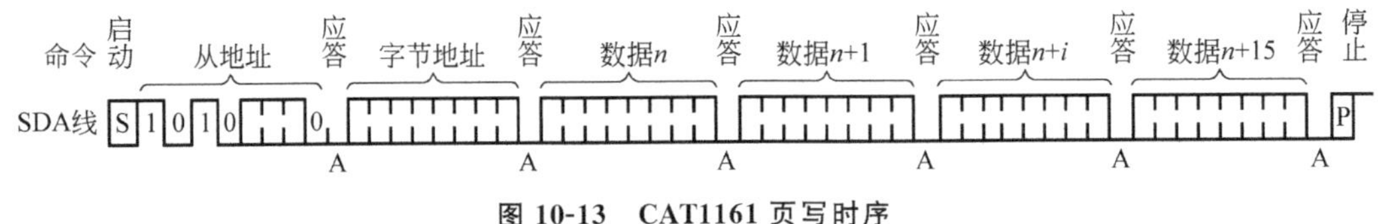

图 10-13 CAT1161 页写时序

如果一次连续写数据超过 16B,页写缓冲区将进行地址循环,最后 16 个数据将被保留,而此前的数据将被覆盖。

3) CAT1161 的立即/当前地址读时序

I^2C 总线接口的存储器件的读操作有多种方式。CAT1161 的立即/当前地址读时序如图 10-14 所示。这种方式与对 CAT1161 操作的历史有关，CAT1161 内部地址计数器能保持上次操作的地址。当满足图 10-14 时序时，CAT1161 中的地址计数器自动将地址加 1(最大 2047，之后计数器将循环从 0 开始)，指向上次操作过地址的下一单元。地址计数器的记忆功能是立即/当前地址读操作的基础。

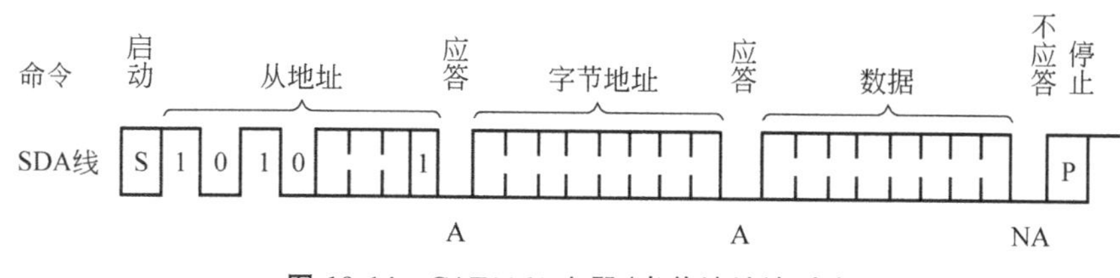

图 10-14　CAT1161 立即/当前地址读时序

要注意的是，在读操作下，应答信号是主控器，而不是被控器发出的，也可称为确认信号。其含义是主控器确认读操作将继续进行。立即/当前地址读方式中，主控器在发送停止总线前，不向被控器发应答信号 ACK，表示读操作将结束。

4) CAT1161 的选择/随机地址读时序

选择/随机地址读时序如图 10-15 所示。主控器在发出从地址和字节地址后，要重新向被控器发出启动信号和从地址字节，消除 CAT1161 的记忆。接着主控器就可以读取指定地址中的数据了。主控器在发送停止总线前，不向 CAT1161 发应答信号，直接停止 I^2C 总线操作。

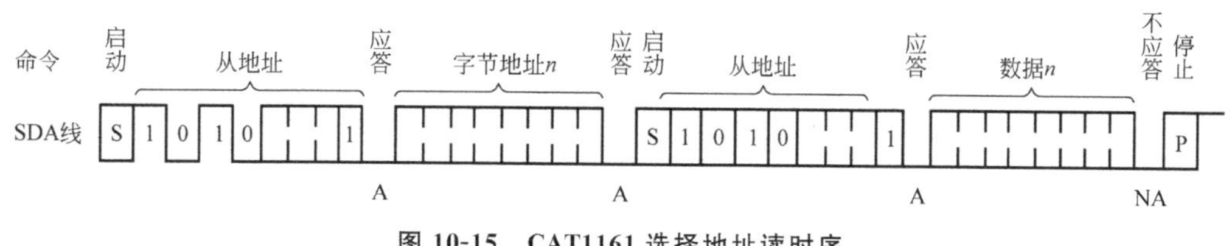

图 10-15　CAT1161 选择地址读时序

5) CAT1161 的序列(连续)读时序

CAT1161 的序列读是一种快速读取批量连续数据的工作方式，其时序如图 10-16 所示。序列读的初始化内容与立即地址读或选择读相同，故图 10-16 中省略了初始化部分的时序。初始化后，主控器发出从地址后，发出应答信号，接着接收数据。主控器再应答，再接收，直到最后一个数据，不再发应答信号，以停止信号结束此次读操作过程。

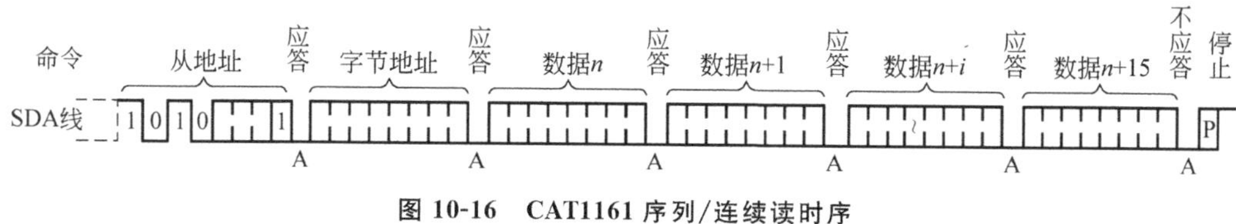

图 10-16　CAT1161 序列/连续读时序

连续读字节数只受芯片容量限制。当 CAT1161 地址计数器达到 2047 后，从 0 开始计数。

5. CAT1161 的驱动程序

【例 10-4】 用 C51 编写“位脉冲”方式驱动 CAT1161 的单字节读/写、序列数据读/写、WDT 复位等功能函数。

解：该程序是标准 51 机在 11.0592MHz 时钟频率下调试成功的，当时钟频率提高时，要相应地增加延时，以满足 I^2C 总线的时间参数要求；若主频低于 11.0592MHz，不影响程序运行结果，但程序运行速度将降低。参考程序如下：

```
#include <reg51.h>
#include <intrins.h>
#define uchar unsigned char
#define unit unsigned int
sbit ISCL=P1^5;
sbit ISDA=P1^6;
#define DEVICE 0xa0;                                //器件地址
uchar sdata,rece[16],TrmBuf[16],receivr[16];
void I2cWait(void)                                  //I²C 总线等待
{   _nop_();
    _nop_();
}
void DelayX1ms(unit count)                          //延时 N 个 1ms 函数
{   unit i;
    uchar j;
    for(i=0;i<count;i++)
        for(j=0;j<110;j++);
}
void I2cStart(void)                                 //I²C 总线起始信号
{   ISDA=1;
    ISCL=1;
    I2cWait();
    ISDA=0;
    I2cWait();
    ISCL=0;
}
void I2cStop(void)                                  //I²C 总线停止信号
{   ISDA=0;
    I2cWait();
    ISCL=1;
    I2cWait();
    ISDA=1;
}
void I2cInit(void)                                  //I²C 总线初始化
{   ISDA=1;
```

```
    ISCL=1;
}
bit slave_ack(void)                                    //I²C总线应答信号
{   bit ack;
    _nop_();_nop_();
    ISCL=0;
    _nop_();
    ISDA=1;
    _nop_();_nop_();
    ISCL=1;
    _nop_();_nop_();
    ack=ISDA;
    ISCL=0;
    return ack;
}
bit I2cSendByte(uchar bytedata)                        //主机向从机发送1个字节数据
{   uchar i;
    bit ack;
    for (i=0;i<8;i++)
    {
        if (bytedata&0x80)ISDA=1;
        else ISDA=0;
        bytedata<<=1;
        ISCL=1;
        I2cWait();
        ISCL=0;
        I2cWait();
    }
    ack=slave_ack();
    return ack;
}
uchar I2cReceiveByte(void)                             //主机从从机读1个字节数据
{    uchar i,bytedata=0;
    for (i=0;i<8;i++)
    {
        ISCL=1;
        I2cWait();
        bytedata<<=1;
        if (ISDA) bytedata|=0x01;
        ISCL=0;
        I2cWait();
    }
    return bytedata;
}
```

```
void I2cSendAcknowledge(bit ack)                         //主机发确认信号至从机
{   ISDA=ack;
    ISCL=1;
    I2cWait();
    ISCL=0;
}
void RETWDT(void)                                        //CAT1161WDT 复位
{    ISDA=0;
     _nop_();
     ISDA=1;
}                                                   //主机写单字节数据到从机指定地址中
void I2cByteWrite(uchar device,uchar address,uchar bytedata)
{   bit ack;
    I2cStart();
    resent1: I2cSendByte(device);
    if (ack==1)
        goto resent1;
    resent2: I2cSendByte(address);
    if (ack==1)
        goto resent2;
    resent3: I2cSendByte(bytedata);
    if (ack==1)
        goto resent3;
    I2cStop();
    DelayX1ms(10);
}
void I2cNByteWrite(uchar device,uchar address, uchar number)
{                                            //主机将 N 个字节数据写入指定的从机地址中
    bit ack;
    uchar j;
    I2cStart();
    resent4: I2cSendByte(device);
    if (ack==1)
        goto resent4;
    resent5: I2cSendByte(address);
    if (ack==1)
        goto resent5;
    for (j=0;j<number;j++)
    {   sdata=TrmBuf[j];
        resent6: I2cSendByte(sdata);
        if (ack==1)
            goto resent6;
    }
    I2cStop();
```

```
    DelayX1ms(10);
}
uchar I2cByteRead(uchar device,uchar address)
{                                                   //主机从指定的从机地址中读 1 个字节数据
    uchar ldata;
    I2cStart();
    I2cSendByte(device);
    I2cSendByte(address);
    I2cStart();
    I2cSendByte(device|0x01);
    ldata=I2cReceiveByte();
    I2cSendAcknowledge(1);                          //不应答
    I2cStop();
    return ldata;
}
void I2cNByteRead(uchar device,uchar address, uchar number)
{                                                   //主机从指定从机地址中读一序列数据
    uchar ldata,j;
    bit ack;
    I2cStart();
    resent11: I2cSendByte(device);
    if (ack==1)
        goto resent11;
    resent12: I2cSendByte(address);                 //传送从地址的另一种方式
    if (ack==1)
        goto resen12;
    for (j=0;j<number;j++)
    {   receivr [j]=I2cReceiveByte();
        _nop_();
        if (j!=(number-1))
            I2cSendAcknowledge(0);                  //应答
    }
    I2cSendAcknowledge(1);                          //最后一个字节不应答
    I2cStop();
}
void main (void)                                    //调试验证程序
{   uchar idata send,rece,j;
    uchar idata addr, slvde;
    RETWDT();                                       //看门狗定时器复位
    for (j=0;j<16;j++)
        TrmBuf[j]=j;                                //预验证的数据为 0~15
    again:
    /* P1_7=0; */                                   //可用 P1.7 控制 WP 端
    I2cInit();                                      //初始化 I²C 总线
```

```
    slvde=0x00;
    slvde |=DEVICE;
    addr=0x00;
    I2cByteWrite(slvde,addr,0x55);                //主机将 0x55 写入 00H 单元中
    receive=I2cByteRead(slvde,addr);
    //主机将从机的 0x00 单元中的数据读入它的 receive 变量中,验证之
    slvde=0x01;
    slvde <<=1;
    slvde |=DEVICE;
    addr=0x00;
    I2cNByteWrite(slvde,addr,16);
                                    //连续写 TrmBuf 中的 16 个数据到 CAT1161 的 0x00
    addr=0x00;
    for (j=0;j<16;j++)
    {   rece=I2cByteRead(slvde,addr);           //数据读入 receive 变量中
        addr++;                                 //地址指针加 1,一个数据读,再验证
    }
    addr=0x00;
    I2cNByteRead(slvde,addr,16);              //连续读 16 个数据到 receivr 数组,验证
    /* P1_7=1; */                               //可用 P1.7 控制 WP 端,1 为写禁止
    goto again;                                 //反复测试
}
```

由于 C51 没有带进位 CY 的循环移位语句,所以移出位要通过左移变量+判断完成。

10.4 一线总线时序分析及应用

一线总线的代表产品是温度传感器和 ID 码芯片。一线总线的特点如下:

(1) 一线传输。数据线和串行时钟线合并,统称 DQ 线,为数据数输入输出端。

(2) 总线中,只有一台主机,外围接口器件都是从器件。

(3) 一线总线系统中的从器件采用器件地址编码方法。每个器件唯一的 64 位串行码用于系统主机对从器件识别和寻址。

(4) 一线总线时序中有严格的时间参数,对时间操作的精度要求很高。

10.4.1 DS18B20 简介

1. DS18B20 的一般特性

DS18B20 是一线总线数字温度传感器。其基本特性如下:

(1) 工作电压范围为 3~5V,并可通过数据线对器件供电。不需要外围器件支持(工作)。

(2) 温度测量范围为−55~+125℃。在−10~+85℃范围内能保证±0.5℃的测量精

度,在整个测量范围内能保证±2℃的测量精度。其测量结果可选择9位或12位转换输出。

(3) 温度转换速度:12位数字转换时间为750ms。

(4) 具有温度报警功能,可长期保存报警温度的设置值,掉电不丢失。

(5) 64位串行地址编码,用于系统主机对其识别与通信。

2. DS18B20的内部结构

DS18B20内部结构如图10-17所示。DS18B20主要由一线接口和64位ROM、寄存器组、控制电路、温度传感器和CRC(循环校验码)发生器等组成。器件有多种封装形式,但外部只有DQ(数据传送线)、V_{DD}和GND三个有效引脚。

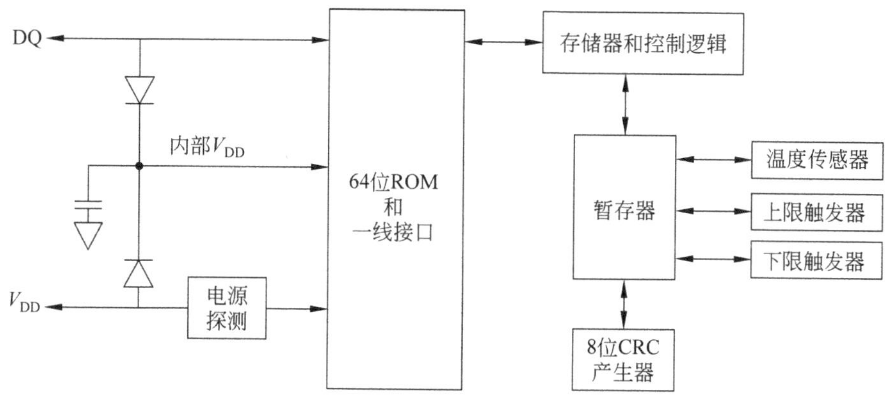

图10-17 DS18B20原理及内部结构框图

1) DS18B20内部存储器布局

DS18B20内部存储器布局如图10-18所示。存储器分为两个区,图中左边9个SRAM型寄存器单元称为暂存寄存器,括号内的数据为DS18B20的上电复位值。图右侧3个字节为非易失性(EEPROM)存储单元。由于T_H和T_L及芯片配置寄存器与DS18B20的工作任务有关,需要长期保存。它们的内容(出厂值或用户设定值)决定了图中左侧暂存寄存器组中第2、3、4字节的内容。

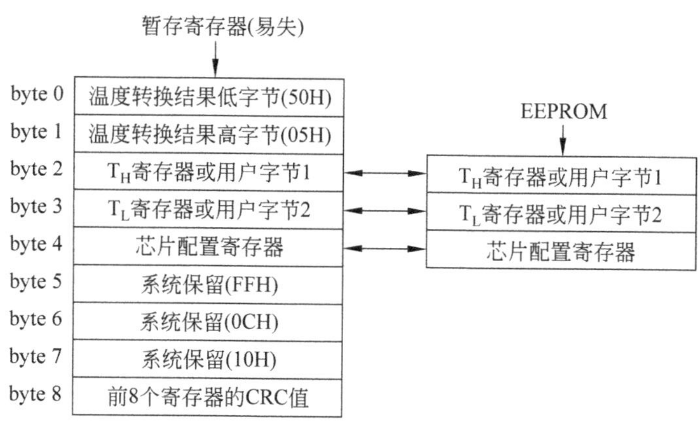

图10-18 DS18B20内部存储器布局

2）温度转换结果寄存器格式

DS18B20 转换温度的数据存于其内部温度寄存器中，格式如图 10-19 所示。

	位7	位6	位5	位4	位3	位2	位1	位0
字节1	2^3	2^2	2^1	2^0	2^{-1}	2^{-2}	2^{-3}	2^{-4}
字节2	S	S	S	S	S	2^6	2^5	2^4

图 10-19　DS18B20 温度寄存器格式

温度转换结果输出顺序是：第 1 字节，数据低 8 位；第 2 字节，数据高 3 位及符号位 S。当检测温度为负值时，所有 S 位均置 1；当检测温度为正值时，所有 S 位均置 0。

DS18B20 的温度输出值以补码的形式表示，表 10-11 为几个典型温度的对应输出值。DS18B20 上电复位时转换温度寄存器的内容为 0550H（字节 2 在前），即 85℃。

表 10-11　DS18B20 的几个典型温度的输出值

温度/℃	二进制输出值	十六进制输出值
+125	0000 0111 1101 0000	07D0H
+85	0000 0101 0101 0000	0550H
+25.0625	0000 0001 1001 0001	1091H
+10.125	0000 0000 1010 0010	00A2H
+0.5	0000 0000 0000 1000	0008H
+0	0000 0000 0000 0000	0000H
−0.5	1111 1111 1111 1000	FFF8H
−10.125	1111 1111 0101 1110	FF5EH
−25.0625	1111 1110 0110 1111	FE6FH
−55	1111 1100 1001 0000	FC90H

3）T_H 和 T_L 触发寄存器

T_H 和 T_L 触发寄存器内存储用户设定的报警温度上、下限值。两个寄存器的数据格式相同，如图 10-20 所示。图中的 S 位为报警标志位，当 S=1 时，表示被测温度超出了设定的报警温度上限或下限值。

	位7	位6	位5	位4	位3	位2	位1	位0
T_H 或 T_L	S	2^6	2^5	2^4	2^3	2^2	2^1	2^0

图 10-20　DS18B20 的 T_H 或 T_L 寄存器数据格式

DS18B20 完成温度转换后，芯片自动将转换温度值与 T_H 和 T_L 的内容进行比较，当测得的温度超出用户设定的报警温度上限或下限值时，S 位被置 1。如在下一次温度转换后，温度不超限，则 S 位被自动复位。

暂存寄存器中的 T_H 和 T_L 及芯片配置内容是易失性的。为保持其长久性，需要将它们复制到内部 EEPROM 中，这一工作可以通过复制暂存寄存器(命令码 48H)过程实现。每次上电时，EEPROM 中 3 个字节中的数据自动载入对应的 SRAM 中，所以 T_H 和 T_L 及芯片配置寄存器的设置可一直保持。当不用温度报警功能时，这两个寄存器可由用户作为一般非易失性存储器用。

4) DS18B20 的芯片配置寄存器的数据格式

芯片配置寄存器的主要功能是指定 DS18B20 的温度转换结果的位数，以实现不同测量精度和转换时间的要求，芯片配置寄存器的数据格式如图 10-21 所示。

位7	位6	位5	位4	位3	位2	位1	位0
0	R_1	R_0	1	1	1	1	1

图 10-21 DS18B20 芯片配置寄存器格式

图 10-21 中，R_1、R_0 位的组合值与芯片温度转换结果位数、温度转换精度及最大转换时间的关系如表 10-12 所示。如以 12 位精度的转换时间为基本单位，则每减少一位转换精度，转换时间缩短一半，但温度的分辨率也降低了一倍，以牺牲精度换取转换速度。应用中应根据需要在转换速度和精度之间进行取舍。配置寄存器的其他各位为固定值，起标识作用。

表 10-12 R_1、R_0 的设置值与温度转换结果位数、转换精度和最大转换时间的关系

R1	R0	转换结果位数	转换精度	最大转换时间/ms	相对转换时间
0	0	9	0.5	93.75	1/8
0	1	10	0.25	187.5	1/4
1	0	11	0.125	375.0	1/2
1	1	12	0.0625	750.0	1

5) DS18B20 的循环冗余校验码(CRC)的意义

CRC 由 DS18B20 的 CRC 发生器自动生成。借用 CRC 值，用户可实现对多点温度采集系统中节点位置、工作状态、温度转换和数据传输的正确性等状态的判别。

DS18B20 中有两个不同意义的 CRC 值。一个是暂存寄存器组中的 CRC 值，它是寄存器组中前 8 个寄存器值的 CRC 值，用于检验温度转换和数据传输的正确性。上电后，该 CRC 值由 EEPROM 的值决定，见图 10-18。另一个 CRC 值与 DS18B20 的 64 位编码有关。每一个 DS18B20 都有一个唯一的编码，为只读属性，其配置情况如图 10-22 所示。其第 1 字节为 DS18B20 的家族码，接着是 48 位序列号，最后是前 56 位编码的 CRC 值，此值是不可变化的，出厂时随 ROM 中的内容确定。

8位家族码(28H)	48位序列号	8位CRC
LSB　　MSB	LSB　　MSB	LSB　　MSB

图 10-22 DS18B20 的 64 位 ROM 的配置示意

6）CRC 算法

Dallas 一线总线器件的 CRC 方程统一为

$$CRC = X^8 + X^5 + X^4 + 1 \tag{10-1}$$

DS18B20 的 CRC 是 8 位的，算法如图 10-23 所示。可见 CRC 是用移位寄存器和异或（XOR）门构成的多项式发生器来产生的。

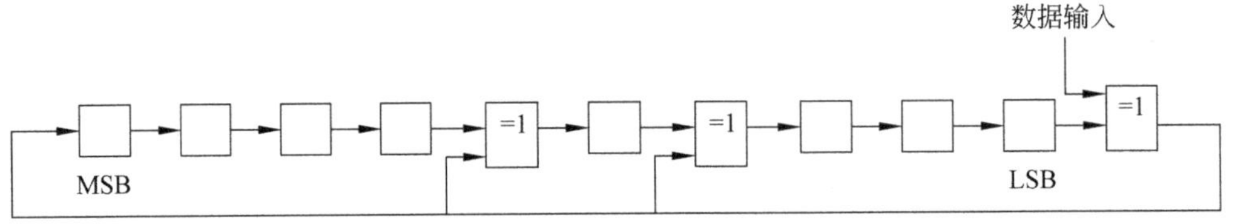

图 10-23　DS18B20 的 CRC 发生器算法示意

3. DS18B20 的命令集

DS18B20 命令集分 ROM 命令和功能命令两类。ROM 命令通过 64 位编码对总线上的器件进行识别和寻址；功能命令用于实现 DS18B20 的功能。现将 DS18B20 命令集列于表 10-13 中，以便在整体上掌握其指令系统。

表 10-13　DS18B20 的功能命令集

命令分类	命令名	命令代码	命令功能及用法
ROM 命令	搜索 ROM	F0H	用于检测总线从器件的 64 位编码识别、器件的数量和种类
	读 ROM	33H	仅用于总线只有一个从器件的情况，并读取其 64 位 ROM 编码。当总线上有两个以上从器件时，将发生数据冲突
	匹配 ROM	55H	适用于一个或多个从器件的系统。只有从器件 ROM 编码与主机的呼叫相匹配时，才响应主机在匹配命令之后发出的其他功能命令
	跳过 ROM 检测	CCH	跳过 ROM 操作环节，以节省主机对从器件的操作时间。只适用于总线上只有一个从器件，进行读取温度值等操作的情况。但总线上有两个以上从器件时，将发生数据冲突
	报警搜索	ECH	用于搜索在当前或近期处于报警状态的 DS18B20 芯片的编码，以确定报警位置。处于报警状态的 DS18B20 将以应答信号作为响应

续表

命令分类	命令名	命令代码	命令功能及用法
功能命令	启动测温	44H	命令 DS18B20 进入测温周期。转换温度值将存于转换结果存储器中
	读暂存寄存器	BEH	读 DS18B20 的中间结果寄存器。接收到此命令后，被选中的 DS18B20 自动进入输出状态。此过程一次将中间结果寄存器 9 个字节内容读出
	写配置寄存器	4EH	操作对象为 T_H、T_L 和芯片配置寄存器。接收到此命令后，被选中的 DS18B20 自动进入接收状态
	复制配置寄存器	48H	将暂存寄存器中的 T_H、T_L 和芯片配置寄存器中的内容复制到 DS18B20 的 EEPROM 中
	回调 EEPROM	B8H	将 EEPROM 中的 T_H、T_L 和芯片配置寄存器中的内容读出，存入暂存寄存器的相应字节中
	读供电方式	B4H	读取 DS18B20 的供电方式。寄生供电时，从器件将总线拉低；外部供电芯片将总线拉成高电平。注意，在多从器件系统中，此命令应在匹配 ROM 之后发出，以避免总线电位冲突

4. DS18B20 的引脚功能及供电方式

DS18B20 器件有多种封装形式。图 10-24 为 TO-92 封装示意图。引脚 DQ 是双向数据端。

图 10-25 是单片机与 DS18B20 的接口电路图。图中 DS18B20 采用外接电源方式，其 V_{DD}端用 3～5.5V 电源供电。

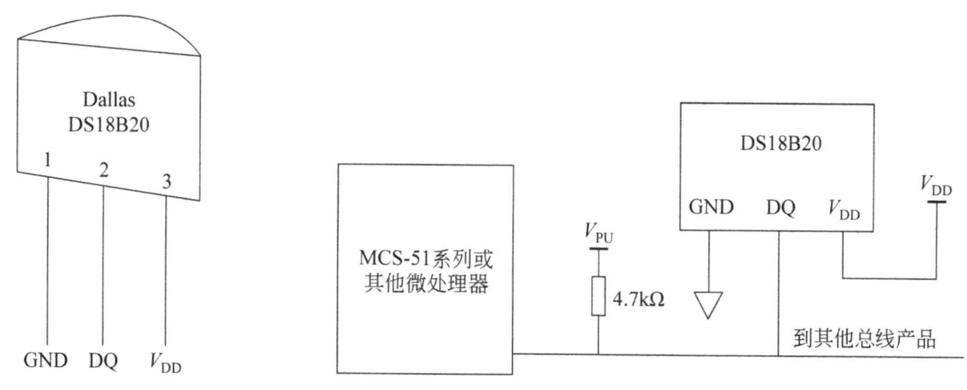

图 10-24 TO-92 封装

图 10-25 DS18B20 外部供电方式及单片机的接口电路

图 10-26 中的 DS18B20 以寄生方式获得能量，即寄生供电方式。为此，V_{DD}必须接地。在 DS18B20 写 EEPROM 或温度转换期间，单片机通过 I/O 控制图中的 MOSFET 管为 DS18B20 提供能量。以这种寄生供电方式构成的系统可以带更多的一线产品，并能

可达到较远的传输距离。

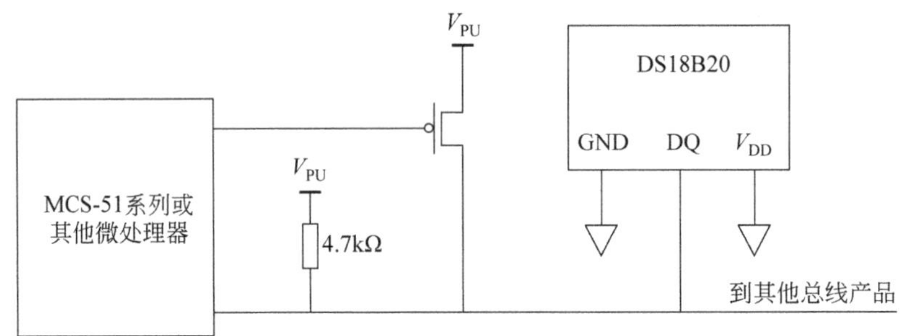

图 10-26 DS18B20 寄生供电方式及与单片机的接口电路

5. 总线时序分析

1）初始化时序

初始化起到复位从器件并确认从器件在线与否的作用。时序如图 10-27 所示。主机先将总线拉低至少 480μs，再将总线拉成高电平。之后主机等待从器件的应答信号，时间为 15～60μs。正常情况下，从器件将以 60～240μs 宽的低脉冲作为应答信号，表示从器件在线，可接收主机的读/写命令，初始化完成。

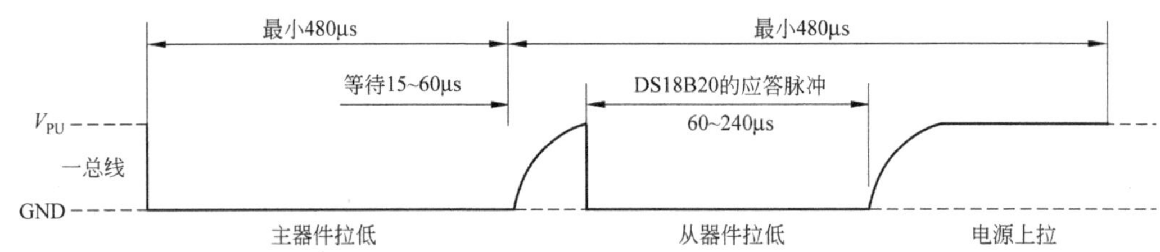

图 10-27 对 DS18B20 的初始化时序

2）读/写时序

DS18B20 读/写操作是靠时间片来识别总线信息的。又有读/写 0 和 1 时间片两种。写时间片至少要持续 60μs(但不要超过 120μs)，包括两个时间片中间的至少 1μs 的电平转换时间。图 10-28(a)为写时序，图 10-28(b)为读时序。当主机将总线拉低时，写 0 时间片开始，经过最大 60μs 的转换时间完成写 0 操作，总线经过至少 1μs 的高电平恢复后，主机将总线拉低，进入下一时间片。在写 1 时间片，主机先将总线拉低 1～15μs，再将电平拉高，对 DS18B20 写 1，同样经过最大 60μs 的转换时间完成操作。

读时序也分读 0 和读 1 时间片。读数据的过程从 DQ 端由高向低电平跃变开始。读、写时序不同的地方在于：在读时间片开始后，主机要在 15μs 之内完成读进程，因为在读命令下达后，读时间片就开始了，DS18B20 将在 15μs 内将数据送入总线，总线状态随 DS18B20 的输出而变化。因此，在读过程中主机要保持 DQ 为低电平 15μs。之后，主机要释放 DQ 端，总线回到高电平状态最长时间为 45μs，整个过程应在 60μs 之内完成。图 10-28 可清楚地反映读 0 和读 1 时间片的时序。

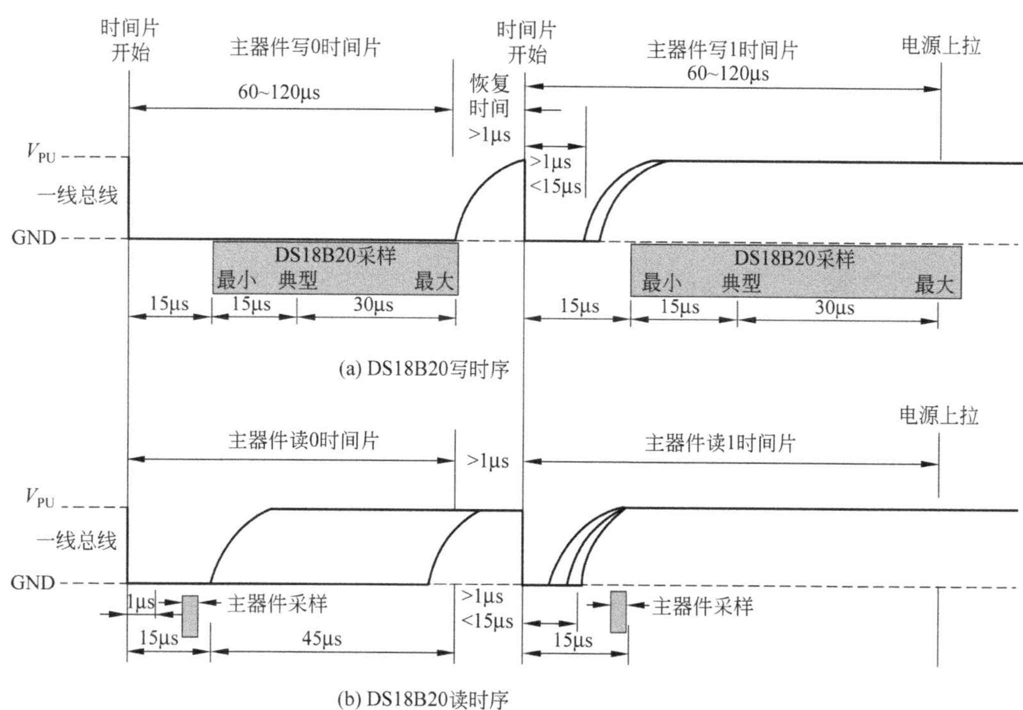

图 10-28 DS18B20 读/写时序

从应用经验看,对 DS18B20 的控制,时间的精度要求高于其他的串行总线接口芯片。

10.4.2 DS18B20 的应用

1. DS18B20 命令流程

为应用好 DS18B20,使用者需要具备以下条件:

(1) 对 DS18B20 的数据手册中关于工作原理和操作技术细节的内容有深入的理解。

(2) 深入理解 DS18B20 的操作时序。

(3) 掌握实现 DS18B20 各种功能的流程,并能编写驱动程序实现其功能。

DS18B20 的 ROM 命令流程如图 10-29 所示,其功能命令流程如图 10-30 所示。

由图 10-29 可知,利用 DS18B20 的测温功能时,当总线上只有一个 DS18B20 时,可以使用跳过 ROM 命令,直接进入测温环节。但当总线上有多个 DS18B20 时,就需要用到 ROM 命令,如搜索 ROM、匹配 ROM、报警搜索等,借助唯一的 64 位编码,分时对总线上的 DS18B20 进行操作,这样才能发挥它们的测温和报警等功能。

对 DS18B20 的操作一般由以下几个固定流程组成:

(1) 初始化 DS18B20,包括主机发复位脉冲、DS18B20 应答、主机确认等。

(2) 主机发 ROM 命令到 DS18B20,后跟所需的数据。

(3) 主机发功能命令,后跟所需的数据。

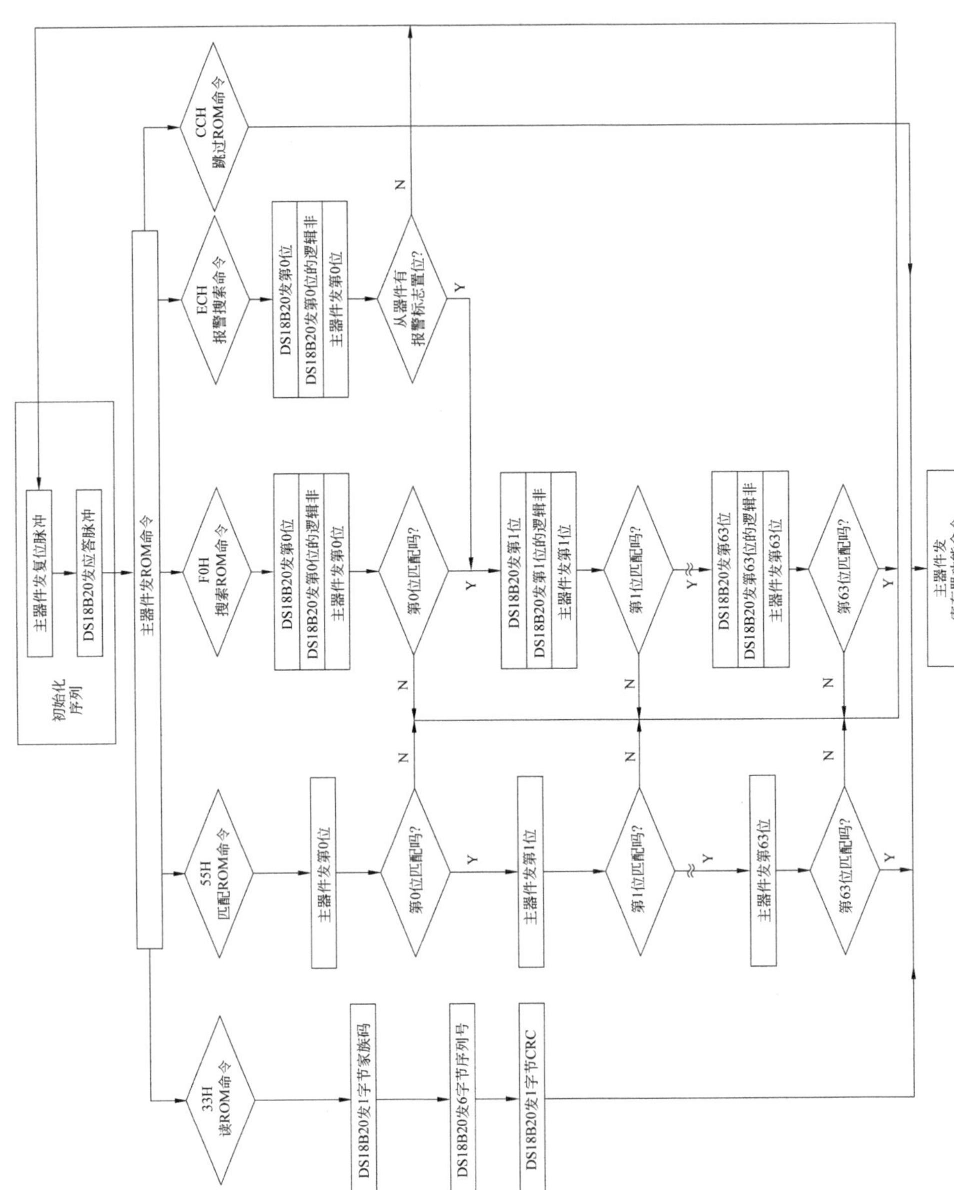

图 10-29 DS18B20 ROM 命令流程

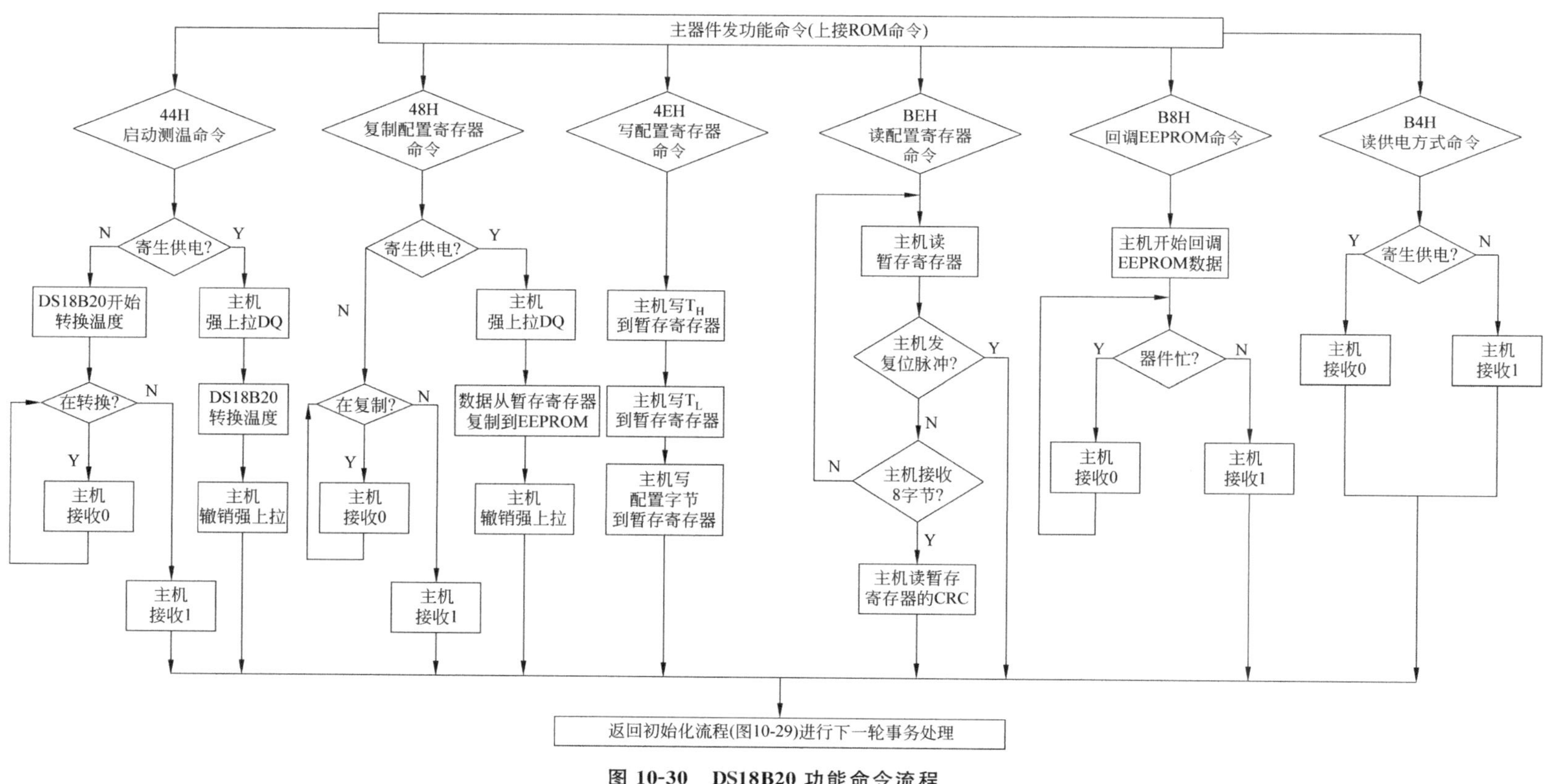

图 10-30 DS18B20 功能命令流程

2. 搜索 ROM 原理

如果总线上只有一个器件，可用读 ROM 命令读取其编码；如果总线上器件成员数是固定的，用匹配 ROM 命令对器件进行识别和分时操作。

搜索 ROM 命令用于多片 DS18B20 且为动态成员的系统中。其目标是在众多器件中一个个地确定其 64 位 ROM 编码，要点可归纳为“两读一写”。

1）搜索算法的物理基础

要在众多器件中一个个地确定它们的 64 位 ROM 编码，需要 DS18B20 对搜索 ROM 命令(命令码 F0H)有特别的反应。事实正是如此，听到搜索广播命令后，每个 DS18B20 会连续向总线输出两个数据位，前面是 64 位 ROM 编码之一，后跟此位的“非”(从最低位开始，依次递进，64 次为一个循环周期)。主机第一次读，得到的是所有器件此位 ROM 码的“与”值；第二次读到的是此位 ROM 码“非”的“与”值，“两读”就是如此。“两读”内容的 4 种组合对搜索 ROM 编码所提供的信息及分析结果如表 10-14 所示。

表 10-14 “两读”内容对搜索 ROM 编码所提供的信息及分析结果

“两读”内容	对搜索 ROM 编码所提供的信息及分析结果
00	总线上有多个器件
01	总线上器件该位均为 0
10	总线上器件该位均为 1
11	总线上没有器件

表 10-14 的结论来自对 DS18B20 反应特性及一线总线的“线与”功能的综合分析。需要特别说明的是结果为 00 和 11 的情况。两次都读到 0，说明总线上器件的该数据位上既有 0，又有 1，相“与”出现 0。因此得出总线上有多个器件的结论。从电平角度讲，输出为低电平的器件将 DQ 强行拉成了低电平。

由于总线是外部上拉的，“两读”的结果为 11 时，容易得出总线上没有器件的结论；还有一种情况是总线上的器件全部被“排除”了(见“一写”部分)。

“两读”过程中的特征(原码、非码、线与)是搜索算法的物理基础之一。

接下来是“一写”，写什么？DS18B20 对“一写”的内容有如下反应：如果器件编码位与写的值相同，则继续保持与总线的联系；否则此器件从总线上“退出”，不再响应主机发布的命令，直到主机进行下一次复位为止。这就是识别算法的物理基础之二。设“两读”结果为 01，说明总线上所有器件该位 ROM 码均为 0，为保持器件与总线的联系，“一写”内容为 0，同时主机确定现存的器件编码的此位为 0。同理，如“两读”数据为 10，则主机应写 1。“一写”的“排除”功能使每 64 次“两读一写”，确定一个器件的 64 位编码成为可能。

当“两读”数据为 00 时，“一写”操作可以写 0，也可以写 1，先将位值为 0(或为 1)的器件暂时“排除”，待这批器件编码确定完，再对它们进行搜索。这样就将数据为 00 的问题转换为 01 和 10 的问题了。

2）ROM编码的“排除”搜索算法示例

【例10-5】 为使讨论的问题简单扼要，假设某一线总线器件有4位ROM编码，器件具有DS18B20的功能。现有4个这种器件在总线上，它们的编码分别为0000、1111、0101、1010。试描述ROM编码的“排除”搜索算法确定它们的编码的过程。

解：4个4位编码器件在总线上，需要4轮4循环“两读一写”才能完成搜索。表10-15为一个器件编码搜索的全过程（ROM编码的“排除”搜索算法进行的方向为从左向右），确定总线上有一个ROM编码为0000的器件。

表10-15 “排除”搜索算法一个器件的编码识别的全过程

器件码	两读	一写	器件码	两读	一写	器件码	两读	一写	器件码	两读	一写
0000	00	0	000	00	0	00	01	0	0	01	0/1
1111											转入下一轮循环
0101											
1010			101			—					
识别位		0			0			0		0	

注意：表10-15的最后一列，当到达循环计数值时（本器件为4），通过“两读”数值即可判断出编码的最后一位。最后“一写”的内容可以随意。

其他3个器件的编码搜索过程与表10-15所示的过程类似，作为训练留给读者完成。要注意的是：前面用过的“一写”过程不能完全一样，否则将读出同一器件的ROM编码。

编程提示：在实际工程中，如果器件的数量和种类都是动态的，就不可能知道系统中有多少个器件挂在同一总线上。因此搜索ROM编码的顺序应从小到大进行，即不论搜索在第几位上，“两读”出现00时，总是先写0，直到“两读”结果为11为止，证明此位为0的器件全部搜索完，现在将这一位的“一写”改为1，直到两读出现11为止。搜索试探值从小到大，程序结构比较简单。因此，搜索算法是边试探边搜索，这样，如果总线上有N个器件，程序外层循环的次数一般都大于N次。

3. DS18B20的51机应用程序举例

【例10-6】 DS18B20的基本功能——温度采集的用法。设总线上一片DS18B20，试编写利用DS18B20进行温度测量的程序。设在图10-25中，标准51机用P1.1与DS18B20的DQ端相连接，51机系统时钟频率为12MHz。

解：对总线上只有一个DS18B20，且只用于测温的情况，可以利用跳过ROM命令，直接命令器件进行温度转换或读取温度的工作。参考的汇编程序如下：

```
DQ        EQU    P1.1
RESULT    EQU    40H
ORG       0000H
LJMP      MAIN
ORG       0040H
```

```
MAIN:       MOV     SP,#5FH
            MOV     R0,#RESULT
            LCALL   INIT                ;总线复位,并检测应答
            MOV     A,#0CCH
            LCALL   WRITE_BYTE          ;发跳过 ROM 命令
            MOV     A,#44H
            LCALL   WRITE_BYTE          ;发启动转换命令
            LCALL   DEYAY1S             ;延时 1s,等待温度转换完成
            LCALL   INIT
            MOV     A,#0CCH             ;发跳过 ROM 命令
            LCALL   WRITE_BYTE
            MOV     A,#0BEH             ;发读存储器命令
            LCALL   WRITE_BYTE
            LCALL   READ_BYTE
            MOV     @R0,A               ;存温度值低位字节
            LCALL   READ_BYTE
            INC     R0
            MOV     @R0,A               ;存温度值高位字节
            SJMP    $
INIT:       CLR     DQ                  ;复位并检测应答。总线拉低
            MOV     B,#240
            DJNZ    B,$                 ;等待 480μs,参考图 10-27
            SETB    DQ                  ;释放总线
            MOV     B,#29
            DJNZ    B,$                 ;等待 60μs,参考图 10-27
            CLR     C                   ;清标志,C=1 成功,总线有应答
            MOV     B,#105
YW_ACK:     ORL     C,/DQ
            DJNZ    B,YW_ACK            ;等待 420μs,参考图 10-27
            ANL     C,DQ                ;总线若总为高,C=0,失败
            RET
WRITE_BIT:  CLR     DQ                  ;写一位数据子程序。总线拉低
            MOV     B,#27               ;等待 2μs 完成下降沿起动时间片
            MOV     DQ,C
            DJNZ    B,$                 ;等待 54μs,参考图 10-28(a)
            SETB    DQ                  ;释放总线
            RET                         ;最后 2μs,完成时间片
READ_BIT:   CLR     DQ                  ;读一位数据子程序。总线拉低
            MOV     B,#4                ;等待 2μs 完成下降沿起动时间片
            SETB    DQ                  ;释放总线
            DJNZ    B,$                 ;等待 10μs
            NOP
            MOV     C,DQ                ;读数据
            MOV     B,#21
```

```
              DJNZ     B,$                   ;等待 42μs,参考图 10-28(b)
              RET                            ;最后 2μs,完成时间片
WRITE_BYTE:   MOV      R7,#8                 ;写一字节数据子程序
WR_NEXTB:     RRC      A                     ;移出数据
              LCALL    WRITE_BIT             ;写一位
              DJNZ     R7,WR_NEXTB
              RET
READ_BYTE:    MOV      R7,#8                 ;读一字节数据子程序
R_NEXTB:      LCALL    READ_BIT              ;读一位
              RRC      A                     ;移入数据
              DJNZ     R7,R_NEXTB
              RET
DEYAY1S:      MOV      R7,#8                 ;延时 1s 子程序
D8XDELY:      MOV      R6,#250
D500US:       MOV      R5,#250
              DJNZ     R5,$
              DJNZ     R6,D500US
              DJNZ     R7,D8XDELY
              RET
              END
```

由于 DS18B20 转换温度需要一定时间，见表 10-12，为保持程序的通用性和可靠性，本程序这样处理：在启动转换命令下达后，延迟 1s 左右，保证温度转换完成，再重复初始化→ROM 操作指令→存储器操作指令→数据传输的过程，读出温度转换值。

本程序中各功能子程序，如总线复位、字节/读取，延时子程序等，可以参考或直接引用，但要注意的是：本程序是标准 51 机在时钟频率为 12MHz 下调试成功的，对不同的 51 兼容机和时钟频率条件，程序中时间的延时长度需要调整，以满足 DS18B20 的时序要求。

温度值高、低字节数据可按图 10-19 所示的意义变换成易于操作或读取的数制。

【例 10-7】 设在图 10-25 中，标准 51 机用 P1.1 与 DS18B20 的 DQ 端相连接，51 机系统时钟频率为 12MHz。试用 C51 编写 DS18B20 的温度采集驱动程序，并用 CRC 值验证数据的正确性。

解：检验温度转换和数据传输的正确性，用 DS18B20 中寄存器组中的 CRC 值，它是寄存器组中前 8 个寄存器值的 CRC 值，编程步骤归纳如下：

(1) 主机向总线发复位脉冲，对总线上的所有 DS18B20 复位。

(2) 主机发跳过 ROM 命令(CCH)。

(3) 主机向总线上的所有器件发温度转换的命令(44H)。

(4) 等待 DS18B20 温度转换完成。

(5) 主机读取该 DS18B20 的暂存寄存器内容，包括温度值、CRC 值共 9B 并存储。

(6) 单片机调用 CRC_8 函数，计算采集数据组中前 8 个数据的 CRC 值，并与读出的

CRC 值进行比较，若两数相等，温度转换和数据传输就是正确的。

参考的 C51 程序如下：

```
#include<t89c51cc01.h>
#include <intrins.h>
#define uchar unsigned char
#define uint unsigned int
#define ulong unsigned long
uchar idata CRC;
unsigned char a,b,t;
static uchar idata OpData[16];
static bdata uchar sclkdata,status,status_1;          //DS18B20 用变量
sbit sclkdata0=sclkdata^0;sbit sclkdata7=sclkdata^7;
#define DQ    P1_1
code uchar Table_CRC[256]={      /* cnCRC_CCITT */
0,94,188,226,97,63,221,131,194,156,126,32,163,253,31,65,157,195,33,127,252,
162,64,30,95,1,227,189,62,96,130,220,35,125,159,193,66,28,254,160,255,191,93,
3,128,222,60,98,190,224,2,92,223,129,99,61,124,34,192,158,29,67,161,255,70,
24,250,164,39,121,155,197,132,218,56,102,229,187,89,7,219,133,103,57,186,228,
6,88,25,71,165,251,120,38,196,154,101,59,217,135,4,90,184,230,167,249,27,69,
198,152,122,36,248,166,68,26,153,199,37,123,58,100,134,216,91,5,231,185,140,
210,48,110,237,179,81,15,78,16,242,172,47,113,147,205,17,79,173,243,112,46,
204,146,211,141,111,49,178,236,14,80,175,241,19,77,206,144,114,44,109,51,209,
143,12,82,176,238,50,108,142,208,83,13,239,177,240,174,76,18,145,207,45,115,
202,148,118,40,171,245,23,73,8,86,180,234,105,55,213,139,87,9,235,181,54,104,
138,212,149,203,41,119,244,170,72,22,233,183,85,11,136,214,52,106,43,117,151,
201,74,20,246,168,116,42,200,150,21,75,169,247,182,232,10,84,215,137,107,53};
write()                                              //写一个字节函数
{
    uchar j;                                         //这种临时变量最省空间
    for (j=0;j<8;j++)
     {   DQ=0;
        _nop_();                                     //延时等待 2μs
        _nop_();
        if( sclkdata0==1)
        DQ=1;
        else DQ=0;
        TH1=0xff;                                    //延时 60μs
        TL1=0xce;
        TR1=1;
        while(TF1==0);
        TF1=0;
        TR1=0;
```

```
            DQ=1;                                          //释放总线
            sclkdata >>=1;
        }
}
read()                                                     //读一个字节函数
{
    uchar j;                                               //这种临时变量最省空间
    for (j=0;j<8;j++)
    {
        sclkdata >>=1;
        DQ=0;
        _nop_();
        _nop_();                                           //延时2μs
        DQ=1;
        _nop_();
        _nop_();                                           //延时2μs
        if (DQ==1)
            sclkdata7=1;
        else sclkdata7=0;
        TH1=0xff;                                          //延时60μs
        TL1=0xce;
        TR1=1;
        while(TF1==0);
        TF1=0;
        TR1=0;
    }
}
void reset(void)                                           //复位函数
{
    status_1=0;
    DQ=0;                                                  //复位脉冲开始
    TH1=0xfe;                                              //延时480μs
    TL1=0x20;
    TR1=1;
    while(TF1==0);
    TR1=0;
    TF1=0;
    DQ=1;                                                  //释放总线
    TH1=0xff;                                              //延时60μs
    TL1=0xce;
    TR1=1;
    while(TF1==0);
    TR1=0;
```

```
    TF1=0;
    TH1=0xfe;                                          //延时 420μs
    TL1=0x5c;
    TR1=1;
    while(TF1==0)
    {
        if (DQ==0)
        break;
    }
    if(TF1==1)                                         //器件无应答
        status_1=1;                                    //置器件无应答标志
    while(TF1==0);                                     //等待延时 420μs 完成
    TR1=0;
    TF1=0;
    DQ=1;                                              //释放总线
}
void read1820(uchar data1,uchar data2)
{
    uchar j;                                           //这种临时变量最省空间
    reset();                                           //DS18B20 复位
    sclkdata=data1;                                    //跳过 ROM
    write();
    sclkdata=data2;                                    //读 RAM 命令
    write();
    for (j=0;j<9;j++)
    {
        read();
        OpData[j]=sclkdata;
    }
}
void write1820 (uchar data1,uchar data2)
{
    reset();                                           //DS18B20 复位
    sclkdata=data1;                                    //跳过 ROM
    write();
    sclkdata=data2;                                    //启动温度转换
    write();
}
//计算 1 位 CRC 值,采用 CRC-CCITT
uchar CRC_8(aData, aSize)
uchar * aData;
uchar aSize;
{
```

```
    //aData 表示要传输的数据首地址,aSize 表示数据的字节个数
    static uchar i;
    static uchar nAccum,x;
    nAccum=0;
    for (i=0;i <aSize;i++)
    {
        x=(nAccum ^ * aData++);
        nAccum=Table_CRC[x];
    }
    return nAccum;
}
void main(void)
{
    TMOD=0x10;                          //定时器 T1 工作于方式 1 定时
abc:
    write1820(0xcc,0x44);               //启动温度转换
    while (!DQ);                        //等待转换完成,见图 10-30 的启动测温命令
    read1820(0xcc,0xbe);                //读 RAM 温度命令
    CRC=CRC_8(OpData,8);                //计算 CRC
    if (CRC==OpData[8])                 //验证 CRC 的正确性
    {
        P2=OpData[8];                   //P2 口应为 DS18B20 的 CRC 值
        status=1;
    }
    a=OpData[0];                        //以下部分是将采集的温度转换成十进制整数
    t=a>>4;
    b=OpData[1];                        //温度值十位在 b 中,个位在 a 中
    b<<=4;
    t=t|b;
    b=0;
    a=t&0xf0;
    a >>=4;
    switch(a)
    {
        case 0: break;
        case 1: {b=0x16;break;}
        case 2: {b=0x32;break;}
        case 3: {b=0x48;break;}
        case 4: {b=0x64;break;}
        case 5: {b=0x80;break;}
        case 6: {b=0x96;break;}
    }
    a=t&0x0f;
```

```
    if (a >0x09)
    {
        b+=0x10;
        a-=0x0a;
    }
    b=b+a;
    a=b&0x0f;
    if (a >0x09)
        b+=0x06;                                //转换成十进制整数,备用
    goto    abc;                                //反复测量
}
```

说明:

(1) 参考程序用了 CRC 校验。当暂存寄存器中 8 个数据的 CRC 计算值与器件产生的 CRC 值相等时,说明本次从 DS18B20 读出的数据是无误的。

(2) DS18B20 驱动程序中最重要的环节是精确控制时序中的时间长度。对于不同的时钟频率或不同型号的 51 机系统,保证程序通用性的一个解决方案是用定时器控制时间片长度。这样的程序对所有 51 单片机型都适用,包括增强型 51 单片机。

(3) DS18B20 温度转换时间与转换温度的精度有关,最长为 1s。因此在启动转换温度后,需要等待一个温度转换时间才能读取温度采集值,例 10-6 采用软件延时的方法等待 DS18B20 转换,温度采样周期固定,但不是最小值。由于 DS18B20 的 DQ 端有指示工作状态的特性,启动温度转换后,DQ 端从低电平变到高电平,表示 DS18B20 温度转换完成,故本程序用读 DQ 状态的方法查询温度转换是否完成,使温度采样周期最短。

10.5 同步串行接口模数和数模转换器

第 9 章关于 ADC 和 DAC 性能分析的内容均适用于同步串行接口 ADC 和 DAC。

10.5.1 同步串行接口 ADC——LTC1598

1. 基本功能

LTC1598 是 Linear 公司开发的 8 通道、12 位 ADC。其主要特性与功能如下:

(1) 接口兼容 SPI、Microwire。

(2) 8 通道的 12 位、最大±3/4LSB 的非线性误差的 ADC。

(3) 单+5V 供电,低功耗。工作电流典型值为 320μA,备份电流仅为 1nA。

(4) ADC 采样率为 16.8ksps。

2. LTC1598的内部结构、引脚配置及功能

图10-31是LTC1598的内部结构框图。该器件由12位采样ADC、8通道模拟开关和数字接口3部分组成。

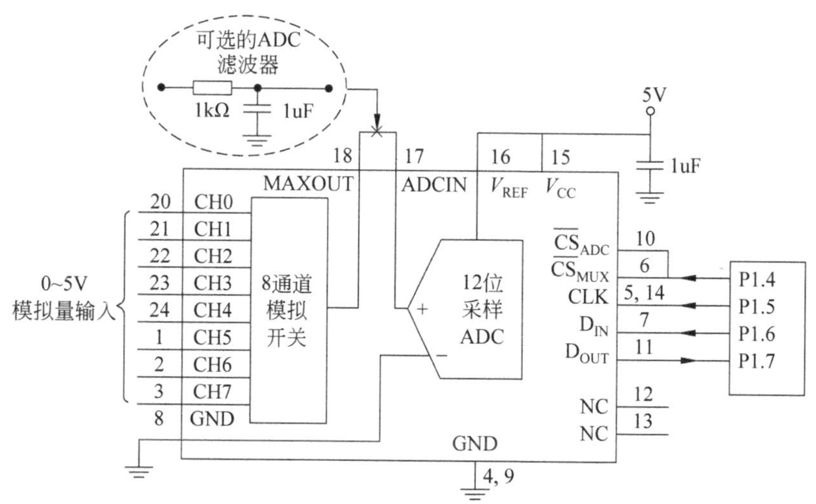

图10-31 LTC1598结构、引脚及与51机的接口

LTC1598采用24脚SSOP封装。其引脚配置如图10-31所示。各引脚功能如下：

引脚20、21、22、23、24、1、2、3：依次为模拟输入通道0～通道7。

引脚4、9：模拟地。应直接连到模拟地线层上后，再接至＋5V电源的一端，并使连线尽量短，以免受数字信号及模拟开关噪声干扰。

引脚8，COM：模拟输入负极。

引脚6，$\overline{CS}_{MUX}$：MUX片选输入端。逻辑1允许MUX接收通道地址，逻辑0时被指定的MUX通道输出模拟信号输出至ADC输入端。

引脚10，$\overline{CS}_{ADC}$：ADC片选输入端。逻辑1与ADC无关，且ADC自动进入低功耗备份模式；当引脚为逻辑0时，则启动ADC的转换过程。

引脚16，V_{REF}：ADC参考电压输入端，决定ADC对模拟量的转换范围，其输入范围为$1.5\sim V_{CC}+0.05V$。

引脚5、7、11：依次为SPI总线的CLK，为同步串行时钟线；D_{IN}串行数据/地址输入线；D_{OUT}串行数据输出线，LTC1598的A/D转换结果从此脚输出。

3. LTC1598的A/D转换结果数据格式

LTC1598的A/D转换结果是12位的，由两个字节构成，其格式如表10-16所示。原始格式的数据需整体右移一位后才能使用，右移后的数据格式见表10-16。

表 10-16 LTC1598 转换结果数据格式及右移后的数据格式

原始	0	0	0	B11	B10	B9	B8	B7	B6	B5	B4	B3	B2	B1	B0	×
右移后	0	0	0	0	B11	B10	B9	B8	B7	B6	B5	B4	B3	B2	B1	B0

4. 51 机与 LTC1598 的接口电路

51 机与 LTC1598 的接口电路可参阅图 10-31。

5. LTC1598 的操作时序

LTC1598 的操作时序如图 10-32 所示。

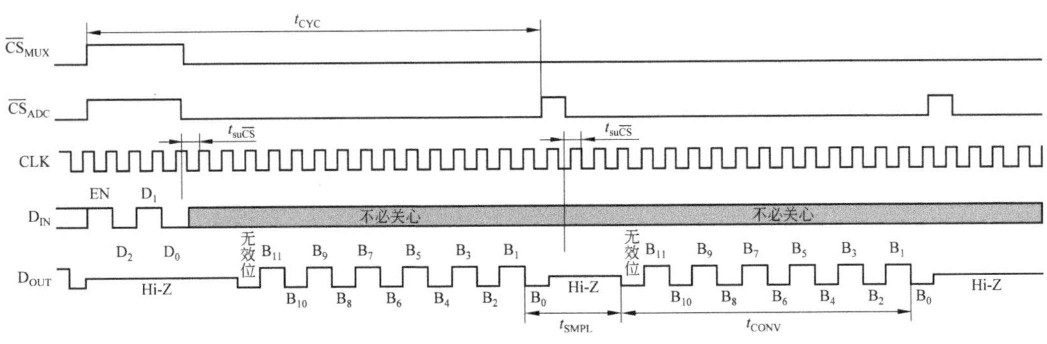

图 10-32 LTC1598 的操作时序

由操作时序可知，对 LTC1598 的操作步骤如下：

(1) 输出模拟通道选择命令到 LTC1598，选择模拟信号输入通道。

(2) 启动 ADC 转换。当$\overline{CS}_{MUX}$、$\overline{CS}_{ADC}$接在一起时，通道选择完成，自动进入 ADC 采样周期。通道选择如表 10-17 所示。

表 10-17 通道选择数据格式

通道状态	EN	D_2	D_1	D_0
关闭	0	×	×	×
0	1	0	0	0
1	1	0	0	1
2	1	0	1	0
3	1	0	1	1
4	1	1	0	0
5	1	1	0	1
6	1	1	1	0
7	1	1	1	1

(3) 读 A/D 转换高字节,再读 A/D 转换低字节。

注意:图中 EN 位为通道选择使能位,只有该位为 1,通道选择才有效,否则所有通道将关闭。图 10-32 中的时间参数列于表 10-18 中。

表 10-18 LTC1598 工作时序时间参数

符号	参数		LTC1598			单位
			最小值	典型值	最大值	
$t_{su\overline{CS}}$	$\overline{CS}$下降沿到 CLK 上升沿建立时间		1			μs
t_{CYC}	总周期时间		60	(f_{CLK}=320kHz)		μs
t_{SMPL}	模拟输入采样时间			1.5		CLK 周期
t_{CONV}	转换时间			12		CLK 周期
t_{ON}	使能通道打开时间(图中未标注)			260	700	ns
t_{OFF}	通道关闭时间(图中未标注)			100	300	ns
C_{IN}	输入电容	模拟通道打开		20		pF
		模拟通道关闭		5		pF
		数字输入		5		pF

6. 应用程序

【例 10-8】 编写对图 10-31 中 LTC1598 通道 2 进行一次 A/D 转换的 51 机汇编语言程序。

解:图 10-31 中的 LTC1598 的$\overline{CS}_{MUX}$和$\overline{CS}_{ADC}$接在一起由 P1.4 控制,SPI 操作时序通过 I/O 口的位脉冲产生,51 机汇编参考程序如下:

```
CSN       BIT     P1.4              ;两个选片共用控制端
CLK       BIT     P1.5              ;SPI 串行时钟
DIN       BIT     P1.6              ;SPI 数据输入线
DIN       BIT     P1.7              ;SPI 数据输出线
COUNT     EQU     R7
ADRSULH   EQU     R6                ;AD 结果高 4 位
ADRSULL   EQU     R5                ;AD 结果低 8 位
ORG       0000H
LJMP      START
ORG       0050H
START:    MOV     SP,#5FH
          SETB    CLK               ;初始化 SPI 串行时钟
          SETB    CSN               ;选择模拟通道
          MOV     A,#0AH            ;指定通道 2,EN=1
          LCALL   SENTBYTE          ;下达通道命令
          CLR     CSN               ;启动 ADC
```

```
            NOP                            ;适当延时,ADC 完成
            LCALL       READBYTE           ;读 ADC 高字节
            MOV         ADRSULH,A          ;存入结果高字节
            LCALL       READBYTE           ;读 ADC 低字节
            MOV         ADRSULL,A          ;存入结果低字节
            SETB        CSN                ;准备下一通道
            LCALL       ADWORD             ;调用 A/D 结果规格化
            SJMP        $
SENTBYTE:   MOV         COUNT,#8           ;统一为 8 位数据格式,写
            CLR         C
LOOPW:      CLR         CLK                ;移位寄存器移位
            RLC         A
            MOV         DIN,C              ;数据移位至 DIN 输入线
            SETB        CLK                ;数据写入移位寄存器
            DJNZ        COUNT,LOOPW        ;计数器减 1,不为 0 继续
RET
READBYTE:   MOV         COUNT,#8
LOOPR:      CLR         CLK                ;移位寄存器移位
            NOP                            ;适当延时,保证数据稳定
            MOV         C,DOUT             ;输出数据移入 CY
            RLC         A                  ;移入寄存器 A
            SETB        CLK                ;串行输入输出
            DJNZ        COUNT,LOOPW        ;计数器减 1,不为 0 继续
RET
ADWORD:     CLR         C
            MOV         A,ADRSULL
            RRC         A
            MOV         ADRSULL,A          ;AD 结束低位选右移一位
            MOV         A,ADRSULH
            RR          A                  ;AD 结束高位自右移一位
            MOV         C,ACC.7            ;存 AD 结束 B7 位
            CLR         ACC.7
            MOV         ADRSULH,A          ;得到 AD 结束高字节
            CLR         A
            MOV         ACC.7,C
            ORL         ADRSULL,A          ;得到 AD 结束低字节
            RET
            END
```

10.5.2 同步串行接口 DAC——MAX520

1. 基本特性

MAX520 是 MAXIM 公司开发的 4 路、8 位 DAC。其主要特性与功能如下：

(1) 两线接口,兼容 I^2C 协议标准。

(2) 4 路独立 DAC,独立的电压参考源,平均精度为 1%。

(3) 单+5V 供电,低功耗方式时,电流低至 4μA。

(4) 输出建立时间(1/2LSB)为 2μs。

2. MAX520 内部结构、引脚配置及功能

MAX520 由 8 位移位寄存器、数据输入锁存、输出锁存、DAC 等主要部分组成。图 10-33是 MAX520 的引脚配置及其与 51 机的接口电路。MAX520 采用 16 脚 DIP 或 SSOP 封装。各引脚功能如下:

引脚 1、2、15、16: 分别为 4 路 DAC 输出。

引脚 3、4、13、14: 分别为 4 路 DAC 参考电压输入端。

引脚 5、6 分别为模拟和数字地。引脚 12 为电源输入端,典型电压值为 5V。

引脚 9、10、11: 器件地址输入端。

引脚 7: 同步时钟输入端。

引脚 8: 数据输入、输出端。

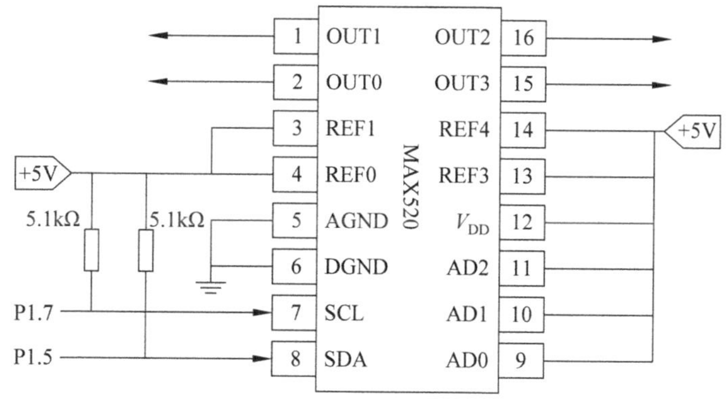

图 10-33 MAX520 引脚配置及与 51 机的接口电路

3. MAX520 的工作时序

MAX520 的工作时序如图 10-34 所示。可见,51 机对 MAX520 操作步骤为: I^2C 启动→发出从地址字节→通道命令字节→DAC 输出字节。MAX520 从地址字节及命令字节格式见图 10-34。MAX520 接口兼容标准 I^2C,总线启动、停止与数据传输时序与一般 I^2C 器件相同。

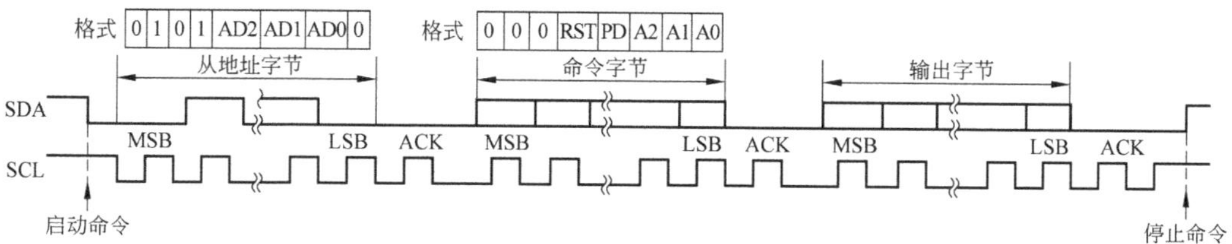

图 10-34 MAX520 工作时序

从地址字节中 AD2、AD1、AD0 与 MAX520 同名端电位相对应，高为 1。

在命令字节格中：

RST 为复位控制，当其为 1 时，复位所有 DAC 寄存器。

PD 为低功耗控制位，当其为 1 时，器件进入低功耗方式；为 0 时，进入正常方式工作。

A2、A1、A0 为 DAC 通道地址，0～7 分别对应 DAC 通道 0～7(对 MAX520 而言，A2 总为 0)。

图 10-34 是 MAX520 一次完整的转换过程时序示意图。如果需要 MAX520 做连续转换，则在从地址输出之后，可通过重复"输出命令字节后跟输出字节"这一环节实现。连续转换方式可缩短 DAC 转换的间隔，提高单位时间内的转换次数。连续转换的应用可参考本书的应用程序，其时序图可参考 MAX520 数据手册，本书从略。

4. 应用举例

【例 10-9】 编写用图 10-34 中 MAX520 某一通道(例如通道 1)输出对称三角波的汇编语言程序。

解：本例只有输出对称三角波的任务，编程时应实现速度最高为目标，参考程序如下：

```
          SDA       BIT    P1.5              ;定义数据端口
          SCL       BIT    P1.7              ;定义时钟端口
          DA_Byte   EQU    30H               ;数据缓冲区
          ADDR      EQU    31H               ;地址缓冲区
          COMM      EQU    32H               ;命令字节缓冲区
          DAT       EQU    33H               ;数据缓冲区
          ORG       0000H
          SJMP      MAIN
          ORG       0040H
MAIN:     MOV       SP,#0DFH
          LCALL     I2c_Init                 ;MAX520 初始化
          MOV       DAT,#0                   ;将要转换的数据赋给 DAT
          MOV       R4,#51                   ;51×5=255,将 DAC 满度分为 51 份
          MOV       ADDR,#5EH                ;MAX520 地址：01011110
          LCALL     I2c_Addr                 ;MAX520 写地址子程序
AGAIN1:   MOV       COMM,#01H                ;命令字节,0~3 对应 DAC0~3
          LCALL     I2c_Write                ;调用 MAX520 写命令,写 DAC 数据子程序
          MOV       A,DAT
          ADD       A,#5
          MOV       DAT,A
          DJNZ      R4,AGAIN1
          MOV       R4,#51
          CLR       C
```

```
AGAIN2:   MOV     A,DAT
          SUBB    A,#5
          MOV     DAT,A               ;保存将要转换的数据
          LCALL   I2c_Write           ;调用写程序,将地址、命令、数据写进 MAX520
          DJNZ    R4,AGAIN2
          MOV     R4,#51
          SJMP    AGAIN1
          SJMP    $                   ;实际系统在停止转换之前要执行 I²c_Stop 子程序
I2c_Init:                             ;I²c_Init 初始化程序
          SETB    SDA                 ;将数据线拉高
          SETB    SCL                 ;将时钟拉高
          RET
I2c_Wait:                             ;I²C 延时子程序
          NOP
          NOP
          RET
I2c_Start:                            ;I²c 启动子程序
          SETB    SDA                 ;将数据线拉高
          SETB    SCL                 ;将时钟拉高
          LCALL   I2c_Wait            ;适当延时
          CLR     SDA                 ;将数据线拉低
          LCALL   I2c_Wait            ;适当延时
          CLR     SCL                 ;将时钟拉低
          RET
I2c_Stop:                             ;I²c 停止子程序
          CLR     SDA                 ;将数据线拉低
          LCALL   I2c_Wait            ;适当延时
          SETB    SCL                 ;将时钟拉高
          LCALL   I2c_Wait            ;适当延时
          SETB    SDA                 ;将数据线拉高
          RET
Wait_ACK:                             ;等待应答信号程序
          CLR     C                   ;将 C 清零
          CLR     SCL                 ;将数据线拉低
          NOP
          SETB    SDA                 ;将数据线拉高
          NOP
          SETB    SCL                 ;将时钟拉高
          NOP
          MOV     C,SDA               ;将 SDA 的状态赋给 C
          NOP
          CLR     SCL                 ;将时钟拉低
          RET
```

```
I2c_SendByte:                                  ;I²c 写一个字节数据子程序
          MOV       R5,#8
          MOV       A,DA_Byte                  ;将 DA_Byte 的值赋给 A
          CLR       C                          ;将 C 清零
Byte1:    RLC       A                          ;左移,先传送高位
          MOV       SDA,C                      ;将移出的值赋给 SDA
          SETB      SCL                        ;将时钟拉高
          LCALL     I2c_Wait                   ;适当延时
          CLR       SCL                        ;将时钟拉低
          LCALL     I2c_Wait                   ;适当延时
          DJNZ      R5,Byte1                   ;等待将一个字节发送完
          RET
I2c_Addr:                                      ;向 MAX520 写地址子程序
          CLR       C                          ;将 C 清零
          LCALL     I2c_Start                  ;开始信号
          MOV       DA_Byte,ADDR               ;将地址赋给 DA_Byte
          LCALL     I2c_SendByte               ;传送地址
AGAIN:    LCALL     Wait_ACK                   ;等待应答信号
          JC        AGAIN                      ;等待应答信号
          MOV       DA_Byte,COMM               ;将命令字节赋给 DA_Byte
          RET
I2c_Write:                                    ;I²c 向 MAX520 写命令后加 DAC 数据子程序
          MOV       DA_Byte,COMM               ;将命令字节赋给 DA_Byte
          LCALL     I2c_SendByte               ;传送命令字节
          LCALL     Wait_ACK                   ;等待应答信号
          JC        AGAIN                      ;如果没有应答信号,重新开始发送
          MOV       DA_Byte,DAT                ;将要发送的 DAC 数据赋给 DA_Byte
          LCALL     I2c_SendByte               ;传送要发送的数据
AGAIN3:   LCALL     Wait_ACK                   ;等待应答信号
          JC        AGAIN3                     ;等待应答信号
          RET
          END
```

10.6 本章重点

本章需要重点掌握的内容如下：

(1) 同步串行总线原理及用“位脉冲”产生控制时序的方法，实现对各类总线器件的驱动和控制。对总线器件的有效控制，其基础是对总线工作时序的正确理解。

(2) 3 种同步串行总线是当前嵌入式系统中最常用的，值得学懂、学通。

(3) 从难度上讲，一线总线器件 DS18B20 的很多高级功能逻辑性强，技术含量高，应用难度大，建议从最简单的温度测量功能入手，逐步深入，最终达到掌握该器件的目的。

习 题 10

10-1 用C51编写完成例10-2、例10-3任务的程序。

10-2 用汇编语言编写CAT1161的应用程序。有条件者加以调试，验证其正确性。

10-3 完成例10-5另外3个器件ROM编码的“排除”搜索算法的实现过程的描述。

10-4 编写对图10-31中的LTC1598 8个通道进行一次轮询采样的51机汇编语言程序。

10-5 编写用图10-34中的MAX520某一通道产生对称方波的C51程序。

10-6 编写位脉冲实现SPI总线主器件对总线器件进行一字节读、写操作的子程序。要求分CPOL=1和CPOL=0两种情况编程(CPOL=1或0的时序请参考图10-5)。

10-7 编写位脉冲实现I^2C总线主器件对总线器件进行启动和停止操作的子程序。

10-8 编写查询DQ端，确定DS18B20温度转换完成的程序段。说明这种做法的意义。

10-9 试画出SPI总线一主一从系统的线路连接示意图，需注明各连接线的名称。

实践篇

实践是学好、用好单片机的重要环节。本篇为课内实验指导书，贯穿了前面两篇的核心内容，并体现了其技术要点。

第11章 chapter 11

课内实验指导

单片机课内实验以强化基础训练为根本，不片面追求难度和复杂性，以单片机入门和建立工程意识为目的。

课内实验教学内容与教学目的的统一途径是：以51机核心技术为实验内容，通过实际操作，使学生从根本上掌握单片机系统的工作原理、程序设计方法和系统开发的思想，进而建立工程意识。通过理论和实验的结合，使学生能自信地说："单片机，我入门了"。

单片机实验必然要以某一开发系统作为工具。由于51机的仿真器种类很多，它们都具备实验所需的基本功能，所以实验指导中就不指定开发系统了。另一方面，51机的集成开发调试环境软件也很多，常用的有Keil、WAVE、菊阳等，它们可以支持相应的仿真器硬件调试，并支持汇编语言和C语言的编译和模拟调试功能。在不涉及硬件时，学生可用模拟器调试应用程序，为课外学习提供了方便。只有对实际的物理系统进行调试时，才需用仿真器，一般实验室才有此条件。作为单片机系统开发技术的一个必要组成部分，用仿真器进行系统调试，对全面了解单片机工作过程是有益的，更容易发现系统和程序中的错误和缺陷，有利于提高程序的质量和系统开发速度。

在无仿真器条件时，可以直接将程序代码下载到系统的单片机中，通过观察系统运行的效果确定系统的工作情况。但不建议在实验室中使用这种方法。

实验1　系统开发的基本技能训练

【实验目的】

(1) 熟悉单片机应用程序的编辑、编译、连接和调试的全过程。
(2) 初步了解汇编语言程序和C51程序的基本结构和特点。

【实验软件】

(1) 单片机应用程序编辑软件一种，推荐uedit32。
(2) 51机应用系统集成开发调试环境软件，推荐Keil、WAVE、菊阳等。

【实验前的准备】

(1) 输入例4-15的汇编语言源程序(包括子程序TOWADD)，文件名自己定，后缀名为.asm，如 TOWADDMAIN.asm，保存源程序。

(2) 输入例 4-14 的汇编语言源程序 DELAYMAIN.asm(包括子程序 DELAY)，保存源程序。

(3) 完成以下 C51 源程序的文本输入，以备调试。程序名为 TEST1_1.C。

```
#include <REGSTC51.h>
#define uchar unsigned char
#define uint unsigned int
void delay();
main()
{   uchar idata i;
    for (i=0;i<8;i++)
        delay();
    P2_2=~P2_2;
    while(1);
}
void delay()
{   uchar i,j,k;
    for (i=0;i<60;i++)
        for (j=0;j<60;j++)
            for (k= 0;k<60;k++);
}
```

(4) 编写后缀名为.h 的标准 51 机的 SFR 说明文件，文件名任意，如 REGSTC51.h。

【实验内容及要求】

(1) 学习单片机应用系统集成开发调试软件的用法。

① 准备工作。在数据盘中建立一个自己的文件夹，将自己的所有与实验相关的文件(.asm、.c、.h)都放在这个目录中，该目录中不要再建目录。后续实验所需文件也要全部放在这个目录中。这样做文件路径清晰，对初学者而言，文件更容易管理。

② 运行集成开发软件(如 WAVE 集成开发软件)。进入界面后，首先设置集成开发调试环境，内容包括仿真器设置项里的单片机型号、时钟频率、是否使用软件模拟器等。

③ 建立工程项目。在教师的指导下学习建立项目。管理项目文件有以下两种方法：

方法 1：每一个源文件建立一个工程项目，最好以文件名为项目名，这种方法一般在技术档案管理中常用。对学习单片机期间甚至在项目开发期间的个人，建议使用方法 2。

方法 2：只建立两个工程项目，一个用于调试汇编语言程序，一个用于调试 C 语言程序。它们就能调试所有的程序了。方法是用添加和删除模块文件、包含文件等功能，改变工程项目中的文件。这样做，源文件可以很多，但工程项目只有两个，便于管理。调试汇编程序的项目，以.asm 源文件为模块文件，一般不需要包含文件，这是与 C 语言不同的地方。

(2) 编译、连接并调试 TOWADDMAIN.asm 程序。

方法及要求如下：

① 将 TOWADDMAIN. asm 作为工程项目的模块文件，执行编译和连接命令，察看集成开发平台的信息提示栏的提示，如果编译不能通过，则要查找源程序中的错误，修改后再编译，直到源程序通过编译并生成可执行文件为止。

② 设计两个长度为 4B 的无符号二进制整数，作为验证程序正确性的测试数据，参照表 11-1 的格式记录于表中。验证方法是：将两个测试数据作为被加数和加数，用计算器计算其"和"，记录于表中；再将被加数和加数放到 51 机的存储器单元中，运行程序后，也得到一个"和"，同样记录于表中。如果两个"和"相同，则程序的正确性被证实；否则，程序是错误的，除非计算器输入错误。

③ 解释表 11-1 第 1 行两个"和"高、低位的排列不同的原因。用几组不同的测试数据重复上述实验过程，直到两数相加产生进位为止。说明进位所在存储器单元的地址。

表 11-1 实验内容(2)的数据记录表

	被加数	内存中排列方式	加数	计算器"和"	程序"和"	进位状态
1	1234563FH	3F563412	89ABCDEF	9BE0242E	2E24E09B	无
2						
3						
4						

(3) 编译、连接并调试 DELAYMAIN. asm。

方法及要求如下：

① 改变程序 DELAYMAIN. asm 中的延时参数，汇编语言程序是 R7、R6、R5，C 语言程序是 i、j、k。将延时程序运行的时间记录于表 11-2 中，其中第一行测量值为参考值。

② 将后续所测的 6 个 t 值与参考值比较，得出 6 个 Δt 值，分析 Δt 值的变化规律，即可确定 3 个参数中哪个对延时的贡献最大，哪个次之，哪个最小。

表 11-2 实验内容(3)的数据记录表

	R7 或 i	R6 或 j	R5 或 k	运行时间 t	时间增量 Δt
参考值	60	60	60		
1	59	60	60		
2	61	60	60		
3	60	取值?	60		
4	60	取值?	60		
5	60	60	取值?		
6	60	60	取值?		

(4) 调试 C 语言源程序 TEST1_1. C(选做项)。

方法及要求：

① 将＃include <REGSTC51.h>包含于调试C的工程项目中。在源程序编译通过后，将＃include <REGSTC51.h>注释后再编译，出现什么问题？将P2_2＝～P2_2；注释后再编译，情况如何？用文字记录实验现象并解释之。

② 改变延时参数i、j、k，记录运行程序中for循环部分的时间，即delay函数运行8次的时间，记录于表11-2中。所得6个t值与参考值比较，得出6个Δt值，分析Δt值的变化规律，即可确定参数i、j、k中哪个对延时的贡献最大，哪个次之。

学习用仿真机调试源程序的单步运行到光标处（或断点）的调试手段。

通过本次实验，希望能够掌握调试程序手段中的单步跳过、单步进入、运行到光标处（或断点）及连续运行等，并训练应用它们的菜单和快捷键两种使用方式。此外用寄存器窗口、存储器窗口观察程序运行结果的方法也需在教师的指导下学习并掌握。

在调试程序手段中，最常用的是运行到光标处（或断点）功能。要有效地使用它，需要对程序有很好的理解。至少应有程序运行到这里之前经历了哪些数据处理过程，预期的处理结果是什么的想法和想知道这个想法是否正确的欲望。

运行到光标处指令与连续运行指令的区别是：连续运行指令下达后，单片机以全速运行，编程者只能在外部看系统的运行效果，至于单片机内部发生了什么数据操作就看不到了。运行到光标处指令则在程序运行到光标处指令时，调试系统会停止运行程序，这时，编程者可以通过寄存器等窗口看单片机对数据的操作结果，考察程序是否按照自己希望的目标工作，如果结论是否定的，程序的逻辑错误就可及时限定在一个小范围内，便于查找。运行到光标处指令还有另外一个功能，当编程者认为程序能运行到的指令行，但实际调试并非如此时，程序或调试程序的方法一定有问题，而连续运行指令没有这个功能。

【实验报告要求】

实验报告应以做了什么、怎么做的、现象描述、结论为主线进行写作，内容包括：

(1) 实验名称、实验目的和实验内容等。

(2) 在本实验中所用的程序和实验原始数据的记录。

(3) 实验结论。包括记录处理的过程和结果、实验结论和体会、对自己在实验课上收获的评价、新的发现、观察到的实验现象及解释、对实验课的改进意见等。

总之，实验报告主要是实验过程和结果的总结文件。应能让别人看懂，至少自己过一段时间通过看实验报告能回忆起实验的情形，这样的报告才是合格的。另一方面，报告要反映每次实验课的重要实验内容、结果及发现，便于总结、提高。

实验2 外部中断

【实验目的】

(1) 掌握51机外部中断的基本编程方法。

(2) 验证51机外部中断的两种触发方式的区别。

【实验设备】

(1) 51 机系统集成开发环境软件及硬件仿真器。

(2) 按键(轻触开关)、电阻、杜邦线、实验目标板等。

【实验前的准备】

(1) 输入例 5-2 的汇编语言源程序,保存,备用,称为程序 1。

(2) 输入例 5-3 的 C 语言源程序,保存,备用,称为程序 2。

(3) 制作外部事件源。图 11-1 是由轻触开关构成的外部中断触发电路。实验中需要两个外部事件源,将它们的输出分别接至 51 机的 $\overline{\text{INT0}}$、$\overline{\text{INT1}}$ 引脚。思考其输出逻辑。

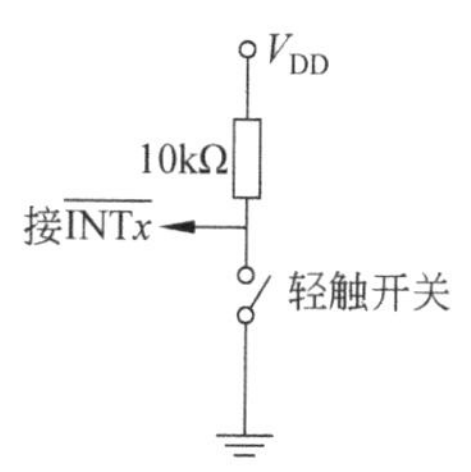

图 11-1 外部中断触发电路

【实验内容及要求】

(1) 编译、连接并调试"程序 1",方法如下:

将光标放在中断服务程序的某一行上,然后执行运行到光标处指令,如果在按键按下后程序停止下来,说明程序是正确的。否则,需要检查源程序或电路连接是否正确,改正后再重新进行系统调试,直到程序实现中断功能,才能进行实验内容(2)。

(2) 验证 51 机外部中断两种触发方式的区别。

验证外部中断触发方式时,仍须使用运行到光标处的调试手段。先将程序的初始化部分执行完,再将光标放到外部中断服务程序的某一行上,并按住按键不放(这一点很重要,为什么?),执行运行到光标处的命令后,如果程序在光标处停下,说明该外部中断源为低电平触发方式(往往需要多次试验才能证明);如果程序不能停在指定行上(往往也需要多次重复才能看到此现象),初步确定该外部中断源为下降沿触发方式,这时将按键释放,程序仍然不应该停止。再次按下按键,如果程序停了下来,便可确定此外部中断源使用的是下降沿触发方式。试说明判断的理由。

如果系统始终不能停于目标行上,应在排除系统软、硬件错误后,重新调试系统,直到出现上述现象为止。

(3) 编程实现并验证中断嵌套功能。

将外部中断 1 设置为高优先级(外部中断 0 仍为低优先级)。修改例 5-2 的程序,有意使外部中断 0 的服务程序形成死循环,因而不能从中断返回。先让外部中断 0 中断,这时,再为外部中断 1 提供中断必要条件,如果外部中断 1 中断了,中断嵌套的事实便被验证了。

(4) 编译、连接并调试程序 2,完成实验内容(1)、(2)、(3)(可选项)。

【实验报告内容】

(1) 将实验中所用的程序全部列于报告中,重要的语句或指令要加注释。

(2) 回忆实验内容(1)的全过程,归纳出外部中断的必要与充分条件是什么。

(3) 思考实验内容(2)实验现象,说明 51 机外部中断源的两种触发方式的区别。

实验 3 定时器与 I/O 综合应用

【实验目的】

(1) 掌握应用定时器和 I/O 的基本方法。

(2) 学习对单片机系统运行结果的硬件试验方法。

(3) 编写并调试定时器与 I/O 综合应用的程序。

【实验设备】

(1) 单片机应用系统集成开发调试软件,仿真器。

(2) 示波器、LED 发光管、电阻、导线、杜邦线、按键(轻触开关)、实验目标板等。

【实验前的准备】

(1) 以例 6-2 汇编语言源程序为参考,编写定时 50ms 的汇编语言程序,并使 $f_{osc}=11.0592$MHz(即需要重新计算时间常数)。保存,备用,称为程序 1。

(2) 修改程序 1,使之成为定时 1s,并输出周期 2s,占空比为 1∶1 的方波,称为程序 2。

(3) 修改例 6-2 的程序,使之成为 T0 计数程序。要求用方式 2,具体计数值自己定。称为程序 3。也可以在教材上找到内容更接近的例程。

(4) 制作计数脉冲源,仍用图 11-1 所示的电路。

(5) 以例 6-2 的 C 语言源程序为参考,编写与(1)～(3)相同内容的 C51 程序。

【实验内容及要求】

(1) 编译、连接并运行调试程序 1,用示波器观察 P1.0 引脚上产生占空比为 1∶1 的方波,记录其特性参数,如频率、幅值等,考察频率或周期是否与程序 1 的定时相吻合。

(2) 编译、连接并运行调试程序 2,完成与(1)相同的实验任务。

(3) 将计数脉冲源接至 T0 输入端,编译、连接并运行程序 3,连续按键并记住按键的次数,考察程序在第几次按键后产生计数中断,分析实验结果。

(4) 用 C51 程序完成实验内容(1)～(3)的任务(可选项)。

【实验报告内容】

(1) 将实验中所用的程序全部列于报告中,重要的语句或指令要加注释。

(2) 记录做每一实验时所观察到的现象,能量化之处尽量量化。

(3) 讨论定时与计数在定义和程序上的细微差异。

实验4 异步串行通信实验

【实验目的】

(1) 掌握51机异步串行通信控制器原理和通信线路的接口标准。

(2) 通过实验学习各种方式下51机异步串行通信编程和调试程序的方法。

【实验设备】

(1) 单片机应用系统集成开发调试软件,仿真器。

(2) 导线、杜邦线、实验目标板等。

【实验前的准备】

(1) 输入例7-1汇编语言源程序。保存,备用,称为程序1。

(2) 输入例7-2汇编语言源程序。保存,备用,称为程序2。

(3) 输入与(1)、(2)任务相同的C51程序(在教材上找),称为程序3和程序4。

【实验内容及要求】

(1) 连接双机通信线路。先断电,参照图7-11,用杜邦线将两台仿真机连接起来。

(2) 编译、连接和调试程序1,实现双机通信。

两台仿真机同时工作,一方为发,另一方为收。通信程序的调试方法如下:

① 接收方要先运行程序。将光标放在数据接收完成指令的下一行上,执行运行到光标处调试命令,等待接收发送方发来的数据。

② 在接收方进入接收等待状态后,发送方将光标放在数据发送完成指令的下一行,执行运行到光标处命令。

如果在发送方程序运行后,双方程序都停在指定命令行上,说明通信程序基本是正确的。再察看接收方接收的数据是否与发送方发送的数据相同,如果答案是肯定的,说明单向通信已经正常。

③ 通信双方位置对调,即发送方改为接收方,接收方改为发送方,重复①、②过程,如果数据传输正常无误,说明通信编程和调试已成功。

(3) 修改程序1,改用串口方式1、3完成与(2)相同的任务,设两机的 f_{osc} 均为11.0592MHz,约定通信波特率为9600baud(另取文件名保存)。

(4) 编译、连接并调试程序2,多字节通信并进行奇偶校验。

调试方法同(2)。要找到光标停止的位置,就要读懂程序。执行运行到光标处调试命令,下一步就是观察调试结果了:包括数据个数和数据内容等。

(5) 用C51程序(程序3和程序4)完成实验内容(2)~(4)的任务(可选项)。

【实验报告内容】

(1) 将实验中所用的程序全部列于报告中,重要的语句或指令要加注释。

(2) 将每个实验项目中得到的结果记录下来,并对所得结果给出解释。

(3) 说明 51 机与 PC 的接口标准有什么不同。如果在它们之间进行异步通信,应该在接口电路上做些什么工作?为什么?

实验 5 定时、中断和串口综合应用

【实验目的】

(1) 学习定时、中断和串口技术的综合应用方法。

(2) 模拟嵌入式系统数据来源、组织、处理及输出的全过程。

【实验设备】

(1) 单片机应用系统集成开发调试软件,仿真器。

(2) 导线、杜邦线、实验目标板等。

【实验前的准备】

(1) 实验人员分组:一组承担上位机任务,一组承担下位机任务。

(2) 收集实验 1～实验 4 用过的所有程序,备用。

(3) 复习实验 4 通信电路的接法。

【实验内容及要求】

(1) 连接双机通信线路。断电后,参照图 7-11,用杜邦线将两台仿真机连接起来。

(2) 上位机组的任务:每 1s,发出 8B 的无符号数,作为下位机的被加数(前 4B)和加数,接着接收下位机发回来的"和"(5B)并保存,如此往复共 10 次。为此,程序设计时应预留出 10 组和的存放空间。

(3) 下位机组任务:每接收到上位机的数据,立即求出这组被加数和加数的"和",保存被加数、加数与"和",并将"和"发送到上位机,如此往复共 10 次,一次任务完成。

通信双方数据存储结构及上位机和下位机工作程序流程如图 11-2 所示。

上位机的程序由读者自己完成,下位机组汇编语言参考程序如下:

```
ADDR0    EQU    20H          ;被加数首地址
ADDR1    EQU    24H          ;加数首地址
ADDR2    EQU    28H          ;和首地址
N1       EQU    9            ;被加数和加数每次变址的字节数
N2       EQU    8            ;和每次变址字节数
N3       EQU    4            ;被加数和加数的位数
N4       EQU    5            ;和的字节数
N        EQU    5            ;循环次数
ORG      0000H
LJMP     MAIN
```

```
         ORG      0023H
         LJMP     ITP
         ORG      0040H
MAIN:    MOV      SP,#60H
         MOV      SCON,#90H          ;方式 2,允许接收 SM2=0
         MOV      PCON,#80H          ;波特率加倍,最高速率
         SETB     ES
         SETB     EA
AGAIN:   MOV      R0,#ADDR0          ;计算用被加数的地址指针
         MOV      R1,#ADDR1          ;计算用加数的地址指针
         MOV      R2,#N3
         MOV      R7,#N
         SETB     PSW.4              ;转用工作区 2
         MOV      R0,#ADDR2          ;和的地址指针
         MOV      R1,#ADDR0          ;存放被加数和加数的地址指针
         MOV      R6,#N2             ;每次任务接收 8 个数据
         CLR      PSW.4              ;转用工作区 0
         CLR      F0
HERE:    JBC      F0,TWOADD
         SJMP     HERE
TWOADD:  CLR      C                  ;清 CY
AGAIN1:  MOV      A,@R0              ;取被加数
         ADDC     A,@R1              ;(A)= 被加数+加数
         INC      R0                 ;指向下一个被加数与加数单元地址
         INC      R1
         SETB     PSW.4              ;转用工作区 2
         MOV      @R0,A              ;存此位部分和
         INC      R0
         CLR      PSW.4              ;转用工作区 0
         DJNZ     R2,AGAIN1          ;数据未处理完循环,否则顺序执行
         CLR      A
         ADDC     A,#0
         SETB     PSW.4              ;转用工作区 2
         MOV      @R0,A              ;存此位部分和
         INC      R0
         MOV      A,R0
         CLR      C
         SUBB     A,#N4
         MOV      R0,A
         MOV      R2,#N4
         CLR      ES                 ;发送数据帧不用串口中断
SEND:    MOV      A,@R0
         MOV      SBUF,A
         INC      R0
```

```
WAIT1:   JBC     TI,SEND1
         SJMP    WAIT1
SEND1:   DJNZ    R2,SEND
         SETB    ES                  ;发送完成再次串口中断
         MOV     A,R0
         ADD     A,#N2
         MOV     R0,A
         CLR     PSW.4               ;转用工作区 0
         MOV     A,R0
         ADD     A,#N1
         MOV     R0,A
         MOV     A,R1
         ADD     A,#N1
         MOV     R1,A
         MOV     R2,#N3
         DJNZ    R7,HERE
         SJMP    $
ITP:     CLR     RI
         SETB    PSW.4               ;转用工作区 2
         MOV     @R1,SBUF
         INC     R1
         DJNZ    R6,NOTHING
         MOV     A,R1
         ADD     A,#N4
         MOV     R1,A
         MOV     R6,#N2              ;每次任务接收 8 个数据
         SETB    F0
NOTHING: CLR     PSW.4               ;转用工作区 0
         RETI
         END
```

本实验考察的是单片机技术综合应用水平,还需要合作能力。实验前先分好组。

【实验报告内容】

将实验中所用的程序及体会写在报告中,重要的语句或指令要加注释。
向教师演示实验结果。

实验 6　8255A 方式 0 应用

【实验目的】

(1) 学习 8255A 与 51 单片机之间的接口电路设计方法。
(2) 学习 51 机并行总线结构下的编程方法。

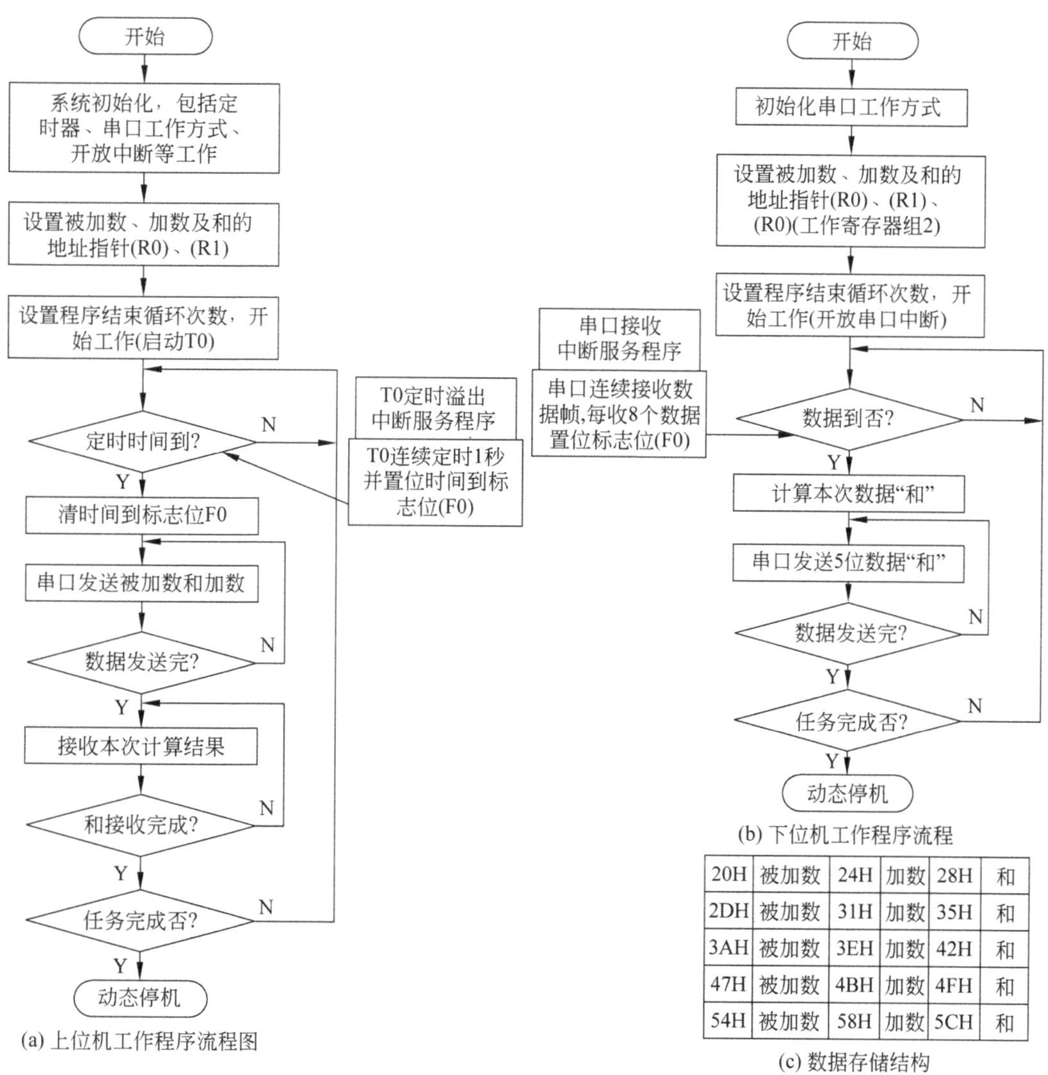

图 11-2 实验 5 程序流程及数据存储结构示意图

(3) 学习由 8255A 管理的键盘与显示系统的控制方法。

【实验设备】

(1) 单片机应用系统集成开发调试软件,仿真器。

(2) 万用表、实验目标板。

【实验前的准备】

(1) 输入例 9-4 键盘扫描汇编语言源程序。保存,备用,称为程序 1。

(2) 输入例 9-4 LED 数码管驱动汇编语言源程序。保存,备用,称为程序 2。

(3) 输入(1)、(2)对应的 C51 程序(C51 熟练者选做)。

【实验内容及要求】

(1) 确定 8255A 各寄存器的地址。

实验用 8255A 与 51 机的接口电路如图 11-3 所示，由此确定 8255A 各寄存器地址如下：

① PA 口的一个地址为 0000H。

② PB 口的一个地址为 2000H。

③ PC 口的一个地址为 4000H。

④ 控制字寄存器的地址为 6000H。

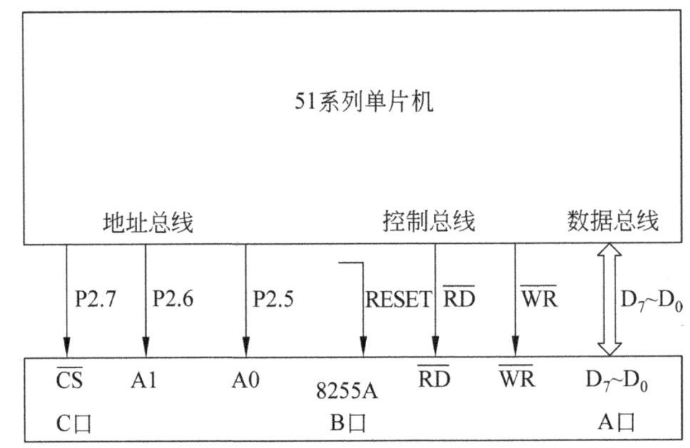

图 11-3 实验用 8255A 与 51 机的接口电路

(2) 控制由 8255A 管理的键盘电路。

将图 11-3 的系统与图 9-6 的键盘电路结合，构成一个由 8255A 管理的键盘电路，其驱动程序可参考例 9-4 的键盘管理程序，但需将 8255A 各寄存器的地址做相应的改动。编译、连接后，用运行到光标处功能，调试程序直到读出正确的键值为止。

(3) 控制由 8255A 管理的 LED 数码管驱动电路。

将图 11-3 的系统与图 9-7 的电路结合，构成一个由 8255A 管理的 8 位 LED 数码管驱动电路，其驱动程序可在例 9-4 的程序基础上修改而成。编译、连接后，调试程序直到运行成功。本电路 LED 数码管的段码与 7.8.1 节中的共阳极数码管段码相同。

(4) 将实验内容(2)、(3)的系统合并，构成一个键盘与数码管显示的大系统，将实验内容(2)、(3)的电路加以修改，编写 LED 数码管能实时显示所按键值的程序。

【实验报告内容】

(1) 给出如图 11-3 中 8255A 各寄存器的另外 1 组地址。

(2) 将本实验中 8255A 的键盘管理与 LED 数码管驱动程序(汇编语言或 C51 均可)写入实验报告中，说明这些程序与例 9-4 中的程序有何区别。

(3) 本实验与很多实际工程项目中的键盘和显示电路相似，谈谈实验的体会。

实验 7 外部 RAM 应用

【实验目的】

(1) 学习并行总线结构下外部 RAM 的读、写方法。
(2) 编写并调试并行总线结构下的外部 RAM 中数据移动的程序。

【实验设备】

(1) 单片机应用系统集成开发调试软件,仿真器。
(2) 实验目标板(上有并行总线接口并外接扩展 RAM)。

【实验内容及要求】

(1) 用软件模拟器模拟外部 RAM 中数据移动的程序。

设实验的控制目标为图 8-17 所示的 51 机系统中的 62256,参考例 8-4,确定 62256 的基地址。

输入例 8-5 和例 8-6 的汇编语言和 C51 程序,编译、连接通过后,应用运行到光标处调试功能,程序停止在光标处后,通过外部 RAM 窗口,确定程序执行的正确性。

(2) 用仿真器调试外部 RAM 中数据移动的程序。

硬件仿真目标板上的 62C256,分别编译、连接调试例 8-5 和例 8-6 的汇编语言和 C51 程序,观察运行结果,确定程序执行的正确性。

(3) 十六进制向 ASCII 码转换。

编译、连接并调试例 4-18 的程序(用软件模拟器或仿真器),验证程序执行的结果。

【实验报告内容】

(1) 书写本实验所用到的全部源程序。
(2) 描述实验中程序运行的结果。
(3) 列出并行总线系统对外部 RAM 读、写的全部汇编指令,并说明指令的功能。

实验 8 并行总线接口 ADC 应用

【实验目的】

(1) 掌握 51 机并行总线结构和工作原理。
(2) 学习 51 机并行总线结构下的系统编程方法。
(3) 学习并行总线接口 ADC 的控制方法。

【实验设备】

(1) 单片机应用系统集成开发调试软件及仿真器。

（2）实验目标板、信号发生器。

【实验内容及要求】

（1）确定 MAX114 的地址。

实验目标板上 MAX114 与 51 机的接口电路如图 11-4 所示，该图与图 9-12 的唯一区别是 MAX114 的$\overline{CE}$端是与 A_{11} 相连的，请确定 MAX114 的基地址。（答案之一是 F700H，为什么？）

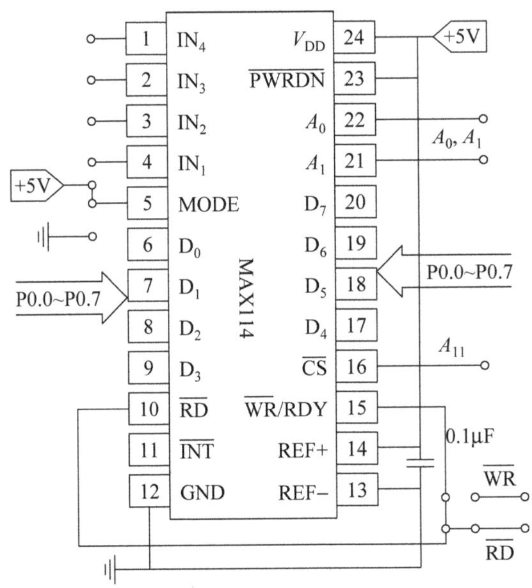

图 11-4　实验 8 中 MAX114 与 51 机的接口

（2）输入 MAX114 流水线模式采样程序。

输入例 9-5 的 MAX114 流水线工作模式采样程序。实验用的程序与例 9-5 程序的区别只在 MAX114 的地址上。实验程序应使用实验内容（1）的 MAX114 的地址。

（3）MAX114 工作环境设置。

根据 MAX114 流水线式采样的工作原理，其工作环境应这样设置：MODE 应接 V_{DD}，$\overline{WR}$和$\overline{RD}$引脚连接在一起后，再与 51 机$\overline{RD}$引脚连接。实际电路如图 11-4 所示。将待采样的信号输入至 MAX114 的通道 1，即引脚 4。

（4）调试程序。

① 调试实验内容（2）编写好的采样程序。依次对 0V、3.3V、5V 的模拟电压进行采样，每个点作 5 次以上单次采样，记录采样数据。分析后确定采样程序的正确性。

② 对一个已知的模拟信号（如幅度为 5V 的单极方波或三角波等，用示波器观察）进行一个周期以上时长的连续采样，得到信号一个周期的完整采样值。采样点数自己决定。为此，要先计算采样频率，再计算采样周期，最后再编写程序并调试之。

【实验报告内容】

(1) 记录实验中测得的采样数据。

(2) 分析实验内容(4)的步骤②的采样数据,先将采样值转换为信号电压值,时间为横轴(单位为采样间隔),采样信号电压值为纵轴,画出信号的波形图,并与实际信号的波形图(可以用手机拍照)进行比较。

实验9 DAC与ADC联合应用

【实验目的】

(1) 学习数模转换器DAC0832的控制方法。

(2) 通过DAC与ADC联合应用,加深对DAC与ADC应用背景的理解。

【实验设备】

(1) 单片机应用系统集成开发调试软件,仿真器。

(2) 杜邦线、短路片、示波器、实验目标板、信号发生器。

【实验内容及要求】

(1) 确定DAC0832的地址。

实验目标板上DAC0832与51机的接口电路如图11-5所示,本图与图9-22的区别是DAC0832的$\overline{CS}$端与A_{12}相连,确定DAC0832的一个地址。(答案是EFFFH,为什么?)

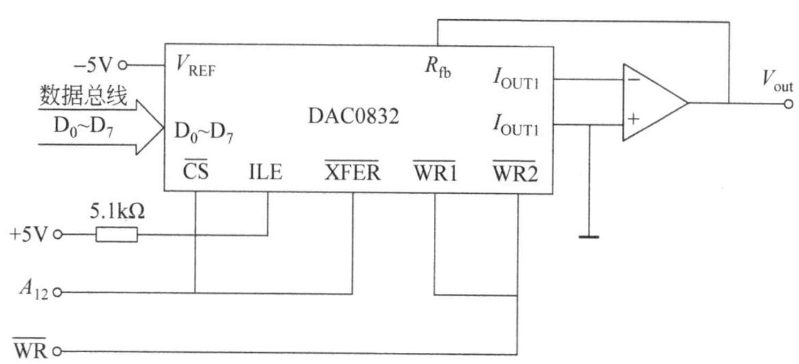

图11-5 实验9中DAC0832与51机的接口

(2) 编写DAC0832的应用程序。

用编辑软件输入例9-8中DAC0832产生0～5V单极性对称斜锯齿波的程序。注意修改程序中DAC0832的地址。

(3) 调试DAC0832的应用程序并观察系统的输出信号。

用示波器观察系统输出信号。即将图11-5上的运算放大器的输出接至示波器,全速运行程序，调节示波器，直到屏幕上出现三角波为止。

(4) ADC 和 DAC 联合应用。

在实验 8 与本实验内容(3)的基础上，编写循环利用 MAX114 对模拟信号采样，将采样值立即从 DAC0832 输出的程序。观察系统运行结果时，双踪示波器一个通道接 DAC0832 的输出信号，另一通道接原始信号。全速运行程序，记录两个信号波形的形状及相位差(可以用手机拍照)。

C51 参考程序清单如下：

```
#include<stc89c5x.H>
#define uint unsigned int
#define uchar unsigned char
#define    First_AD_addr    0xf700;
#define    Small_AD_addr    0xf701;
#define    Thrid_AD_addr    0xf702;
#define    Four_AD_addr     0xf703;
#define    SAMPCOUNT        20480
#define    First_DAC_addr   0xefff;
uchar xdata *paint_ADC, *paint_DAC;              //调试 RAM 用
void main()
{
    paint_ADC=First_AD_addr;                     //paint_ADC=(char *)0x02f700;
    paint_DAC=First_DAC_addr;                    //paint_DAC=(char *)0x02efff;
    while(1)
    {
        *paint_DAC= *paint_ADC;
    }
}
```

【实验报告内容】

(1) 描述各实验内容中各步骤进行的详细情况，说明各步骤的目的和意义。

(2) 将实验中每个步骤中得到的结果记录下来，对结果进行描述及分析。

(3) 将实验内容(4)的 C51 程序翻译成汇编语言程序。

实验 10　一线串行总线器件应用

【实验目的】

(1) 掌握 51 机与同步串行总线器件接口电路的设计方法。

(2) 学习 51 机对一线串行总线接口器件控制程序的编写与调试方法。

【实验设备】

(1) 单片机应用系统集成开发调试软件，仿真器。

(2) 实验目标板、DS18B20。

【实验内容及要求】

(1) 51 机与同步串行总线器件接口电路的设计方法。

本实验以一线总线的代表器件 DS18B20 作为实验对象。要求在实验前认真阅读 10.4 节的内容。本实验采用外部供电方式对 DS18B20 供电,其接口电路设计参考图 10-25,实验目标板上已接有 DS18B20,其 DQ 端与 P1.1 相连。系统时钟频率取 12MHz。

(2) 编写 51 机对一线总线接口器件的控制程序并进行程序调试。

本实验以 DS18B20 的最简单用法,即总线上只有 1 个 DS18B20 的情况,读取 DS18B20 温度的测量值为实验内容,即调试例 10-6 的参考程序。要求学生在课外先将参考程序输入,编译、连接通过,并保存。对照 DS18B20 的时序图,认真阅读此程序,理解编程的道理。

调试 DS18B20 测温程序分以下几步:

① 调试例 10-6 的程序,应用运行到光标处调试功能调试程序,将读出的温度值按表 10-11 的定义翻译成纯数值温度,与室温对比,直到验证程序正确为止。

② 改变 DS18B20 的环境温度,运行程序读测量温度值,验证程序的正确性,并记录每一次的测量值。

③ 调试例 10-7 的 C51 程序,该程序是 8 位 LED 数码管显示温度及有 CRC 校验的 DS18B20 综合应用程序,程序是 STC12C5A60S2 在时钟频率为 11.0592MHz 下调试成功的,适用于所有 51 单片机。在 CRC 校验正确的情况下,系统连续测温并显示温度。编辑例 10-7 的 C51 程序,调试并运行成功。

【实验报告内容】

(1) 将实验每个步骤中的操作方法及得到的结果记录下来。

(2) 谈谈例 10-6 和例 10-7 的两个程序在控制温度转换结束方法上的不同之处。

实验 11 多机异步串行通信实验

【实验目的】

(1) 巩固并加强 51 机异步串行通信的应用水平。

(2) 实践多机通信系统开发、简单的通信协议制定及多机通信系统运行的全过程。

(3) 进一步学习和巩固多位 LED 数码显示系统的应用技术。

【实验设备】

(1) 单片机应用系统集成开发调试软件,仿真器。

(2) 杜邦线、短路片、实验目标板等。

【实验内容及要求】

(1) 巩固并加强对51机异步串行通信的理论与应用技术的掌握。

实验前,要认真阅读7.5节中有关51机多机通信的原理和编程实例。

(2) 实践多机通信系统开发以及简单的通信协议制定过程,实现多机通信。

参考图7-12的多机通信电路,将至少3个51机接入总线,形成多机通信系统。

编辑例7-7的程序,编译、连接通过。在系统调试前,先理解简单协议,如每台单片机的编号及命令含义等。本实验以主从通信系统广播工作方式为内容,每组选一个同学的单片机运行主机的程序,其他同学的单片机都运行从机的程序。静态调试通信程序,总是要遵循接收方先行的原则,用运行到光标处调试功能,先将主机与每个从机的通信调通,最后才能全速运行系统程序。

(3) 进一步学习和巩固多位LED数码显示系统的应用技术。

在熟练使用例7-7的程序的基础上,逐步扩展程序功能,要求如下:

① 将实验6调试好的8位LED数码管的显示驱动程序嵌入到多机通信程序中。显示内容自己设计,如主机发送的从机号、从机接收的信息等。如果使用74HC595驱动LED数码管,可参考例7-8或例7-9的程序,使用前先要用短路片和杜邦线将电路接通。

② 先应用运行到光标处调试功能,将主、从双方的程序调好,再全速运行通信双方的程序,借助显示结果,观察系统运行的情况,反复修改程序,直到系统运行正确为止。

③ 优化程序,使系统更接近使用者的需要或实现更强的功能。如果设想的功能实现了,记住自己此时的心情,并在实验报告中仔细描述出来。

【实验报告内容】

(1) 将实验内容中每个步骤得到的结果记录下来,如果有错误发生,则将其详细描述出来,分析其原因并给出最终的解决方法和结果描述。

(2) 将实验中用到的C51程序翻译成汇编语言程序或将汇编语言程序翻译成C51程序。

(3) 谈谈自己在这个实验中的收获和体会。

附录 A appendix A

ASCII 码表

字符	十六进制	十进制	字符	十六进制	十进制
nul	00	0	re	1e	30
soh	01	1	us	1f	31
stx	02	2	sp	20	32
etx	03	3	!	21	33
eot	04	4	"	22	34
enq	05	5	#	23	35
ack	06	6	$	24	36
bel	07	7	%	25	37
bs	08	8	&	26	38
ht	09	9	`	27	39
nl	0a	10	(	28	40
vt	0b	11	)	29	41
ff	0c	12	*	2a	42
er	0d	13	+	2b	43
so	0e	14	,	2c	44
si	0f	15	—	2d	45
dle	10	16	.	2e	46
dc1	11	17	/	2f	47
dc2	12	18	0	30	48
dc3	13	19	1	31	49
dc4	14	20	2	32	50
nak	15	21	3	33	51
syn	16	22	4	34	52
etb	17	23	5	35	53
can	18	24	6	36	54
em	19	25	7	37	55
sub	1a	26	8	38	56
esc	1b	27	9	39	57
fs	1c	28	:	3a	58
gs	1d	29	;	3b	59

续表

字符	十六进制	十进制	字符	十六进制	十进制
<	3c	60	^	5e	94
=	3d	61	_	5f	95
>	3e	62	`	60	96
?	3f	63	a	61	97
@	40	64	b	62	98
A	41	65	c	63	99
B	42	66	d	64	100
C	43	67	e	65	101
D	44	68	f	66	102
E	45	69	g	67	103
F	46	70	h	68	104
G	47	71	i	69	105
H	48	72	j	6a	106
I	49	73	k	6b	107
J	4a	74	l	6c	108
K	4b	75	m	6d	109
L	4c	76	n	6e	110
M	4d	77	o	6f	111
N	4e	78	p	70	112
O	4f	79	q	71	113
P	50	80	r	72	114
Q	51	81	s	73	115
R	52	82	t	74	116
S	53	83	u	75	117
T	54	84	v	76	118
U	55	85	w	77	119
V	56	86	x	78	120
W	57	87	y	79	121
X	58	88	z	7a	122
Y	59	89	{	7b	123
Z	5a	90	|	7c	124
[	5b	91	}	7d	125
\	5c	92	~	7e	126
]	5d	93	del	7f	127

附录 B appendix B

MCS-51 系列单片机指令编码表

指令编码表按机器码顺序排列。

机器码[H]	字节数	机器周期数	指令助记符	操作数
00	1	1	NOP	
01	2	2	AJMP	code addr11
02	3	2	LJMP	code addr16
03	1	1	RR	A
04	1	1	INC	A
05	2	1	INC	direct
06	1	1	INC	@R0
07	1	1	INC	@R1
08	1	1	INC	R0
09	1	1	INC	R1
0A	1	1	INC	R2
0B	1	1	INC	R3
0C	1	1	INC	R4
0D	1	1	INC	R5
0E	1	1	INC	R6
0F	1	1	INC	R7
10	3	2	JBC	bit,rel
11	2	2	ACALL	code addr11
12	3	2	LCALL	code addr16
13	1	1	RRC	A
14	1	1	DEC	A
15	2	1	DEC	direct
16	1	1	DEC	@R0
17	1	1	DEC	@R1
18	1	1	DEC	R0
19	1	1	DEC	R1
1A	1	1	DEC	R2
1B	1	1	DEC	R3
1C	1	1	DEC	R4

续表

机器码[H]	字节数	机器周期数	指令助记符	操作数
1D	1	1	DEC	R5
1E	1	1	EDC	R6
1F	1	1	EDC	R7
20	3	2	JB	bit,rel
21	2	2	AJMP	code addr11
22	1	2	RET	
23	1	1	RL	A
24	2	1	ADD	A, #data
25	2	1	ADD	A, direct
26	1	1	ADD	A, @R0
27	1	1	ADD	A, @R1
28	1	1	ADD	A, R0
29	1	1	ADD	A, R1
2A	1	1	ADD	A, R2
2B	1	1	ADD	A, R3
2C	1	1	ADD	A, R4
2D	1	1	ADD	A, R5
2E	1	1	ADD	A, R6
2F	1	1	ADD	A, R7
30	3	2	JNB	bit,rel
31	2	2	ACALL	code addr11
32	1	2	RETI	
33	1	1	RLC	A
34	2	1	ADDC	A,#data
35	2	1	ADDC	A, direct
36	1	1	ADDC	A, @R0
37	1	1	ADDC	A, @R1
38	1	1	ADDC	A, R0
39	1	1	ADDC	A, R1
3A	1	1	ADDC	A, R2
3B	1	1	ADDC	A, R3
3C	1	1	ADDC	A, R4
3D	1	1	ADDC	A, R5
3E	1	1	ADDC	A, R6
3F	1	1	ADDC	A, R7
40	2	2	JC	bit,rel
41	2	2	AJMP	code addr11
42	2	1	ORL	direct,A
43	3	2	ORL	direct,#data
44	2	1	ORL	A,#data
45	2	1	ORL	A,direct

续表

机器码[H]	字节数	机器周期数	指令助记符	操作数
46	1	1	ORL	A,@R0
47	1	1	ORL	A,@R1
48	1	1	ORL	A,R0
49	1	1	ORL	A,R1
4A	1	1	ORL	A,R2
4B	1	1	ORL	A,R3
4C	1	1	ORL	A,R4
4D	1	1	ORL	A,R5
4E	1	1	ORL	A,R6
4F	1	1	ORL	A,R7
50	2	2	JNC	bit,rel
51	2	2	ACALL	code addr11
52	2	1	ANL	direct,A
53	3	2	ANL	direct,#data
54	2	1	ANL	A,#data
55	2	1	ANL	A,direct
56	1	1	ANL	A,@R0
57	1	1	ANL	A,@R1
58	1	1	ANL	A,R0
59	1	1	ANL	A,R1
5A	1	1	ANL	A,R2
5B	1	1	ANL	A,R3
5C	1	1	ANL	A,R4
5D	1	1	ANL	A,R5
5E	1	1	ANL	A,R6
5F	1	1	ANL	A,R7
60	2	2	JZ	bit,rel
61	2	2	AJMP	code addr11
62	2	1	XRL	direct,A
63	3	2	XRL	direct,#data
64	2	1	XRL	A,#data
65	2	1	XRL	A,direct
66	1	1	XRL	A,@R0
67	1	1	XRL	A,@R1
68	1	1	XRL	A,R0
69	1	1	XRL	A,R1
6A	1	1	XRL	A,R2
6B	1	1	XRL	A,R3
6C	1	1	XRL	A,R4
6D	1	1	XRL	A,R5
6E	1	1	XRL	A,R6

续表

机器码[H]	字节数	机器周期数	指令助记符	操作数
6F	1	1	XRL	A,R7
70	2	2	JNZ	bit,rel
71	2	2	ACALL	code addr11
72	2	2	ORL	C,bit
73	1	2	JMP	@A+DPTR
74	2	1	MOV	A, #data
75	3	2	MOV	direct,#data
76	2	1	MOV	@R0,#data
77	2	1	MOV	@R1,#data
78	2	1	MOV	R0, #data
79	2	1	MOV	R1, #data
7A	2	1	MOV	R2, #data
7B	2	1	MOV	R3, #data
7C	2	1	MOV	R4, #data
7D	2	1	MOV	R5, #data
7E	2	1	MOV	R6, #data
7F	2	1	MOV	R7, #data
80	2	2	SJMP	rel
81	2	2	AJMP	code addr11
82	2	2	ANL	C,bit
83	1	2	MOVC	A, @A+PC
84	1	4	DIV	A B
85	3	2	MOV	direct1, direct2
86	2	1	MOV	direct, @R0
87	2	1	MOV	direct, @R1
88	2	1	MOV	direct, R0
89	2	1	MOV	direct, R1
8A	2	1	MOV	direct, R2
8B	2	1	MOV	direct, R3
8C	2	1	MOV	direct, R4
8D	2	1	MOV	direct, R5
8E	2	1	MOV	direct, R6
8F	2	1	MOV	direct, R7
90	3	2	MOV	DPTR, #data16
91	2	2	ACALL	code addr11
92	2	2	MOV	Bit,C
93	1	2	MOVC	A,@A+DPTR
94	2	1	SUBB	A, #data
95	2	1	SUBB	A,direct
96	1	1	SUBB	A, @R0
97	1	1	SUBB	A, @R1

续表

机器码[H]	字节数	机器周期数	指令助记符	操作数
98	1	1	SUBB	A，R0
99	1	1	SUBB	A，R1
9A	1	1	SUBB	A，R2
9B	1	1	SUBB	A，R3
9C	1	1	SUBB	A，R4
9D	1	1	SUBB	A，R5
9E	1	1	SUBB	A，R6
9F	1	1	SUBB	A，R7
A0	2	2	ORL	C，/bit
A1	2	2	AJMP	code addr11
A2	2	2	MOV	C，bit
A3	1	2	INC	DPTR
A4	1	4	MUL	A B
A5			reserved	
A6	2	2	MOV	@R0，direct
A7	2	2	MOV	@R1，direct
A8	2	1	MOV	R0，direct
A9	2	1	MOV	R1，direct
AA	2	1	MOV	R2，direct
AB	2	1	MOV	R3，direct
AC	2	1	MOV	R4，direct
AD	2	1	MOV	R5，direct
AE	2	1	MOV	R6，direct
AF	2	1	MOV	R7，direct
B0	2	2	ANL	C，/bit
B1	2	2	ACALL	code addr11
B2	2	1	CPL	bit
B3	1	1	CPL	C
B4	3	2	CJNE	A，#data，rel
B5	3	2	CJNE	A，direct，rel
B6	3	2	CJNE	@R0，#data，rel
B7	3	2	CJNE	@R1，#data，rel
B8	3	2	CJNE	R0，#data，rel
B9	3	2	CJNE	R1，#data，rel
BA	3	2	CJNE	R2，#data，rel
BB	3	2	CJNE	R3，#data，rel
BC	3	2	CJNE	R4，#data，rel
BD	3	2	CJNE	R5，#data，rel
BE	3	2	CJNE	R6，#data，rel
BF	3	2	CJNE	R7，#data，rel
C0	2	2	PUSH	direct

续表

机器码[H]	字节数	机器周期数	指令助记符	操作数
C1	2	2	AJMP	code addr11
C2	2	1	CLR	bit
C3	1	1	CLR	C
C4	1	1	SWAP	A
C5	2	1	XCH	A,direct
C6	1	1	XCH	A, @R0
C7	1	1	XCH	A, @R1
C8	1	1	XCH	A, R0
C9	1	1	XCH	A, R1
CA	1	1	XCH	A, R2
CB	1	1	XCH	A, R3
CC	1	1	XCH	A, R4
CD	1	1	XCH	A, R5
CE	1	1	XCH	A, R6
CF	1	1	XCH	A, R7
D0	2	2	POP	direct
D1	2	2	ACALL	code addr11
D2	2	1	SETB	bit
D3	1	1	SETB	C
D4	1	1	DA	A
D5	3	2	DJNZ	direct,rel
D6	1	1	XCHD	A,@R0
D7	1	1	XCHD	A,@R1
D8	2	2	DJNZ	R0, rel
D9	2	2	DJNZ	R1, rel
DA	2	2	DJNZ	R2, rel
DB	2	2	DJNZ	R3, rel
DC	2	2	DJNZ	R4, rel
DD	2	2	DJNZ	R5, rel
DE	2	2	DJNZ	R6, rel
DF	2	2	DJNZ	R7, rel
E0	1	2	MOVX	A,@DPTR
E1	2	2	AJMP	code addr11
E2	1	2	MOVX	A,@R0
E3	1	2	MOVX	A,@R1
E4	1	1	CLR	A
E5	2	1	MOV	A,direct
E6	1	1	MOV	A, @R0
E7	1	1	MOV	A, @R1
E8	1	1	MOV	A, R0
E9	1	1	MOV	A, R1

续表

机器码[H]	字节数	机器周期数	指令助记符	操作数
EA	1	1	MOV	A, R2
EB	1	1	MOV	A, R3
EC	1	1	MOV	A, R4
ED	1	1	MOV	A, R5
EE	1	1	MOV	A, R6
EF	1	1	MOV	A, R7
F0	1	2	MOVX	@DPTR,A
F1	2	2	ACALL	code addr11
F2	1	2	MOVX	@R0,A
F3	1	2	MOVX	@R1,A
F4	1	1	CPL	A
F5	2	1	MOV	direct,A
F6	1	1	MOV	@R0,A
F7	1	1	MOV	@R1,A
F8	1	2	MOV	R0,A
F9	1	1	MOV	R1,A
FA	1	1	MOV	R2,A
FB	1	1	MOV	R3,A
FC	1	1	MOV	R4,A
FD	1	1	MOV	R5,A
FE	1	1	MOV	R6,A
FF	1	1	MOV	R7,A

参考文献

[1] 刘焕成. 工程背景下的单片机原理及系统设计. 北京：清华大学出版社，2008

[2] 刘焕成. 工程背景下的单片机原理及系统设计. 2版. 北京：清华大学出版社，2011

[3] I Scott MacKenzie，Raphael C-W Phan. 8051 微控制器. 4版. 北京：人民邮电出版社，2008

[4] Muhammad Ali Mazidi，Janice Gillispie Mazidi，Rolin D McKinlay. 8051 微控制器和嵌入式系统. 北京：机械工业出版社，2007

[5] 李华，等. MCS-51 系列单片机实用接口技术. 北京：北京航空航天大学出版社，1993

[6] 宏晶科技. STC12C5A60S2 单片机器件手册. 宏晶科技，2009

[7] 陈桂友. 增强型 8051 单片机实用开发技术. 北京：北京航空航天大学出版社，2010

[8] 宏晶科技. STC89C51RC-RD+单片机器件手册. 宏晶科技，2006

[9] 宏晶科技. STC90C51RC-RD+单片机器件手册. 宏晶科技，2011

[10] Jonathan W Volvano. 嵌入式微计算机系统实时接口技术. 李曦，等译. 北京：机械工业出版社，2003

[11] 范立南，等. 单片微型计算机控制系统设计. 北京：人民邮电出版社，2004

[12] 徐淑华，等. 单片微型机原理及应用. 哈尔滨：哈尔滨工业大学出版社，1997

[13] Ronald J Tocci，Neal S. 数字系统原理与应用. 9版. 北京：电子工业出版社，2005

[14] 徐爱钧，彭秀华. 单片机高级语言 C51 Windows 环境编程与应用. 北京：电子工业出版社，2001

[15] 马忠梅，等. 单片机的 C 语言应用程序设计. 北京：北京航空航天大学出版社，1997

[16] IDT7132 High Speed 2K x 8 Dual Port Static RAM datasheet. Integrated Device Technology，Inc.，2004

[17] DS12C887 Real Time Clock datasheet. Dallas Semiconductor.

[18] CAT1161/2(16K) datasheet. Catalyst Semiconductor，Inc.，2002

[19] MAX114/118 +5V，1Msps，4 & 8-Channel，8-Bit ADCs with 1μA Power-Down. MAXIM Inc.

[20] DS18B20 Programmable Resolution 1-Wire Digital Thermometer Datasheet. Maxim，Inc.

[21] DS1306 Serial Alarm Real Time Clock (RTC) Product Datasheet. Dallas Inc.

[22] DM74LS165 8-Bit Parallel In/Serial Output Shift Registers Datasheet.

[23] KM62256 Family CMOS SRAM datasheet. Samsung Electronics，Inc.，1997

[24] ±15kV ESD-Protected，Slew-Rate-Limted，Low-Power，RS485/RS422 datasheet. Maxim，Inc.，1996

[25] TC74HC595AP 8-Bit Shift Register/Latch(3-State) datasheet. Toshiba，Inc.，1997

[26] 何立民. I²C 总线应用系统设计. 北京：北京航空航天大学出版社，1995

[27] 赖麒文. 8051 单片机 C 语言彻底应用. 北京：科学出版社，2002

[28] 刘乐善. 微型计算机接口技术及应用. 武汉：华中理工大学出版社，2004

[29] 陈文. DS18B20 ROM 编码的一种搜索算法. 单片机与嵌入式系统，2009，1(8)：66-67

[30] 高玉芹. 基于 AVR 单片机和 DS18B20 的多点温度测量系统. 仪表技术，2005，(3)：16-17

[31] 玉瑞，等. DS1306 实时时钟与 PIC 单片机构成的应用系统设计. 广州大学学报(自然科学版)，2009，8(6)：28-32

[32] 高潮. C++程序设计. 北京：冶金工业出版社，2010

[33] 刘焕成. 智能仪器、仪表数据保护措施. 仪表技术，2003，(4)：20-22

[34] 刘焕成.多单片机系统及分组式交通信号机.仪表技术,2003,(8):15-19

[35] 刘焕成.数字信号处理技术在电力网无功补偿中的应用.仪表技术,2005,(4):11-13

[36] 刘焕成.现场总线型交通信号灯组的设计与实现.仪表技术,2006,(3):14-15

[37] PL-2303 USB to RS-232 Bridge Controller Product Datasheet. Prolific. Inc. , 2002

[38] DS2401 Silicon Serial Number datasheet. Maxim Inc

[39] 王晓明.电动机的单片机控制.北京:北京航空航天大学出版社,2002

[40] 饶运涛,等.现场总线 CAN 系列单片机原理与应用技术.北京:北京航空航天大学出版社,2003

[41] 肖冬荣.微型计算机实时控制的抗干扰.武汉:湖北科学技术出版社,1983

[42] 周航慈,等.PHILIPS L51LPC 系列单片机原理及应用设计.北京:北京航空航天大学出版社,2001

[43] 孙涵芳.Intel 16 位单片机.北京:北京航空航天大学出版社,1998

[44] Non-Volatile Memory Products Data Book. Microchip Technology Inc. ,1995

[45] 华邦电子.技术手册—8 位单片机集成电路,1997

[46] 范逸之,陈立元.Visual Basic 与 RS-232 串行通信控制(最新版).北京:清华大学出版社,2002

[47] 徐爱卿,等.单片微型计算机应用和开发系统.北京:北京航空航天大学出版社,1992

[48] 任德官,等.过程控制系统微机接口技术.南京:东南大学出版社,1990

[49] 孙琢琏.计算机在仪器分析中的应用.大连:大连理工大学出版社,1991

[50] 谭浩强.C 程序设计.北京:清华大学出版社,1991

[51] 余永权,等.单片机应用系统的功率接口技术.北京:北京航空航天大学出版社,1992

[52] 陈清山,等.最新世界 CMOS 数字集成电路及互换手册.长沙:中南工业大学出版社,1990

[53] 陈如全,等.单片机实用技术.北京:电子工业出版社,1993

[54] 李鹏.计算机通信技术及其程序设计.西安:西安电子科技大学出版社,1998

[55] 潘永雄.新编单片机原理与应用.西安:西安电子科技大学出版社,2003

[56] LTC1594/LTC15984- and 8-Channel, Micropower Sampling 12-Bit Serial I/O A/D Converters. Linear Technology Corporation.

[57] MAX520/MAX521-Quad/Octal, 2-Wire Serial 8-Bit DACs with Rail-to-Rail Outputs. Maxim Integrated Products,1996.